电路基础教程

陈 娟◎主 编

清华大学出版社

北 京

内 容 简 介

本书依照教育部高等学校电子信息科学与电气信息类基础课程教学指导分委员会制定的《电路分析基础课程教学基本要求（修订稿）》，按理论教学 72 学时进行编写，全书共 8 章，内容包含集中参数电路的分析基础、电阻电路的方程分析法、线性叠加与等效变换、动态电路的时域分析、正弦稳态电路的相量分析法、正弦稳态功率和三相电路、电路的频率特性、互感电路和双口网络。

本书力求思路清晰、重点突出，内容精简、实用，叙述详尽、透彻，并配有大量的例题、思考题和习题，便于读者自学。

本书可作为普通高等院校电气信息类各专业学生的教材或教学参考书，也可供相关工程技术人员参考。

本书所有知识点均配有教学微课视频，读者可以扫描二维码随时观看。与本书配套出版的《电路基础教程同步练习册》，按作业形式设计，题型、知识点覆盖面广，可供读者练习。

图书在版编目（CIP）数据

电路基础教程/陈娟主编. 一北京：清华大学出版社，2018（2020.5重印）
ISBN 978-7-302-49762-2

Ⅰ．①电… Ⅱ．①陈… Ⅲ．①电路理论-教材 Ⅳ．①TM13

中国版本图书馆 CIP 数据核字（2018）第 037212 号

责任编辑：邓　艳
封面设计：刘　超
版式设计：魏　远
责任校对：马子杰
责任印制：宋　林

出版发行：清华大学出版社
　　　　　网　　址：http://www.tup.com.cn，http://www.wqbook.com
　　　　　地　　址：北京清华大学学研大厦A座　　　邮　　编：100084
　　　　　社 总 机：010-62770175　　　　　　　　邮　　购：010-62786544
　　　　　投稿与读者服务：010-62776969，c-service@tup.tsinghua.edu.cn
　　　　　质 量 反 馈：010-62772015，zhiliang@tup.tsinghua.edu.cn
印 装 者：三河市金元印装有限公司
经　　销：全国新华书店
开　　本：185mm×260mm　　　印　　张：23　　　字　　数：555千字
版　　次：2018年12月第1版　　　　　　　　印　　次：2020年5月第3次印刷
定　　价：69.80元

产品编号：076964-01

前　言

电路课程是高等学校电气信息类各专业的第一门专业基础课，是学习模拟电子技术、数字电子技术、信号与系统、电力电子技术、通信电子线路、电机与拖动、工厂供电等课程的先修课程，因此电路课程在专业课程的学习过程中具有特殊重要的地位。

本书是根据教育部高等学校电子信息科学与电气信息类基础课程教学指导分委员会制定的《电路分析基础课程教学基本要求（修订稿）》编写的教材。全书共 8 章，内容可划分为 3 个部分：第 1~3 章为直流稳态电路的分析，第 4 章为动态电路的时域分析，第 5~8 章为正弦稳态电路的分析。

考虑到应用型本科人才的培养特点，本书编写过程中努力突出以下几点。

（1）教材结构上力求凸现课程的总思路、总方法，便于学生把握课程的重点。如"电阻电路的方程分析法""线性叠加与等效变换""正弦稳态电路的相量分析法"等章节标题，就是努力体现电路分析中的思路与方法。

（2）内容编排上努力做到"简明、实用"。对教学可选内容进行了大幅度删减，对教学基本内容则尽量讲透讲深，并将部分理论叙述的内容转移到例题、习题中，寓教于"练"，便于读者学习掌握。

（3）注重理论与实际相结合。例题、习题中涵盖了大量工程应用电路，努力体现电路课程的工程背景。每章末配有适量的 Multisim 仿真实例，便于读者理论联系实践，培养实践操作能力与计算机应用能力。

（4）注重知识点强化的过程性设计。每节设有"思考与练习"帮助读者及时检验学习效果，每章设有"本章目标""本章小结"帮助读者整理知识点、把握重点。与本书配套出版的《电路基础教程同步练习册》，按作业形式设计，涵盖填空题、选择题、计算题等题型，有利于强化基本概念、增强基本题型的训练，努力解决电路课程听懂容易做题难的问题。

为方便读者自主学习，本书编者录制了全部知识点的微课视频，读者可以通过扫描二维码随时观看。

本书由同济大学浙江学院电子与信息工程系组织策划和编写，陈娟任主编并负责统稿，陈欢参编第 1、2、3 章，钱鑫洪参编第 4 章，李鹏参编第 5、6 章，干为勤参编第 7、8 章，赵岚负责 Multisim 仿真部分的编写工作。

由于编者水平有限，书中难免有错误和不妥之处，恳请读者批评指正。

编　者

目　　录

第1章 集中参数电路的分析基础

本章目标

1. 建立电路模型的概念，理解集中假设是本课程的前提条件。
2. 掌握电流、电压的参考方向概念，能够正确计算电功率。
3. 熟练掌握基尔霍夫定律 KCL、KVL 及其应用。
4. 掌握电阻、独立电源和受控电源等基本元件的定义及伏安关系。

1.1　集中参数电路

扫码看视频

集中参数电路

1.1.1　实际电路与电路模型

电路（circuit）是由若干电工设备或器件按一定方式组合起来的、构成电流通路的整体。一般由电源、负载及中间环节 3 部分组成。

电源（source）是将其他形式的能量转换成电能（或电信号）的装置，如发电机、电池等；**负载**（load）是用电设备的统称，是将电能转换成其他形式能量的装置，如电动机、电灯等；**中间环节**指联结电源和负载的部分，它起着传输、控制和分配电能的作用，如输电线、开关等。

实际电路种类繁多，有的可以延伸数千公里，有的只有几毫米平方。但就其功能来说可分两类：一类功能是实现电能的输送和变换，例如电力系统、照明系统；另一类功能是实现信号的传递和处理，例如手机、计算机电路。

无论具体电路的功能如何，随着电磁波的传播（表现为电路中的电压、电流），都进行着从其他形式的能量转换成电能、电能的传输和分配以及又把电能转换成所需要的其他形式能量的过程。其中，电源是电路中产生电压、电流的动力，通常称电源的电压、电流为**激励**（excitation），它推动了电路工作。由激励产生的电压或电流称为电路的**响应**（response）。已知激励求给定电路的响应，称为**电路分析**（circuit analysis），已知响应求实现指定激励的电路，称为**电路综合或设计**（circuit synthesis）。电路分析是电路综合的基础，电路课程的主要任务就是电路分析。

实际电路器件在工作中表现出较为复杂的电磁性质。例如白炽灯在通电工作时，能把电能转换成光能和热能，具有消耗电能的电阻特性，但其空间还有电场能量和磁场能量，具有一定的电容性和电感性；电池工作时除将化学能转变为电能产生电动势外，在它的内阻上也消耗一部分电能因而又具有一定的电阻特性。

为了便于对实际电路进行数学描述和分析，需将实际元件理想化，即在一定条件下突出其主要的电磁性质，忽略其次要因素，把它近似地看作**理想电路元件**（idea circuit element）。例如，理想电阻元件只表征消耗电能的性质，理想电感元件只表征储存和释放磁场能量的特性，理想电容元件只表征储存和释放电场能量的特性。

因此，理想电路元件是具有某种确定的电磁性质的假想元件，它有精确的数学定义。由理想元件组成的电路，就称为**电路模型**（circuit model）。

例如在如图 1-1 所示的手电筒电路中，干电池是把化学能转换为电能的元件，可理想化为电压源 U_S 和内阻 R_S 串联的组合模型，灯珠是电路中用电的负载，可理想化为电阻元件 R_L，而筒体和开关是联结干电池和灯的中间环节，其电阻可忽略不计，认为是理想的导线和开关。

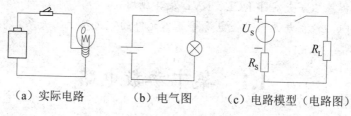

（a）实际电路　　　　　（b）电气图　　　　（c）电路模型（电路图）

图 1-1　手电筒电路

应当指出，用理想元件的组合来模拟实际电路，只能在一定条件下近似地反映实际器件中所发生的电磁过程。根据工作条件及要求精确度的不同，同一器件可能用不同的电路元件组合来模拟。

1.1.2　集中参数电路

实际电路器件在工作时所发生的电磁现象是交织在一起的，在空间上无法将它们分离，而且这些电磁现象连续分布在电路器件中。为了便于分析，可根据实际电路的几何尺寸（d）与其工作信号波长（λ）的关系，将电路分为集中参数电路和分布参数电路。

集中参数电路（lumped circuit）是指实际电路的几何尺寸（d）远远小于电路工作信号波长（λ），以至在分析电路时可以忽略元件和电路本身几何尺寸的电路。满足集中化条件的电路中，某一电磁现象是集中在一个元件中发生的。例如电能损耗、磁场储能和电场储能是分别集中在电阻元件、电感元件和电容元件中进行的。其特点是电路中任意两个端点间的电压和流入任一器件端钮的电流是完全确定的，与器件的几何尺寸及空间位置无关。

不满足集中化条件的电路称为**分布参数电路**（distributed circuit），其特点是电路中的电压和电流不仅是时间的函数，也与器件的几何尺寸及空间位置有关，一般要用电磁场理论加以分析。

例如，一段 2m 长的馈线，在工频 50Hz 时，如果馈线周围介质是空气，电磁波的速度（光速）为 $3×10^8$m/s，电磁波波长 $\lambda = v/f = 6×10^6$m，可视为集中参数电路；若将此馈线作为电视机天线的引线，电视信号频率一般在 50MHz 以上，若以 $f = 50$MHz 计算，波长 $\lambda = 6$m，信号的波长与馈线的长度可比拟，不能满足集中化条件，应视为分布参数电路。

本书只研究集中参数电路，为叙述方便起见，以下简称为电路。集中假设是电路理论的基本假设，以后所述的电路基本定律、定理等，均是在这一假设的前提下才能成立的。

思考与练习

1-1-1 · 实际电路与电路模型之间的区别与联系是什么？

1-1-2　下列实际电路能否视为集中参数电路？（1）千公里以上的输电线路，工频 50Hz；（2）某音频电路，音频信号频率范围 20Hz~25kHz；（3）某微波电路，工作频率范围 0.3~3000GHz（注：$1G = 10^9$）。

[（1）不能；（2）能；（3）不能]

1.2　电路变量

电路的特性是由电流、电压和电功率等物理量来描述的。电路分析的基本任务是计算电路中的电流、电压和电功率。

扫码看视频

电流及其参考方向

1.2.1　电流及其参考方向

电流（current）通常指电荷定向运动的物理现象。电流的大小用电流强度来表示，电流强度指单位时间 Δt 内流过导体横截面的电荷量 Δq，习惯上简称为电流，用符号 i 表示，其瞬时值为

$$i(t) = \lim_{\Delta t \to 0} \frac{\Delta q}{\Delta t} = \frac{\mathrm{d}q}{\mathrm{d}t} \qquad (1-1)$$

一般情况下，电流的大小或方向是随时间变化的，称为时变电流，用小写字母 i 表示。当电流大小和方向做周期性变化且平均值为零时，称为**交流电流**（alternating current，ac 或 AC）。如果电流的大小和方向恒定不变，则称为恒定电流或**直流电流**（direct current，dc 或 DC），用大写字母 I 表示。

在**国际单位制**（International System of Unit，SI）中，电流的单位是安培（ampere），简称安（A），1 安培=1 库仑/秒。此外还常用千安（kA）、毫安（mA）或微安（μA）等单位，它们的换算关系为：$1kA=10^3A$，$1mA=10^{-3}A$，$1\mu A=10^{-6}A$。

表 1-1 列出了一些常用的国际单位制（SI）词头，用以表示这些单位被一个以 10 为底的正次幂或负次幂相乘后所得的 SI 单位的倍数单位。

表 1-1　部分国际单位制词头

因数	10^{12}	10^9	10^6	10^3	10^{-3}	10^{-6}	10^{-9}	10^{-12}
名称	太	吉	兆	千	毫	微	纳	皮
符号	T	G	M	k	m	μ	n	p

习惯上把正电荷移动的方向规定为电流方向（实际方向）。在简单直流电路中，电流的实际方向可由电源的极性确定，在复杂电路中，往往事先难以判断电流的实际方向，而且时变电流的实际方向有可能随时间不断变动，难以在电路图上标出适合于任何时刻的电流实际方向。为了电路分析和计算的需要，引入了参考方向的概念。

所谓**参考方向**（reference direction），也叫作电流的正方向，是指在分析电路前任意假定的一个电流方向，用箭头标在电路图上。我们规定，若电流实际方向与参考方向相同，电流取正值；若电流实际方向与参考方向相反，电流取负值。根据电流的参考方向以及电流量值的正负，就能确定电流的实际方向。电流参考方向与实际方向的关系如图 1-2 所示。

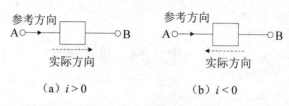

$$(a)\ i > 0 \qquad\qquad (b)\ i < 0$$

图 1-2　电流参考方向与实际方向的关系

电流的参考方向也可用双下标表示，例如 i_{AB} 表示其参考方向是由 A 流向 B。显然，当对同一电流规定相反的参考方向时，相应的电流表达式相差一个负号，即 $i_{AB} = -i_{BA}$。

需要强调的是，电流的实际方向是客观存在的，与参考方向的选择无关。参考方向是任意假定的，是电路计算的唯一依据。参考方向一经选定，整个分析过程中就不能随意更改，而电流的真实方向则由最终计算结果的正负来判断。

一般情况下，电路图中标明的均为参考方向，在未指定参考方向的情况下，电流值的正或负是没有任何意义的。

测量实际电路中的电流时，必须将电流表串联在待测支路中，当测量直流电路时，电流的实际方向应从电流表的"+"端（红表棒）流入、"-"端（黑表棒）流出。

1.2.2　电压及其参考方向

电路中，A 点至 B 点间的**电压**（voltage），定义为电场力将单位正电荷从 A 点移动至 B 点所做的功，用 u_{AB} 表示，即

$$u_{AB}(t) = \frac{\mathrm{d}W}{\mathrm{d}q} \tag{1-2}$$

式中，$\mathrm{d}W$ 表示电场力将正电荷 $\mathrm{d}q$ 从 A 点移动至 B 点所做的功，电压的国际单位是焦耳（J）/库仑（C）=伏特（V），此外还常用千伏（kV）、毫伏（mV）、微伏（μV）等单位。

如果电场力移动正电荷做正功，例如图 1-3 所示电路中，从 A 点经灯泡至 B 点，$\mathrm{d}W > 0$，表示电场力的方向与正电荷运动方向一致，正电荷的势能减少，正电荷失去的能量被该段电路（灯泡）吸收，A 点为高电位点（正极），B 点为低电位点（负极）。

如果电场力移动正电荷做负功，例如图 1-3 所示电路中，从 B 点经电源内部至 A 点，

d$W<0$，表示电场力的方向与正电荷运动方向相反，正电荷的势能增加，正电荷得到的能量由该段电路（电源）释放，B 点为低电位（负极），A 点为高电位（正极）。

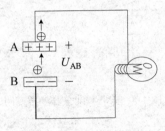

图 1-3　电压定义示意图

同样，我们把大小或方向随时间变化的电压称为时变电压，用小写字母 u 表示。如果电压的大小和方向做周期性变化且平均值为零，则称为**交流电压**（alternating voltage）。如果电压的大小和方向均不随时间变化，则称为恒定电压或**直流电压**（direct voltage），用大写字母 U 表示。

电压的实际方向规定为从高电位点指向低电位点，是电位下降（potential drop）的方向。和电流类似，复杂电路中两点间的电压事先很难预测，必须先选定一个参考方向，并由参考方向和电压的正负值来反映该电压的实际方向。当电压的参考方向与实际方向一致时，电压为正（$u>0$）；当电压的参考方向与实际方向相反时，电压为负（$u<0$）。

电压的参考方向可用箭头表示，也可用正（+）、负（−）极性表示，或用双下标表示，如图 1-4 所示。

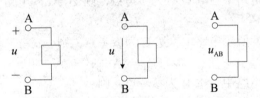

（a）极性表示　（b）箭头表示　（c）双下标表示

图 1-4　电压参考方向表示方法

测量实际电路中的电压时，必须将电压表并联在待测元件两端，当测量直流电路时，电压表的"+"端（红表棒）应与被测元件实际极性的高电位端相连接、"−"端（黑表棒）应与被测元件实际极性的低电位端相连接。

一个元件上的电压或电流的参考方向可以独立地任意选定，但为了方便，经常假定电流由元件的高电位端（正极）流向低电位端（负极），即选择电压与电流的参考方向一致，这种情况称为**关联参考方向**（associated reference direction）。反之则称电压和电流对该元件是非关联的。例如图 1-5 所示电路中，电压 u 与电流 i 对元件 B 是关联参考方向，但对元件 A 是非关联参考方向。

在关联参考方向的前提下，电路图上只需标出电压参考方向或电流参考方向中的任意一种，如图 1-6 所示。除非特别指定，电路分析中一般均取关联参考方向。

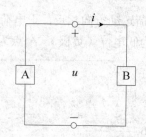

图 1-5　关联和非关联参考方向

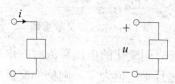

（a）电流表示　　　（b）电压表示

图 1-6　关联参考方向的简化表示方法

1.2.3　电位的概念

在电子电路的分析计算中，经常在电路中选取一个**参考点**（reference point），并且规定参考点的电位为零，用接地符号"⊥"表示。电路中某点的**电位**（potential）就是该点与参考点之间的电压。如果电路中任取 O 点为参考点，则 $V_O = 0$，电路中某点 A 的电位为

$$V_A = U_{AO} \tag{1-3}$$

例如在如图 1-7（a）所示电路中，选 C 为参考点，则

$$V_A = 2V, \quad V_B = 1V, \quad V_C = 0V$$

而图 1-7（b）所示同一电路中，选 B 为参考点，则

$$V_A = 1V, \quad V_B = 0V, \quad V_C = -1V$$

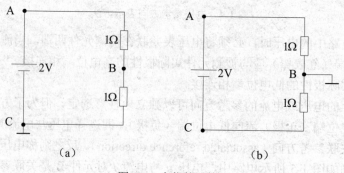

（a）　　　　　　　　　　　（b）

图 1-7　电位的计算

显然，参考点选择不同，电位值也会不同，但任意两点之间的电位差（电压）不变。例如在如图 1-7 所示电路中，$U_{AB} = V_A - V_B = 1V$ 不变。所以说电位是相对的，而两点间的电压是绝对的。这是因为静电场是位场，电场力做功的大小与电荷的起始位置有关，而与电

荷运动的路径无关。

在电子电路中，为了分析方便，通常不画出直流电压源，而在电源位置上直接标出该点电位值。例如图 1-8（a）所示电路，一般简画成图 1-8（b）或图 1-8（c）所示的形式。对于初学者来说，要逐步习惯这种电路的简化形式。

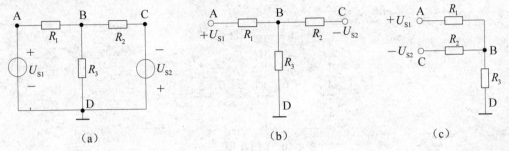

图 1-8　电路简化形式

1.2.4　电功率

扫码看视频

电功率

电功率（power）是表征电路中电能转换速率的物理量。我们把单位时间内电场力所做的功定义为电功率，简称功率，用字母 p 表示，则

$$p(t) = \frac{\mathrm{d}W}{\mathrm{d}t} \tag{1-4}$$

对一个元件或一段电路来说，如果选电流与电压的参考方向一致，如图 1-9 所示，则在 $\mathrm{d}t$ 时间内由 A 移到 B 的正电荷量为 $\mathrm{d}q = i(t)\mathrm{d}t$，根据电压的定义式，电场力所做的功为：$\mathrm{d}W = u(t)\mathrm{d}q = u(t)\,i(t)\mathrm{d}t$，则该电路吸收电能的速率（电功率）为

$$p(t) = u(t) \cdot i(t) \tag{1-5}$$

其中，功率的国际单位是瓦特（W）。

图 1-9　电功率的计算

需要注意的是，功率也是一个代数量，当电流电压采用关联参考方向时，$p>0$ 表示电场力做正功，正电荷沿移动方向电位下降、失去电能，该段电路吸收了电功率；$p<0$ 则表示该段电路吸收负功率，即发出功率。

当电流电压采用非关联的参考方向时，元件吸收功率的表达式为

$$p(t) = -u(t) \cdot i(t) \tag{1-6}$$

利用式（1-5）和式（1-6）计算电路消耗的功率时，若 $p>0$，则表示该电路确实消耗（吸收）功率；若 $p<0$，则表示该电路吸收的功率为负值，实质上是它提供（或发出）功率。

计算一个元件或一段电路发出功率的表达式与上述正好相反。如果一个元件吸收功率为 10W，则可以认为它发出的功率为-10W；同理，如果一个元件发出功率为 10W，则可

以认为它吸收的功率为-10W。这两种说法是一致的。

【例 1-1】 在如图 1-10 所示电路中，已知 $U_1 = 1V$，$U_2 = -6V$，$U_3 = -4V$，$U_4 = 5V$，$U_5 = -10V$，$I_1 = 1A$，$I_2 = -3A$，$I_3 = 4A$，$I_4 = -1A$，$I_5 = -3A$。试求：（1）各二端元件吸收的功率；（2）整个电路吸收的功率。

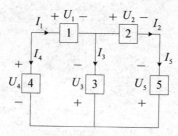

图 1-10 例 1-1 图

解 （1）对于元件 1、2、4，电流电压采用关联的参考方向，各元件吸收的功率为

$$P_1 = U_1 I_1 = 1 \times 1 W = 1W$$

$$P_2 = U_2 I_2 = (-6) \times (-3) W = 18W$$

$$P_4 = U_4 I_4 = 5 \times (-1) W = -5W$$

对于元件 3、5，电流电压采用非关联的参考方向，各元件吸收的功率为

$$P_3 = -U_3 I_3 = -(-4) \times 4 W = 16W$$

$$P_5 = -U_5 I_5 = -(-10) \times (-3) W = -30W$$

由计算结果可知：

元件 1、2、3 吸收功率为正，表示这 3 个元件实际消耗功率，为负载。负载消耗的功率总和为：1W+18W+16W = 35W。

元件 4、5 吸收功率为负，表示这两个元件实际发出功率，为电源。电源发出的功率总和为：5W + 30W = 35W。

（2）整个电路吸收的功率为

$$\sum_{k=1}^{5} P_k = P_1 + P_2 + P_3 + P_4 + P_5 = (1 + 18 + 16 - 5 - 30)W = 0$$

显然，整个电路的功率是守恒的，符合能量守恒定律，也验证了计算结果的正确性。

根据能量守恒定律，对于一个完整的电路来说，在任一时刻，所有元件吸收功率的总和必须为零。若电路由 b 个二端元件组成，且全部采用关联参考方向，则

$$\sum_{k=1}^{b} u_k i_k = 0 \tag{1-7}$$

二端元件或二端网络从 t_0 到 t 时间内吸收的电能以由式（1-4）两边积分得到

$$W(t_0, t) = \int_{t_0}^{t} p(\xi) \mathrm{d}\xi = \int_{t_0}^{t} u(\xi) i(\xi) \mathrm{d}\xi \tag{1-8}$$

电能的国际单位为焦耳（J），1J 等于功率为 1W 的用电设备在 1s 内消耗的电能。工程和生活中还常用千瓦时（kWh）作为电能的单位，1kWh 俗称 1 度（电）。

$$1\mathrm{kWh} = 1000\mathrm{W} \times 3600\mathrm{s} = 3.6\mathrm{MJ}$$

思考与练习

1-2-1　当电路中电流的参考方向与电流的真实方向相反时，该电流（　　　）。

A. 一定为正值　　　　　　　　　B. 一定为负值

C. 不能肯定是正值或负值　　　　D. 有时为正值，有时为负值

[B]

1-2-2　已知电路中有 a、b 两点，电压 U_{ab}=10V，a 点电位 V_a=4V，则 b 点电位 V_b 为多少？

[−6V]

1-2-3　试计算题 1-2-3 图所示各元件的功率，已知图（a）、图（b）中 U = −5V，I = 2A；图（c）中 u = 2cosπt V，i =2sinπt A。

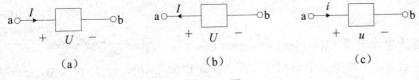

题 1-2-3 图

[图（a）产生 10W；图（b）吸收 10W；图（c）吸收 2sin2πt W，当$(0 + n)$s $\leqslant t \leqslant (0.5+n)$s 时吸收，当$(0.5+n)$s $\leqslant t \leqslant (1+n)$s 时发出，其中 n = 0、1、2、3……]

1-2-4　现有 3 个具有相同照度的灯具：48W 的白炽灯、11W 的节能灯、6.5W 的 LED 灯，工作电压 220V，试分别计算 3 个灯一年的用电量，设每天使用 4 小时。

[70.08 度；16.06 度；9.49 度]

扫码看视频

几个术语

1.3　基尔霍夫定律

　　电路是由若干电路元件相连接而构成的。各元件中的电压和电流除了受元件伏安关系的约束（element constraint）外，还要受到元件间连接方式的约束，这种约束称为拓扑约束或**结构约束**（topological constraint）。元件间的互连必然使各元件电流之间及各元件电压之间有约束关系。基尔霍夫定律（Kirchhoff's law）就反映了电路结构产生的约束关系。

　　基尔霍夫是德国物理学家，1845 年，在他还是 21 岁大学生的时候就提出了著名的电流定律和电压定律，这成为集中参数电路分析最基本的依据。为了叙述方便，下面先介绍几个有关的名词。

　　（1）**支路**（branch）：电路中每一个二端元件称为一条支路。

　　（2）**节点**（node）：支路与支路的连结点称为节点。

　　（3）**回路**（loop）：电路中由支路组成的任一闭合路径称为回路。

（4）网孔（mesh）：平面电路中，回路内部不另含有支路的回路称为网孔。

例如在如图 1-11 所示电路中，共有 5 个二端元件，支路数 $b = 5$；节点数 $n = 4$（a、b、c、d）；回路数 $l = 3$（abda、bcdb、abcda）；网孔数 $m = 2$（abda、bcdb）。

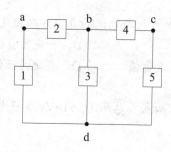

图 1-11　举例用图

扫码看视频

基尔霍夫电流电律

1.3.1　基尔霍夫电流电律（KCL）

基尔霍夫电流电律（Kirchhoff's Current Law）又称基尔霍夫第一定律，简称 KCL，它描述电路中与节点相连接的各支路电流之间的线性约束关系，它的内容如下。

对于任一集中参数电路中的**任一节点**，在任一时刻，流出（或流入）该节点的所有支路电流的代数和恒为零。其数学表达式为

$$\sum_{k=1}^{K} i_k(t) = 0 \tag{1-9}$$

其中，K 为与该节点相联的支路数，$i_k(t)$ 为该节点的第 k 条支路的电流。

例如电路中某节点及其相连各支路电流的参考方向如图 1-12 所示。若取参考方向流入节点的电流为"+"，则参考方向流出节点的电流为"−"，该节点的 KCL 方程为

$$\sum i_{流入} = i_1 + i_2 - i_3 = 0$$

若取参考方向流出节点的电流为"+"，则 KCL 方程为

$$\sum i_{流出} = -i_1 - i_2 + i_3 = 0$$

也可以将上式改写为

$$i_1 + i_2 = i_3$$

$i_2 = 4A$　　　　$i_3 = -7A$

$i_1 = ?$

图 1-12　KCL 应用示例

由此可见，基尔霍夫电流电律的另一种表述是：对于任一集中参数电路中的任一节点，

在任一时刻，流入节点的电流之和等于流出该节点的电流之和。即

$$\sum i_{流入} = \sum i_{流出} \tag{1-10}$$

显然，以上 3 种 KCL 表达式实际上是一样的。在如图 1-12 所示电路中，若取参考方向流入节点的电流为正，代入已知数据，可以得到求解 i_1 的 KCL 方程为

$$\sum i_{流入} = i_1 + 4\text{A} - (-7\text{A}) = 0$$

即 $i_1 = -11\text{A}$。

📢 **注意**：在列写 KCL 方程时，需要和两套正负符号打交道！例如上式中 $-(-7\text{A})$，括号前的"–"号表示电流参考方向非流入节点，括号内的"–"号表示电流实际方向与参考方向相反。

基尔霍夫电流电律是**电荷守恒公理**（或电流连续性）的体现。电荷守恒是指电荷既不能创造也不能消失。集中参数电路中的任一节点是理想导体的汇合点，不可能累积电荷，所以在任一时间间隔内，有多少电荷流入某节点，必定有多少电荷流出该节点。

KCL 还可以推广到任一假设的闭合面（广义节点，generalized node）：在任一瞬时，通过任一集中参数电路中的任一闭合面的电流的代数和恒为零。

例如在如图 1-13 所示的电路中，假想闭合面所包围的部分电路就可看作是一个广义节点。对于节点①、②、③分别列出 KCL 方程（设流入为正）

$$i_A + i_1 - i_2 = 0$$
$$i_B + i_2 - i_3 = 0$$
$$i_C + i_3 - i_1 = 0$$

将上述三式相加，可得

$$i_A + i_B + i_C = 0$$

可见，流入该闭合面的电流代数和等于零，即 $\sum i = 0$。

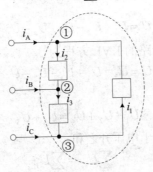

图 1-13　广义节点

KCL 对于任何集中参数电路都适用，它仅与电路中元件的连接方式有关，而与电路元件的性质无关。因此，KCL 既适用于线性非时变电路，也适用于非线性时变电路。例如图 1-14 所示电路中，圆圈把非线性元件三极管围成了一个广义节点，由 KCL 得

$$I_B + I_C - I_E = 0$$

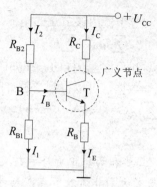

图 1-14 KCL 的应用

扫码看视频

基尔霍夫电压电律

1.3.2 基尔霍夫电压电律 (KVL)

基尔霍夫电压电律（Kirchhoff's Voltage Law）又称基尔霍夫第二定律，简称 KVL，它描述回路中各支路电压之间的线性约束关系，它的内容如下。

对于任一集中参数电路中的**任一回路**，在任一时刻，沿该回路的所有支路电压降的代数和恒为零。其数学表达式为

$$\sum_{k=1}^{K} u_k(t) = 0 \tag{1-11}$$

其中，K 为与该回路中的支路数，$u_k(t)$ 为该回路第 k 条支路的电压。

列写回路 KVL 方程时，必须先假设一个回路的绕行方向，当支路电压参考方向与回路绕行方向相同时，支路电压取正号，否则取负号。

例如某回路中各支路电压的参考方向如图 1-15 所示。若沿顺时针方向绕行一周，该回路的 KVL 方程为

$$\sum U = U_1 + U_2 - U_3 + U_4 - U_5 = 0$$

若沿逆时针方向绕行一周，该回路的 KVL 方程为

$$\sum U = U_5 - U_4 + U_3 - U_2 - U_1 = 0$$

上式也可改写为

$$U_1 + U_2 + U_4 = U_3 + U_5$$

上式表明：回路中电压降之和等于电压升之和。

$$\sum U_降 = \sum U_升 \tag{1-12}$$

📢 **注意：** 在列写 KVL 方程时，也需要和两套正负符号打交道！一套取决于支路电压的参考方向与回路绕行方向是否一致；另一套取决于支路电压的实际方向与参考方向是否一致。

基尔霍夫电压电律的理论依据是**能量守恒公理**（或电位单值性）。根据电压的定义，单位正电荷沿回路绕行一周，电场力做功的代数和等于零，即单位正电荷失去的能量（电位降）必然等于获得的能量（电位升）。

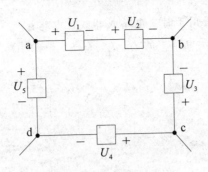

图 1-15　KVL 应用示例

KVL 不仅适用于实际元件构成的回路，也可以推广应用于任一假想的闭合路径。如图 1-15 所示，假想在 ac 间有一条支路，于是就出现两个假想回路 abca 和 acda，其 KVL 方程分别为

$$U_1 + U_2 - U_3 - U_{ac} = 0, \quad U_{ac} + U_4 - U_5 = 0$$

移项后得到

$$U_{ac} = U_1 + U_2 - U_3, \quad U_{ac} = U_5 - U_4$$

由此得到**推论**：集中参数电路中任意两个节点之间的电压，等于从假定的高电位点到低电位点，沿任一路径上各段电压的代数和，且与计算路径无关。

KVL 对于任何集中参数电路都适用，它仅与电路中元件的连接方式有关，而与电路元件线性、时变与否无关。

【**例 1-2**】求图 1-16 所示电路中的电压 U_{af}、U_{cd}。

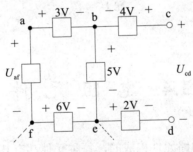

图 1-16　例 1-2 图

解　根据上述推论，U_{af} 等于从 a 点到 f 点沿任一路径（abef）上各段电压的代数和

$$U_{af} = 3V + 5V - 6V = 2V$$

U_{cd} 等于从 c 点到 d 点沿任一路径（cbed）上各段电压的代数和

$$U_{cd} = 4V + 5V + 2V = 11V$$

思考与练习

1-3-1　题 1-3-4 图所示电路有几个节点？几个回路？几个网孔？

[4；7；3]

13

1-3-2 KCL、KVL 能否用于时变电路或非线性电路？

1-3-3 求题 1-3-3 图所示电路中的 I_1、I_2、I_3。

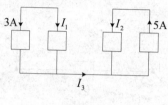

题 1-3-3 图

[−3A；5A；0]

1-3-4 电路如题 1-3-4 图所示，若已知 3 个支路电压，能否求出其余的支路电压？（1）已知 U_1、U_3、U_5；（2）已知 U_2、U_3、U_4；（3）已知 U_3、U_4、U_5。

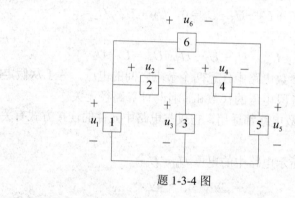

题 1-3-4 图

[（1）能；（2）能；（3）否]

1.4 电阻元件

集中参数电路是由若干电路元件构成的，每种元件都有其精确的数学定义和不同于其他元件的独有特性。根据元件与外电路相连接的端钮的数目，电路元件可分为二端元件与多端元件。电路元件还可以分为线性元件和非线性元件、时不变元件和时变元件，还可以从能量的角度分为有源元件和无源元件等。凡是从不向外电路提供净能量的元件称为无源元件，否则称为有源元件。

集中参数电路元件端子间的电压与通过它的电流都有确定的关系，这个关系称为元件的伏安关系（Voltage Current Relationship，**VCR**），该关系由元件性质所决定，元件不同，其 VCR 不同。这种由元件性质给元件中的电压、电流施加的约束称为**元件约束**，它是分析和计算电路的另一类基本依据。

1.4.1　二端电阻元件的定义

电阻元件（resistor）是实际电阻器的理想化模型，是电路基本元件之一。常用的实际电阻器有绕线电阻、碳膜电阻、照明器具、电阻炉、电烙铁等。测量发现，一个实际电阻器件的特性（见图 1-17（a））通常可以由 $u \sim i$ 平面上一条曲线所决定，如图 1-17（b）和图 1-17（c）所示。

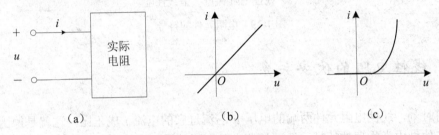

图 1-17　电阻元件的伏安特性

图 1-17（b）所示的电阻元件伏安关系曲线为通过坐标原点的直线，服从欧姆定律，其对应元件称为线性电阻。但在工程上有很多电子器件，它们的伏安特性并不服从欧姆定律，例如图 1-17（c）所示的元件，然而却有类似电阻的性质。为了电路分析的方便，有必要给出电阻元件的精确定义。

如果一个二端元件，在任一时刻的电压 $u(t)$ 和电流 $i(t)$ 之间存在**代数关系**

$$u = f(i) \text{ 或 } i = f(u)$$

亦即这一关系可以由 $u \sim i$ 平面上的一条曲线所决定，则此二端元件就称为二端电阻元件，简称电阻。

当元件的伏安关系为通过坐标原点的直线时，称为**线性**（linear）电阻元件；反之，当元件的伏安关系不是通过坐标原点的直线时，则称为**非线性**（nonlinear）电阻元件。当电阻元件的伏安关系不随时间变化时，称为**时不变**（time-invariant）电阻或定常电阻，否则称为**时变**（time-varying）电阻，如图 1-18 所示。

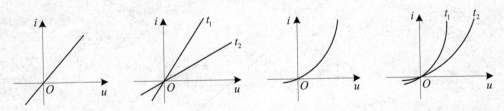

（a）线性时不变电阻　　（b）线性时变电阻　　（c）非线性时不变电阻　　（d）非线性时变电阻

图 1-18　电阻元件的分类

电阻元件的符号如图 1-19 所示。本书着重讨论线性时不变电阻元件，以后除非特别说明，我们所指的电阻元件均指线性时不变电阻元件，简称电阻。

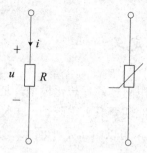

（a）线性电阻　（b）非线性电阻

图 1-19　电阻元件的符号

1.4.2　线性电阻的伏安关系

任何时刻，线性电阻元件两端的电压 u 与流过它的电流 i 成正比，这就是德国物理学家欧姆在他做中学物理教师时，经过长期实验证明的**欧姆定律**。当电压和电流取关联参考方向时，欧姆定律可表达为

$$u(t) = Ri(t) \tag{1-13-1}$$

式中，比例常数 R 是线性时不变电阻元件的一个参数，称为电阻（值）（resistance），是一个与电压和电流无关的常数。电阻的国际单位是**欧姆**（Ω）。

若令 $G = \dfrac{1}{R}$，则式（1-13-1）可改写为

$$i(t) = Gu(t) \tag{1-13-2}$$

式中，G 称为电阻元件的电导（值）（conductance），电导的国际单位是**西门子**（S）。

上述公式中的 R 或 G 可以是正值，也可以是负值。当 R 或 G 是正值时，称为**正电阻**（positive resistor），其伏安特性曲线是一条位于 $u{\sim}i$ 平面第一、第三象限的穿过原点的直线。当 R 或 G 是负值时，称为**负电阻**（negative resistor），其伏安特性曲线是一条位于 $u{\sim}i$ 平面第二、第四象限的穿过原点的直线，如图 1-20 所示。利用某些电子器件（例如运算放大器等）可以构造负电阻。

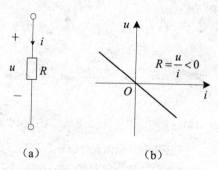

（a）　　　　　　　（b）

图 1-20　负电阻的伏安特性曲线

当电压和电流取非关联参考方向时，欧姆定律可表达为

$$u(t) = -Ri(t) \qquad (1\text{-}14\text{-}1)$$

或

$$i(t) = -Gu(t) \qquad (1\text{-}14\text{-}2)$$

因此在使用上述公式时，一定要注意必须和参考方向配套使用。

由式（1-13-1）~式（1-14-2）还可以看出，任何时刻电阻元件的电压（或电流）完全由同一时刻的电流（或电压）所决定，而与该时刻以前的电流（或电压）无关。因此，电阻元件是一种即时元件，或称无记忆元件。

比较式（1-13-1）$u(t) = Ri(t)$ 和式（1-13-2）$i(t) = Gu(t)$，可以发现它们很相似，若将式（1-13-1）中的 u 换成 i、i 换成 u，再将 R 换成 G，即可得到式（1-13-2）。用类似的方法，也可将式（1-14-1）变换为式（1-14-2）。这种性质称为电路的对偶性（duality），其中 u 与 i、R 与 G 称为对偶量。在电路分析中，诸如变量、元件、定律、定理以及公式间等，都存在着某种对偶关系，利用对偶关系来进行电路分析，可以起到事半功倍的效果，在今后的学习中请注意观察与利用。

线性电阻有两种特殊状态：短路和开路。定义短路（短接的电路）为一个阻值为零的电阻（$R = 0$），因为 $u = Ri$，不管电流是多少，该电阻上电压必为零。同样，定义开路为一个阻值为无穷大的电阻（$G = 0$），因为 $i = Gu$，不管电压是多少，流过该电阻的电流必为零，如图 1-21 所示。

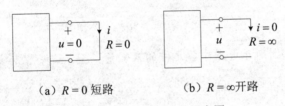

（a）$R = 0$ 短路　　　　　（b）$R = \infty$ 开路

图 1-21　短路和开路的示意图

1.4.3　电阻元件的功率

在电压和电流取关联参考方向的情况下，电阻元件吸收的功率为

$$p(t) = ui = Ri^2 = \frac{u^2}{R} = Gu^2 \qquad (1\text{-}15)$$

即电阻元件吸收的功率与电流或电压的平方成正比。当 R 或 G 为正值时，$p \geqslant 0$，说明正电阻是纯粹的**耗能元件**，任何时刻都不可能发出电能。

电阻元件在某段时间 $t_0 \sim t$ 期间吸收的电能为

$$W(t_0, t) = \int_{t_0}^{t} p(\xi)\mathrm{d}\xi = \int_{t_0}^{t} Ri^2(\xi)\mathrm{d}\xi = \int_{t_0}^{t} Gu^2(\xi)\mathrm{d}\xi \qquad (1\text{-}16)$$

我们把满足 $W(t) = \int_{-\infty}^{t} p(\xi)\mathrm{d}\xi \geqslant 0$ 条件的元件称为**无源元件**（passive element），反之称为**有源元件**（active element）。无源元件从不向外电路提供能量。正电阻属于无源元件，它将吸收的全部电能不可逆地转换为其他形式的能量。

功率的计算是电路分析中一个重要内容，对理想电阻元件来说，功率数值的范围不受限制，但对任何一个实际的电阻器，使用时都不得超过所标注的额定功率，否则会发热烧坏电阻器。因此各种电器设备都规定了额定功率、额定电压、额定电流，使用时不得超过额定值，以保证设备安全工作。

【例 1-3】 一个 100Ω、5W 的碳膜电阻，接在 220V 的电压上使用时，会引起什么后果？

解 这个电阻实际消耗功率

$$P = \frac{U^2}{R} = \frac{220^2}{100} \text{W} = 484\text{W}$$

远远大于该电阻的额定功率（5W），将引起烧毁事故。因此实际使用时不能超过额定电压或额定电流

$$U_N = \sqrt{P_N R} = \sqrt{100 \times 5} \text{V} = 22.36\text{V}$$

$$I_N = \sqrt{\frac{P_N}{R}} = \sqrt{\frac{5}{100}} \text{A} = 0.224\text{A}$$

市售碳膜、金属膜电阻的功率通常为 $\frac{1}{8}$W、$\frac{1}{4}$W、$\frac{1}{2}$W、1W 及 2W 等，功率损耗较大时可选用绕线电阻。

思考与练习

1-4-1 求题 1-4-1 图所示电路中各元件的未知量。

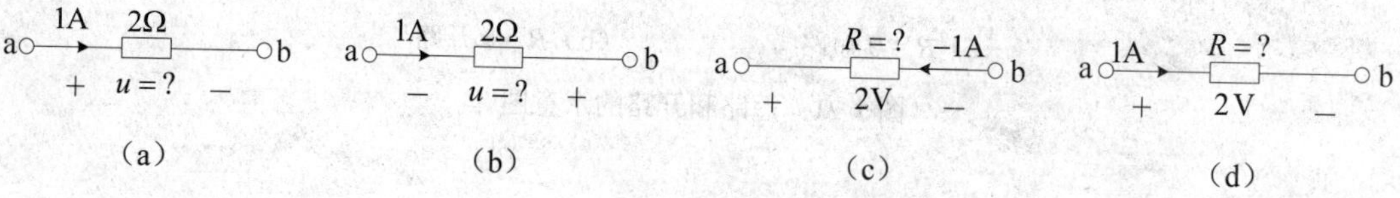

题 1-4-1 图

[2V；−2V；2Ω；2Ω]

1-4-2 一个 4Ω 的电阻流过的电流 $i = 2.5\cos(\omega t)$A，求电压和功率，并画出功率与时间关系的波形图。

[$10\cos(\omega t)$V；$25\cos^2(\omega t)$W]

1-4-3 某电阻元件 10Ω，额定功率 40W。（1）当加在电阻两端电压为 30V 时，该电阻能正常工作吗？（2）为使该电阻正常工作，其外加的电压不能超过多少伏？

[（1）不能；（2）20V]

1.5 独 立 电 源

电源是电路中提供电能的元件。实际电源有干电池、蓄电池、发电机、信号发生器等。电源元件是从实际电源器件中抽象得到的理想化模型，可分为独立电源和受控电源两类。

本节讨论的**独立电源**（independent source）能够独立地向外电路提供电能，包括独立电压源和独立电流源，分别简称为电压源和电流源。

1.5.1 电压源

理想电压源（voltage source）忽略了实际电压源（如干电池）的内阻，是一种理想的二端元件，该二端元件的端电压（terminal voltage）总能保持为某个确定的时间函数，而与通过它的电流无关。

电压源在电路中的图形符号如图 1-22（a）所示，其中 u_S 为电压源的电压。如果 u_S 为定值，即 $u_S = U_S$，则把这种电压源称为直流电压源，其图形符号还可以用图 1-22（b）中的符号表示。

电压源具有如下两个特点。

（1）电压源的端电压完全由自身的特性决定，与流过的电流的大小、方向均无关系，即与外部电路无关。对直流电压源来说，其端口电压电流关系曲线是一条平行于电流轴且 $u=U_S$ 的直线，如图 1-22（c）所示。如果 u_S 是随时间变化的，则在不同时刻，电压源的电压电流关系曲线是一簇平行于电流轴的直线。

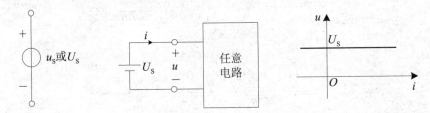

（a）电压源的符号　　　（b）直流电压源外接电路　　　（c）直流电压源的特性曲线

图 1-22　电压源的符号及伏安特性

（2）电压源的电流是由它和外电路共同决定的任意值。随着流经电压源电流的实际方向不同，电压源既可以对外电路提供能量（起电源作用），也可以从外电路接收能量（当作其他电源的负载）。从理论上讲，理想电压源无论提供给电路多大的电流，其端电压始终保持不变，是无穷大的功率源。

电压源是理想化模型，实际上是不存在的，但是电池、发电机等实际电源在一定电流范围内，其输出电压基本保持定值，可近似地看成是一个电压源。

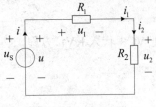

图 1-23　例 1-4 图

【例 1-4】图 1-23 所示的单回路电路是分压电路，如果 u_S 和 R_1、R_2 为已知，求电阻两端分到的电压 u_1 和 u_2。

解　根据 KCL：$i = i_1 = i_2$

再根据 KVL：$u = u_1 + u_2$

代入元件的 VCR

$$\begin{cases} u = u_S \\ u_1 = R_1 i_1 \\ u_2 = R_2 i_2 \end{cases}$$

可以得到

$$u_S = u_1 + u_2 = R_1 i_1 + R_2 i_2 = (R_1 + R_2)i$$

所以

$$i = \frac{u_S}{R_1 + R_2}$$

由此得到两个串联电阻的分压公式

$$\left.\begin{aligned} u_1 = R_1 i = \frac{R_1}{R_1 + R_2} u_S \\ u_2 = R_2 i = \frac{R_2}{R_1 + R_2} u_S \end{aligned}\right\} \tag{1-17}$$

电阻串联分压公式表示：某个电阻上的电压与其电阻值成正比例，电阻增加时其电压也增大。

【例1-5】一个单回路电路如图1-24所示，已知 $u_{S1}=12\text{V}$，$u_{S2}=6\text{V}$，$R_1=0.2\Omega$，$R_2=0.1\Omega$，$R_3=1.4\Omega$ 和 $R_4=2.3\Omega$。求电流 i 和电压 u_{ab} 及电压源发出的功率。

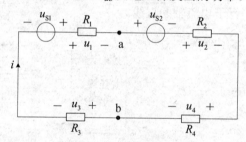

图1-24　例1-5图

解　设回路电流 i 的参考方向和各电阻的电压参考极性如图1-24所示，根据 KVL 可得

$$u_{S2} + u_2 + u_4 + u_3 - u_{S1} + u_1 = 0$$

又由欧姆定律得电阻元件的 VCR 为

$$\begin{cases} u_1 = R_1 i \\ u_2 = R_2 i \\ u_3 = R_3 i \\ u_4 = R_4 i \end{cases}$$

把 VCR 代入 KVL 方程，得

$$u_{S1} - u_{S2} = i(R_1 + R_2 + R_3 + R_4)$$

故

$$i = \frac{u_{S1} - u_{S2}}{R_1 + R_2 + R_3 + R_4} = \frac{12 - 6}{0.2 + 0.1 + 1.4 + 2.3}\text{A} = \frac{6}{4}\text{A} = 1.5\text{A}$$

再根据图中所标极性，沿右半回路计算 u_{ab}。

$$u_{ab} = u_{S2} + u_2 + u_4 = u_{S2} + R_2i + R_4i = [6 + 1.5 \times (0.1 + 2.3)]\text{V} = 9.6\text{V}$$

若沿左边路径计算，则结果与上述相同。

$$u_{ab} = -u_1 + u_{S1} - u_3 = -R_1i + u_{S1} - R_3i = 9.6\text{V}$$

再次验证了电压的计算与路径无关。

电压源 u_{S1} 发出的功率（u_{S1} 与 i 非关联）

$$p_{u_{S1}} = u_{S1} \times i = 12 \times 1.5\text{W} = 18\text{W}$$

电压源 u_{S2} 发出的功率（u_{S2} 与 i 关联）

$$p_{u_{S2}} = -u_{S2} \times i = -6 \times 1.5\text{W} = -9\text{W}$$

【例 1-6】电路如图 1-25（a）所示。试求开关 S 闭合和断开两种情况下，电流 I 和 b 点的电位。

解　图 1-25（a）是电子电路的习惯画法，可以用相应电压源来代替电位，画出图 1-25（b）所示电路，由此可见，当开关 S 闭合时

$$V_b = 0$$

$$U_{bc} = V_b - V_c = 0 - (-5\text{V}) = 5\text{V}$$

$$I = \frac{U_{bc}}{2} = \frac{5}{2}\text{mA} = 2.5\text{mA}$$

当开关 S 断开时

$$I = \frac{V_a - V_c}{1 + 2} = \frac{10 - (-5)}{1 + 2}\text{mA} = 5\text{mA}$$

再根据 KVL 求得 b 点的电位

$$V_b = U_{bc} - 5 = (2 \times 5 - 5)\text{V} = 5\text{V}$$

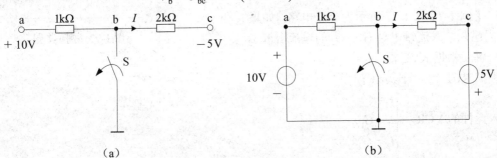

图 1-25　例 1-6 图

1.5.2　电流源

理想电流源（current source）是另一种理想的二端元件，该二端元件的输出电流总能保持为某个确定的时间函数，而与通过它的端电压无关。我们常把理想电流源简称为电流源。

电流源在电路中的图形符号如图 1-26（a）所示，其中 i_S 为电流源的电流。如果 i_S 为定值，即 $i_S = I_S$，则把这种电流源称为直流电流源，如图 1-26（b）和图 1-26（c）所示。

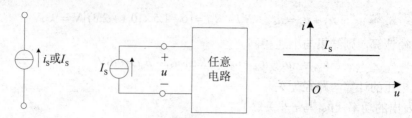

（a）电流源的符号　　　（b）直流电流源外接电路　　　（c）直流电流源的特性曲线

图 1-26　电流源的符号及伏安特性

电流源具有如下特点。

（1）电流源发出的电流完全由自身的特性决定，与其两端电压的大小、方向均无关系，即与外部电路无关。对直流电流源来说，其端口电压电流关系曲线是一条平行于电压轴且 $i = I_S$ 的直线。如果 i_S 是随时间变化的，则在不同时刻，电流源的电压电流关系曲线是一簇平行于电压轴的直线。

（2）电流源的端电压是由它和外电路共同决定的任意值。随着端电压的实际方向不同，电流源既可以对外电路提供能量（起电源作用），也可以从外电路接收能量（当作其他电源的负载）。从理论上讲，理想电流源无论端电压多大，其传递给电路的电流始终保持不变，是无穷大的功率源。

理想电流源实际上也是不存在的，但是，光电管、光电池等器件的工作特性在一定电压范围内比较接近电流源。另外，电流源也可以由专门设计的电子电路来实现。

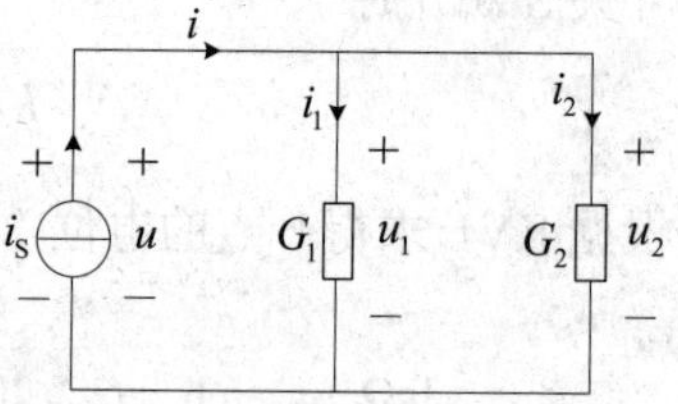

【例 1-7】图 1-27 所示为分流电路，如果 i_S 和 G_1、G_2 为已知，求流过电导 G_1、G_2 的电流 i_1 和 i_2。

图 1-27　例 1-7 图

解　根据 KVL 得　$u = u_1 = u_2$

再根据 KCL 得　$i = i_1 + i_2$

代入元件的 VCR　$\begin{cases} i = i_S \\ i_1 = G_1 u_1 \\ i_2 = G_2 u_2 \end{cases}$

可以得到

$$i_S = i_1 + i_2 = G_1 u_1 + G_2 u_2 = (G_1 + G_2)u$$

所以

$$u = \frac{i_S}{G_1 + G_2}$$

由此得到计算两个并联电导的分流公式

$$\left. \begin{aligned} i_1 &= G_1 u = \frac{G_1}{G_1 + G_2} i_S = \frac{R_2}{R_1 + R_2} i_S \\ i_2 &= G_2 u = \frac{G_2}{G_1 + G_2} i_S = \frac{R_1}{R_1 + R_2} i_S \end{aligned} \right\}$$

（1-18）

分流公式表示某个并联电阻中电流与其电导值成正比例，电导增加时其电流也增大。

【例 1-8】 计算图 1-28 所示电路中电阻两端电压 u_R、电流源的端电压 u_{i_S} 及各电源吸收的功率。

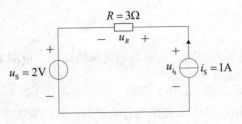

图 1-28　例 1-8 图

解　R 与电流源串联，其电流即为电流源的电流

$$u_R = Ri_S = 3 \times 1 \text{ V} = 3\text{V}$$

再由 KVL 得

$$u_{i_S} = u_R + u_S = (3 + 2) \text{ V} = 5\text{V}$$

电流源吸收的功率（非关联参考方向）

$$p_{i_S} = -u_{i_S} i_S = -5 \times 1\text{W} = -5\text{W}$$

电压源吸收的功率（关联参考方向）

$$p_{u_S} = u_S i_S = 2\text{W}$$

扫码看视频

实际电源的两种模型

1.5.3　实际电源的两种模型及其等效变换

在实际电路中，电源除向外部供给能量外，还有一部分能量损耗于内电阻上，即一个实际电源总有内电阻存在，可以用理想电源与内阻的组合来建立模型。

图 1-29（a）所示是一个实际的直流电源（如电池），将其外接一个可变电阻，测量出端口的伏安特性如图 1-29（b）中的实线所示，可见其端电压随着输出电流的增大而降低。在正常的工作范围内（其端口电流不超过额定值，否则会损坏电池），其端口伏安特性可近似为一条直线，如图 1-29（b）中虚线所示。

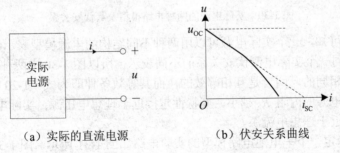

（a）实际的直流电源　　　　（b）伏安关系曲线

图 1-29　实际电源及其伏安特性曲线

如果将图 1-29（b）中的直线作为实际电源的端口伏安特性，可以看出，当 $i = 0$ 时，

即输出端开路时，其输出电压为开路电压 u_{OC}；当 $u = 0$ 时，即输出端短路时，其输出电流为短路电流 i_{SC}，则该直线的斜率为 $-\dfrac{u_{OC}}{i_{SC}}$。此伏安关系可以用以下直线方程表示

$$u = u_{OC} - R_S i \tag{1-19}$$

其中，$R_S = \dfrac{u_{OC}}{i_{SC}}$ 相当于电源内电阻，反映电源内部的损耗。根据 KVL，可画出上式的等效电路，如图 1-30（a）所示。式（1-19）表明，在一定条件下，一个实际电源可以用理想电压源 u_{OC} 与线性电阻 R_S 相串联的组合作为它的模型，其伏安关系如图 1-30（b）所示，这一模型称为实际电源的电压源模型。

如果将式（1-19）改写为

$$i = \frac{u_{OC}}{R_S} - \frac{1}{R_S} u$$

显然，当满足如下条件

$$\frac{u_{OC}}{R_S} = i_{SC}, \quad G_S = \frac{1}{R_S} \tag{1-20}$$

则

$$i = i_{SC} - G_S u \tag{1-21}$$

根据 KCL，可画出式（1-21）的等效电路，如图 1-30（c）所示。式（1-21）表明，在一定条件下，一个实际电源也可以等效成一个理想电流源 i_{SC} 和内电阻 R_S 并联的模型，其伏安关系如图 1-30（d）所示，这一模型称为实际电源的电流源模型。

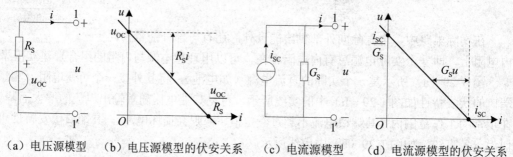

（a）电压源模型　　（b）电压源模型的伏安关系　　（c）电流源模型　　（d）电流源模型的伏安关系

图 1-30　实际电源的两种电路模型及其伏安关系

由上述分析可知，一个实际电源可以用两种不同结构的电源模型表示。由于式（1-19）和式（1-21）是同一个实际电源伏安关系的不同表示，所以图 1-30 中两种电源模型端口的伏安关系是完全相同的，两者是互相等效的，而其等效条件即为式（1-20）。

显然，实际电源的内阻 R_S 越小，其特性越接近于理想电压源；实际电源的内阻 R_S 越大，其特性越接近于理想电流源。

【例 1-9】确定一个干电池电路模型的实验电路如图 1-31 所示。图 1-31（a）所示为用高内阻电压表测量电池的开路电压，得到 $U_{OC} = 1.5\text{V}$。图 1-31（b）所示为用高内阻电压表测量在电池两端接 10Ω 电阻负载时的电压，得到 $U_L = 1.2\text{V}$。试根据以上实验数据确定图 1-31（c）所示干电池电路模型的参数 U_S 和 R_S。

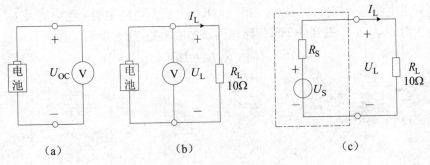

图 1-31　例 1-9 图

解　一个实际电源可以用理想电压源 u_{OC} 与线性电阻 R_S 相串联的组合作为它的模型，故

$$U_S = U_{OC} = 1.5V$$

在图 1-31（c）中，应用两个电阻的串联分压公式得

$$U_L = R_L I_L = \frac{R_L}{R_S + R_L} U_S = \frac{R_L}{R_S + R_L} U_{OC}$$

将上式整理得

$$R_S = \left(\frac{U_{OC}}{U_L} - 1 \right) \times R_L \qquad (1\text{-}22)$$

将已知条件代入后得

$$R_S = \left(\frac{U_{OC}}{U_L} - 1 \right) \times R_L = \left(\frac{1.5}{1.2} - 1 \right) \times 10\Omega = 2.5\Omega$$

即，这节干电池可以用 1.5V 电压源与 2.5Ω 电阻串联的组合作为它的模型。

在电路分析中，有时为了分析方便，经常将电源的串联模型与并联模型进行等效变换。两种电源的等效变换关系如图 1-32 所示。需要注意的是，等效变换时，电流源的参考方向总是由电压源的"+"极端流出的。

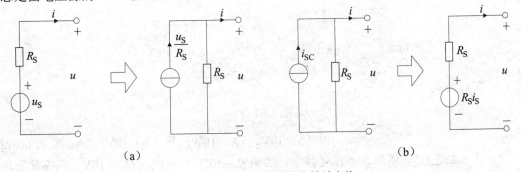

图 1-32　两种电源模型的等效变换

两种电源模型间的转换可以推广到含源支路的等效变换，即一个电压源与电阻串联的组合可以和一个电流源与电阻并联的组合等效互换，这里的电阻不一定就是电源的内电阻。当电源混联时，借助于电压源、电流源模型的等效互换，可以将多电源混联的复杂电路化简为单电源的简单电路。

【例 1-10】 在如图 1-33（a）所示电路中，求电流 I。

解 利用电源等效变换，可以先将图 1-33（a）所示电路中的一组电流源 I_{S1}、R_1 等效为一组电压源 U_{S1}、R_1，得到一个单回路电路，如图 1-33（b）所示，其中

$$U_{S1} = R_1 I_{S1} = 10V$$

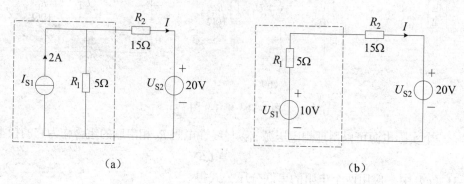

（a）   （b）

图 1-33   例 1-10 图

需要注意的是，U_{S1} 的正极标在 I_{S1} 的流出端。在图 1-33（b）中可以解得

$$I = \frac{U_{S1} - U_{S2}}{R_1 + R_2} = \frac{10-20}{5+15}A = -0.5A$$

思考与练习

1-5-1   理想电源和实际电源有何区别？现实生活中有哪些实际的电压源和实际的电流源？

1-5-2   分别计算题 1-5-2 图所示电路（a）、（b）中的 U、I 和电压源发出的功率 P。比较计算结果，可以得出什么结论？

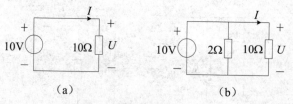

（a）   （b）

题 1-5-2 图

[图（a）10V、1A、10W；图（b）10V、1A、发出 60W]

1-5-3   在题 1-5-3 图所示各段电路中，已知 $R = 10\Omega$、$I = 1A$、$U_S = 10V$，求各段电路的电压 U_{AB}。

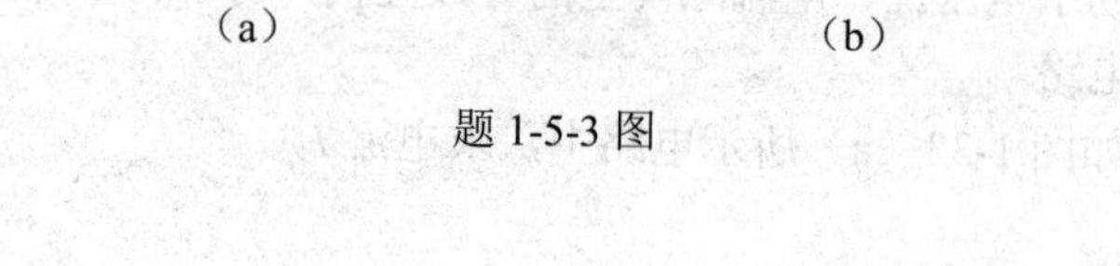

（a）   （b）

题 1-5-3 图

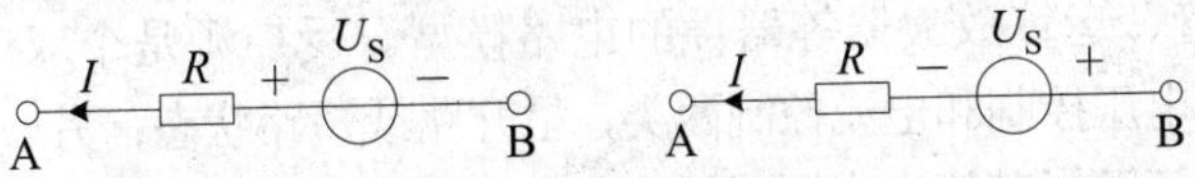

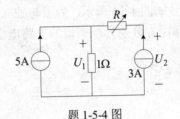

题 1-5-3 图（续）

[20V；0V；0V；−20V]

1-5-4　在题 1-5-4 图所示电路中，当 R 值增大时，U_1 是（　　）、U_2 是（　　）。

　A. 增加　　　　B. 减小　　　　C. 不变

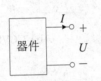

题 1-5-4 图

[C；A]

1-5-5　题 1-5-5 图（a）所示的一个被测量器件，已知其端口电压 U 与电流 I 的一组测量数据，请为该器件建立电压源模型和电流源模型。

U（V）	I（A）
50	0
40	2
30	4

（a）被测器件　　　　　　（b）测量数据

题 1-5-5 图

[电压源 50V、5Ω；电流源 10A、5Ω]

1.6　受 控 电 源

1.5 节讨论的理想电源，其输出电压或电流是由电源本身决定的，不受电源外部电路的控制，具有自身的独立性，因此被称为独立电源。此外，在电路中还会经常遇到一些这样的元件，它们有着电源的一些特性，但是它们的电压或电流又不像独立电源那样是确定的时间函数，而是受电路中某部分电压或电流控制的，这就是受控（电）源或非独立（电）源。

1.6.1　受控源模型

受控源（controlled source）是由某些电子器件抽象出来的理想化模型，借助于受控源能够得到晶体三极管、运算放大器等器件的电路模型。受控源是个双口元件，其中一个端口是控制口，它分为电压控制和电流控制两类，呈开路或短路状态；另一个端口是受控口，表现为一个电压源或电流源，其输出电压或输出电流受控制口的支路电压或支路电流的控制。

根据控制量与受控制量的不同，受控源可以分成 4 种类型：

✦   电压控制的电压源 VCVS（Voltage-Controlled Voltage Source）。

✦   电流控制的电压源 CCVS（Current-Controlled Voltage Source）。

✦   电压控制的电流源 VCCS（Voltage-Controlled Current Source）。

✦   电流控制的电流源 CCCS（Current-Controlled Current Source）。

上述 4 种受控源的电路符号如图 1-34 所示，为了与独立源区别，受控源用菱形符号表示其电源部分。在图 1-34 中，u_1、i_1 分别为控制口的支路电压、电流，u_2、i_2 分别为受控口的支路电压、电流。

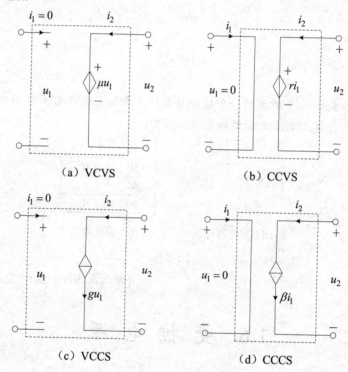

图 1-34   4 种受控源

图 1-34 所示电路中，各受控源的特性可以由两个代数方程来表征。

✦   VCVS：$i_1 = 0$，$u_2 = \mu u_1$。

✦   CCVS：$u_1 = 0$，$u_2 = r i_1$。

✦   VCCS：$i_1 = 0$，$i_2 = g u_1$。

✦   CCCS：$u_1 = 0$，$i_2 = \beta i_1$。

式中，μ 称为转移电压比，r 称为转移电阻，g 称为转移电导，β 称为转移电流比，它们均为受控源的控制系数。当这些系数为常数时，受控量与控制量成正比，这种受控源称为**线性受控源**（linear controlled source）。本书只讨论线性受控源。

通常情况下，在含有受控源的电路中，其控制量所在的端口不一定要专门画出，只需在受控源的菱形符号旁注明其受控关系，同时在控制量所在的位置加以明确的标注即可。

受控源具有与独立源相同的两个基本性质。

（1）可以输出定值电压（μu_1 或 $r i_1$）或定值电流（$g u_1$ 或 βi_1），而与流过的电流或端电压无关。

（2）其流过的电流或端电压是由与之相连的外电路决定的任意值，因此能在一定条件下对外电路提供能量。

但是，受控源与独立源在本质上是不同的。

（1）受控源输出的定值电压（μu_1 或 $r i_1$）或定值电流（$g u_1$ 或 βi_1）不像独立源那样是确定的时间函数，而是受电路中另一个电压或电流控制的。

（2）独立源是电路中的"激励"，它反映外界对电路的作用，是引起电路中"响应"（电压或电流）的原因。而受控源则不同，它反映了电路中某处电压或电流受另一处电压或电流控制的现象，当这些控制量为零时，受控源的输出电压或电流也就为零了，因此，受控源不能单独作为电源使用。

1.6.2　含受控源电路的分析

在分析含有受控源的电路时，一般可以先把受控源当作独立源处理，再对控制量增列一个方程。但是必须注意受控量与控制量之间的关系，特别是在化简电路时，不能随意把含有控制量的支路消除掉。

【例 1-11】图 1-35（a）和图 1-35（b）分别为场效应管（FET）符号及其简化模型，图 1-35（c）所示电路为一简化的放大器电路模型，其中 u_1 为输入电压，u_2 为输出电压。电路中含有一压控电流源（VCCS），受控量的大小为 $g_m u_{gs}$，u_{gs} 为控制量，g_m 为常系数。试求输出电压 u_2。

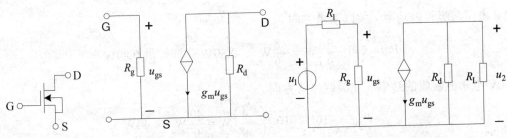

（a）场效应晶体管符号　（b）场效应晶体管的简化模型　　　（c）场效应晶体管外接电路

图 1-35　例 1-11 图

解　先把受控源当作独立源处理，设 $R'_L = \dfrac{R_d \cdot R_L}{R_d + R_L}$，则

$$u_2 = - R'_L (g_m u_{gs})$$

再对控制量增列一个方程

$$u_{gs} = \frac{R_g}{R_1 + R_g} \times u_1$$

所以输出电压

$$u_2 = -R'_L(g_m u_{gs}) = -R'_L g_m \times \frac{R_g}{R_1 + R_g} \times u_1 = -\frac{R_d R_L}{R_d + R_L} g_m \times \frac{R_g}{R_1 + R_g} \times u_1$$

所以

$$u_2 = -\frac{g_m R_g R_d R_L}{(R_d + R_L)(R_1 + R_g)} u_1$$

【例 1-12】求图 1-36 所示电路中各元件吸收的功率。

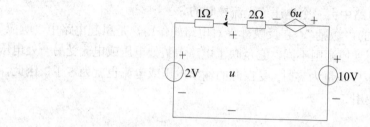

图 1-36 例 1-12 图

解 先把受控源 VCVS 看作独立源，沿电流 i 方向列写回路 KVL 方程

$$-10 + 6u + 2 \times i + 1 \times i + 2 = 0$$

再增列控制量方程

$$u = 1 \times i + 2$$

联立以上两式解得

$$\begin{cases} u = \dfrac{14}{9} \text{V} \\[2mm] i = -\dfrac{4}{9} \text{A} \end{cases}$$

2V 电压源吸收的功率（关联参考方向）

$$P_{2V} = 2 \times \left(-\frac{4}{9}\right) \text{W} = -\frac{8}{9} \text{W} = -0.89 \text{W} \quad （即提供 0.89W）$$

10V 电压源吸收的功率（非关联参考方向）

$$P_{10V} = -10i = -10 \times \left(-\frac{4}{9}\right) \text{W} = \frac{40}{9} \text{W} = 4.44 \text{W}$$

受控源吸收的功率（关联参考方向）

$$P = 6ui = 6 \times \frac{14}{9} \times \left(-\frac{4}{9}\right) \text{W} = -\frac{336}{81} \text{W} = -4.15 \text{W} \quad （即提供 4.15W）$$

各电阻吸收的功率

$$P_{1\Omega} = i^2 \times 1 = 0.20 \text{W}$$
$$P_{2\Omega} = i^2 \times 2 = 0.40 \text{W}$$

各元件吸收的功率之和

$$\sum P_{吸收} = 0$$

符合功率守恒定律。

从以上计算结果可见，受控源是个有源元件，本例中，在独立源的"激励"下，受控源为整个电路贡献了大部分的能量。

思考与练习

1-6-1　何谓受控电源？它与独立电源有哪些相同和不同之处？

1-6-2　在分析含受控源的电路时，一般如何处理受控源？化简时应注意什么问题？

1-6-3　电路如题 1-6-3 图所示，分别计算当 $U_S = 2V$ 时和 $U_S = 8V$ 时，受控源的电压。

[1.5V；6V]

1-6-4　在题 1-6-4 图所示电路中，已知 $i_1 = 2A$，$r = 0.5\Omega$，求 i_S。

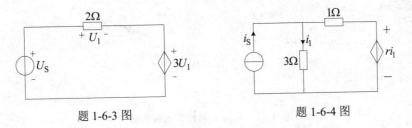

题 1-6-3 图　　　　　　　题 1-6-4 图

[7A]

1.7　应 用 实 例

机械指针式万用表，是通过指针在表盘上摆动的大小来指示被测量的数值，其结构主要包含表头（指示部分）、量程转换电路、量程切换开关等。

表头的基本参数，包括表头指针达到满刻度偏转时的电流值 I_g、表头内阻 R_g 等。满偏电流 I_g 一般为几个微安到几百微安，内阻 R_g 一般为几十欧姆到几千欧姆。表头的测量范围很小，需要量程转换电路才能测量更大的电流值与电压值。

1.7.1　电压表扩大量程电路

一个满偏电流 I_g、内阻 R_g 的表头，本身就是一个满刻度量程为 $U_g = R_g I_g$ 的电压表，但是可测的电压很小。为了扩大它的量程，可依据串联电阻分压的原理，让表头串联分压电阻，如图 1-37 所示，使表头只承担被测电压的一部分。

在图 1-37 中，R_g 为表头内阻，R_1、R_2、R_3 为分压电阻，电压表有 4 个量程，各档能测的最大电压分别如下。

"1" 档: $\quad U_{1\max} = U_g$

"2" 档: $\quad U_{2\max} = \dfrac{R_g + R_1}{R_g} U_g$

"3" 档: $\quad U_{3\max} = \dfrac{R_g + R_1 + R_2}{R_g} U_g$

"4" 档: $\quad U_{3\max} = \dfrac{R_g + R_1 + R_2 + R_3}{R_g} U_g$

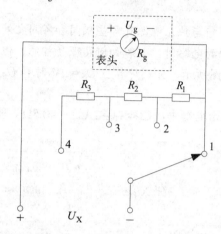

图 1-37　电压表量程扩大原理图

1.7.2　电流表扩大量程电路

一个满偏电流 I_g、内阻 R_g 的表头，测的电流很小。为了扩大它的量程，可依据并联电阻分流的原理，如图 1-38 所示，使表头只承担被测电流的一部分。

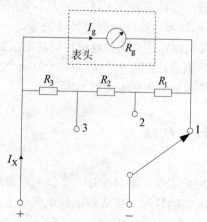

图 1-38　电流表量程扩大原理图

在图 1-38 中，R_g 为表头内阻，R_1、R_2、R_3 为分流电阻，电流表有 3 个量程，各档能测的最大电流分别如下。

"1" 档：$\quad I_{1\max} = \dfrac{R_g + R_1 + R_2 + R_3}{R_1 + R_2 + R_3} I_g$

"2" 档：$\quad I_{2\max} = \dfrac{R_g + R_1 + R_2 + R_3}{R_2 + R_3} I_g$

"3" 档：$\quad I_{3\max} = \dfrac{R_g + R_1 + R_2 + R_3}{R_3} I_g$

扫码看视频

Multisim 仿真：基尔
霍夫定律的验证

1.8　Multisim 仿真：
基尔霍夫定律的验证

1.8.1　KCL 的验证

在 Multisim 中按图 1-39 所示搭建仿真电路，其中 $R_1 \sim R_4$ 为 4 个电阻值分别为 100Ω、200Ω、50Ω、300Ω 的电阻；I_1 是电流值为 1A 的直流电流源，电流方向为从 "+" 流出；U_1 是电压值为 12V 的直流电压源，正负极方向如图 1-39 所示；XMM1~XMM4 为 4 个虚拟万用表，用于测量 4 个电阻两端的电压；虚拟万用表 XMM5 用于测量流过电压源的电流；a、b、c、d 为设置的 4 个节点。

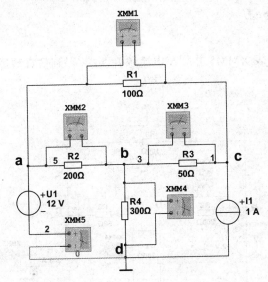

图 1-39　验证 KCL 的仿真电路

打开仿真开关，双击万用表 XMM1~XMM4，选择直流 ⎓ 电压档 ⱽ，记录 4 个万用表的读数于表 1-2，根据欧姆定律计算出流过每条电阻支路的电流值。双击万用表 XMM5，选择直流 ⎓ 电流档 ⒜，记录流过 U_1 的电流值于表 1-2。

表 1-2   验证 KCL 电路的测量数据

	R_1 支路	R_2 支路	R_3 支路	R_4 支路	U_1 支路
万用表读数（V）					
支路电流值（A）					

💡 思考：若以图中万用表的正负极接法为电流的参考方向，根据表 1-2 所示的测量结果是否可判断出每条支路电流的实际方向？为什么？

根据 KCL 定律式（1-9）计算 a、b、c、d 这 4 个节点的 $\sum I$，取流入节点的电流为"+"，将各节点计算时所取的支路电流值和计算结果填入表 1-3。

表 1-3   验证 KCL 的计算数据

节　点	$I_{R1}(A)$	$I_{R2}(A)$	$I_{R3}(A)$	$I_{R4}(A)$	$I_{V1}(A)$	$I_{I1}(A)$	$\sum I(A)$
a							
b							
c							
d							

💡 思考：根据表 1-3 所示的计算结果是否可验证 KCL？如果将 U_1 用一个非线性元件二极管替代（二极管在 ✳ 的 DIODE 中），电路其他部分不变，重新测量计算每个节点的 $\sum I$，根据计算结果判断此时 KCL 是否仍然成立？

仿真结束后关闭仿真开关，保存电路。

1.8.2   KVL 的验证

将图 1-39 中的万用表 XMM5 并联在电流源 I_1 两端，得到仿真测量电路，如图 1-40 所示。

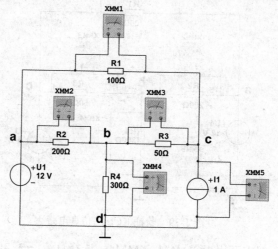

图 1-40   验证 KVL 的仿真电路

打开仿真开关，双击万用表 XMM1~XMM5，选择直流 ━ 电压档 ⌵，记录 5 个万用表的读数于表 1-4。

表 1-4　验证 KVL 电路的测量数据

	R_1 支路	R_2 支路	R_3 支路	R_4 支路	I_1 支路
万用表读数（V）					

💡 思考：若以图中万用表的正负极接法为电压的参考方向，根据表 1-4 所示的测量结果是否可判断出每条支路电压的实际方向？为什么？

根据 KVL 定律式（1-11）计算 abda、bcdb 和 acba 这 3 条回路的 $\sum U$，取顺时针方向为回路绕向，将各回路计算时所取的支路电压值和计算结果填入表 1-5，验证 KVL。

表 1-5　验证 KVL 的计算数据

回　　路	U_{R1}(V)	U_{R2}(V)	U_{R3}(V)	U_{R4}(V)	U_{V1}(V)	U_{I1}(V)	$\sum U$(V)
abda							
bcdb							
acba							

💡 思考：根据表 1-5 所示的计算结果是否可验证 KVL？如果将 I_1 用一个非线性元件二极管替代（二极管在 ⅃ 的 DIODE 中），电路其他部分不变，重新测量计算 3 个回路的 $\sum U$，根据计算结果判断此时 KVL 是否仍然成立？

仿真结束后关闭仿真开关，保存电路。

本 章 小 结

1. 集中假设是电路分析的前提条件，电路分析的基本任务是已知电路结构与参数，计算电路中的电流、电压和电功率。

2. 分析电路时，需要事先设定电流、电压的参考方向，两类约束方程的列写都与所选的参考方向有关。

3. 电路分析的全部约束关系是两类约束。

① 结构约束 $\begin{cases} \text{KCL} \\ \text{KVL} \end{cases}$

② 元件约束 VCR $\begin{cases} \text{电阻元件（} u = Ri \text{）} \\ \text{独立电源} \begin{cases} \text{电压源（} u = u_S \text{）} \\ \text{电流源（} i = i_S \text{）} \end{cases} \\ \text{受控电源} \begin{cases} \text{VCVS} \\ \text{CCVS} \\ \text{VCCS} \\ \text{CCCS} \end{cases} \end{cases}$

习 题 1

1.2 电路变量

1-1 在题 1-1 图所示电路中，电流表 A 的读数随时间变化的情况如图中所示。试确定 $t = 1s$、2s、3s 时的电流 i，并说明电流 i 的实际方向。

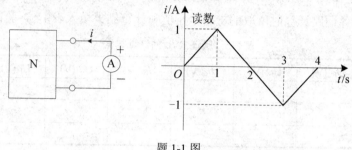

题 1-1 图

1-2 试确定题 1-2 所示电路中各元件上电压、电流的实际方向。

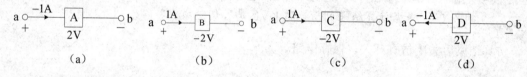

题 1-2 图

1-3 试计算题 1-3 图所示各元件吸收的功率。

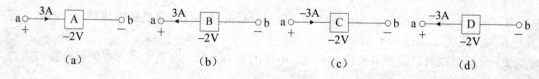

题 1-3 图

1-4 已知某元件上的电压、电流为关联参考方向，分别求下列情况该元件吸收的功率，并画出功率与时间关系的波形图。

（1）$u = 3\cos\pi t$ V，$i = 2\cos\pi t$ A。

（2）$u = 3\cos\pi t$ V，$i = 2\sin\pi t$ A。

1-5 电路如题 1-5 图所示。

（1）元件 1 吸收功率 10W，求 I。

（2）元件 2 吸收功率-10W，求 U。

（3）元件 3 产生功率 10W，求 U。

（4）元件 4 产生功率-10W，求 I。

（5）求元件 5 吸收的功率。

（6）求元件6产生的功率。

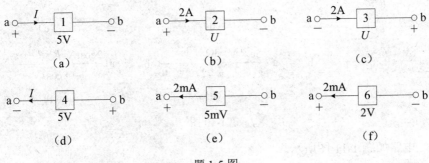

题 1-5 图

1.3 基尔霍夫定律

1-6 电路如题 1-6 图所示，求支路电流 i_3、i_5、i_6。

1-7 题 1-7 图所示为某电路的一部分，求电流 i_1、i_2。

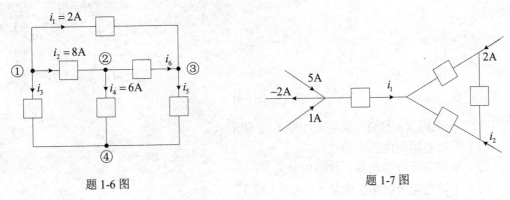

题 1-6 图 题 1-7 图

1-8 电路如题 1-8 图所示。已知 $u_2 = 10\text{V}$，$u_3 = 5\text{V}$，$u_6 = -4\text{V}$，试确定其余各电压。

1-9 电路如题 1-9 图所示。已知 $i_1 = 2\text{A}$，$i_3 = -3\text{A}$，$u_1 = 10\text{V}$，$u_4 = -5\text{V}$，试计算各元件的功率，并检验这些解答是否满足功率平衡。

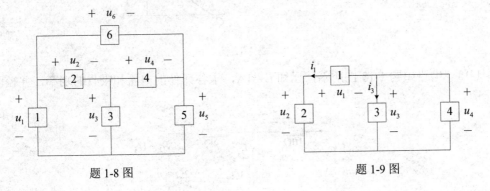

题 1-8 图 题 1-9 图

1.4 电阻元件

1-10 各线性电阻的电压、电流和电阻值如题 1-10 图所示，试计算图中的未知量。

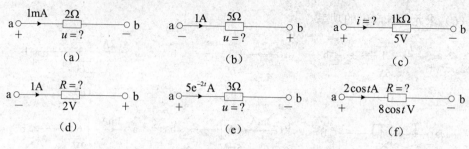

题 1-10 图

1-11　电路如题 1-11 图所示。

（1）图（a）中已知 $u = 6\cos(2t - 30°)$ V，求 i。

（2）图（b）中已知 $u = (5 + 4e^{-6t})$ V，$i = (15 + 12e^{-6t})$ A，求 R。

（3）图（c）中已知 $u = 3\cos(2t)$ V，求 5Ω 电阻的功率。

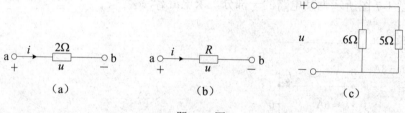

题 1-11 图

1-12　一电阻 $R = 5$kΩ，其电流如题 1-12 图所示。

（1）写出电阻端电压表达式。

（2）求电阻吸收的功率，并画出波形。

（3）求该电阻吸收的总能量。

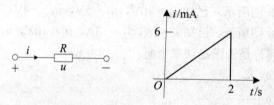

题 1-12 图

1-13　电路如题 1-13 图所示，已知 $i_4 = 1$A，求各元件的电压和吸收的功率，并校验功率平衡。

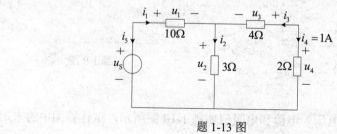

题 1-13 图

1-14　一只"100Ω、100W"的电阻与 120V 电源相串联，则要串入多大的电阻 R 才能使该电阻正常工作？电阻 R 上消耗的功率又为多少？

1.5　独立电源

1-15　在题 1-15 图所示各电路中，求电压 U 和电流 I。

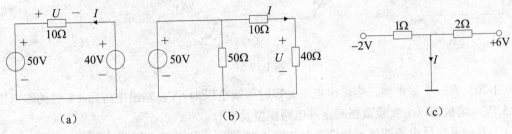

（a）　　　　　（b）　　　　　（c）

题 1-15 图

1-16　求题 1-16 图所示电路中的 u_S 和 i。

1-17　电路如题 1-17 图所示，求 U_{ab}。

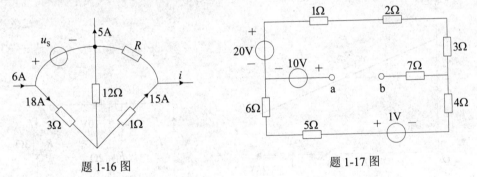

题 1-16 图　　　　　　　　题 1-17 图

1-18　试求题 1-18 图所示各电路中的 U 或 I。

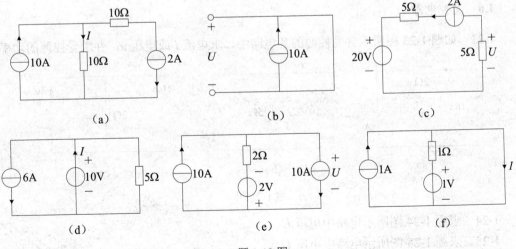

（a）　　　　　（b）　　　　　（c）

（d）　　　　　（e）　　　　　（f）

题 1-18 图

1-19　求题 1-19 图所示各电路中电流源产生的功率。

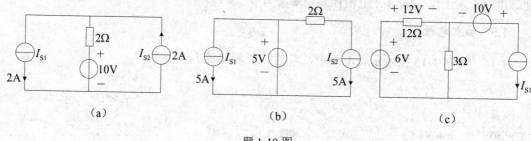

（a）　　　　　　　　　（b）　　　　　　　　　（c）

题 1-19 图

1-20　有一个蓄电池，当输出电流为零时的端电压为 6V，输出电流为 1A 时的端电压为 5.7V，请根据以上实验数据确定其电路模型及参数。

1-21　某实际电源的伏安特性曲线如题 1-21 图所示，求其电压源模型，并变换成等效的电流源模型。

1-22　用电源等效变换的方法计算题 1-22 图所示电路中的电流 I。

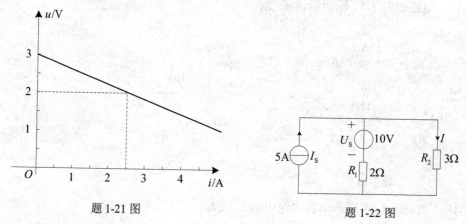

题 1-21 图　　　　　　　　　　　　题 1-22 图

1.6　受控电源

1-23　如题 1-23 图所示含受控源的各电路中，求电流 i 或电压 u，并求受控源的功率。

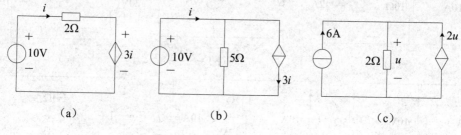

（a）　　　　　　　　　（b）　　　　　　　　　（c）

题 1-23 图

1-24　求题 1-24 图所示电路中电压 U。

1-25　求题 1-25 图所示电路中电压 U_{ab}。

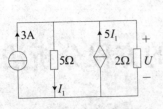

题 1-24 图

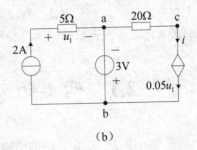

题 1-25 图

1-26 电路如题 1-26 图所示，试求（1）图（a）中电流 i_1 和 u_{ab}；（2）图（b）中电压 u_{cb}。

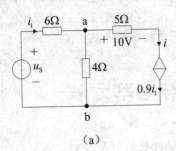

（a）   （b）

题 1-26 图

第 2 章 电阻电路的方程分析法

本章目标

1. 理解以两类约束列方程求解电路变量是电路分析中最基本的分析方法。
2. 掌握支路电流法、网孔电流法、节点电压法列写解变量方程的规律。
3. 能够利用理想运算放大器的特性，分析简单的运算电路。

扫码看视频

2.1 两类约束与电路方程

两类约束与
电路方程

电路分析的典型问题是：给定电路的结构、元件参数以及各独立源的电压或电流，求出电路中所有支路电压和支路电流。

在第 1 章中，已经讨论了 KCL、KVL 和电阻元件、电源元件的伏安特性 VCR，并且分析计算了一些简单的电阻电路。在电路理论中，KCL、KVL 和元件的 VCR 是对电路中各电压、电流所施加的全部约束。

当元件被互联成具有一定几何结构形式的电路后，电路中各部分的电压、电流将由两类约束所支配。一类约束来自元件的互连方式：与一个节点相连的各支路电流必须受到 KCL 的约束，与一个回路相联系的各支路电压必须受到 KVL 的约束。这种只取决于连接方式的约束，称为结构约束或拓扑约束。

另一类约束来自元件的特性，即每种元件的电压、电流之间的约束，例如，一个线性时不变电阻其端电压和电流必须服从欧姆定律 $u=Ri$，理想电压源的端电压是定值 $u=u_S$ 等，这种只取决于元件性质的约束，称为元件约束。在后续章节中还要讨论电容、电感、耦合电感、理想变压器等元件的 VCR，它们对其上的电流、电压都有各自的约束。

集中参数电路中的电压和电流都受这两类约束的支配。因此，两类约束是分析求解一切集中参数电路的基本依据，一切后续的分析方法均建立在这两类约束之上。下面讨论如何根据电路的结构和参数，列出反映这两类约束关系的 KCL、KVL 和 VCR 方程（称为电路方程）。

对于具有 b 条支路的电路，要求解 b 个支路电流和 b 个支路电压，需列出 $2b$ 个独立的方程式。下面以图 2-1 为例说明如何建立 $2b$ 个电路方程。

该电路是有 5 条支路和 4 个节点的电路。先依次对节点①②③④运用 KCL 列出方程（取流出为正）

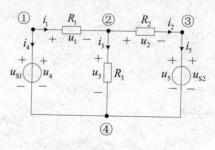

图 2-1 引例

$$\begin{cases} \text{节点①} & i_1 + i_4 = 0 \\ \text{节点②} & -i_1 + i_2 + i_3 = 0 \\ \text{节点③} & -i_2 + i_5 = 0 \\ \text{节点④} & -i_3 - i_4 - i_5 = 0 \end{cases}$$

以上方程组中，每一支路电流都出现两次，一次为正，一次为负。因此，将其中任意 3 个方程相加，就可以得到第 4 个方程。也就是说，这 4 个 KCL 方程中只有 3 个是互相独立的。

一般情况下，对于 n 个节点的电路，其独立的 KCL 方程数为（$n-1$）个，这些节点称为独立节点。

再来运用 KVL 列写方程。观察图 2-1 所示电路，它共有 3 个回路。对两个网孔来说，KVL 方程为

$$\begin{cases} u_1 + u_3 - u_4 = 0 \\ u_2 + u_5 - u_3 = 0 \end{cases}$$

同样，还可以列出最外围回路的一个 KVL 方程

$$u_1 + u_2 + u_5 - u_4 = 0$$

显然这一方程可由两个网孔 KVL 方程相加获得，因而不是独立的。

一般情况下，如果电路有 b 条支路、n 个节点，则独立的回路 KVL 方程数为 $b-(n-1)$ 个，这 $b-(n-1)$ 个回路称为独立回路。对平面电路（即可以画在平面上而没有任何支路互相交叉的电路）来说，网孔数有 $b-(n-1)$ 个，按网孔列出的 KVL 方程是互相独立的。

另外，由 5 条支路可以得到 VCR 方程

$$\begin{cases} u_1 = R_1 i_1 \\ u_2 = R_2 i_2 \\ u_3 = R_3 i_3 \\ u_4 = u_{S1} \\ u_5 = u_{S2} \end{cases}$$

以上 5 个 VCR 方程是互相独立的。联立 KCL、KVL 和 VCR 的 10 个独立方程式，可解出该电路中的每一个支路电压和支路电流。

归纳起来说，如果电路有 b 条支路、n 个节点，则有 $(n-1)$ 个独立的 KCL 方程，$b-(n-1)$ 个独立的 KVL 方程，还有 b 个独立的 VCR 方程。联立求解这 $2b$ 个方程，可以得到全部支路电压和电流。

上例中，若已知 $R_1 = R_3 = 1\Omega$，$R_2 = 2\Omega$，$u_{S1} = 5\text{V}$，$u_{S2} = 10\text{V}$。联立求解 10 个电路方程，可得到各支路电压和电流为

$$\begin{cases} u_1 = 1\text{V} & i_1 = 1\text{A} \\ u_2 = -6\text{V} & i_2 = -3\text{A} \\ u_3 = 4\text{V} & i_3 = 4\text{A} \\ u_4 = 5\text{V} & i_4 = -1\text{A} \\ u_5 = 10\text{V} & i_5 = -3\text{A} \end{cases}$$

2-1-1 由题 2-1-1 图所示结构的电路可知,该电路的独立 KCL、KVL 方程数分别为多少?

题 2-1-1 图

[3; 3]

2.2 支路电流法

扫码看视频

支路电流法

对于含有 b 条支路的电路,可以列出如 2.1 节所述的 $2b$ 个独立方程,从而解出 $2b$ 个支路电压、电流,这种方法称为 $2b$ 法。这 $2b$ 个方程是电路的原始方程,适用于任意集中参数电路。但是 $2b$ 法的缺点是方程数太多,给手算求解联立方程带来困难。

支路电流法(branch current method)是以支路电流为解变量,根据 KCL、KVL 建立电路方程的分析方法。

支路电流法利用元件的 VCR,将电路方程中的支路电压用支路电流代替,使联立方程数由 $2b$ 个减少为 b 个。其基本步骤是先以各支路电流为解变量,求出全部支路电流,然后再根据支路的 VCR 求出各支路电压。

下面仍以图 2-1 所示电路为例说明支路电流法的解题步骤。

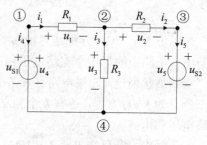

【**例 2-1**】在如图 2-2 所示电路中,已知 $R_1 = R_3 = 1\Omega$,$R_2 = 2\Omega$,$u_{S1} = 5V$,$u_{S2} = 10V$,求各支路电流、电压。

图 2-2 例 2-1 图

解 (1)在电路图上标出所求支路电流及其参考方向。

(2)对 $(n-1)$ 个独立节点列 KCL 方程

$$\begin{cases} i_1 + i_4 = 0 \\ -i_1 + i_2 + i_3 = 0 \\ -i_2 + i_5 = 0 \end{cases}$$

(3)对 $b-(n-1)$ 个独立回路(网孔)列 KVL 方程,其中 u 用 i 代替(根据元件 VCR)

$$\begin{cases} R_1 i_1 + R_3 i_3 - u_{S1} = 0 \\ R_2 i_2 - R_3 i_3 + u_{S2} = 0 \end{cases}$$

代入数据后

$$\begin{cases} i_1 + i_3 = 5 \\ 2i_2 - i_3 = -10 \end{cases}$$

（4）联立 KCL、KVL 方程解出支路电流

$$\begin{cases} i_1 = 1A \\ i_2 = -3A \\ i_3 = 4A \\ i_4 = -1A \\ i_5 = -3A \end{cases}$$

（5）根据支路的 VCR 求出各支路电压或进行其他分析

$$\begin{cases} u_1 = R_1 i_1 = 1V \\ u_2 = R_2 i_2 = -6V \\ u_3 = R_3 i_3 = 4V \\ u_4 = u_{S1} = 5V \\ u_5 = u_{S2} = 10V \end{cases}$$

【例 2-2】图 2-3 所示电路中含有理想电流源，求各支路电流。

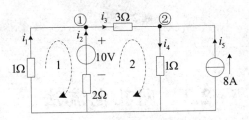

图 2-3　例 2-2 图

解　（1）在电路图上标出所有支路电流及其参考方向，其中 10V 电压源与 2Ω 电阻是流过同一个电流的分支，可以看成一条支路，则该电路节点数 $n=3$，支路数 $b=5$。由于理想电流源支路电流 $i_5 = 8A$ 已知，所以待解的支路电流还有 4 个，需要列出 4 个独立方程。

（2）列两个独立节点①、②的 KCL 方程

$$\begin{cases} -i_1 - i_2 + i_3 = 0 \\ -i_3 + i_4 - 8 = 0 \end{cases}$$

（3）对图 2-3 中虚线所标的两个独立回路列 KVL 方程，其中 u 用 i 代替（根据 VCR）

$$\begin{cases} 1 \times i_1 + 10 - 2 \times i_2 = 0 \\ 3 \times i_3 + 1 \times i_4 + 2 \times i_2 - 10 = 0 \end{cases}$$

（4）联立 KCL、KVL 方程解出支路电流

$$\begin{cases} i_1 = -4\text{A} \\ i_2 = 3\text{A} \\ i_3 = -1\text{A} \\ i_4 = 7\text{A} \end{cases}$$

支路电流法是分析线性电路的一种最基本的方法，在方程数目不多的情况下可以使用。由于支路法要同时列写 KCL 和 KVL 方程，所以方程数较多，手工求解比较烦琐。

与支路电流法相对应，如果将支路的电流用支路电压表示，代入 2b 法中的 KCL 方程，加上支路的 KVL 方程，也可以得到以支路电压为电路变量的 b 个方程，这种方法称为**支路电压法**。

思考与练习

2-2-1 用支路电流法，求题 2-2-1 图所示电路的各支路电流。

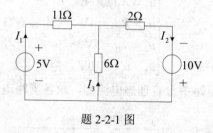

题 2-2-1 图

[1A; 2A; 1A]

2.3 网孔电流法

网孔电流（mesh current）是假想的沿电路中网孔边界流动的电流。以图 2-4 所示电路为例，i_{M1}、i_{M2}、i_{M3} 便是 3 个网孔的网孔电流，假设它们的绕行方向如图 2-4 所示。

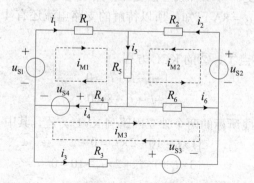

图 2-4 网孔电流法引例

图 2-4 所示电路中，支路电流与网孔电流的关系为

$$i_1 = i_{M1}$$

$$i_2 = i_{M2}$$

$$i_3 = -i_{M3}$$

$$i_4 = i_{M1} - i_{M3}$$

$$i_5 = i_{M1} + i_{M2}$$

$$i_6 = i_{M2} + i_{M3}$$

可见，所有支路电流都可以用网孔电流表示，如果先求得网孔电流，便能容易求出各支路电流，进而求出各支路电压。由于网孔电流的数目等于电路中的网孔数 $b-(n-1)$，比支路电流的数目要少 $(n-1)$ 个，所以以网孔电流为变量求解电路可以减少所需的联立方程数。

由于流入节点的网孔电流一定流出该节点，所以每个节点的网孔电流自动满足 KCL，也就是说，网孔电流不受 KCL 约束，是一组独立的电流变量。因此，用网孔电流作为解变量时，只需按 KVL 和 VCR 列写 $b-(n-1)$ 个方程。

2.3.1　网孔 KVL 方程的列写

以网孔电流为解变量，根据 KVL 和元件 VCR 对网孔列出方程求解电路的方法称为**网孔电流法**（mesh-analysis method）。由于只在平面电路中才有网孔的概念，因此网孔电流法只适合于分析**平面电路**。

在图 2-4 所示电路中，选网孔的绕行方向与网孔电流方向相同，根据 KVL 和元件 VCR 列写网孔的电压方程如下：

$$\left.\begin{aligned}
\text{网孔1} \quad & R_1 i_{M1} + R_5(i_{M1} + i_{M2}) + R_4(i_{M1} - i_{M3}) = u_{S1} - u_{S4} \\
\text{网孔2} \quad & R_2 i_{M2} + R_5(i_{M2} + i_{M1}) + R_6(i_{M2} + i_{M3}) = u_{S2} \\
\text{网孔3} \quad & R_3 i_{M3} + R_4(i_{M3} - i_{M1}) + R_6(i_{M3} + i_{M2}) = u_{S3} + u_{S4}
\end{aligned}\right\} \quad (2\text{-}1\text{-}1)$$

将上述方程组中解变量按顺序排列并加以整理得

$$\left.\begin{aligned}
\text{网孔1} \quad & (R_1 + R_4 + R_5)i_{M1} + R_5 i_{M2} - R_4 i_{M3} = u_{S1} - u_{S4} \\
\text{网孔2} \quad & R_5 i_{M1} + (R_2 + R_5 + R_6)i_{M2} + R_6 i_{M3} = u_{S2} \\
\text{网孔3} \quad & -R_4 i_{M1} + R_6 i_{M2} + (R_3 + R_4 + R_6)i_{M3} = u_{S3} + u_{S4}
\end{aligned}\right\} \quad (2\text{-}1\text{-}2)$$

上式的物理含义是：各网孔电流在电阻上的电压降之和，等于该网孔中电（压）源电位升之和（KVL）。

对具有 m 个网孔的电路，其网孔 KVL 方程的一般形式可参照式（2-1-2）得到

$$\left.\begin{aligned}
& R_{11}i_{M1} + R_{12}i_{M2} + \cdots + R_{1m}i_{Mm} = u_{S11} \\
& R_{21}i_{M1} + R_{22}i_{M2} + \cdots + R_{2m}i_{Mm} = u_{S22} \\
& \cdots \\
& R_{m1}i_{M1} + R_{m2}i_{M2} + \cdots + R_{mm}i_{Mm} = u_{Smm}
\end{aligned}\right\} \quad (2\text{-}2)$$

由此，可以归纳出网孔分析法解题的一般步骤。

扫码看视频

网孔 KVL 方程
的列写

（1）设定每个网孔电流参考方向，并将网孔电流的方向定为列写网孔 KVL 方程的网孔绕行方向。

（2）以网孔电流为解变量列写 $b-(n-1)$ 个网孔 KVL 方程。

（3）联立方程求解网孔电流。

（4）根据 KCL、VCR 求各支路电流、电压等其他变量。

【例 2-3】电路如图 2-5 所示，已知 $U_S=12\text{V}$，$R_S=1\Omega$，$R_1=4\Omega$，$R_2=2\Omega$，$R_3=3\Omega$，$R_4=5\Omega$，$R_5=2\Omega$，用网孔分析法求 i_{R5} 和 u_{R5}。

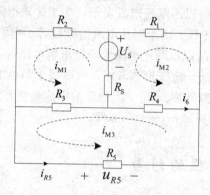

图 2-5 例 2-3 图

解 （1）设网孔电流 i_{M1}、i_{M2}、i_{M3} 环流方向如图 2-5 所示。

（2）以网孔电流为解变量列写各网孔 KVL 方程

$$\begin{cases} \text{网孔1} \quad R_2i_{M1}+R_3(i_{M1}-i_{M3})+R_S(i_{M1}-i_{M2})=U_S \\ \text{网孔2} \quad R_S(i_{M2}-i_{M1})+R_4(i_{M2}-i_{M3})+R_1i_{M2}=-U_S \\ \text{网孔3} \quad R_5i_{M3}+R_4(i_{M3}-i_{M2})+R_3(i_{M3}-i_{M1})=0 \end{cases}$$

代入数据整理得

$$\begin{cases} 6i_{M1}-i_{M2}-3i_{M3}=12 \\ -i_{M1}+10i_{M2}-5i_{M3}=-12 \\ -3i_{M1}-5i_{M2}+10i_{M3}=0 \end{cases}$$

（3）应用克莱姆法则，可以解出各网孔电流，其中

$$i_{M3}=\dfrac{\begin{vmatrix} 6 & -1 & 12 \\ -1 & 10 & -12 \\ -3 & -5 & 0 \end{vmatrix}}{\begin{vmatrix} 6 & -1 & -3 \\ -1 & 10 & -5 \\ -3 & -5 & 10 \end{vmatrix}}\text{A}=\dfrac{0+60-36+360-360-0}{600-15-15-90-150-10}\text{A}=\dfrac{24}{320}\text{A}=0.075\text{A}$$

（4）利用 KCL、VCR 求其他变量

$$i_{R5}=i_{M3}=0.075\text{A}$$

$$u_{R5}=i_{R5}\times R_5=0.075\times2\text{V}=0.15\text{V}$$

2.3.2　电路中含有电流源支路的处理方法

如果电路中存在电流源与电阻的并联组合时，可先将其等效为电压源与电阻的串联组合，然后再列写网孔 KVL 方程。但如果电路中有纯电流源支路存在时，需要特殊处理。常用的方法有以下几种。

方法 1：对电路进行变形，将电流源置于网孔外边沿，则电流源提供的电流即为一个网孔电流，可少列一个 KVL 方程。

方法 2：当公共支路含有电流源时，可以先把电流源看作电压源（注意：电流源供出电流的同时，其两端的电压通常不为零），假设电流源的电压，列写到网孔 KVL 方程等式的右边，然后再增列电流源的电流与解变量网孔电流的约束方程。这种方法使解变量的个数增加，电路方程增加，比较麻烦。

方法 3：用含有公共电流源的相邻网孔来构造一个"超网孔"（supermesh），使电流源位于超网孔的内部，再对超网孔构成的回路列写一个独立的 KVL 方程。这种方法没有把电流源的电压引入 KVL 方程，可以相应减少电路方程数，是一种较简便的方法。

【例 2-4】用网孔电流法求如图 2-6 所示电路中的电流 I。

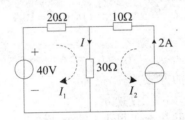

图 2-6　例 2-4 图

解　（1）设网孔电流为 I_1 和 I_2，其流向如图 2-6 所示。

（2）由图 2-6 可见，2A 电流源在网孔的外边沿，因此，网孔电流 $I_2 = 2\text{A}$ 已知，可得网孔方程为

$$\begin{cases} 网孔1 \quad 20 \times I_1 + 30 \times (I_1 + I_2) = 40 \\ 网孔2 \quad I_2 = 2\text{A} \end{cases}$$

（3）解上述方程得

$$I_1 = -0.4\text{A}$$

（4）由 KCL 得

$$I = I_1 + I_2 = 1.6\text{A}$$

【例 2-5】用网孔电流法求如图 2-7 所示电路中的电流 I_X。

解法一　先把电流源看作电压源的处理方法

（1）设网孔电流正方向，并标出电流源电压降参考极性 U_1、U_2，如图 2-7 所示。

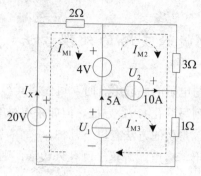

图 2-7　例 2-5 图

（2）把电流源看作电压为 U_1、U_2 的电压源列入网孔 KVL 方程

$$\begin{cases} \text{网孔1} & 2 \times I_{M1} = 20 - 4 - U_1 \\ \text{网孔2} & 3 \times I_{M2} = 4 - U_2 \\ \text{网孔3} & 1 \times I_{M3} = U_1 + U_2 \end{cases}$$

再增列电流源支路与解变量网孔电流的约束方程

$$\begin{cases} I_{M3} - I_{M1} = 5 \\ I_{M3} - I_{M2} = 10 \end{cases}$$

（3）联立上述 5 个方程求解得

$$I_{M1} = 5A, \quad I_{M2} = 0, \quad I_{M3} = 10A$$

（4）求解其他变量

$$I_X = I_{M1} = 5A$$

解法二　构造"超网孔"的方法

（1）设网孔电流正方向，如图 2-7 所示。

（2）由于 5A 电流源位于网孔 1 和网孔 3 的公共边界上，而 10A 电流源位于网孔 2 和网孔 3 的公共边界上，故本例中可以构造的不含电流源压降的"超网孔"只有一个，如图 2-7 中虚线所示。对该超网孔构成的回路列写 KVL 方程

$$2 \times I_{M1} + 3 \times I_{M2} + 1 \times I_{M3} = 20$$

再增列电流源支路与解变量网孔电流的约束方程

$$\begin{cases} I_{M3} - I_{M1} = 5 \\ I_{M3} - I_{M2} = 10 \end{cases}$$

（3）联立上述 3 个方程求解得

$$I_{M1} = 5A, \quad I_{M2} = 0, \quad I_{M3} = 10A$$

（4）求解其他变量

$$I_X = I_{M1} = 5A$$

2.3.3　电路中含有受控源的处理方法

当电路中含有受控源时，可以先把受控源看作独立电源，写到各网孔

扫码看视频

电路:中含有受控源
的处理方法

KVL 方程等式的右边，再增列控制量用解变量网孔电流表示的补充方程。

【例 2-6】用网孔电流法求如图 2-8 所示电路中受控源发出的功率。

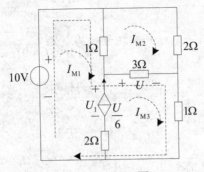

图 2-8　例 2-6 图

解　（1）设网孔电流正方向，如图 2-8 所示。

（2）先把受控电流源看作独立电源，由于电流源位于网孔 1 和网孔 3 的公共边界上，可以合并成一个包含网孔 1 和网孔 3 的"超网孔"，如图 2-8 中虚线所示。对不含电流源的网孔（包括超网孔）列写 KVL 方程

$$\begin{cases} \text{网孔2} & 1\times(I_{M2}-I_{M1})+2\times I_{M2}+3\times(I_{M2}-I_{M3})=0 \\ \text{超网孔} & 1\times(I_{M1}-I_{M2})+3\times(I_{M3}-I_{M2})+1\times I_{M3}=10 \end{cases}$$

注意：本题也可以 3 个网孔合并成一个"超网孔"，即由最外围回路列写 KVL 方程。构造"超网孔"没有特别的限定，只要保证"超网孔"KVL 方程是独立的且不含电流源即可。

接着增列电流源支路与解变量网孔电流的约束方程

$$\frac{U}{6}=i_{M3}-i_{M1}$$

注意：这里与受控电流源 $\frac{U}{6}$ 串联的 2Ω 电阻没有影响这条支路的电流值（$\frac{U}{6}$）。

最后增列受控源控制量用解变量网孔电流表示的补充方程

$$U=3\times(i_{M3}-i_{M2})$$

（3）联立上述 4 个方程求解得

$$i_{M1}=3.6A,\quad i_{M2}=2.8A,\quad i_{M3}=4.4A,\quad U=4.8V,\quad U_1=10.8V$$

（4）求受控源发出的功率

$$P=U_1\left(\frac{U}{6}\right)=8.64W$$

思考与练习

2-3-1　网孔电流是如何定义的？它与支路电流的关系如何？与支路电流法相比，为什

么网孔电流法可以省去$(n-1)$个方程?

2-3-2 应用网孔电流法求解电路时,解得的网孔电流正确与否,应根据 KCL 还是 KVL 来校验?

2-3-3 已知题 2-3-3 图所示电路的网孔方程为 $\begin{cases} 4I_1 - 3I_2 = 4 \\ -3I_1 + 9I_2 = 2 \end{cases}$,则 R、U_S 为何值?

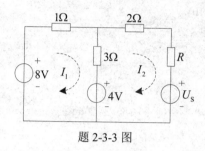

题 2-3-3 图

[4Ω; $2V$]

扫码看视频
节点电压法

2.4 节点电压法

如果在电路中任选一个节点为**参考点**(reference node),其余各节点与参考点的电压降称为**节点电压**(node voltage)。显然,对于具有 n 个节点的电路,就有$(n-1)$个节点电压。

节点电压法(node-analysis method)是以节点电压为解变量,根据 KCL 和元件 VCR 对节点列出方程求解电路的方法,是电路分析中广泛采用的一种方法。

由于任一支路都连接在两个节点上,所以支路电压等于节点电压或相关两个节点电压之差。例如图 2-9 所示电路中,设④为参考点,则节点电压为 u_{N1}、u_{N2}、u_{N3}。各支路电压与节点电压的关系为

$u_1 = u_{N1}$

$u_2 = u_{N1} - u_{N2}$

$u_3 = u_{N2} - u_{N3}$

…

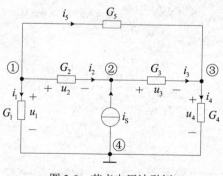

图 2-9 节点电压法引例

可见，所有支路电压都可以用节点电压表示，如果先求得节点电压，便能容易求出各支路电压，进而由元件 VCR 求出各支路电流。例如

$i_1 = G_1 u_{N1}$

$i_2 = G_2(u_{N1} - u_{N2})$

……

当回路中各条支路的电压均用与之关联的节点电压表示时，每个节点电压均会在方程中出现两次，且一正一负，所以节点电压自动满足 KVL，或者说节点电压不受 KVL 约束，是一组独立的电压变量。所以，用节点电压作为解变量时，只需按 KCL 和 VCR 列写(n-1)个方程。

2.4.1　独立节点 KCL 方程的列写

扫码看视频

独立节点 KCL 方程的列写

以节点电压为解变量，根据 KCL 和元件 VCR 对独立节点列出方程求解电路的方法称为节点分析法。下面仍以图 2-9 为例，说明节点 KCL 方程的建立过程。

根据 KCL，可列出独立节点电流方程（取流出节点的电流为正）

$$\left. \begin{array}{l} \text{节点①}\quad i_1 + i_2 + i_5 = 0 \\ \text{节点②}\quad -i_2 + i_3 - i_S = 0 \\ \text{节点③}\quad -i_3 + i_4 - i_5 = 0 \end{array} \right\} \tag{2-3-1}$$

用节点电压表示各支路电流，分别为

$$i_1 = G_1 u_{N1}$$
$$i_2 = G_2(u_{N1} - u_{N2})$$
$$i_3 = G_3(u_{N2} - u_{N3})$$
$$i_4 = G_4 u_{N3}$$
$$i_5 = G_5(u_{N1} - u_{N3})$$

代入式（2-3-1）KCL 方程组，得到以节点电压为变量的方程组。

$$\left. \begin{array}{l} \text{节点①}\quad G_1 u_{N1} + G_2(u_{N1} - u_{N2}) + G_5(u_{N1} - u_{N3}) = 0 \\ \text{节点②}\quad G_2(u_{N2} - u_{N1}) + G_3(u_{N2} - u_{N3}) = i_S \\ \text{节点③}\quad G_3(u_{N3} - u_{N2}) + G_4 u_{N3} + G_5(u_{N3} - u_{N1}) = 0 \end{array} \right\} \tag{2-3-2}$$

与网孔电流法相似，为了便于求解方程，可将上述方程组中解变量按顺序排列并加以整理得

$$\left. \begin{array}{l} \text{节点①}\quad (G_1 + G_2 + G_5)u_{N1} - G_2 u_{N2} - G_5 u_{N3} = 0 \\ \text{节点②}\quad -G_2 u_{N1} + (G_2 + G_3)u_{N2} - G_3 u_{N3} = i_S \\ \text{节点③}\quad -G_5 u_{N1} - G_3 u_{N2} + (G_3 + G_4 + G_5)u_{N3} = 0 \end{array} \right\} \tag{2-3-3}$$

式（2-3-2）、式（2-3-3）的物理含义是：各节点电压在电导上流出某节点的电流之和，等于电（流）源输入该节点的电流之和（KCL）。

需要注意的是，节点电压法也适用于非平面电路，比网孔电流法更具有普遍意义。对具有 n 个节点的网络，节点 KCL 方程的一般形式可参照式（2-3-3）得到

$$\left.\begin{array}{l} G_{11}u_{N1} + G_{12}u_{N2} + \cdots + G_{1(n-1)n}u_{N(n-1)} = i_{S11} \\ G_{21}u_{N1} + G_{22}u_{N2} + \cdots + G_{2(n-1)n}u_{N(n-1)} = i_{S22} \\ \cdots \\ G_{(n-1)1}u_{N1} + G_{(n-1)2}u_{N2} + \cdots + G_{(n-1)(n-1)}u_{N(n-1)} = i_{S(n-1)(n-1)} \end{array}\right\} \qquad (2\text{-}4)$$

由此，可以归纳出节点电压法解题的一般步骤。

（1）选择参考节点，并标出其余节点的节点电压。

（2）以节点电压为解变量列写(n-1)个 KCL 方程。

（3）联立方程求解各节点电压。

（4）由 KVL、VCR 求解其他变量。

【**例 2-7**】用节点电压法求图 2-10 所示电路中的各支路电流。

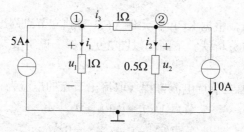

图 2-10　例 2-7 图

解　（1）设参考点并用接地符号标出，其余节点的节点电压设为 u_{N1}，u_{N2}。

（2）以节点电压 u_{N1}，u_{N2} 为解变量，列出(n-1)个 KCL 节点方程

$$\begin{cases} 节点① \quad \dfrac{u_{N1}}{1} + \dfrac{u_{N1} - u_{N2}}{1} = 5 \\[2mm] 节点② \quad \dfrac{u_{N2} - u_{N1}}{1} + \dfrac{u_{N2}}{0.5} = -10 \end{cases}$$

（3）整理上述方程得

$$\begin{cases} 节点① \quad (1+1)u_{N1} - u_{N2} = 5 \\[2mm] 节点② \quad -u_{N1} + (1+2)u_{N2} = -10 \end{cases}$$

解之可得

$$u_{N1} = 1V, \quad u_{N2} = -3V$$

（4）由电阻元件的 VCR 可进一步求得

$$\begin{cases} i_1 = \dfrac{u_{N1}}{1} = 1A \\[3mm] i_2 = \dfrac{u_{N2}}{0.5} = -6A \\[3mm] i_3 = \dfrac{u_{N1} - u_{N2}}{1} = 4A \end{cases}$$

扫码看视频

电路中含有电压源
支路的处理方法

2.4.2　电路中含有电压源支路的处理方法

如果电路中存在电压源与电阻的串联组合时，可先将其等效为电流源与电阻的并联组合，然后再列写节点 KCL 方程。但如果电路中有纯电压源支路存在时，需要特殊处理。常用的方法有以下几种。

方法 1：尽量取电压源支路的一端为参考节点，这时电压源的另一端的节点电压为已知量，故不必再对该节点列写节点方程。

方法 2：若电压源两端均不能成为参考节点，在列节点 KCL 方程时必须考虑流过电压源的电流，需要先假设电压源的电流 i，把电压源看作电流为 i 的电流源列写到节点 KCL 方程等式的右边。由于 i 是未知量，故必须再增列电压源的电压与解变量节点电压的约束方程。这种方法使解变量的个数增加，电路方程增加，比较麻烦。

方法 3：用含有公共电压源的相邻节点来构造一个"超节点"（广义节点，supernode），使电压源位于超节点的内部，再对超节点构成的广义节点列写 KCL 方程。这种方法没有把电压源的电流引入 KCL 方程，可以相应减少电路方程数，是一种较简便的方法。

【例 2-8】试用节点电压法分析如图 2-11 所示电路。

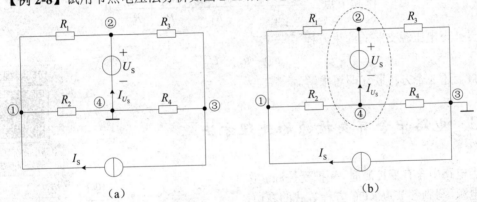

图 2-11　例 2-8 图

解法一　取电压源支路的一端为参考节点的方法

取电压源一端④为参考节点，如图 2-11（a）所示，则电压源另一端②的节点电压为已知。所列方程如下。

$$\begin{cases} \text{节点①}　\dfrac{u_{N1}-u_{N2}}{R_1}+\dfrac{u_{N1}}{R_2}=I_S \\ \text{节点②}　u_{N2}=U_S（已知） \\ \text{节点③}　\dfrac{u_{N3}-u_{N2}}{R_3}+\dfrac{u_{N3}}{R_4}=-I_S \end{cases}$$

将上述 3 个方程联立求解即可。

解法二　先将电压源当作电流源的方法

设以③为参考点，并设 I_u 流过电压源，如图 2-11（b）所示，可列出各节点 KCL 方程如下。

$$
\begin{cases}
\text{节点①} \quad \dfrac{u_{N1}-u_{N2}}{R_1}+\dfrac{u_{N1}-u_{N4}}{R_2}=I_S \\[3mm]
\text{节点②} \quad \dfrac{u_{N2}-u_{N1}}{R_1}+\dfrac{u_{N2}}{R_3}=I_{U_S} \\[3mm]
\text{节点④} \quad \dfrac{u_{N4}-u_{N1}}{R_2}+\dfrac{u_{N4}}{R_4}=-I_{U_S}
\end{cases}
$$

再相应增加一个电压源支路的约束方程

$$u_{N2}-u_{N4}=U_S$$

将上述 4 个方程联立求解即可。

解法三 构造"超节点"的方法

设以③为参考点，用含有电压源的节点 2 和节点 4 来构造一个"超节点"，如图 2-11（b）中虚线所示，对不含电压源支路的节点（包括超节点）列写 KCL 方程。

$$
\begin{cases}
\text{节点①} \quad \dfrac{u_{N1}-u_{N2}}{R_1}+\dfrac{u_{N1}-u_{N4}}{R_2}=I_S \\[3mm]
\text{"超节点"} \quad \dfrac{u_{N2}-u_{N1}}{R_1}+\dfrac{u_{N4}-u_{N1}}{R_2}+\dfrac{u_{N2}}{R_3}+\dfrac{u_{N4}}{R_4}=0
\end{cases}
$$

再补充电压源支路的约束方程

$$u_{N2}-u_{N4}=U_S$$

将上述 3 个方程联立即可求解。

2.4.3 电路中含有受控源的处理方法

当电路中含有受控源时，先把受控源看作独立电源，写到各节点 KCL 方程等式的右边，再增列控制量用解变量节点电压表示的补充方程。

【例 2-9】试用节点电压法分析如图 2-12所示电路。

解 先把受控源看作独立源，对节点 1和节点 2 列写 KCL 方程

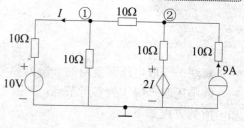

图 2-12 例 2-9 图

$$
\begin{cases}
\text{节点①} \quad \dfrac{U_{N1}-10}{10}+\dfrac{U_{N1}}{10}+\dfrac{U_{N1}-U_{N2}}{10}=0 \\[3mm]
\text{节点②} \quad \dfrac{U_{N2}-U_{N1}}{10}+\dfrac{U_{N2}-2I}{10}=9
\end{cases}
$$

📢 **注意**：在列写节点方程中，没有考虑与 9A 电流源相串联的电阻，因为不论这个电阻的大小如何，都不会影响 9A 电流源流入节点 2 电流的大小。

接着再增列控制量用解变量表示的补充方程

$$I = \frac{U_{N1} - 10}{10}$$

联立上述 3 个方程即可求解。

2.4.4　弥尔曼定理

当电路由多条支路并联构成时，如图 2-13 所示，只有一个独立节点，称为**单节点电路**。单节点电路和单回路电路一样，是电路的一种最简单形式，最适合求解此类电路的方法是应用弥尔曼定理。

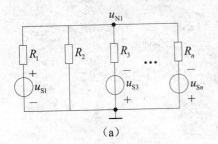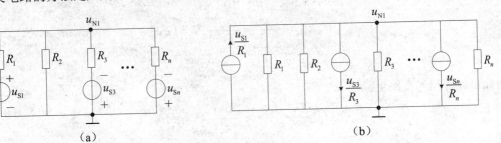

图 2-13　单节点电路

在图 2-13（a）所示电路中，参考节点已选定，只有一个节点电位 u_{N1} 未知，可以对该节点列写 KCL 方程

$$\frac{u_{N1} - u_{S1}}{R_1} + \frac{u_{N1}}{R_2} + \frac{u_{N1} - (-u_{S3})}{R_3} + \cdots + \frac{u_{N1} - (-u_{Sn})}{R_n} = 0$$

将上式整理得

$$\left(\frac{1}{R_1} + \frac{1}{R_2} + \frac{1}{R_3} + \cdots + \frac{1}{R_n} \right) u_{N1} - \frac{u_{S1}}{R_1} + \frac{u_{S3}}{R_3} - \cdots + \frac{u_{Sn}}{R_n} = 0$$

所以

$$u_{N1} = \frac{\dfrac{u_{S1}}{R_1} - \dfrac{u_{S3}}{R_3} + \cdots - \dfrac{u_{Sn}}{R_n}}{\dfrac{1}{R_1} + \dfrac{1}{R_2} + \dfrac{1}{R_3} + \cdots + \dfrac{1}{R_n}} = \frac{\sum \dfrac{u_S}{R}}{\sum \dfrac{1}{R}} \tag{2-5}$$

式中，$\sum \dfrac{u_S}{R}$ 为流入该节点的所有（等效）电流源的电流之和，$\sum \dfrac{1}{R}$ 为与该节点相连的所有电导之和。此公式即称为**弥尔曼定理**（Millman's Theorem）。

图 2-13（a）所示电路，也可以先利用电源等效变换，变换为图 2-13（b）所示电路，显然

$$\left(\frac{1}{R_1} + \frac{1}{R_2} + \frac{1}{R_3} + \cdots + \frac{1}{R_n} \right) u_{N1} = \frac{u_{S1}}{R_1} - \frac{u_{S3}}{R_3} + \cdots - \frac{u_{Sn}}{R_n}$$

由此可以得到的结论到与式（2-5）相同。

【例 2-10】 用弥尔曼定理求图 2-14 所示电路中的支路电流 I_1、I_2。

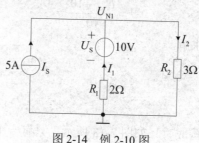

图 2-14 例 2-10 图

解 应用弥尔曼定理，可求得

$$U_{N1} = \frac{\dfrac{U_S}{R_1} + I_S}{\dfrac{1}{R_1} + \dfrac{1}{R_2}} = \frac{\dfrac{10}{2} + 5}{\dfrac{1}{2} + \dfrac{1}{3}} V = 12V$$

由此可计算出各支路电流

$$\begin{cases} I_1 = \dfrac{U_S - U_{N1}}{R_1} = \dfrac{10 - 12}{2} A = -1A \\ I_2 = \dfrac{U_{N1}}{R_1} = \dfrac{12}{3} A = 4A \end{cases}$$

思考与练习

2-4-1 节点电压是如何定义的？用节点电压法分析电路时，为什么 KVL 自动满足？

2-4-2 对比网孔法与节点法的适用条件？对同一个电路，应选用哪种方法较为简便？

2-4-3 在题 2-4-3 图所示电路中，各节点的电位分别为 U_1、U_2、U_3，则节点②的 KCL 方程应为（   ）$+ 0.5I + 2 = 0$。

A. $\dfrac{U_1}{3}$　　　　 B. $\dfrac{U_2 - U_1}{3}$　　　　 C. $3(U_2 - U_1)$　　　　 D. $3(U_1 - U_2)$

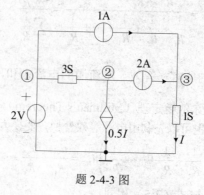

题 2-4-3 图

[C]

2.5　含运算放大器电路
的节点分析

  运算放大器（operational amplifier）简称运放，是一种应用很广泛的多端器件，较早由分立元件组成，后发展成集成电路，因其可完成对信号的加减法、积分、微分等运算，故称运算放大器。目前，运放的应用已远远超出运算的范畴，在通信、控制、测量等各种电子系统中得到广泛应用，已成为一个基本的电路元件。

  运算放大器内部是由电阻、晶体管等组成的复杂电路，其工作原理将在电子技术课程中介绍，本课程只是将其看作一个电路模块，讨论其端钮上的伏安特性，讨论如何利用节点电压法分析含运算放大器的电路。

  运算放大器有多种型号，对外一般有 8~14 个引出端。图 2-15 所示为运放的图形符号，图中三角形表示了信号的单向传递性，即它的输出电压受输入电压的控制，但输入电压却不受输出电压的影响。图 2-15（a）中给出了 5 个主要的端钮，标注$+U_{CC}$和$-U_{CC}$字样的两个端钮是供接直流工作电源的，这是为了保证运放内部晶体管正常工作所必需的。在电路图中，为简单起见，通常不画出电源端，但应该清楚电源端的存在。标注"+"号的输入端，称为**同相输入端**（或称非倒向端，non-inverting input terminal），标注"–"号的输入端，称为**反相输入端**（或称倒向端，inverting input terminal），u_O所在的端钮则为**输出端**。必须注意：这里的"+""–"号并非是指电压的参考极性，只是一种用以区分两种不同性质输入端的标志。当输入信号施加在反向输入端时，输出信号极性与输入信号相反；当输入信号施加在同向输入端时，输出信号极性与输入信号相同。

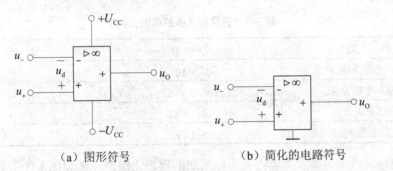

（a）图形符号　　　　　　　　（b）简化的电路符号

图 2-15　运放的图形符号

  图 2-16 所示为在低频信号条件下对运算放大器实验测得的典型输入-输出特性曲线。由特性曲线可见，当**差动输入电压**（differential input voltage）$u_d = u_+ - u_-$ 满足 $-\varepsilon < u_d < \varepsilon$（$\varepsilon$ 很小）时，运算放大器的输出与输入为线性关系。

  图 2-17 所示为线性运放的电路模型。模型中的 R_i 为运放的输入电阻，R_O 为输出电阻，受控源表示运放的电压放大作用，A 为运放的开环电压增益（电压放大倍数）。实际运放的 A 及 R_i 值都比较大，而 R_O 值则较小。当 R_O 可以忽略不计时，运放的输出电压

$$u_O = Au_d = A(u_+ - u_-) \tag{2-6}$$

其中，$u_d = u_+ - u_-$，称为差动输入电压。

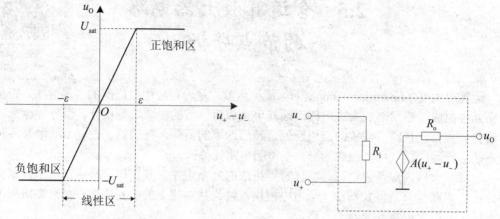

图 2-16 运算放大器的输入-输出特性　　　　图 2-17 线性运放的电路模型

如果把同相输入端接地，而只在反向输入端加输入电压 u_-，则输出电压

$$u_O = -Au_-$$

上式右边的负号说明输出电压 u_O 与反向输入端的输入电压 u_- 对"地"而言极性相反。反之，如果把反向输入端接"地"，而只在同相输入端加输入电压 u_+，则输出电压

$$u_O = Au_+$$

上式说明输出电压 u_O 与同向输入端的输入电压 u_+ 对"地"而言极性相同。反向输入端和同相输入端因此而得名。

表 2-1 给出了运算放大器的开环电压增益 A、输入电阻 R_i、输出电阻 R_o 及供电电源 U_{CC} 值的典型范围。

表 2-1　运算放大器的典型参数值

参　　数	范　　围	理　想　值
开环电压增益 A	$10^5 \sim 10^8$	∞
输入电阻 R_i	$10^6 \sim 10^{13}\ \Omega$	∞
输出电阻 R_o	$10 \sim 100\Omega$	0
电源电压 V_{CC}	$5 \sim 14\text{V}$	

作为电路元件的运算放大器，是实际运放的理想化模型，理想化条件主要包括：

（1）开环电压增益无穷大，$A \to \infty$。

（2）输入电阻无穷大，$R_i \to \infty$。

（3）输出电阻无穷小，$R_o \to 0$。

理想运放（ideal op amp）的电路符号及输入-输出特性如图 2-18 所示。

根据理想运放的特征，可以得出理想运放工作在线性区的两个重要特征。

（1）**虚短路**（virtual short circuit）：由于电压增益 A 为无穷大，而输出电压 $|u_O| \leqslant |U_{sat}|$ 为有限值，则由式（2-6）可知 $u_d = u_+ - u_- = 0$，即

$$u_+ = u_- \tag{2-7}$$

此时，两个输入端之间可视为短路。

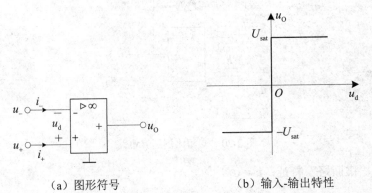

（a）图形符号　　　　　　　（b）输入-输出特性

图 2-18　理想运放的电路符号及输入-输出特性

（2）**虚断路**（virtual open circuit）：由于输入电阻 R_i 无穷大，两个输入端的电流为 0，即

$$i_+ = i_- = 0 \tag{2-8}$$

此时，输入端可视为断路。

利用"虚短路"和"虚断路"的特征，可以很方便地分析含运放的电路。

【**例 2-11**】图 2-19 所示是反相比例运算电路，求 u_O 与 u_I 的关系。

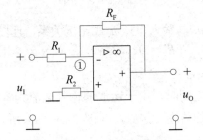

图 2-19　反相比例运算电路

解　根据"虚断路"特征：$i_+ = 0$

所以
$$u_+ = 0$$

再根据"虚短路"特征

$$u_- = u_+ = 0$$

用节点法对节点①列写 KCL 方程（$i_- = 0$），即

$$\frac{0 - u_I}{R_1} + \frac{0 - u_O}{R_F} = 0$$

所以
$$u_O = -\frac{R_F}{R_1} u_I$$

可见，此电路输出电压 u_O 与输入电压 u_I 成比例关系，且极性相反，其比例系数由外接电阻决定而与运放无关，适当调节电阻值即可实现对输入信号的反相比例运算。

【例 2-12】图 2-20 所示是同相比例运算电路，求 u_O 与 u_I 的关系。

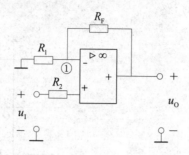

图 2-20　同相比例运算电路

解　根据"虚断路"特征：$i_+ = 0$

所以

$$u_+ = u_I$$

再根据"虚短路"特征

$$u_- = u_+ = u_I$$

用节点法对节点①列写 KCL 方程（$i_-=0$），即

$$\frac{u_I - 0}{R_1} + \frac{u_I - u_O}{R_F} = 0$$

所以

$$u_O = \frac{R_1 + R_F}{R_1} u_I$$

可见，此电路输出电压 u_O 与输入电压 u_I 成比例关系，且极性相同，其比例系数同样由外接电阻决定而与运放无关。当 $R_F = 0$（短路）或 $R_1 = \infty$（开路）时，$u_O = u_I$，称该电路为**电压跟随器**（voltage follower）。

电压跟随器插入两电路之间时，由于运放的输入电流为零，可以隔离两个电路间的相互影响，而不影响信号电压的传递。例如，在图 2-21（a）所示分压电路中，负载 R_L 开路时的输出电压 u_2 为

$$u_2 = \frac{R_2}{R_1 + R_2} u_1$$

接入负载 R_L 后，

$$u_2 = \frac{R_L // R_2}{R_1 + R_L // R_2} u_1$$

显然输出电压 u_2 受负载 R_L 的影响。如果在负载 R_L 与电源之间接入一个电压跟随器，如图 2-21（b）所示，则

$$u_2 = \frac{R_2}{R_1 + R_2} u_1$$

输出电压 u_2 不再受负载 R_L 的影响，即负载电阻 R_L 的作用被"隔离"了，从而可以大大简化电路的设计工作。

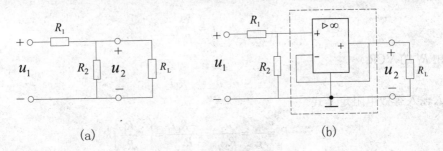

(a)   (b)

图 2-21　电压跟随器的隔离作用

【例 2-13】 图 2-22 所示为减法运算电路，分析输出电压 u_O 与输入电压 u_{I1}、u_{I2} 的关系。

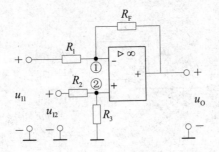

图 2-22　减法运算电路

解　根据"虚断路"特征，$i_+ = 0$，$i_- = 0$，对节点①、②列节点电压 KCL 方程

$$\begin{cases} \text{节点①} & \dfrac{u_- - u_{I1}}{R_1} + \dfrac{u_- - u_O}{R_F} = 0 \\[2mm] \text{节点②} & \dfrac{u_+ - u_{I2}}{R_2} + \dfrac{u_+ - 0}{R_3} = 0 \end{cases}$$

根据"虚短路"特征，$u_+ = u_-$，故从上列两式可以解出

$$u_O = \left(1 + \frac{R_F}{R_1}\right)\frac{R_3}{R_2 + R_3}u_{I2} - \frac{R_F}{R_1}u_{I1}$$

当 $R_1 = R_2$ 和 $R_F = R_3$ 时

$$u_O = \frac{R_F}{R_1}(u_{I2} - u_{I1})$$

当 $R_1 = R_2 = R_F = R_3$ 时

$$u_O = u_{I2} - u_{I1}$$

由以上两式可见，输出电压 u_O 与两个输入电压的差值成正比，可以进行减法运算。

【例 2-14】 电路如图 2-23 所示，虚线框内是一个负阻抗变换器（negative impedance converter），求 1-1'端口的输入等效电阻 $R_i = \dfrac{u_i}{i_i}$。

解　根据"虚短路"特征，$u_i = u_2$，R_1 与 R_2 上的电压相等。又根据"虚断路"特征，$i_+ = 0$，$i_- = 0$，所以

$$R_1 i_1 = R_2 i_2$$

$$i_1 = \frac{R_2}{R_1} i_2$$

再由 R_L 的 VCR

$$u_2 = -R_L i_2$$

代入输入等效电阻定义式

$$R_i = \frac{u_i}{i_i} = \frac{u_2}{\frac{R_2}{R_1} i_2} = \frac{-R_L i_2}{\frac{R_2}{R_1} i_2} = \left(-\frac{R_1}{R_2}\right) R_L$$

上式表明，负阻抗变换器可以将正电阻 R_L 转换为负电阻 R_i。

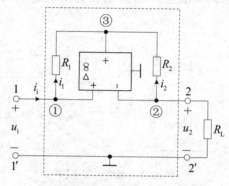

图 2-23　负阻抗变换器

　　运放可实现的功能还有很多，已远远超越了"运算"这个范畴，后续电子技术等课程中将对它进行更加详细深入的研究。

思考与练习

2-5-1　运算放大器的理想化条件主要有哪些？

2-5-2　如何理解理想运放工作在线性区的两个重要特征？

2-5-3　求题 2-5-3 图所示电路中输出电压 u_O 与输入电压 u_1、u_2 的运算关系表达式。

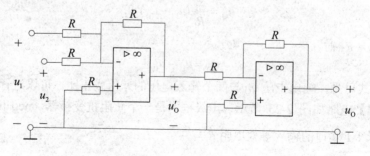

题 2-5-3 图

$$[u_O = u_1 + u_2]$$

2.6　电路的对偶性

电路中的许多变量、元件、结构和定律都是成对出现的，并且存在着类似一一对应的特性。例如，电阻元件上的伏安关系为欧姆定律

$$u = Ri$$

若将表达式中的 u 换成 i、i 换成 u，并把 R 换成 G，则可得到欧姆定律的另一种形式

$$i = Gu$$

这种特性就是电路的**对偶性**（duality）。

对偶性是电路的一个普遍性质，电路中存在着大量的对偶元素，认识这些对偶元素，可以更方便地记忆电路理论中的概念和公式。表 2-2 列举了一些电路中常用的互为对偶的元素，供参考。

表 2-2　电路中的一些对偶量

对偶变量	电压 u	电流 i
	电荷 q	磁链 ψ
	网孔电流	节点电位
对偶元件	电阻 R	电导 G
	电容 C	电感 L
	电压源	电流源
	CCVS	VCCS
	VCVS	CCCS
对偶约束关系	KCL	KVL
	$u = Ri$	$i = Gu$
对偶电路结构	串联	并联
	短路（$R=0$）	开路（$G=0$）
	独立节点	网孔
对偶电路方程	网孔 KVL 方程	节点 KCL 方程
对偶分析方法	网孔电流法	节点电压法

2.7　Multisim 仿真：含运算放大器的电路

扫码看视频

Multisim 仿真：含运算放大器的电路

2.7.1　反相比例运算电路

按图 2-24 所示在 Multisim 中搭建由运算放大器（以下简称运放）构成的运算电路，其中运放型号为 741，V_{CC} 和 V_{EE} 分别为+12V 和-12V，为运放正常工作所需的直流电源。

改变输入电压 U_{S1} 的电压值分别为 2V、5V、8V，运行仿真，读取万用表 XMM1 的直

流电压值即电路的输出电压值填入表 2-3。

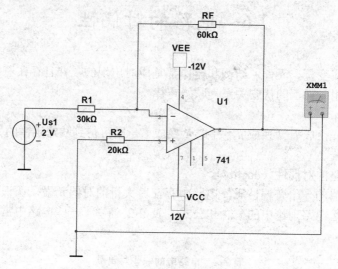

图 2-24　反相比例运算电路

表 2-3　反相比例运算电路测量结果

U_{S1} 电压值（V）	2	5	8
万用表读数（V）			

💡 思考：根据测量结果可以得出输出电压和输入电压之间满足怎样的运算关系？

2.7.2　同相比例运算电路

按图 2-25 所示在 Multisim 中搭建电路。

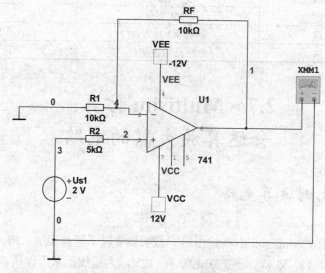

图 2-25　同相比例运算电路

改变输入电压 U_{S1} 的电压值分别为 2V、5V、8V，运行仿真，读取万用表 XMM1 的直流电压值即电路的输出电压值填入表 2-4。

表 2-4　同相比例运算电路测量结果

U_{S1} 电压值（V）	2	5	8
万用表读数（V）			

💡 思考：根据测量结果可以得出输出电压和输入电压之间满足怎样的运算关系？

将图 2-25 中的 R_1 开路或者 R_F 短路，分别得到如图 2-26 和图 2-27 所示的电路，改变输入电压 U_{S1} 的电压值分别为 2V、5V、8V，用万用表测量输出电压值，根据测量结果可得到怎样的结论？

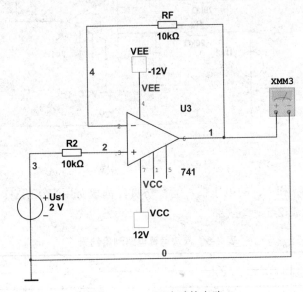

图 2-26　R_1 开路时的电路

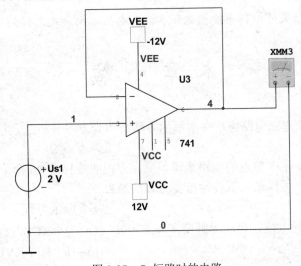

图 2-27　R_F 短路时的电路

2.7.3 减法运算电路

按图 2-28 所示在 Multisim 中搭建电路。

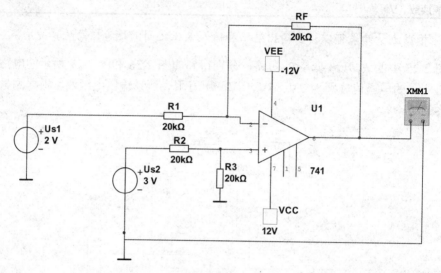

图 2-28　减法运算电路

改变输入电压 U_{S1} 和 U_{S2} 的电压值，运行仿真，读取万用表 XMM1 的直流电压值即电路的输出电压值填入表 2-5。

表 2-5　减法运算电路测量结果

U_{S1} 电压值（V）	2	3	4
U_{S2} 电压值（V）	3	6	9
万用表读数（V）			

💡 思考：根据测量结果可以得出输出电压和输入电压之间满足怎样的运算关系？

本 章 小 结

1. 根据两类约束建立电路方程并求解的方法统称为方程分析法。方程分析法是电路分析最基本的方法。

2. 对 b 条支路、n 个节点的电路来说，独立方程的数目是 $2b$ 个。引入独立变量（网孔电流、节点电压），可以最大限度地减少方程的数目。

① 2b 法（以支路电流、电压为解变量列方程）：$\begin{cases} b \text{个VCR方程} \\ (n-1) \text{个KCL方程} \\ [b-(n-1)] \text{个KVL方程} \end{cases}$

② 支路电流法（以支路电流为解变量列方程）：$\begin{cases}(n-1)\text{个KCL方程} \\ [b-(n-1)]\text{个KVL方程（} + \text{VCR）}\end{cases}$

③ 网孔电流法（以网孔电流为解变量列方程）：$[b-(n-1)]$ 个KVL方程（ + VCR）

④ 节点电压法（以节点电压为解变量列方程）：$(n-1)$ 个KCL方程（ + VCR）

3. 工作在线性区的理想运算放大器，具有虚短路和虚断路的特性，依此通常用节点电压法分析简单的运算电路。

习　题　2

2.1　两类约束与电路方程

2-1　对题 2-1 图所示的两个电路，分别写出独立 KCL 方程、独立 KVL 方程和支路的 VCR。

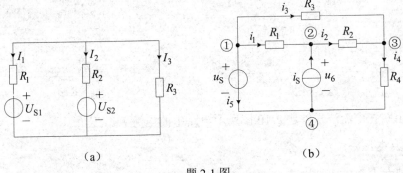

(a)　　　　　　　　　　　　(b)

题 2-1 图

2.2　支路电流法

2-2　对题 2-1 图所示各电路，分别写出用支路电流法求解所需的电路方程。

2-3　用支路电流法求解题 2-3 图所示电路中的支路电流 I_1、I_2。

2.3　网孔电流法

2-4　用网孔电流法求解题 2-4 图所示电路中的支路电流 I_1、I_2 及各电源发出的功率。

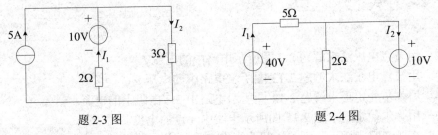

题 2-3 图　　　　　　　　　　题 2-4 图

2-5　用网孔电流法求解题 2-3 图所示电路中的支路电流 I_1、I_2。

2-6　用网孔电流法求解题 2-6 图所示电路中的电压 U_O。

2-7　用网孔电流法求解题 2-7 图所示电路中的电流 I。

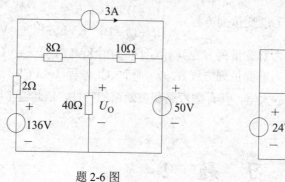

题 2-6 图

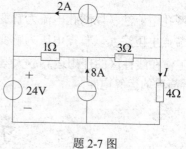

题 2-7 图

2-8　用网孔电流法求解题 2-8 图所示电路中的电压 u。

2-9　用网孔电流法求解题 2-9 图所示电路中的电压 u。

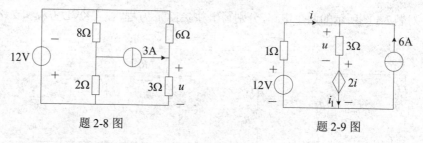

题 2-8 图　　　　　　　　　　　　　题 2-9 图

2-10　用网孔电流法求解题 2-10 图所示电路中的电流 I_X。

2.4　节点电压法

2-11　用节点电压法求解题 2-11 图所示电路中的电流 I。

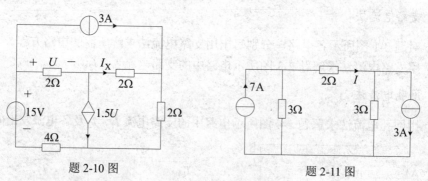

题 2-10 图　　　　　　　　　　　　　题 2-11 图

2-12　用节点电压法求解题 2-7 图所示电路中的电流 I。

2-13　用节点电压法求解题 2-13 图所示电路中的电压 u_{ab}。

2-14　用弥尔曼定理求解题 2-14 图所示电路中 3Ω 电阻上的电流。

2-15　用弥尔曼定理求题 2-15 图所示电路中 a 点的电位。

2-16　在题 2-16 图所示电路中，设参考节点取 O 点，试用弥尔曼定理列出求解 N 点的电位及各支路电流的方程。

2-17　试列出为求解题 2-17 图所示各电路所需的节点电压方程。

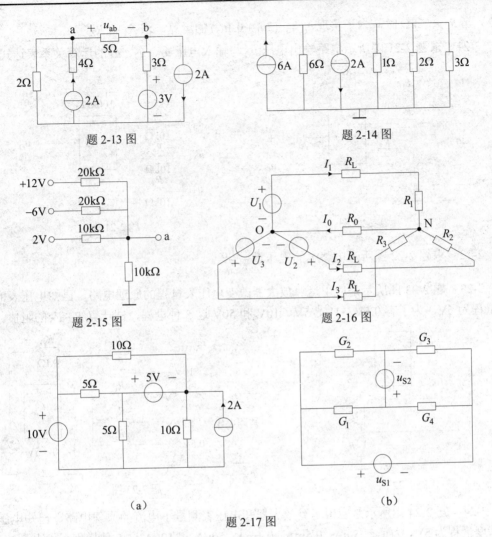

题 2-13 图 题 2-14 图

题 2-15 图 题 2-16 图

（a） （b）

题 2-17 图

2-18 电路如题 2-18 图所示，试用节点电压法求 I_1 和 I_2。

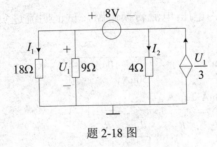

题 2-18 图

2-19 用节点电压法求解题 2-10 图所示电路中的电压 U。

2.5 含运算放大器电路的节点分析

2-20 题 2-20 图所示为反相加法运算电路，（1）证明输出电压 $u_O = -\left(\dfrac{R_F}{R_1} u_1 + \dfrac{R_F}{R_2} u_2 \right)$；

（2）当 $R_F = 22\text{k}\Omega$ 时，为了实现 $u_O = -(2u_1 + 0.1u_2)$ 的运算，求 R_1 和 R_2。

2-21 求题 2-21 图所示电路输出电压 u_O 与输入电压 u_1、u_2、u_3 的运算关系表达式。

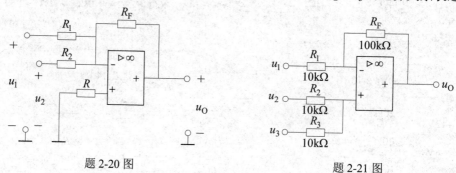

题 2-20 图　　　　　　　　　　题 2-21 图

2-22 求题 2-22 图所示电路中的电压增益 $\dfrac{u_O}{u_I}$。

2-23 题 2-23 图所示是应用运算放大器改变电压表量程的原理电路，已知电压表的满度量程为 5V，为了有 0.5V、1V、5V、10V 和 50V 这 5 种量程，试计算 $R_1 \sim R_5$ 的阻值。

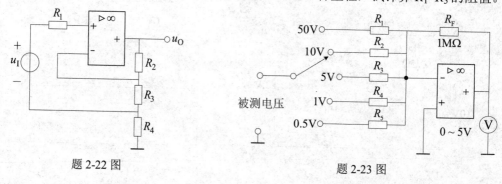

题 2-22 图　　　　　　　　　　题 2-23 图

2-24 题 2-24 图所示是应用运算放大器和电压表测量小电流的原理电路，已知电压表的满度量程为 5V，为了有 5mA、0.5mA、0.1mA、50μA 和 10μA 这 5 种量程，试计算 $R_1 \sim R_5$ 的阻值。

2-25 题 2-25 图所示为电压-电流转换电路，试证明流过负载电阻 R_L 的电流 i_L 与 R_L 值的大小无关。

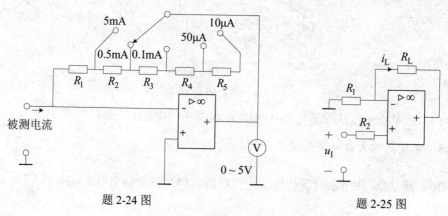

题 2-24 图　　　　　　　　　　题 2-25 图

第 3 章　线性叠加与等效变换

本章目标

1. 理解线性电路的比例性与叠加性，掌握叠加定理。
2. 了解二端网络等效的条件与等效化简的方法，掌握戴维宁定理和诺顿定理。
3. 掌握最大功率传递定理。

3.1　线性电路的比例性

由线性元件（包括线性受控源）和独立电源组成的电路称为**线性电路**。线性电路的特性表现在电路中的响应变量（支路电压或电流）与激励（电压源的电压或电流源的电流）之间的关系。比例性是线性电路的特性之一。所谓**比例性**（homogeneity）是指：当线性电路中只含有一个独立电源时，电路中各处响应与激励之间存在线性关系，也就是正比例函数关系。

下面通过图 3-1 所示的线性电路来说明这一定理的内容。

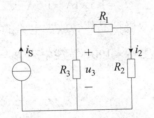

图 3-1　比例性示例

图 3-1 所示电路中只有一个独立电流源 i_S，若以电流 i_2 和电压 u_3 为响应，则

$$i_2 = \frac{R_3}{R_1 + R_2 + R_3} i_S = K_1 i_S$$

$$u_3 = \frac{(R_1 + R_2)R_3}{R_1 + R_2 + R_3} i_S = K_2 i_S$$

由于 R_1、R_2、R_3 为常数，所以 K_1、K_2 也是常数，i_2、u_3 与 i_S 是线性关系，而且比例常数 K_1、K_2 仅与电路结构和线性元件参数（R_1、R_2、R_3）有关，而与激励（i_S）无关。显然，当激励增大或减小 k 倍时，响应也同样增大或减小 k 倍。

【**例 3-1**】电路如图 3-2 所示。（1）已知 $I_5 = 1\text{A}$，求各支路电流和电压源电压 U_S；（2）若已知 $U_S = 120\text{V}$，再求各支路电流。

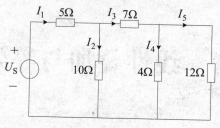

图 3-2 例 3-1 图

解 （1）用 2b 方程，由后向前推算

$$I_4 = \frac{12I_5}{4} = 3\text{A}$$

$$I_3 = I_4 + I_5 = 4\text{A}$$

$$I_2 = \frac{7I_3 + 12I_5}{10} = 4\text{A}$$

$$I_1 = I_2 + I_3 = 8\text{A}$$

$$U_S = 5I_1 + 10I_2 = 80\text{V}$$

（2）当 $U_S = 120\text{V}$ 时，它是原来电压 80V 的 1.5 倍，根据线性电路的比例性可知，该电路中各电压和电流均增加到 1.5 倍，即

$$I_1 = 1.5 \times 8\text{A} = 12\text{A}$$

$$I_2 = I_3 = 1.5 \times 4\text{A} = 6\text{A}$$

$$I_4 = 1.5 \times 3\text{A} = 4.5\text{A}$$

$$I_5 = 1.5 \times 1\text{A} = 1.5\text{A}$$

【例 3-2】 图 3-3 表示一个双极型晶体管放大电路的简单电路模型。设晶体管的参数 $r_{be} = 1\text{k}\Omega$，$R_C = 3\text{k}\Omega$，电流放大系数 $\beta = 100$，负载电阻 $R_L = 3\text{k}\Omega$，求电压放大倍数 $A_u = \dfrac{u_o}{u_i}$。

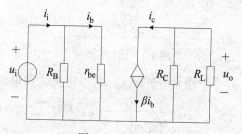

图 3-3 例 3-2 图

解 图 3-3 中受控源为电流控制的电流源，先把受控源当作独立源处理，设 $R_L' = \dfrac{R_C \cdot R_L}{R_C + R_L}$，则

$$u_o = -R_L' i_c = -R_L'(\beta i_b)$$

再对控制量增列一个方程 $u_i = r_{be} i_b$

所以电压放大倍数

$$A_u = \frac{u_o}{u_i} = \frac{-R'_L(\beta i_b)}{r_{be}i_b} = -\beta \frac{R'_L}{r_{be}}$$

$$= -100 \times \frac{\frac{3 \times 3}{3+3}}{1} = -100 \times \frac{1.5}{1} = -150$$

思考与练习

3-1-1 何谓线性电路？线性电路的比例性是否适用于交流输入的线性电路？

[适用]

3-1-2 在题 3-1-2 图所示电路中，U_S 为已知，求 I、U。

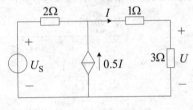

题 3-1-2 图

$[I = 0.2U_S;\quad U = 0.6U_S]$

扫码看视频

叠加定理

3.2 叠 加 定 理

　　线性电路的另一个重要特点是叠加性，即电路中响应与多个激励之间的叠加关系。这种性质可用叠加定理（superposition theorem）描述如下。

　　在任何由线性元件（包括线性受控源）及独立源组成的线性电路中，任一支路的响应（电压或电流）都可以看成是各个独立电源单独作用时，在该支路中产生的响应的代数和。

　　现以图 3-4（a）所示双输入电路为例说明叠加定理的正确性。

　　先列出图 3-4（a）所示电路左边网孔的 KVL 方程

$$R_1 i_1 + R_2(i_1 + i_S) = u_S$$

求解上式可以得到电阻 R_1 上的电流

$$i_1 = \frac{1}{R_1 + R_2}u_S + \frac{-R_2}{R_1 + R_2}i_S = K_1 u_S + H_1 i_S = i'_1 + i''_1$$

其中

$$i'_1 = i_1\big|_{i_S=0} = \frac{1}{R_1 + R_2}u_S = K_1 u_S$$

$$i''_1 = i_1\big|_{u_S=0} = \frac{-R_2}{R_1 + R_2}i_S = H_1 i_S$$

另外，也可以求得电阻 R_2 上电压

$$u_2 = \frac{R_2}{R_1 + R_2} u_S + \frac{R_1 R_2}{R_1 + R_2} i_S = K_2 u_S + H_2 i_S = u_2' + u_2''$$

其中

$$u_2' = u_2 \big|_{i_S = 0} = \frac{R_2}{R_1 + R_2} u_S = K_2 u_S$$

$$u_2'' = u_2 \big|_{u_S = 0} = \frac{R_1 R_2}{R_1 + R_2} i_S = H_2 i_S$$

从以上分析可见：电流 i_1 和电压 u_2 均由两个分量相加而成，一个分量是由电压源 u_S 单独激励所产生的，对应图 3-4（b）所示电路；另一个是由电流源 i_S 单独激励所产生的，对应图 3-4（c）所示电路。由于 R_1、R_2 为常数，所以 K_1、K_2、H_1、H_2 也是常数，响应 i_1 和 u_2 均与激励源 u_S 和 i_S 成线性关系，其比例系数是取决于电路结构参数的确定常数。

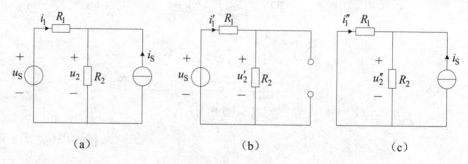

图 3-4　叠加定理示意图

这个具体的实例验证了叠加定理的正确性：在线性电路中，任意一条支路上的电流或电压都等于电路中的每一个独立源单独作用下对该支路产生的电流或电压的代数和。

应用叠加定理时，要注意以下几点。

（1）叠加定理仅仅适用于存在唯一解的线性电路，对非线性电路不适用。

（2）当一个独立源单独作用时，其他的独立源应该置"0"值（set equal to zero），即不作用的电压源用短路代替（$u_S = 0$），不作用的电流源用开路代替（$i_S = 0$），如图 3-5 所示。

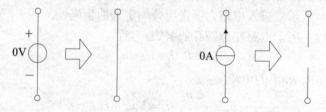

（a）不作用的电压源用短路代替　　（b）不作用的电流源用开路代替

图 3-5　独立源置"0"值的等效电路

（3）叠加定理只适用于电流、电压的计算，一般不适用于计算功率，因为功率是复合变量。例如在双输入电路中，设某电阻上各电源单独作用产生的电流分别为 i_1、i_2，则对应的功率分别为

$$P_1 = Ri_1^2 、 P_2 = Ri_2^2$$

当两个电源共同作用时，该电阻吸收的功率

$$P = R(i_1 + i_2)^2 = Ri_1^2 + Ri_2^2 + 2Ri_1 \cdot i_2 \neq P_1 + P_2$$

因此，电路中所有独立源同时作用时某元件的功率，并不等于每个电源单独作用的功率的叠加。一般可用叠加定理先求出总电压或总电流，再由总电压或总电流求功率。

（4）若电路中含有受控源，应用叠加定理时，受控源不必单独作用，但独立源每次单独作用时受控源要保留其中，其数值随每一独立源单独作用时控制量数值的变化而变化。

【例 3-3】 应用叠加定理求图 3-6（a）所示电路中的电流 i，并求 6Ω 电阻吸收的功率。

解　（1）当 9V 电压源单独作用时，电流源开路处理，如图 3-6（b）所示，可求得

$$i' = \frac{9}{6+3}A = 1A$$

（2）当 6A 电流源单独作用时，电压源短路处理，如图 3-6（c）所示，应用分流公式可求得

$$i'' = \frac{3}{6+3} \times 6A = 2A$$

（3）两个电源共同作用时（注意 3 个电流的参考方向）

$$i = i' - i'' = (1 - 2)A = -1A$$

6Ω 电阻吸收的功率为

$$p = 6 \times i^2 = 6W$$

在本例中，两个电源单独作用时，6Ω 电阻吸收的功率分别是

$$p' = 6(i')^2 = 6 \times 1^2 W = 6W$$

$$p'' = 6(i'')^2 = 6 \times 2^2 W = 24W$$

显然

$$p \neq p' + p''$$

这说明，功率不能像电压或电流那样满足叠加定理。

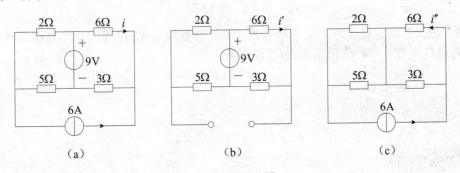

图 3-6　例 3-3 图

【例 3-4】 电路如图 3-7 所示，用叠加定理求 I。

解　（1）当 10V 电压源单独作用时，如图 3-7（b）所示，沿顺时针方向列回路 KVL 方程

$$-10 + (2+1)I' + 2I' = 0$$

解得

$$I' = 2A$$

（2）当3A电流源单独作用时，如图3-7（c）所示，沿顺时针方向列回路KVL方程

$$2 \times I'' + 1 \times (I'' + 3) + 2I'' = 0$$

解得

$$I'' = -0.6A$$

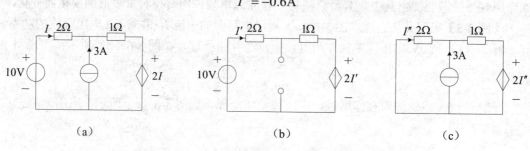

图 3-7　例 3-4 图

（3）两个电源共同作用时

$$I = I' + I'' = 2 - 0.6 = 1.4A$$

【例 3-5】在如图 3-8 所示电路中，方框 N_P 内部为不含有独立源的线性电路。若已知 $U_S=1V$、$I_S=1A$ 时，$U_2=0V$；$U_S=10V$、$I_S=0A$ 时，$U_2=1V$。求 $U_S=0V$、$I_S=10A$ 时 U_2 的值。

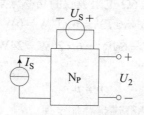

图 3-8　例 3-5 图

解　根据叠加定理可知，U_2 可以看成是两部分叠加组成的，设 U_S 单独作用产生的电压为 U_2'，I_S 单独作用产生的电压为 U_2''，根据比例性

$$U_2' = k_1 U_S$$
$$U_2'' = k_2 I_S$$

所以

$$U_2 = U_2' + U_2'' = k_1 U_S + k_2 I_S$$

代入已知条件，得

$$\begin{cases} 0 = k_1 \times 1 + k_2 \times 1 \\ 1 = k_1 \times 10 + k_2 \times 0 \end{cases}$$

解得

$$k_1 = 0.1 \qquad k_2 = -0.1$$
$$U_2 = k_1 U_S + k_2 I_S = 0.1 U_S - 0.1 I_S$$

当 $U_S = 0V$、$I_S = 10A$ 时，则有

$$U_2 = (0.1 \times 0 - 0.1 \times 10)V = -1V$$

思考与练习

3-2-1 在应用叠加定理分析线性电路时，不作用的电压源、电流源如何处理？受控源如何处理？

3-2-2 一般来说，叠加定理不适用于功率计算。能否构造一个特定电路，使叠加定理在功率计算中也能适用？

3-2-3 有一减法模拟电路如题 3-2-3 图所示，已知电压 $u = k_1 u_{S1} - k_2 u_{S2}$，试求此电路中的 k_1 和 k_2。

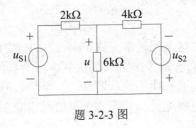

题 3-2-3 图

[0.545; 0.273]

3.3 单口网络等效的概念

在电路分析中，可以把由多个元器件组成的电路作为一个整体看待。若这个整体只有两个端钮与外电路相连，且进出这两个端钮的电流是同一个电流，则称为二端网络（two terminal network）或单口网络（one-port network）。当二端网络内部含有独立电源时称为**有源单口网络**（active one-port network），不含独立电源时称为**无源单口网络**（passive one-port network）。

扫码看视频

单口网络等效的概念

3.3.1 单口网络等效的概念

单口网络的特性是由网络端口电压 u 与端口电流 i 的关系（即伏安关系）来表征的。若两个单口网络的端口伏安关系完全相同，则称这两个单口网络互为**等效网络**（equivalent network）。等效网络的内部结构可能完全不同，但它们对外电路的作用和影响却是完全相同的。

例如，对图 3-9 所示的两个等效网络 N_1 和 N_2，它们的内部结构可能完全不同，但是对任何相同的外电路 M 的作用完全相同，即对外电路 M 中的电压、电流和功率的效果是完

全相同的。

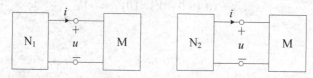

图 3-9　两个等效网络

利用电路的**等效变换**（equivalent transformation）分析电路，可以把结构复杂的电路用一个较为简单的等效电路代替，从而简化电路分析和计算，它是电路分析中常用的方法。

值得强调的是，等效变换前后不变的是等效电路以外的部分，所以这种等效是"对外等效"，至于等效电路内部，由于两者结构可以不同，故各处的电流和电压没有相互对应的关系。

3.3.2　单口网络的伏安关系

扫码看视频

单口网络的
伏安关系

一个元件的伏安关系是由这个元件本身确定的，与外接的电路无关，例如，电阻元件的 VCR 总是 $u = Ri$（在 u、i 为关联参考方向的前提下），这一关系不会因外接电路不同而有所不同。同样，一个单口网络的伏安关系也是由这个单口网络本身确定的，与外接电路无关，只要这个单口网络除了通过它的两个端钮与外界相连接外，别无其他联系。

📢 **注意**：我们只讨论与外界无任何耦合的所谓"明确的"单口网络。即网络中不含有任何能通过电或非电的方式与网络之外的某些变量相耦合的元件，如受控电源、光敏电阻等。

当单口网络内部情况不明（黑箱）时，其端口伏安关系可以用实验方法测得，当单口网络内部结构参数明确时，其端口伏安关系可以用解析方法得到。求出单口网络的伏安关系，便于找到与之伏安关系完全相同的等效电路。

【例 3-6】 在如图 3-10（a）所示单口网络中，已知 $u_S = 6V$，$i_S = 2A$，$R_1 = 2\Omega$，$R_2 = 3\Omega$。求单口网络的 VCR 方程，并画出单口的等效电路。

解　单口网络的 VCR 是由它本身决定的，与外接电路无关。因此，可以在任何外接电路 X 的情况下来求它的 VCR。通常用"外施电压源求电流"或"外施电流源求电压"的方法来解决。

在如图 3-10（a）所示电路中，如果设想在端口外加电流源 i，则可以写出端口电压的表达式

$$u = u_S + R_1(i_S - i) - R_2 i = (u_S + R_1 i_S) - (R_1 + R_2)i = u_{OC} - R_O i$$

其中，u_{OC} 称为该单口网络的端口 ab 之间的**开路电压**（open circuit）

$$u_{OC} = u_S + R_1 i_S = (6 + 2 \times 2)V = 10V$$

$$R_O = R_1 + R_2 = 5\Omega$$

即

$$u = 10 - 5i$$

同理，也可以设想在图 3-10（a）所示电路端口外加电压源 u，则对右边网孔列写求网孔电流 i 的 KVL 方程

$$R_1(i_S - i) - R_2 i = u - u_S$$

整理后的 VCR 与"外施电流源求电压"的方法完全一致

$$u = u_S + R_1(i_S - i) - R_2 i = (u_S + R_1 i_S) - (R_1 + R_2)i = 10 - 5i$$

根据以上分析所得到的单口 VCR 是一次函数关系，显然与图 3-10（b）所示的单口 VCR 完全相同，所以图 3-10（a）所示的单口网络可以等效为电压源 u_{OC} 和电阻 R_O 的串联组合。

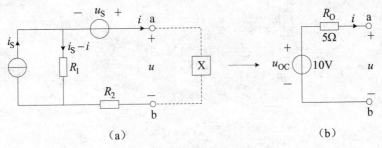

（a）　　　　　　　　　　　　　（b）

图 3-10　例 3-6 图

【例 3-7】求图 3-11 所示只含电阻的单口网络的 VCR。

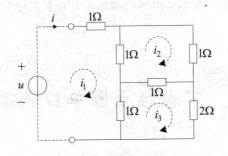

图 3-11　例 3-7 图

解　设想在图 3-11 所示电路端口外施电压源 u，如图 3-11 中虚线部分所示。由网孔分析得方程

$$\begin{cases} 1 \times i_1 + 1 \times (i_1 - i_2) + 1 \times (i_1 - i_3) = u \\ 1 \times i_2 + 1 \times (i_2 - i_3) + 1 \times (i_2 - i_1) = 0 \\ 2 \times i_3 + 1 \times (i_3 - i_1) + 1 \times (i_3 - i_2) = 0 \end{cases}$$

求解 i_1 得

$$i = i_1 = \frac{11}{24}u$$

或

$$u = \frac{24}{11}i$$

根据上式可见，线性电阻单口的端口电压和电流之比为常数，其等效电路是一个电阻（或电导）

$$R_{\text{eq}} = \frac{u}{i} \approx 2.18\Omega$$

思考与练习

3-3-1 求题 3-3-1 图所示各单口网络的 VCR，并画出对应的等效电路。

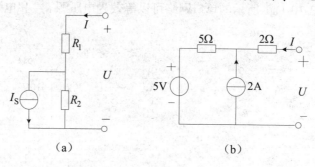

（a）　　　　　　　　　（b）

题 3-3-1 图

$$[U = (R_1 + R_2)I - R_2 I_{\text{S}}; \quad U = 7I + 15]$$

3-3-2 在题 3-3-1 图中，若单口网络内部独立电源置零值，求各单口网络的 VCR，并画出对应的等效电路。

$$[U = (R_1 + R_2)I; \quad U = 7I]$$

3.4 不含独立源单口的等效

根据线性电路的比例性（见 3.1 节），对于一个不含独立源的线性单口网络，其端口电压和电流是正比例函数关系，可以写成

$$u = Ri \ \text{或} \ i = Gu$$

所以，无源线性单口网络可以等效为一个电阻（或电导）。如图 3-12 所示，设无源线性单口网络 N_P 的端口电压 u 与电流 i 为关联参考方向，则定义该无源单口的**等效电阻**（equivalent resistance）

$$R_{\text{eq}} \stackrel{\text{def}}{=} \frac{u}{i} \qquad\qquad (3-1)$$

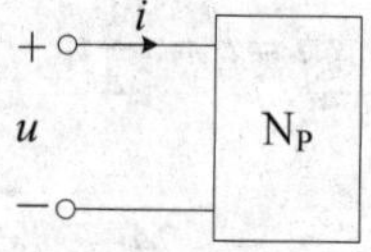

图 3-12 无源线性单口网络

在电子电路中，当单口网络视为电源内阻时，可称此电阻为输出电阻，用 R_0 表示；当单口网络视为负载时，则称之为输入电阻，用 R_i 表示。本节讨论求解无源单口网络等效电

阻的常用方法。

3.4.1　电阻的串联与并联

1．电阻串联与分压公式

两个或两个以上电阻首尾依次相联，中间没有分支，各电阻流过同一电流的连接方式，称为电阻的**串联**（series connection）。图 3-13（a）表示 n 个线性电阻串联形成的单口网络。

由图 3-13（a）所示，根据 KVL 和欧姆定律，可以求得端口的 VCR 为

$$
\begin{aligned}
u &= u_1 + u_2 + u_3 + \cdots + u_n \\
&= R_1 i + R_2 i + R_3 i + \cdots + R_n i \\
&= (R_1 + R_2 + R_3 + \cdots + R_n)i \\
&= R_{eq} i
\end{aligned}
$$

其中

$$
R_{eq} = \frac{u}{i} = R_1 + R_2 + \cdots + R_n = \sum_{k=1}^{n} R_k \tag{3-2}
$$

R_{eq} 称为 n 个电阻串联的等效电阻。显然，当满足式（3-2）条件时，图 3-13（a）和图 3-13（b）两电路端口的 VCR 完全相同，这两个单口网络等效。

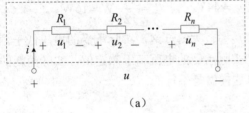

（a）　　　　　　　　　　　　　　（b）

图 3-13　电阻的串联

由 KCL 可知，电阻串联时电流相等

$$
i = \frac{u}{R_{eq}}
$$

n 个电阻串联时，第 k 个电阻上的电压

$$
u_k = R_k \cdot i = R_k \cdot \frac{u}{R_{eq}} = \frac{R_k}{\sum\limits_{k=1}^{n} R_k} u \tag{3-3}
$$

式（3-3）称为**分压公式**（voltage-divider equation）。当只有两个电阻串联时，各电阻上的电压

$$
\left.
\begin{aligned}
u_1 &= \frac{R_1}{R_1 + R_2} u \\
u_2 &= \frac{R_2}{R_1 + R_2} u
\end{aligned}
\right\} \tag{3-4}
$$

由此可见，电阻串联时，各个电阻上的电压与电阻值成正比，即电阻值越大，分到的

电压越大。同理，电阻串联时，每个电阻上的功率也与电阻值成正比。

值得注意的是，电阻串联分压公式是在图 3-13 所示电路标明的电压参考方向下得到的，与电流参考方向的选择无关，当公式中涉及的电压变量的参考方向发生变化时，公式中将出现一个负号。

【例 3-8】为了应急照明，有人把额定电压为 110V，功率分别为 25W 和 100W 的两只灯泡串联接到 220V 电源上，问是否可行？试说明理由。

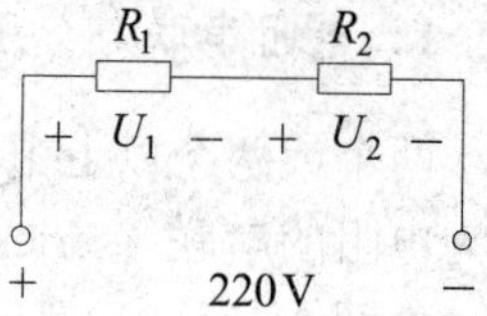

图 3-14　例 3-8 图

解　可用线性电阻元件作为灯泡的近似模型。根据题意，可以画出如图 3-14 所示电路。

根据灯泡上标出的额定电压和功率，各灯泡的电阻大小分别为

$$R_1 = \frac{110^2}{25}\Omega = 484\Omega$$

$$R_2 = \frac{110^2}{100}\Omega = 121\Omega$$

串联接到 220V 电源上时，各灯泡实际承受的电压和消耗的功率分别为

$$U_1 = \frac{484}{484+121} \times 220\text{V} = 176\text{V}, \qquad P_1 = \frac{176^2}{484}\text{W} = 64\text{W}$$

$$U_2 = \frac{121}{484+121} \times 220\text{V} = 44\text{V}, \qquad P_2 = \frac{44^2}{121}\text{W} = 16\text{W}$$

可见，这样做的结果是，对于额定功率较大的灯泡，实际承受的电压低于额定值，不能正常发光。而额定功率较小的灯泡，实际承受的电压高于额定值，实际消耗的功率也超过额定功率，有可能使灯泡损坏，所以这样做是不行的。

2．电阻并联与分流公式

两个或两个以上电阻首尾分别相联，各电阻处于同一电压下的连接方式，称为电阻的并联（parallel connection）。图 3-15（a）表示 n 个线性电阻的并联。

由图 3-15（a）所示，根据 KCL 和欧姆定律，可以求得端口的 VCR 为

$$i = i_1 + i_2 + i_3 + \cdots + i_n = G_1 u + G_2 u + G_3 u + \cdots + G_n u$$
$$= (G_1 + G_2 + G_3 + \cdots + G_n)u = G_{eq} u$$

其中

$$G_{eq} = \frac{i}{u} = G_1 + G_2 + \cdots + G_n = \sum_{k=1}^{n} G_k \tag{3-5}$$

或

$$\frac{1}{R_{eq}} = \frac{1}{R_1} + \frac{1}{R_2} + \cdots + \frac{1}{R_n}$$

G_{eq} 称为 n 个电阻串联的等效电导。显然，当满足式（3-5）条件时，图 3-15（a）和图 3-15（b）所示两电路端口的 VCR 完全相同，这两个二端网络等效。

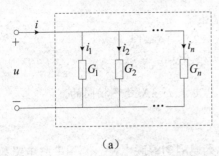
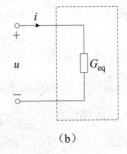

（a）　　　　　　　　　　　（b）

图 3-15　电阻的并联

由 KVL 可知，电阻并联时电压相等

$$u = \frac{i}{G_{eq}}$$

n 个电阻并联时第 k 个电阻上的电流

$$i_k = G_k \cdot u = G_k \cdot \frac{i}{G_{eq}} = \frac{G_k}{\sum\limits_{k=1}^{n} G_k} i \qquad (3\text{-}6)$$

式（3-6）称为**分流公式**（current-divider equation）。当只有两个电阻并联时，单口的等效电阻值也可用以下公式计算

$$R_{eq} = \frac{R_1 R_2}{R_1 + R_2} \qquad (3\text{-}7)$$

各电阻上的电流为

$$\left. \begin{aligned} i_1 &= \frac{R_2}{R_1 + R_2} i \\ i_2 &= \frac{R_1}{R_1 + R_2} i \end{aligned} \right\} \qquad (3\text{-}8)$$

由此可见，电阻并联时，各个电阻上的电流与电阻值成反比，即电阻值越大，分到的电流越小。同理，电阻并联时，每个电阻上的功率也与电阻值成反比。

值得注意的是，电阻并联分流公式是在图示电路标明的电流参考方向得到的，与电压参考方向的选择无关，当公式中涉及的电流变量的参考方向发生变化时，公式中将出现一个负号。

【**例 3-9**】电路如图 3-16 所示，计算各支路电流。

解　根据两个电阻并联分流公式得到 3Ω 和 6Ω 电阻中的电流

图 3-16　例 3-9 图

$$i_1 = \frac{6}{3+6} \times 3A = 2A \qquad i_2 = \frac{3}{3+6} \times 3A = 1A$$

根据两个电阻并联分流公式得到 12Ω 和 6Ω 电阻中的电流

$$i_3 = \frac{6}{12+6} \times 3A = 1A \qquad i_4 = -\frac{12}{12+6} \times 3A = -2A$$

根据节点 a 的 KCL 方程计算出短路线中的电流

$$i_5 = i_1 - i_3 = 2A - 1A = 1A$$

也可以根据节点 b 的 KCL 方程计算出短路线中的电流 i_5。

📢 **注意：** 本题短路线中的电流 i_5=1A 与总电流 i=3A 是不相同的。

3．电阻的混联

既有电阻串联又有电阻并联的电路称为电阻的混联电路。利用串联电路和并联电路的特点，就可以将混联电路化简，进而分析计算电路。

【**例 3-10**】求如图 3-17（a）所示电路 ab 间的等效电阻（输入电阻）R_{eq}，已知 $R_1 = R_2 = R_6 = 2\Omega$，$R_3 = R_4 = R_5 = 4\Omega$，$R_7 = 3\Omega$。

解 图 3-17（a）所示电路粗看比较复杂，但仔细观察，可以按照等电位原则看出该电路共有 4 个节点：a、b、c、d，由此可以将电路画成如图 3-17（b）所示电路。改画的步骤是，先画好全部节点 a、b、c、d，再将各个电阻依次接于这 4 个节点之间，其中：R_1、R_2 接在 ac 之间，R_3、R_4 接在 cd 之间，R_5 接在 cb 之间，R_6 接在 db 之间，R_7 接在 ab 之间。

在图 3-17（b）所示电路中，可以较为清楚地看出各电阻之间的串并联关系。其中，R_1、R_2 并联等效电阻

$$R_{12} = \frac{R_1 \cdot R_2}{R_1 + R_2} = 1\Omega$$

R_3、R_4、R_6 支路等效电阻

$$R_{346} = \frac{R_3 \cdot R_4}{R_3 + R_4} + R_6 = 4\Omega$$

ab 间的等效电阻（见图 3-17（c））

$$R_{eq} = \left\{ R_{12} + \frac{R_{346} \cdot R_5}{R_{346} + R_5} \right\} // R_7 = \{1\Omega + 2\Omega\} // 3\Omega = 1.5\Omega$$

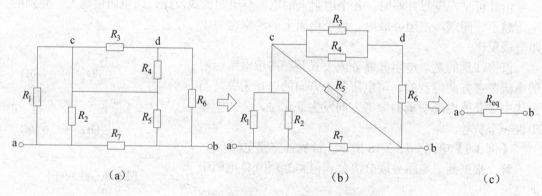

图 3-17 例 3-10 图

【**例 3-11**】图 3-18（a）所示电路是一个简单的分压器电路，其中具有滑动接触端的三端电阻器称为"电位器"。随着 C 端的滑动，在 AB 端之间可得到从零至 U 连续可变的电压。若已知 U=18V，滑动点 C 的位置使 $R_1 = 600\Omega$，$R_2 = 400\Omega$。

（1）求电压 U_O。

（2）若用内阻为 1200Ω 的电压表去测量此电压，求电压表的读数。

（3）若用内阻为 3600Ω 的电压表再测量此电压，求这时电压表的读数。

解　（1）未接电压表时，图 3-18（a）中输出电压

$$U_O = \frac{R_2}{R_1 + R_2} \times U = \frac{400}{600 + 400} \times 18\text{V} = 7.2\text{V}$$

（2）设电压表内阻为 R_V，接上电压表后，其等效电路如图 3-18（c）所示。当电压表内阻为 1200Ω 时，令 $R_{V1} = 1200\Omega$，此时 CB 两端的等效电阻为

$$R_{CB} = \frac{R_2 R_{V1}}{R_2 + R_{V1}} = \frac{400 \times 1200}{400 + 1200}\Omega = 300\Omega$$

由分压公式得

$$U_O = \frac{R_{CB}}{R_1 + R_{CB}} \times U = \frac{300}{600 + 300} \times 18\text{V} = 6\text{V}$$

这时电压表的读数为 6V。

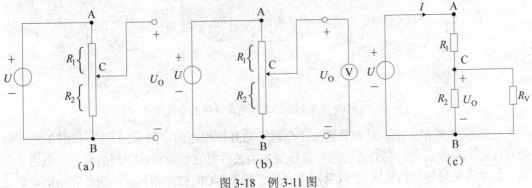

图 3-18　例 3-11 图

（3）当电压表内阻为 3600Ω 时，令 $R_{V2} = 3600\Omega$。这时 CB 两端的等效电阻为

$$R_{CB} = \frac{R_2 R_{V2}}{R_2 + R_{V2}} = \frac{400 \times 3600}{400 + 3600}\Omega = 360\Omega$$

利用分压公式得

$$U_O = \frac{R_{CB}}{R_1 + R_{CB}} \times U = \frac{360}{600 + 360} \times 18\text{V} = 6.75\text{V}$$

从本例可知，电压表内阻越大，对测试电路的影响越小，测量结果越精确。从理论上讲，电压表的内阻为无穷大时，对测试电路无影响。但实际电压表总是有内阻的，因此在测量精度要求比较高的场合，必须考虑电压表内阻的影响。

利用电流表测量电流时，电流表将串接在电路中，显然，电流表的内阻越小，对测量结果的影响越小。在理想情况下，电流表的内阻应为零。

3.4.2　电阻星形联结与三角形联结的等效变换

扫码看视频

电阻星形联结与三角形联结的等效变换

在有些电路中，电阻的连接既非串联又非并联，如图 3-19（a）所示

的桥形电路,当电路参数不对称时,无法直接用串并联进行等效化简,但运用 Y-Δ 变换后却可能简化电路的计算。

在图 3-19(a)中,R_1、R_3、R_5 的一端都接在一个公共的节点 b 上,各自的另一端则分别接到 3 个端子 acd 上,我们称此种联结方式为**星形(Y 形)联结**(Y interconnection)或 T 形联结,而电阻 R_1、R_2、R_5 则分别接在 3 个端子 abc 的每两个之间,形成一个三角形,我们称之为**三角形(Δ 形)联结**(Δ interconnection)或 Π 形联结。

如果能将图 3-19(a)的一组 Δ 形联结的电阻(R_1、R_2、R_5)等效为一组 Y 形联结的电阻(R_a、R_b、R_c),就能得到图 3-19(b)所示的电路;而将图 3-19(a)的一组 Y 形联结的电阻(R_1、R_3、R_5)等效为一组形 Δ 联结的电阻(R_{ad}、R_{ac}、R_{cd}),就能得到图 3-19(c)所示的电路。这样就可以进一步通过简单的电阻串、并联对电路进行等效化简。

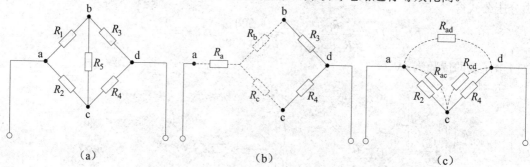

图 3-19 电阻星形联结与三角形联结的等效变换

电阻的 Y 形和 Δ 形联结都是通过 3 个端子与外部相连的,图 3-20(a)和图 3-20(b)分别将它们单独画出,它们之间进行等效变换的条件是它们对应端子间的伏安关系完全相同。如果分别推导它们端钮的 VCR,可以找出两者 VCR 完全相同时,两种联结的电阻之间应满足的关系。

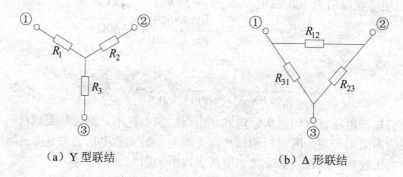

（a）Y 型联结　　　　　　　　　　　　　（b）Δ 形联结

图 3-20 电阻的 Y 形联结和 Δ 形联结

为了简化推导过程,可以设想某一对应端钮悬空,则两种电路的其余两个端钮间的等效电阻必然相等。例如图 3-20(a)和图 3-20(b)中,设想悬空第③端钮,则①、②之间的电阻

$$R_1 + R_2 = \frac{R_{12}(R_{23} + R_{31})}{R_{12} + R_{23} + R_{31}}$$

同理

$$R_2 + R_3 = \frac{R_{23}(R_{12} + R_{31})}{R_{12} + R_{23} + R_{31}}$$

$$R_3 + R_1 = \frac{R_{31}(R_{12} + R_{23})}{R_{12} + R_{23} + R_{31}}$$

将以上三式相加，再除以 2 得

$$R_1 + R_2 + R_3 = \frac{R_{12}R_{23} + R_{23}R_{31} + R_{31}R_{12}}{R_{12} + R_{23} + R_{31}}$$

然后再将上式分别减去前面的 3 个式子，可以得到电阻 Δ 联结等效变换为电阻 Y 联结的条件

$$\left. \begin{aligned} R_1 &= \frac{R_{31}R_{12}}{R_{12} + R_{23} + R_{31}} \\ R_2 &= \frac{R_{12}R_{23}}{R_{12} + R_{23} + R_{31}} \\ R_3 &= \frac{R_{23}R_{31}}{R_{12} + R_{23} + R_{31}} \end{aligned} \right\} \tag{3-9}$$

式（3-9）的规律是

$$R_Y = \frac{\Delta 形相邻电阻乘积}{\Delta 形电阻之和}$$

如果将式（3-9）的 3 个式子分别两两相乘，然后再相加可得

$$R_1R_2 + R_2R_3 + R_3R_1 = \frac{R_{12}R_{23}R_{31}(R_{12} + R_{23} + R_{31})}{(R_{12} + R_{23} + R_{31})^2} = \frac{R_{12}R_{23}R_{31}}{R_{12} + R_{23} + R_{31}}$$

再将上式分别除以式（3-9）中的每一个，可以得到电阻 Y 联结等效变换为电阻 Δ 联结的条件

$$\left. \begin{aligned} R_{12} &= \frac{R_1R_2 + R_2R_3 + R_3R_1}{R_3} \\ R_{23} &= \frac{R_1R_2 + R_2R_3 + R_3R_1}{R_1} \\ R_{31} &= \frac{R_1R_2 + R_2R_3 + R_3R_1}{R_2} \end{aligned} \right\} \tag{3-10}$$

式（3-10）的规律是

$$R_\Delta = \frac{Y 形电阻两两相乘之和}{对面的 Y 电阻}$$

在复杂的电阻网络中，利用电阻星形联结与电阻三角形联结网络的等效变换，可以简化电路分析。

【例 3-12】如图 3-21（a）所示电桥电路，求电流 I。

解　先运用 Y-Δ 变换将图 3-21（a）中，①、②、③端钮所接的三角形联结电阻，变换为星形联结，其中

$$R_1 = \frac{R_{12}R_{31}}{R_{12}+R_{23}+R_{31}} = \frac{3\times5}{3+2+5}\Omega = 1.5\Omega$$

$$R_2 = \frac{R_{12}R_{23}}{R_{12}+R_{23}+R_{31}} = \frac{3\times2}{3+2+5}\Omega = 0.6\Omega$$

$$R_3 = \frac{R_{23}R_{31}}{R_{12}+R_{23}+R_{31}} = \frac{2\times5}{3+2+5}\Omega = 1.0\Omega$$

在如图 3-21（b）所示电路中，利用电阻串联和并联公式，可以求出连接到电压源两端单口的等效电阻

$$R = \left(1.5 + \frac{2\times1.6}{2+1.6}\right)\Omega = \frac{43}{18}\Omega = 2.39\Omega$$

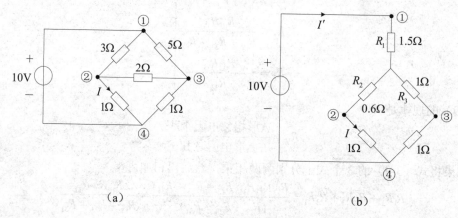

(a)   (b)

图 3-21 例 3-12 图

再求总电流

$$I' = \frac{10}{R} = 4.19\text{A}$$

由分流公式可得

$$I = \frac{2}{2+1.6}\times4.1\text{A} = 2.33\text{A}$$

特殊情况下，若 Y 形联结或 Δ 形联结的 3 个电阻相等时，称为**对称**（symmetrical）。设 $R_{12}=R_{23}=R_{31}=R_\Delta$，$R_1=R_2=R_3=R_Y$，则有

$$R_Y = \frac{1}{3}R_\Delta \tag{3-11}$$

或

$$R_\Delta = 3R_Y \tag{3-12}$$

3.4.3 含受控源单口的等效电阻

由线性二端电阻和线性受控源构成的单口网络，就端口特性而言，

扫码看视频

含受控源单口网络
的等效电阻

也可以等效为一个线性二端电阻，其等效电阻的阻值常用外加独立电源的方法求得。

【例 3-13】求图 3-22 所示电路的等效电阻 R_i。

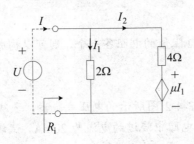

图 3-22　例 3-13 图

解　设外施电压源 U 引起端口电流 I，则

$$I = I_1 + I_2 = \frac{U}{2} + \frac{U - \mu I_1}{4}$$

$$= \frac{U}{2} + \frac{U - \mu \dfrac{U}{2}}{4} = \frac{6 - \mu}{8} U$$

由等效电阻定义

$$R_i \overset{\text{def}}{=} \frac{U}{I} = \frac{8}{6 - \mu}$$

由上式可见，当 $\mu < 6$ 时，$R_i > 0$，等效电阻是正电阻；当 $\mu > 6$ 时，$R_i < 0$，等效电阻是一个负电阻。

【例 3-14】求图 3-23 所示电路的等效电阻 R_{eq}。

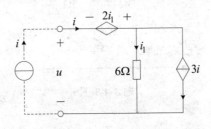

图 3-23　例 3-14 图

解　假想在端口加一个电流源 i，由 KVL 得出端口的电压

$$u = -2i_1 + 6i_1 = 4i_1$$

其中，受控源的控制量

$$i_1 = i - 3i = -2i$$

所以

$$R_{eq} = \frac{u}{i} = -8\Omega$$

即：等效电路是一个负电阻。

思考与练习

3-4-1　现有 1Ω、2Ω、3Ω 阻值的电阻各一个，则可以构成几种阻值的等效电阻？请画出相应的连接电路图。

[13 种]

3-4-2　要设计一个如题 3-4-2 图所示的电压衰减器，衰减器的输入电压为 10V，输出电压分别为 10V、5V 和 1V，电阻中流过的电流为 20mA，试计算电阻 R_1、R_2 和 R_3 的阻值。

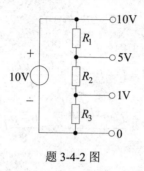

题 3-4-2 图

[250Ω; 200Ω; 50Ω]

3-4-3　求题 3-4-3 图所示单口网络的等效电阻 R_{ab}。

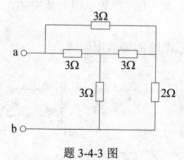

题 3-4-3 图

[2.714Ω]

3-4-4　求题 3-4-4 图所示单口网络的等效电阻 R_{ab}。

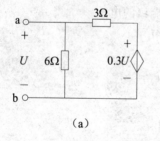 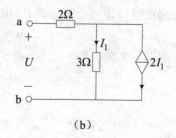

（a）　　　　　　　　　　　　　　（b）

题 3-4-4 图

[2.5Ω; 3Ω]

3.5 含独立源单口的等效

从 3.3 节讨论可见，含独立源的线性单口网络的 VCR 是一次函数关系，当单口网络的端口电压和电流采用非关联参考方向时，如图 3-24 所示，可以写成如下形式

$$u = u_{OC} - Ri$$

或

$$i = i_{SC} - Gu$$

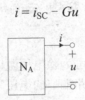

图 3-24 有源单口网络

所以，有源线性单口网络可以等效为一个电压源串联一个电阻或一个电流源并联一个电导。本节讨论求出有源单口网络等效电路的一些简单规律。

3.5.1 理想电源的串联与并联

1. 电压源的串联

设单口网络由 n 个电压源串联组成，如图 3-25（a）所示，根据 KVL，可以等效为一个电压源，如图 3-25（b）所示。其等效条件为

$$u_S = \sum_{k=1}^{n} u_{Sk} \tag{3-13}$$

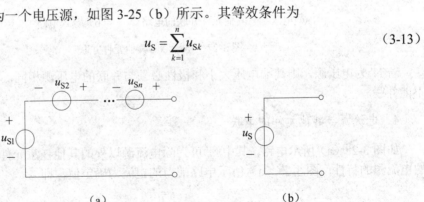

（a）　　　　　　　　　（b）

图 3-25 电压源的串联

2. 电流源的并联

设单口网络由 n 个电流源并联组成，如图 3-26（a）所示，根据 KCL，可以等效为一个电流源，如图 3-26（b）所示。其等效条件为

$$i_S = \sum_{k=1}^{n} i_{Sk} \tag{3-14}$$

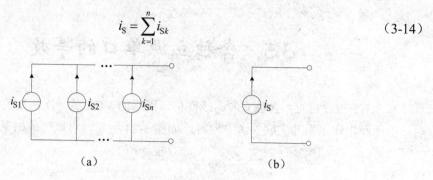

图 3-26　电流源的并联

3．电压源与其他元件的并联

如图 3-27（a）所示电路，其中 N' 可为除电压源以外的其他任意元件。根据 1.5 节介绍的电压源的特性，图 3-27（a）所示电路端口的电压为确定值，即

$$u = u_S$$

因此整个并联组合可等效为一个电压为 u_S 的电压源，如图 3-27（b）所示。N' 的存在与否并不能影响端口的 VCR，所以从端口等效观点来看，N' 称为多余元件，在电路分析中可将其断开或取走，而对外部电路没有影响。但是，图 3-27（b）中的电压源和图 3-27（a）中的电压源的电流和功率是不相等的。

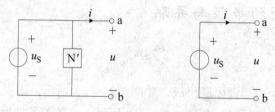

（a）电压源与其他元件并联的电路　　（b）等效电路

图 3-27　电压源与其他元件并联

若 N' 为电压源，则其端电压大小和极性必须与并联的电压源相同，否则不满足 KVL，不能并联。

4．电流源与其他元件的串联

如图 3-28（a）所示电路，其中 N' 可为除电流源以外的其他任意元件。根据 1.5 节介绍的电流源的特性，图 3-28（a）所示电路端口的电流为确定值，即

$$i = i_S$$

因此整个串联组合可等效为一个电流为 i_S 的电流源，如图 3-28（b）所示。N' 的存在与否并不能影响端口的 VCR，所以从端口等效观点来看，N' 亦称为多余元件，在电路分析中可将其短路，而对外部电路没有影响。但是，图 3-28（b）中的电流源和图 3-28（a）中的电流源的电压和功率不相等。

若 N' 为电流源，则其电流大小和方向必须与串联的电流源相同，否则不满足 KCL，不能串联。

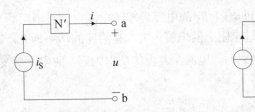

（a）电流源与其他元件串联的电路　　　（b）等效电路

图 3-28　电流源与其他元件串联

【例 3-15】在如图 3-29（a）所示电路中，已知 u_{S1}=10V，u_{S2}=20V，u_{S3}=5V，R_1=2Ω，R_2=4Ω，R_3=6Ω 和 R_L=3Ω。求电阻 R_L 的电流和电压。

解　为求电阻 R_L 的电压和电流，可将 3 个串联的电压源等效为一个电压源，其电压

$$u_S = u_{S2} - u_{S1} + u_{S3} = (20 - 10 + 5)\text{V} = 15\text{V}$$

将 3 个串联的电阻等效为一个电阻，其电阻

$$R = R_2 + R_1 + R_3 = (4 + 2 + 6)\Omega = 12\Omega$$

由图 3-29（b）所示电路可求得电阻 R_L 的电流和电压分别为

$$i = \frac{u_S}{R + R_L} = \frac{15}{12 + 3}\text{A} = 1\text{A}$$

$$u = R_L i = 3 \times 1\text{V} = 3\text{V}$$

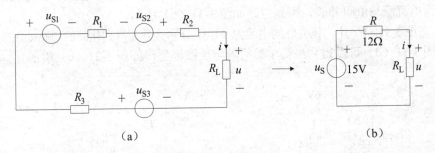

（a）　　　　　　　　　　　　（b）

图 3-29　例 3-15 图

3.5.2　实际电源的串联与并联

扫码看视频

实际电源
的串联与并联

如第 1 章中 1.5.3 节所述，一个实际电源可以用两种不同结构的电源模型表示，如图 3-30 所示。借助于电压源、电流源模型的**等效互换**（source transformation），可以将多电源混联的复杂电路等效化简为单电源的简单电路。

一般来说，当多组电源串联时，可以先将电流源变换为等效的电压源模型，然后将串联的电压源及电阻分别合并，等效为一组电压源；当多组电源并联时，可以先将电压源变换为等效的电流源模型，然后将并联的电流源及电阻分别合并，等效为一组电流源，使电路简化。

值得注意的是，这种等效是在满足一定的条件下，其对外部电路的作用等效，而不是电源模型内部等效。例如，在图 3-30 中，若输出端开路，两种模型电路对外均不发出功率，

但此时，对于图 3-30（a），流过电阻 R_S 的电流为零，电源内部不消耗功率，电压源不发出功率；而对于图 3-30（b），流过电阻上的电流为 i_S，其消耗的功率为 $R_S i_S^2$，此时电流源发出功率为 $R_S i_S^2$。反之，当输出端短路时，电流源发出的功率为零，而电压源发出的功率不为零。

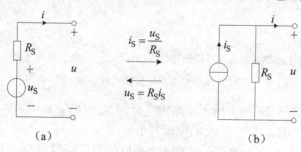

图 3-30　两种电源模型的等效变换

另外，理想电压源与理想电流源之间不能等效变换。因为理想电压源的内阻 $R_S = 0$，而理想电流源的内阻 $R_S = \infty$，不满足等效变换条件，两者端口的伏安关系完全不同。

【例 3-16】化简图 3-31（a）所示电路。

解　（1）根据前述的电压源与其他元件并联、电流源与其他元件串联的等效变换，可以将图 3-31（a）中与 2A 电流源串联的 7Ω 电阻和与 6V 电压源并联的 6Ω 电阻除去，得到化简的电路，如图 3-31（b）所示。

（2）在图 3-31（b）中，考虑到两组电源是并联的关系，故将电压源串联电阻的支路等效变换为电流源与电阻并联，得到电路如图 3-31（c）所示。

（3）在图 3-31（b）中，将并联的电流源及电阻分别合并，得到化简的电路如图 3-31（d）所示；由图 3-31（d）可以得到最简单的等效电压源模型，如图 3-31（e）所示。

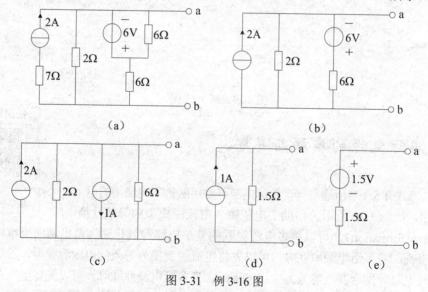

图 3-31　例 3-16 图

【例 3-17】求图 3-32（a）所示电路的电流 i。

解　利用等效变换，可以把受控电流源与电阻相并联的组合变换为受控电压源与电阻相串联的组合，如图 3-32（b）所示电路。其中 $u_C = R_2 i_C = 2R_2 i$，根据 KVL，有

$$R_1 i + R_2 i + u_C = u_S$$

即

$$6i + 3i + 2 \times 3i = 15$$

所以

$$i = 1 \text{A}$$

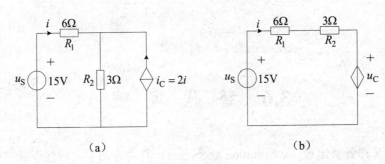

（a）   （b）

图 3-32 例 3-17 图

思考与练习

3-5-1 无串联电阻的电压源可称为无伴电压源，无并联电阻的电流源可称为无伴电流源。无伴电压源与无伴电流源能等效互换吗？为什么？

[不能]

3-5-2 求题 3-5-2 图所示各单口网络的等效电路。

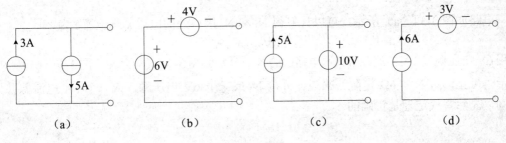

（a）   （b）   （c）   （d）

题 3-5-2 图

3-5-3 利用电源的等效变换，将题 3-5-3 图所示各单口网络化为最简形式。

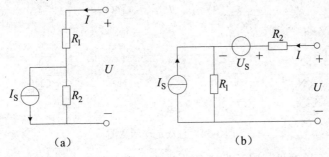

（a）   （b）

题 3-5-3 图

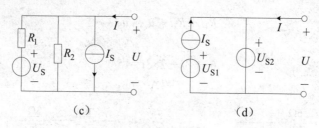

题 3-5-3 图（续）

扫码看视频

替代定理

3.6　替 代 定 理

替代定理又称**置换定理**（substitution theorem），其内容如下：对任一具有唯一解的网络，若某支路的电压 u 或电流 i 在任一时刻为确定的值，则该支路可用方向和大小与 u 相同的电压源替代，或用方向和大小与 i 相同的电流源替代而不会影响外部电路的解答。

图 3-33 所示为替代定理的示意图。下面用一个简单的例子验证替代定理的正确性。

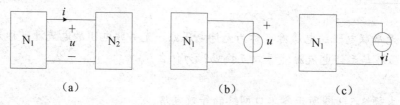

（a）　　　　　　　　（b）　　　　　　　　（c）

图 3-33　替代定理示意图

电路如图 3-34（a）所示，可以计算得 N_1 和 N_2 接口处的电压 u 与电流 i 为

$$u = 6V, \quad i = 1A$$

若用 6V 电压源或 1A 电流源替代原电路中的 N_1，分别如图 3-34（b）中 N'_1、图 3-34（c）中 N''_1 所示。可见，对 N_2（6Ω 电阻）来说，外接 N_1 或一个 6V 电压源、或一个 1A 电流源并无差别，显然替代定理是正确的。

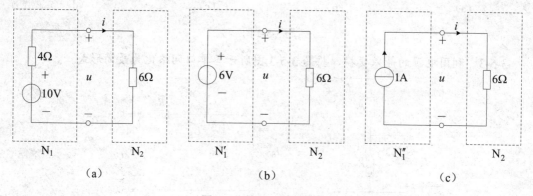

（a）　　　　　　　　（b）　　　　　　　　（c）

图 3-34　替代定理示意图

从理论上讲，不论线性、时不变还是非线性、时变电路，替代定理都是适用的，替代

定理的价值在于：一旦网络中某支路电压或电流成为已知量时，则可用一个独立源来替代该支路或单口网络，从而简化了电路的分析与计算。

【例 3-18】 如图 3-35 所示，设非线性电阻的伏安关系为：$i=10^{-6}(e^{40u}-1)\text{A}$，式中，$u$ 为非线性电阻两端的电压，单位为 V，求支路电流 i 和 i_1。

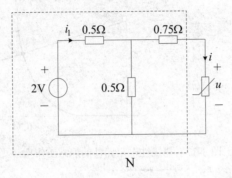

图 3-35　例 3-18 图

解　本题可以按以下 4 个基本步骤求解。

（1）先断开非线性电阻元件，得到有源二端网络 N（如图 3-35 中虚框所示）。

（2）对有源二端网络 N 进行等效化简，如图 3-36 所示。

由图 3-36（c）可以得出网络 N 的 VCR 为

$$u=1-i \quad \text{或} \quad i=1-u$$

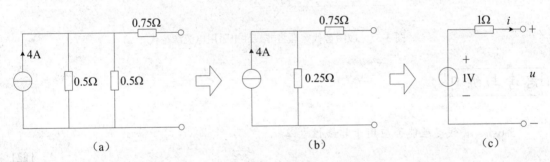

图 3-36　对有源二端网络 N 进行等效化简

（3）将网络 N 与非线性电阻元件的伏安关系联立，得

$$\begin{cases} i=1-u \\ i=10^{-6}(e^{40u}-1) \end{cases}$$

可以解出接口处的电压及电流为

$$u=0.34\text{V} \qquad i=0.66\text{A}$$

此即为网络 N 与非线性电阻元件伏安特性曲线的交点，也称为非线性电阻的静态工作点，如图 3-37 所示。

（4）应用替代定理，可以将非线性电阻用 0.66A 电流源替代，如图 3-38 所示。

在图 3-38 所示电路中，对左边网孔列写 KVL 方程

$$0.5i_1+0.5\times(i_1-0.66)=2$$

所以

$$i_1 = 2.33A$$

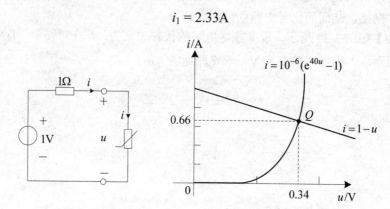

图 3-37　非线性电阻元件的静态工作点

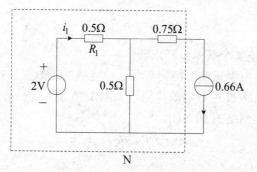

图 3-38　应用替代定理将非线性电阻用电流源替代

思考与练习

3-6-1　替代定理能否应用于非线性电路?

[能]

3-6-2　在题 3-6-2 图所示电路中, 单口网络 N 内部结构不详, 若已知 $i = 1A$, 试利用替代定理求电压 u。

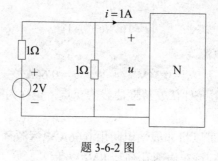

题 3-6-2 图

[0.5V]

3.7 等效电源定理

本节继续讨论单口网络的等效电路。

在 3.3 节中曾讨论过单口网络的等效，其实质是求单口网络的 VCR，有源线性单口网络的 VCR 是一次函数关系，可以写成

$$u = u_{OC} - Ri \qquad 或 \qquad i = i_{SC} - Gu$$

可以等效为一个电压源串联一个电阻或一个电流源并联一个电导。在 3.5 节中，又讨论了一些简单的规律，可以将一些简单的有源单口网络等效为一组电源。

戴维宁定理和诺顿定理合称为等效电源定理，提供了求含源线性单口网络等效电路及其 VCR 的一般方法，适用于求复杂线性网络的等效电路及 VCR，是电路分析中的重要定理。

3.7.1 戴维宁定理

戴维宁定理（Thevenin's theorem）的内容如下：任何线性含源单口网络 N_A，对于外部电路 M 来说，都可以用一个电压源和一个电阻的串联电路来等效，该电路称为**戴维宁等效电路**（Thevenin's equivalent circuit）；其中电压源的电压等于该网络 N_A 的**端口开路电压** u_{OC}，串联电阻等于有源二端网络 N_A 内部全部独立**电源置零值**（即电压源短路、电流源开路），受控源保留时所得无源网络 N_P 的**等效电阻 R_O**。

戴维宁定理的含义如图 3-39 所示。对图中 N_A 而言，u、i 参考方向非关联，戴维宁等效电路的 VCR 为

$$u = u_{OC} - R_O i \tag{3-15}$$

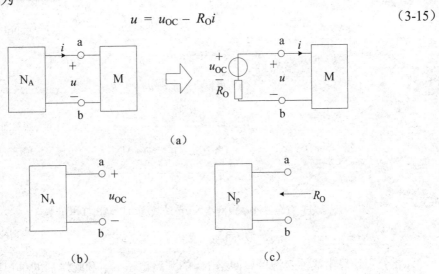

(a)

(b)   (c)

图 3-39 戴维宁定理示意图

戴维宁定理的一般证明如下：如图 3-40（a）所示电路中，N_A 为线性含源单口网络，

M 为任意外电路。根据替代定理，先用电流源 i 替代外电路 M，如图 3-40（b）所示，替代后不影响 N_A 中各处的电压、电流。由叠加定理，端口电压 u 可分成两部分，即

$$u = u' + u''$$

其中，u' 是电流源 $i = 0$（开路），由 N_A 内所有独立源共同作用时在端口 ab 产生的电压，即 N_A 的端口开路电压 u_{OC}，如图 3-40（c）所示。所以

$$u' = u_{OC}$$

u'' 是 N_A 中所有独立源为零值，电流源 i 单独作用时在端口 ab 产生的电压，如图 3-40（c）所示。图中无源单口网络 N_P 可以等效为一个电阻 R_O，因为 N_P 上的电压与电流参考方向非关联，由欧姆定理可得

$$u'' = -R_O i$$

所以

$$u = u' + u'' = u_{OC} - R_O i$$

上式是图 3-40（a）中线性含源单口网络 N_A 的端口 VCR，显然与式（3-15）完全相同，这就证明了含源线性单口网络，可以等效为一个电压源 u_{OC} 和电阻 R_O 串联的单口网络，如图 3-40（d）所示。

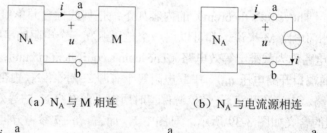

（a）N_A 与 M 相连　　　　　（b）N_A 与电流源相连

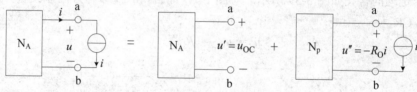

（c）根据叠加定理 $u = u_{OC} - R_O i$

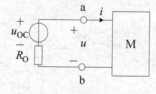

（d）有源线性单口网络 N_A 可等效为电压源串联电阻支路

图 3-40　戴维宁定理证明

只要分别计算出线性含源单口网络 N_A 的开路电压 u_{OC} 和除源后的单口网络 N_P 的等效电阻 R_O，就可得到单口网络的戴维宁等效电路。

下面通过一个具体的例子来说明应用戴维宁定理解题的一般步骤。

【**例 3-19**】电路如图 3-41 所示，用戴维宁定理求 R 分别为 1Ω、2Ω、3Ω 时，该电阻上的电流 I。

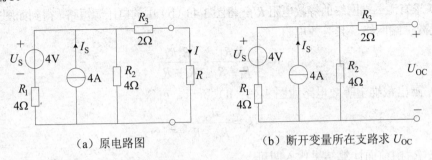

（a）原电路图　　　　　　　　（b）断开变量所在支路求 U_{OC}

图 3-41　例 3-19 图

解　（1）断开待求变量所在支路，得到有源二端网络如图 3-41（b）所示。

（2）应用叠加定理计算有源二端网络的开路电压

$$U_{OC} = \frac{R_2}{R_1 + R_2} \cdot U_S + \frac{R_1 \cdot R_2}{R_1 + R_2} \cdot I_S$$

$$= \left(\frac{4}{4+4} \times 4 + \frac{4 \times 4}{4+4} \times 4 \right) V = (2+8)V = 10V$$

（3）求有源二端网络的等效电阻 R_O。将图 3-41（b）中的电压源短路、电流源开路，得到如图 3-42（a）所示的无源二端网络，其等效电阻

$$R_O = \frac{R_1 \cdot R_2}{R_1 + R_2} + R_3 = 4\Omega$$

（4）画出戴维宁等效电路如图 3-42（b）所示，可得

$$I = \frac{U_{OC}}{R_O + R} = \frac{10}{4 + R}$$

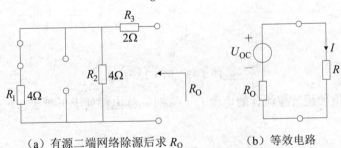

（a）有源二端网络除源后求 R_O　　　（b）等效电路

图 3-42　戴维宁等效电路

所以，当 R 分别为 1Ω、2Ω、3Ω 时，电流 I 分别为 2A、1.67A、1.43A。

【**例 3-20**】在如图 3-43（a）所示直流单臂电桥（又称惠斯登电桥）电路中，求流过检流计的电流 i_g。

解　（1）断开检流计所在支路，得到有源二端网络如图 3-43（b）所示。

（2）计算有源二端网络的开路电压 u_{OC}，利用分压公式可得

$$u_{OC} = u_2 - u_4 = \frac{R_2}{R_1 + R_2}u_S - \frac{R_4}{R_3 + R_4}u_S$$

（3）求有源二端网络的等效电阻 R_O。将图 3-43（b）中的电压源短路，得到如图 3-43（c）所示的无源二端网络，其等效电阻

$$R_O = \frac{R_1 R_2}{R_1 + R_2} + \frac{R_3 R_4}{R_3 + R_4}$$

（4）画出戴维宁等效电路如图 3-43（d）所示，可得

$$i_g = \frac{u_{OC}}{R_O + R_g}$$

其中 u_{OC}、R_O 由前面计算结果代入即可。

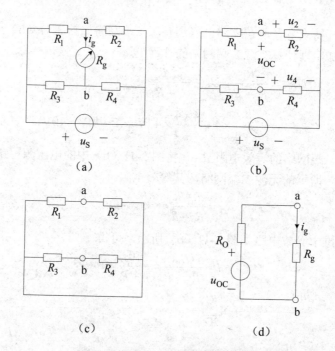

图 3-43　例 3-20 图

当调节电阻值使流过检流计的电流 $i_g = 0$ 时，称电桥处于平衡状态。显然，电桥平衡时 $u_{OC} = 0$，即

$$u_{OC} = \frac{R_2}{R_1 + R_2}u_S - \frac{R_4}{R_3 + R_4}u_S = 0$$

因此，电桥平衡的条件为

$$R_2 R_3 = R_1 R_4$$

上式说明：在电桥平衡时，两相对桥臂上电阻乘积等于另外两相对桥臂上电阻的乘积。根据这个关系，在已知 3 个电阻的情况下，就可确定第四个被测电阻的阻值。用惠斯通电桥测电阻容易达到较高的准确度，因为电桥的实质是把待测电阻和标准电阻相比较，只要检流计足够灵敏，测量的精度就是标准电阻的精度。

【例 3-21】 在如图 3-44（a）所示电路中，D 为理想的二极管，求电流 i。

解　二极管具有单向导电性，在图 3-44（a）所示电路中，若 a 点电位高于 b 点，二极管 D 导通，其导通电压降很小，理想二极管导通压降为零，相当于短路；若 b 点电位高于 a 点，二极管 D 截止，流过的电流很小，理想二极管截止时的电流为零，相当于开路。

本题可以应用戴维宁定理，将图 3-44（a）所示电路中非线性元件（理想二极管 D）以外的部分简化为一组电源，这样就可以方便地判断出二极管的工作状态，进而求解出所需的变量。

（1）断开理想二极管 D 所在支路，得到有源二端网络如图 3-44（b）所示，利用弥尔曼定理可得

$$V_a = \frac{\dfrac{36}{12} - \dfrac{18}{18}}{\dfrac{1}{12} + \dfrac{1}{18}}\text{V} = 14.4\text{V}, \quad V_b = 12\text{V}$$

故开路电压

$$u_{\mathrm{OC}} = V_a - V_b = 2.4\text{V}$$

（2）将图 3-44（b）所示有源二端网络中的电压源短路，得到如图 3-44（c）所示的无源二端网络，其等效电阻

$$R_{\mathrm{O}} = \left(\frac{12 \times 18}{12 + 18} + 6 \right)\text{k}\Omega = 13.2\text{k}\Omega$$

（3）画出戴维宁等效电路如图 3-44（d）所示，显然 a 点电位高于 b 点，二极管 D 导通，相当于短路，流过的电流

$$i = \frac{u_{\mathrm{OC}}}{R_{\mathrm{O}}} = \frac{2.4}{13.2}\text{mA} = 0.182\text{mA}$$

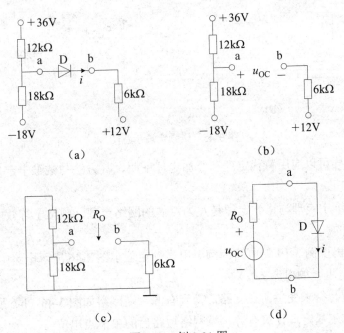

图 3-44　例 3-21 图

3.7.2 诺顿定理

诺顿定理（Norton's theorem）的内容如下：任何线性含源单口网络 N_A，对于外部电路 M 来说，都可以用一个电流源和一个电导的并联电路来等效，该电路称为**诺顿等效电路**（Norton's equivalent circuit）；其中电流源的电流等于该网络 N_A 的端口**短路电流** i_{SC}，并联电导等于有源二端网络 N_A 内部全部独立电源置零值（即电压源短路、电流源开路），受控源保留时所得无源网络 N_P 的**等效电导** G_O。

诺顿定理的含义如图 3-45 所示。对图中 N_A 而言，u、i 参考方向非关联，诺顿等效电路的 VCR 为

$$i = i_{SC} - G_O u \tag{3-16}$$

式中的诺顿等效电导 G_O 为戴维宁等效电阻 R_O 的倒数，即

$$G_O = \frac{1}{R_O} \tag{3-17}$$

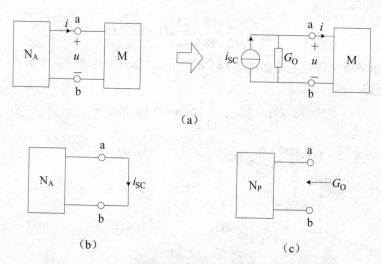

（a）

（b）   （c）

图 3-45　诺顿定理示意图

诺顿定理同样可以应用替代定理和叠加定理证明，其方法与戴维宁定理的证明方法相似，这里从略。

需指出，戴维宁定理与诺顿定理是互为对偶的网络定理，戴维宁等效电路与诺顿等效电路是互为对偶的。

【**例 3-22**】仍以例 3-19 的电路为例，用诺顿定理求图 3-46 所示电路中 R 分别为 1Ω、2Ω、3Ω 时，该电阻上的电流 I。

解　（1）断开待求变量所在支路，得到有源二端网络如图 3-46（b）所示。

（2）应用弥尔曼定理计算有源二端网络短路后的单节点电位

$$U = \frac{\dfrac{U_{S1}}{R_1} + I_{S2}}{\dfrac{1}{R_1} + \dfrac{1}{R_2} + \dfrac{1}{R_3}} = \frac{\dfrac{4}{4} + 4}{\dfrac{1}{4} + \dfrac{1}{4} + \dfrac{1}{2}} \text{V} = 5\text{V}$$

则可求出短路电流

$$I_{SC} = \frac{U}{R_3} = 2.5\text{A}$$

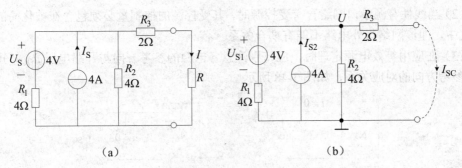

(a)　　　　　　　　　　(b)

图 3-46　诺顿定理求解示意图

（3）求有源二端网络的等效电阻 R_O，将图 3-46（b）中的电压源短路、电流源开路，得到如图 3-47（a）所示无源二端网络，其等效电阻

$$R_O = \frac{R_1 \cdot R_2}{R_1 + R_2} + R_3 = 4\Omega$$

（4）画出诺顿等效电路如图 3-47（b）所示，可得

$$I = \frac{R_O}{R_O + R} I_{SC} = \frac{10}{4 + R}$$

所以，当 R 分别为 1Ω、2Ω、3Ω 时，电流 I 分别为 2A、1.67A、1.43A。与例 3-19 的计算结果相同。

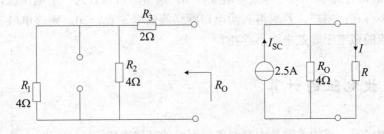

图 3-47　诺顿等效电路

　　一般情况下，戴维宁等效电路与诺顿等效电路只是形式上不同而已，两种等效电路之间可以通过电源等效变换相互求得。当开路电压 u_{OC} 与短路电流 i_{SC} 的参考方向一致时（如图 3-48 所示），则

$$u_{OC} = R_O i_{SC} \tag{3-18}$$

或

$$R_\mathrm{O} = \frac{u_\mathrm{OC}}{i_\mathrm{SC}} \qquad\qquad (3\text{-}19)$$

式（3-19）也提示了另一种计算等效电阻的方法，在某些场合下可以应用。

应用等效电源定理时应注意以下几点。

（1）在等效电源定理的证明过程中应用了叠加定理，因此要求被等效化简的单口网络必须是线性的，但是外电路部分用的是替代定理，就没有特殊限制，它可以是线性的也可以是非线性的，可以是无源的也可以是有源的。

（2）当线性有源单口网络含有受控源时，其受控源的控制量必须包含在被化简的同一单口之中，即该网络与外电路不能有耦合关系。

（3）在应用等效电源定理时，应特别注意各电源的参考方向与开路电压 u_OC、短路电流 i_SC 参考方向的对应关系，如图 3-48 所示。

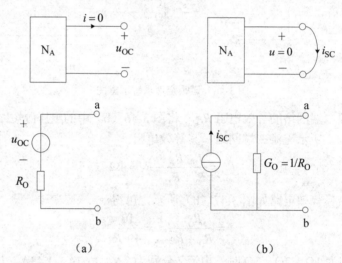

图 3-48　等效电源的参考方向

（4）若求得有源单口网络等效电阻 $R_\mathrm{O} = 0$，则该单口等效为一个电压源，其对应的诺顿等效电路不存在；同理，若求得有源单口网络等效电导 $G_\mathrm{O} = 0$，则该单口等效为一个电流源，其对应的戴维宁等效电路不存在。

3.7.3　等效电阻的计算

应用等效电源定理的关键是求有源单口网络的开路电压 u_OC、短路电流 i_SC 和无源单口网络的等效电阻 R_O。

求开路电压 u_OC、短路电流 i_SC 可以应用支路法、网孔法、节点法、叠加定理或电源等效变换等方法。

计算等效电阻 R_O 的方法一般有以下 3 种。

（1）**直接化简法**：若单口网络内部不含受控源，可将网络内的所有独立源置"0"值后，用电阻的串、并联或 Y-Δ 等效化简等方法求取。

（2）**外施电源法**：将二端网络内所有独立源置零，受控源仍保留，在其端口外加电源（电压源或电流源），求端口的 VCR，则等效电阻

$$R_O = \frac{u}{i}$$

（3）**开路-短路法**：分别求得有源单口网络的开路电压 u_{OC}、短路电流 i_{SC}，当 u_{OC} 的与 i_{SC} 的参考方向一致时，如图 3-48 所示，则等效电阻

$$R_O = \frac{u_{OC}}{i_{SC}}$$

当线性有源单口网络含有受控源时，等效电阻 R_O 的求法只能采用"外施电源法"或"开路-短路法"。

【例 3-23】 用戴维宁电源定理求图 3-49（a）所示电路中的 U_X。

解　（1）断开待求变量所在支路，得到有源二端网络如图 3-49（b）所示。

（2）计算有源二端网络的开路电压 U_{OC}

$$U_{OC} = 3 \times 0.3 U_{OC} + 5$$

所以

$$U_{OC} = 50 \text{V}$$

（3）求有源二端网络的等效电阻 R_O。

方法一　外施电源法

将图 3-49（b）中的电压源短路、电流源开路，得到无源二端网络，在其端口外施一个电压源，如图 3-49（c）所示，则

$$U = 2I + 3(I + 0.3U)$$

等效电阻

$$R_O = \frac{U}{I} = 50\Omega$$

方法二　开路-短路法

先计算有源二端网络的短路电流 I_{SC}。在如图 3-49（d）所示电路中，由于 ab 端短路。$U_{ab} = 0$，所以受控电流源的电流 $0.3 U_{ab} = 0$，相当于开路，由此可得

$$I_{SC} = \frac{5}{3+2} \text{A} = 1 \text{A}$$

由式（3-19），同样求得等效电阻

$$R_O = \frac{U_{OC}}{I_{SC}} = \frac{50}{1}\Omega = 50\Omega$$

（4）画出戴维宁等效电路如图 3-49（e）所示，可得

$$U_X = \frac{50}{50+50} \times 50 \text{V} = 25 \text{V}$$

本题也可以用诺顿等效电路求解，得到等效电路如图 3-49（f）所示，则

$$U_X = \frac{50 \times 50}{50 + 50} \times 1 \text{V} = 25 \text{V}$$

等效电源定理对计算某一支路的电压和电流、分析某一参数变动对电路的影响、分析

含有一个非线性元件的电路等情况特别有用。

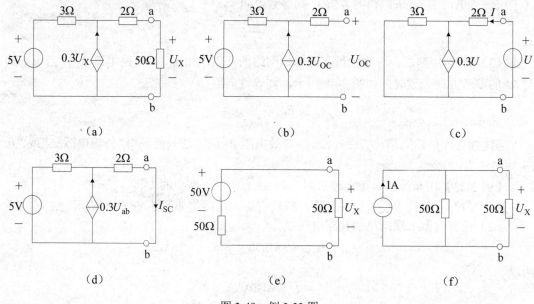

图 3-49　例 3-23 图

　　对实际有源单口网络来说，一般还可以用实验的方法测定等效电路的各个参数，但是考虑到短路实验容易引起事故，所以常通过开路实验求开路电压 u_{OC}，再通过负载实验求出等效电阻 R_O。

　　如图 3-50 所示，在网络端口外接一个负载电阻 R_L，分别测得负载开路的端口电压 U_{OC} 和接上负载电阻 R_L 后的端口电压 U_L，则由分压公式

$$U_L = \frac{R_L}{R_O + R_L} U_{OC}$$

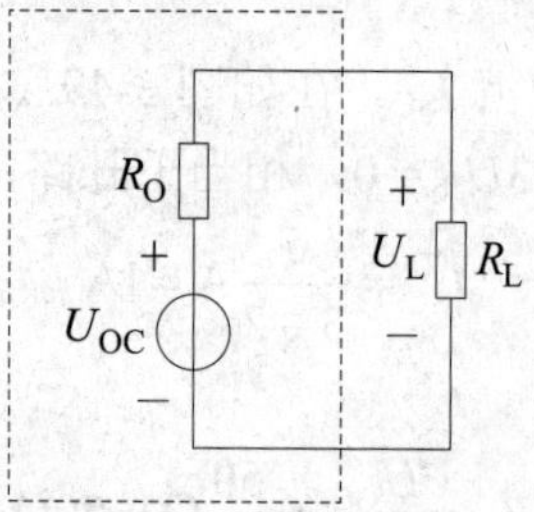

图 3-50　实验法测定等效电路的参数

整理可得等效电阻

$$R_O = R_L \frac{U_{OC} - U_L}{U_L} = \left(\frac{U_{OC}}{U_L} - 1 \right) R_L \qquad (3\text{-}20)$$

当求得开路电压、等效电阻后，便可以由式（3-18）推得短路电流

$$I_{SC} = \frac{U_{OC}}{R_O} \qquad (3\text{-}21)$$

思考与练习

3-7-1　分别用戴维宁定理和诺顿定理，将题 3-7-1 图所示各单口网络化为最简形式。

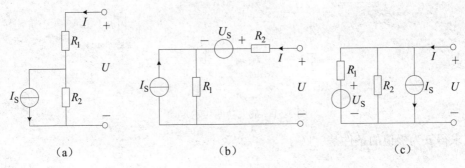

（a）　　　　　　　　（b）　　　　　　　　（c）

题 3-7-1 图

3-7-2　在题 3-7-2 图所示的电路中，N 为线性有源二端网络，图中电压表、电流表均按理想情况处理。已知开关 S 在 "1" 位置时，电压表读数为 8V；开关 S 在 "2" 位置时，电流表读数为 2A。求开关 S 在 "3" 位置时，4Ω 电阻上的电流。

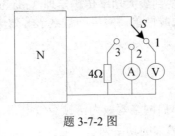

题 3-7-2 图

[1A]

3-7-3　如何用实验方法求线性有源单口网络的等效电压源电压和等效内阻？

3.8　最大功率传输定理

在电子电路中，常常希望负载从电路中获得最大功率，如一台扩音机希望所接的喇叭声音最大。那么，在什么条件下，负载可以得到最大功率？这个最大功率又是多少呢？

这类问题可以抽象为图 3-51（a）所示电路模型来分析，网络 N_A 表示供给负载能量的含源线性单口网络，它可以等效为如图 3-51（b）所示的戴维宁等效电路。图中，负载 R_L 吸收的功率为

$$p = R_L i^2 = \frac{R_L u_{OC}^2}{(R_O + R_L)^2} \tag{3-22}$$

欲求 p 的最大值，应满足 $\dfrac{\mathrm{d}p}{\mathrm{d}R_L} = 0$，即

$$\frac{\mathrm{d}p}{\mathrm{d}R_L} = \left[\frac{(R_O + R_L)^2 - 2(R_O + R_L)R_L}{(R_O + R_L)^4} \right] u_{OC}^2 = \frac{(R_O - R_L)}{(R_O + R_L)^3} u_{OC}^2 = 0$$

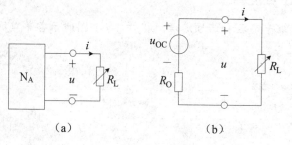

（a）　　　　　　　　（b）

图 3-51　最大功率传输定理

由上式求得 p 为极值的条件是

$$R_L = R_O \tag{3-23}$$

由于

$$\left. \frac{\mathrm{d}^2 p}{\mathrm{d}R_L^2} \right|_{R_L = R_O} = \left. -\frac{u_{OC}^2}{8R_O^3} \right|_{R_O > 0} < 0$$

故所求极值点为最大值。由此得到**最大功率传输定理**（maximum power transfer theorem）。

当可变负载 R_L 与给定含源线性单口网络的戴维宁等效电阻 R_O 相等时（$R_O > 0$），负载电阻 R_L 获得最大功率，且最大功率为

$$p_{\max} = \frac{u_{OC}^2}{4R_O} \tag{3-24}$$

同理，若将给定的线性由单口网络等效为诺顿等效电路，如图 3-45 所示，则当 $G_L = G_O$ 时，负载得到最大功率，这个最大的功率为

$$p_{\max} = \frac{i_{SC}^2}{4G_O} = \frac{R_O i_{SC}^2}{4} \tag{3-25}$$

工程上，常称 $R_L = R_O$（或 $G_L = G_O$）为**最大功率匹配条件**，这个条件应用于 R_O 固定、R_L 可以改变的情况。这里要特别注意的是，不要把最大功率传输定理理解为：要使负载功率最大，戴维宁等效电阻 R_O 必须等于负载电阻 R_L。如果负载电阻 R_L 一定，而等效电阻 R_O 可以改变的话，则应使 R_O 尽量减少，当 $R_O = 0$ 时，R_L 获得的功率最大。另外，由于单口网络与其等效电路就内部功率而言一般是不等效的，所以不能将 R_O 上消耗的功率当作单口网络内部消耗的功率。

【例 3-24】电路如图 3-52（a）所示。求：（1）R_L 为何值时获得最大功率；（2）R_L 获得的最大功率是多少？（3）当 R_L 获得最大功率时，10V 电压源对负载 R_L 传输功率的效率。

解　（1）断开 R_L，求单口网络 N_1 的戴维宁等效电路参数

$$u_{OC} = \frac{2}{2+2} \times 10\text{V} = 5\text{V} \qquad R_O = \frac{2 \times 2}{2+2}\Omega = 1\Omega$$

得到等效电路如图 3-52（b）所示，由此可知，当 $R_L = R_O = 1\Omega$ 时，R_L 获得最大功率。

（2）由式（3-24）求得 R_L 上的最大功率

$$p_{\max} = \frac{u_{\mathrm{OC}}^2}{4R_{\mathrm{O}}} = \frac{25}{4 \times 1}\mathrm{W} = 6.25\mathrm{W}$$

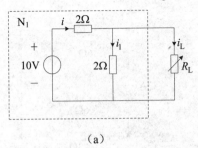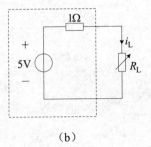

（a）　　　　　　　　　　　　　（b）

图 3-52　例 3-24 图

（3）当 $R_{\mathrm{L}} = 1\Omega$ 时，R_{L} 上的电压为

$$u_{\mathrm{L}} = \frac{1}{1+1} \times 5\mathrm{V} = 2.5\mathrm{V}$$

在图 3-52（a）中，计算流过 10V 电压源的电流

$$i = \frac{10 - 2.5}{2}\mathrm{A} = 3.75\mathrm{A}$$

所以 10V 电压源发出的功率

$$p_{\mathrm{S}} = 10 \times 3.75\mathrm{W} = 37.5\mathrm{W}$$

其功率传输效率为

$$\eta = \frac{p_{\max}}{p_{\mathrm{S}}} = \frac{6.25}{37.5} \approx 16.7\%$$

可以看出，当满足最大功率匹配条件 $R_{\mathrm{L}} = R_{\mathrm{O}} > 0$ 时，等效电路中 R_{O} 与 R_{L} 吸收的功率相等，功率传输效率 $\eta = 50\%$。而对实际单口网络中的独立源而言，传输效率可能更低，这种情况在电力系统中是不允许出现的。电力系统要求尽可能高效率地传输电功率，因此，应使 R_{L} 远大于 R_{O}。但是在测量与通信等系统中，常常着眼于从微弱信号中获得最大功率，而不看重效率的高低，通常要求负载工作在匹配条件下，以获得最大功率。

思考与练习

3-8-1　电路如题 3-8-1 图所示，为使负载 R_{L} 获得最大功率，开关 S 应放在哪个位置？

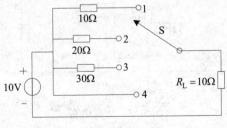

题 3-8-1 图

3-8-2 电路如题 3-8-2 图所示，若 R_L 可变，试分别求 R_L 为多少时，可获得最大功率？获得的最大功率分别是多少？

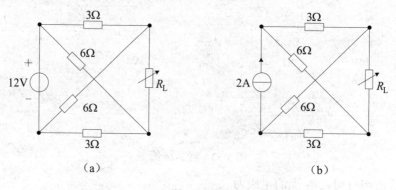

（a）　　　　　　　　（b）

题 3-8-2 图

[4Ω，1W；4.5Ω，0.5W]

3.9　Multisim 仿真：
电路定理的验证

3.9.1　叠加定理

按图 3-53 所示在 Multisim 中搭建仿真电路，其中 J1 和 J2 为两个单刀双掷开关（SPDT），在"基本元件（Basic）"组的"开关（SWITCH）"系列中。

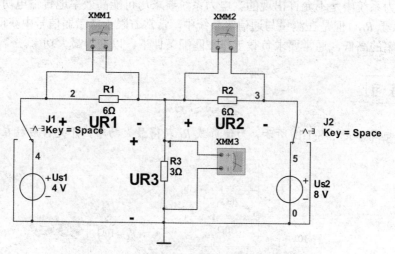

图 3-53　仿真电路

将开关 J2 打到接地端，令直流电压源 U_{S1} 单独作用，将 U_{S1} 取不同电压值时用万用表测得的 U_{R3} 电压值记入表 3-1（电压参考方向如图 3-53 所示）。

表 3-1　U_{S1} 单独作用时的测试数据

U_{S1}（V）	12	24	36
U_{R3} 测量值（V）			

💡 思考：根据表 3-1 所示的测量结果是否可以验证线性电路的比例性？

　　按图 3-53 所示，取电压源 U_{S1}、U_{S2} 电压值分别为 4V、8V，将开关 J1 打到 U_{S1}，J2 打到接地端，让 U_{S1} 单独作用，运行仿真将结果记入表 3-2；再将开关 J1 打到接地端，J2 打到 U_{S2}，让 U_{S2} 单独作用，运行仿真将结果记入表 3-2（注意：U_{S1}、U_{S2} 单独作用时不能直接将不用的电压源短接置零，否则将会烧坏电源）；最后将 J1 打到 U_{S1}、J2 打到 U_{S2}，让两个电压源共同作用，运行仿真将结果记入表 3-2。

表 3-2　仿真测量结果

	U_{S1}（V）	U_{S2}（V）	U_{R1}（V）	U_{R2}（V）	U_{R3}（V）
U_{S1} 单独作用					
U_{S2} 单独作用					
U_{S1} 和 U_{S2} 共同作用					

💡 思考：根据表 3-2 所示的测量结果是否可以验证叠加定理？

　　将电阻 R_3 换成二极管（非线性元件），重新测量各支路两端的电压值记入表 3-3。

表 3-3　二极管替换后的仿真测量结果

	U_{S1}（V）	U_{S2}（V）	U_{R1}（V）	U_{R2}（V）	U_{D1}（V）
U_{S1} 单独作用					
U_{S2} 单独作用					
U_{S1} 和 U_{S2} 共同作用					

💡 思考：由表 3-3 所示的仿真结果可得到什么结论？

3.9.2　戴维宁定理

1. 测定线性有源单口网络等效电路的参数

　　按图 3-54 所示在 Multisim 中搭建仿真电路，其中 R_L 是一个 1kΩ 的电位器，在"基本元件（Basic）"组的"电位器（POTENTIOMETER）"系列中，拖动电位器下面的滑块可改变电阻阻值。

　　断开 R_L，运行仿真，用万用表直流电压档测得从 ab 端看进去的线性有源单口网络的开路电压 $u_{OC} =$　　　　　　V；再将 R_L 接入电路，调节电位器阻值为 500Ω（即 50%），此时再用万用表测量 ab 端电压 $u_L =$　　　　　　V；将以上测量结果代入式（3-20），计算得到等效电阻 $R_O =$　　　　　　Ω。

2. 验证戴维宁定理

　　按图 3-55 所示搭建仿真电路，用伏安法测量有源单口网络的伏安特性，调节电位器为不同阻值，测量 R_L 两端的电压和流过的电流值，数据记录于表 3-4。

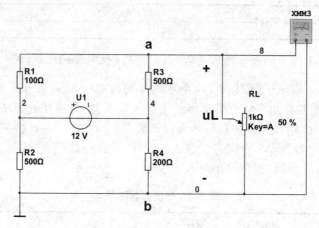

图 3-54　测定线性有源单口网络等效电路参数的实验电路

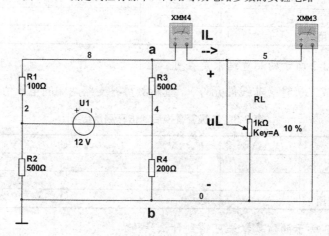

图 3-55　线性有源单口网络 VCR 的测试电路

表 3-4　线性有源单口网络 VCR 测量数据

R_L（Ω）	100（10%）	300（30%）	500（50%）	700（70%）	900（90%）
u_L（V）					
i_L（mA）					

然后用一个电压为 u_{OC} 的直流电压源和电阻值为 R_O 的电阻相串联的电路代替从 ab 端看进去的单口网络，按表 3-4 中 R_L 的取值调节电位器，重新测量 R_L 两端的电压和流过的电流值，数据记录于表 3-5。

表 3-5　等效电路测量数据

R_L（Ω）	100（10%）	300（30%）	500（50%）	700（70%）	900（90%）
u_L（V）					
i_L（mA）					

💡 思考：比较表 3-4 和 3-5 所示的测量结果是否可以验证戴维宁定理？

本 章 小 结

1. 线性电路的重要特性是比例性与叠加性。

当一个激励源单独作用时，其余电源置"0"值：$\begin{cases} \text{不作用的电压源：短路代替} \\ \text{不作用的电流源：开路代替} \\ \text{（受控源保留）} \end{cases}$

运用叠加定理，可以将多个激励的电路化简为单个激励的电路。

2. 有源线性单口网络的 VCR 是一次函数关系，其等效电路是一组电源：电压源串联电阻（戴维宁等效电路）或电流源并联电阻（诺顿等效电路）。

得到线性单口网络等效电路的方法：$\begin{cases} \text{外施电源法} \\ \text{利用电源模型等效互换} \\ \text{应用等效电源定理} \end{cases}$

运用等效变换，可以将复杂结构的电路变换为对外效果相同的简单结构的电路。

3. 无源线性单口网络的 VCR 是正比例函数关系，其等效电路是一个电阻。

得到无源线性单口网络等效电阻的方法：$\begin{cases} \text{直观法} \\ \text{外施电源法} \\ \text{除源前求开路电压与短路电流} \end{cases}$

4. 当可变负载 R_L 与给定含源线性单口网络的戴维宁等效电阻 R_O 相等时，负载电阻获得最大功率，且最大功率为 $p_{\max} = \dfrac{u_{OC}^2}{4R_O}$。

习 题 3

3.1 线性电路的比例性

3-1 在题 3-1 图所示电路中，（1）若 $u_2 = 10V$，求 i_1 及 u_S；（2）若 $u_S = 10V$，求 u_2。

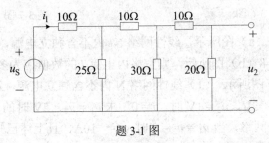

题 3-1 图

3-2 在题 3-2 图所示电路中，（1）试求转移电压比 $\dfrac{U_O}{U_S}$ 及转移电导 $\dfrac{I_O}{U_S}$；（2）若 $U_S = 10V$，

则 U_O 和 I_O 为多少？

3-3　在题 3-3 图所示电路中，已知 $g = 0.5S$，试求转移电阻 $\dfrac{u_O}{i_S}$。

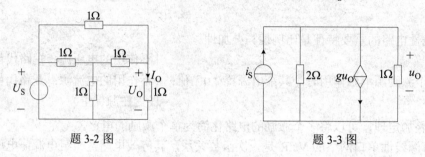

题 3-2 图　　　　　　　　　　　题 3-3 图

3.2　叠加定理

3-4　用叠加定理求解题 3-4 图所示电路中的支路电流 I_1、I_2。

3-5　用叠加定理求解题 3-5 图所示电路中的电压 u。

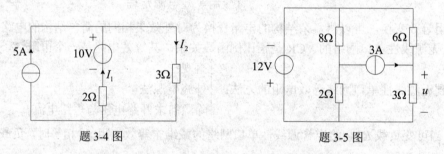

题 3-4 图　　　　　　　　　　　题 3-5 图

3-6　用叠加定理求解题 3-6 图所示电路中 4Ω 电阻吸收的功率。

3-7　用叠加定理求解题 3-7 图所示电路中的电流 i，已知 $\mu = 5$。

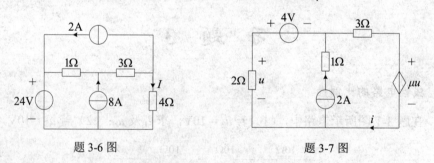

题 3-6 图　　　　　　　　　　　题 3-7 图

3-8　电路如题 3-8（a）图所示，线性网络 N_P 内不含独立电源，已测得 I_{S1}、I_{S2} 和 I 的数据列于表内，如题 3-8（b）图所示，则空格内电流 I 的数值应为多少？

3-9　电路如题 3-9 图所示，（1）线性网络 N 内不含独立电源，测得 $u_1 = 2V$、$u_2 = 3V$ 时，$i = 20A$；而当 $u_1 = -2V$、$u_2 = 1V$ 时，$i = 0$。求 $u_1 = u_2 = 5V$ 时的电流 i。（2）若将 N 换为含有独立电源的线性网络，当 $u_1 = u_2 = 0$ 时，$i = -10A$，且上述已知条件仍然适用，再求 $u_1 = u_2 = 5V$ 时的电流 i。

（a）

I_{S1}/A	I_{S2}/A	I/A
1	0	3
0	2	−4
2	1	

（b）

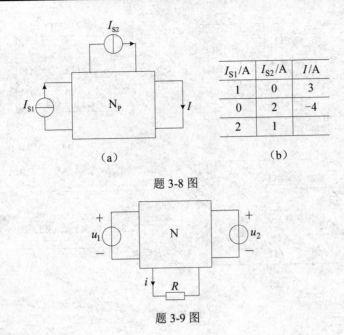

题 3-8 图

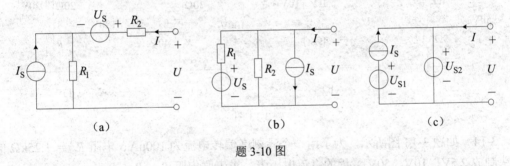

题 3-9 图

3.3　单口网络等效的概念

3-10　求题 3-10 图所示各单口网络的 VCR，并画出对应的等效电路。

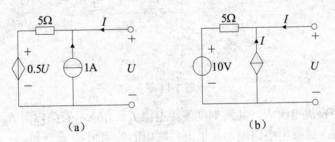

题 3-10 图

3-11　求题 3-11 图所示各单口网络的 VCR，并画出对应的等效电路。

题 3-11 图

3.4　不含独立源单口的等效

3-12　求题 3-12 图所示各单口网络的等效电阻 R_{ab}。

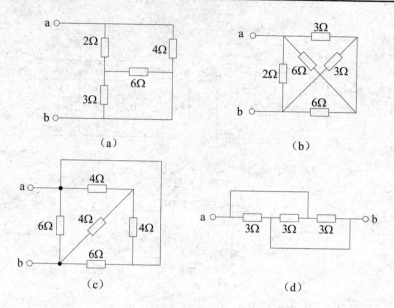

题 3-12 图

3-13 求题 3-13 图所示各电路中的电压 U 或电阻 R。

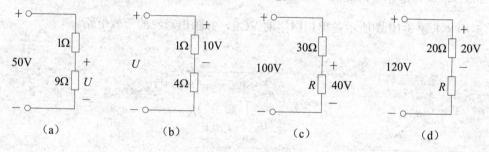

题 3-13 图

3-14   如题 3-14 图所示，为了用一个满刻度偏转电流为 $100\mu A$、电阻 $R_g = 1.25k\Omega$ 的表头制成 2.5V、10V、50V 量程的直流电压表，求串联电阻 R_1、R_2、R_3。

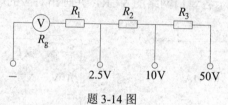

题 3-14 图

3-15   有一个直流电流表，其满刻度偏转电流 $I_g = 1mA$，表头内阻 $R_g = 200\Omega$，现要将量程扩大到 10mA，试画出电路图，并求出并联电阻的阻值。

3-16   试通过计算证明题 3-16 图所示两个电路中的电流 I 相等。

3-17   对题 3-17 图所示的分压器电路，已知滑动电阻为 1kΩ。试求：

（1）空载时，要使 R_2 上的电压为 3V，求 R_1 和 R_2 的值。

（2）接了 10kΩ 的负载后，要使 R_L 上的电压为 3V，求 R_1 和 R_2 的值。

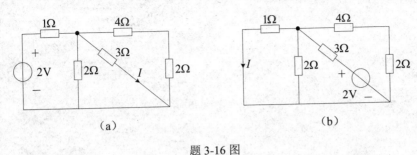

(a)　　　　　　　　　　(b)

题 3-16 图

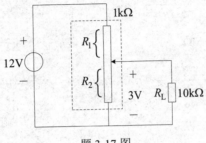

题 3-17 图

3-18　求题 3-18 图所示各单口网络的等效电阻 R_{ab}。

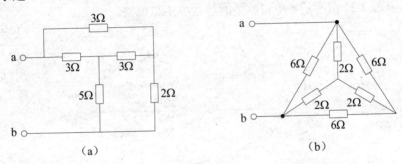

(a)　　　　　　　　　　(b)

题 3-18 图

3-19　利用电阻星形联结与三角形联结网络的等效变换，求解题 3-19 图所示电路中的电流 i_1。

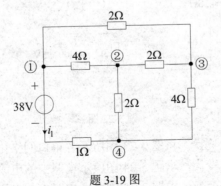

题 3-19 图

3-20　求题 3-20 图所示各单口网络的等效电阻 R_{ab}。

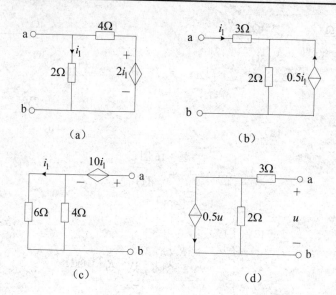

（a）　　　　　　　（b）

（c）　　　　　　　（d）

题 3-20 图

3.5　含独立源单口的等效

3-21　求题 3-21 图所示各单口网络的等效电压源模型。

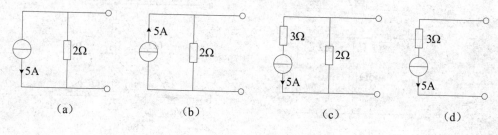

（a）　　　　（b）　　　　（c）　　　　（d）

题 3-21 图

3-22　求题 3-22 图所示各单口网络的等效电流源模型。

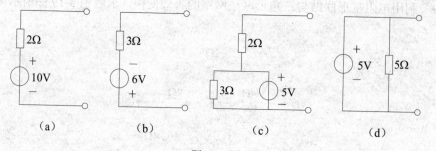

（a）　　　　（b）　　　　（c）　　　　（d）

题 3-22 图

3-23　利用电源的等效变换，将题 3-23 图所示各单口网络化为最简形式。

3-24　利用电源的等效变换，求题 3-24 图所示电路中的电流 I。

3-25　利用电源的等效变换，求题 3-25 图所示电路中的电压 U。

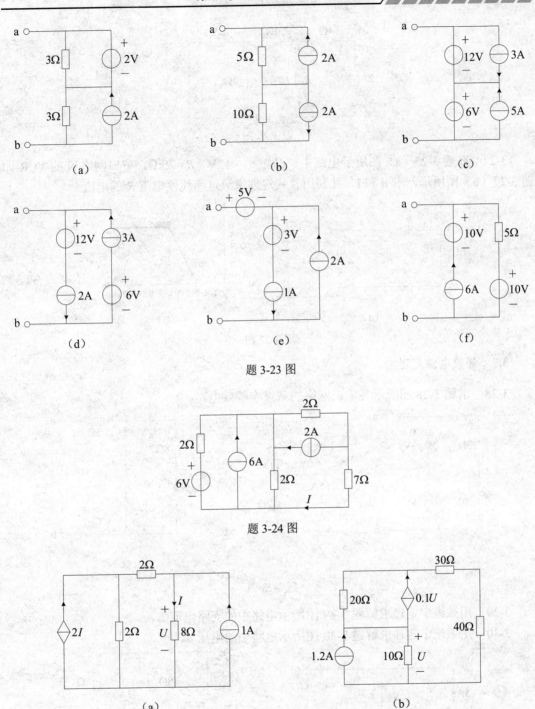

题 3-23 图

题 3-24 图

题 3-25 图

3.6　替代定理

3-26　在题 3-26 图所示电路中，已知 $I = 0.5\text{A}$，试利用替代定理求电阻 R。

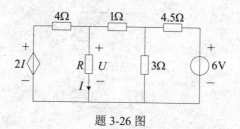

题 3-26 图

3-27　在题 3-27（a）图所示电路中，已知 $u_S = 12V$、$R = 2k\Omega$，单口网络 N 的 VCR 如题 3-27（b）图所示，求 u 和 i，并利用替代定理求流过两线性电阻 R 的电流。

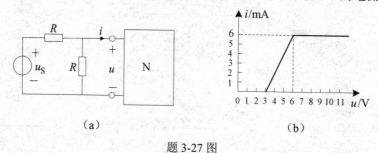

（a）　　　　　　　　　　　　（b）

题 3-27 图

3.7　等效电源定理

3-28　求题 3-28 图所示各单口网络的戴维宁等效电路。

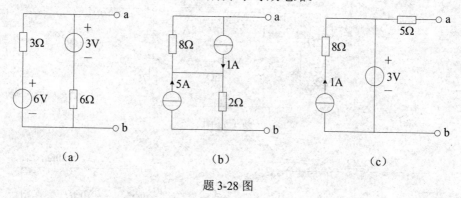

（a）　　　　　　　　（b）　　　　　　　　（c）

题 3-28 图

3-29　用戴维宁定理求解题 3-29 图所示电路中的支路电流 I_2。

3-30　用戴维宁定理求解题 3-30 图所示电路中的电压 u。

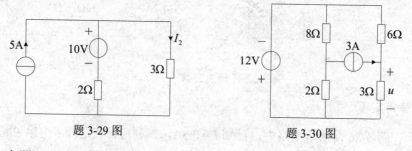

题 3-29 图　　　　　　　　　　　题 3-30 图

3-31　在题 3-31 图所示电路中，已知开关 S 打开时，开关两端的电压 u 为 8V；当开关 S 闭合时，流过开关的电流 i 为 6A，求单口网络 N 的戴维宁等效电路。

3-32　在题 3-32 图所示电路中，已知非线性元件 A 的 VCR 为 $u = i^2$，试求 u、i 和 i_1。

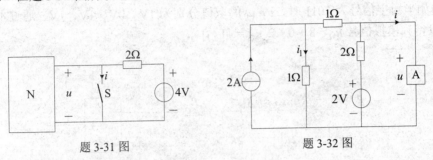

题 3-31 图　　　　　　　　　　题 3-32 图

3-33　求题 3-28 图所示各单口网络的诺顿等效电路。

3-34　用诺顿定理求解题 3-29 图所示电路中的支路电流 I_2。

3-35　用诺顿定理求解题 3-35 图所示电路中的电流 i。

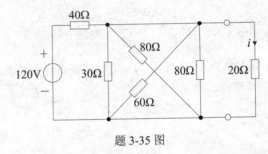

题 3-35 图

3-36　求题 3-36 图所示各单口网络的戴维宁与诺顿等效电路。

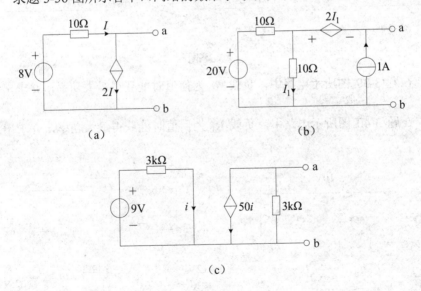

（a）　　　　　　　　　　（b）

（c）

题 3-36 图

3-37　题 3-37 图所示电路为 4 位数-模转换器（DAC），可以将一个 4 位二进制数字信号转换成模拟信号，设 $R_F = 16R$，试验证输出 u_O 与输入 $u_3 \sim u_0$ 之间的关系为

$$u_O = 8u_3 + 4u_2 + 2u_1 + u_0$$

[注：$u_3 \sim u_0$ 为数字信号，其取值只有两种（假设为 0V 和 1V），分别代表二进制数的 0 和 1。例如当数字信号为 1011 时，$u_3 \sim u_0$ 的取值分别为 1V、0V、1V、1V，通过本例 DAC 电路可以得到模拟信号 $u_O = 8 + 0 + 2 + 1 = 11$。]

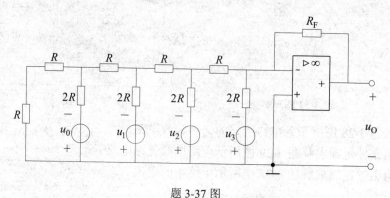

题 3-37 图

3.8 最大功率传输定理

3-38 在题 3-38 图所示各电路中，负载 R_L 为何值时能获得最大功率，并求出最大功率 P_{Lmax}。

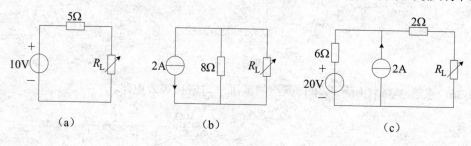

题 3-38 图

3-39 在题 3-39 图所示电路中，负载 R_L 为何值时能获得最大功率，并求出最大功率 P_{Lmax}。

3-40 在题 3-40 图所示电路中，负载 R_L 为何值时能获得最大功率，并求出最大功率 P_{Lmax}。

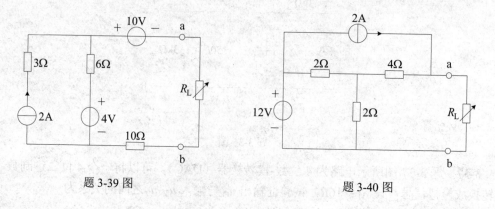

题 3-39 图　　　　　　　　　　　　题 3-40 图

3-41　在题 3-41 图所示电路中，负载 R_L 为何值时能获得最大功率，并求出最大功率 P_{Lmax}。

3-42　在题 3-42 图所示电路中，N 为线性有源二端网络，当 $R_L = 2\Omega$ 时，$U = 2V$；当 $R_L = 6\Omega$ 时，$U = 3V$。求 R_L 为何值时获得最大功率，并计算 P_{Lmax}。

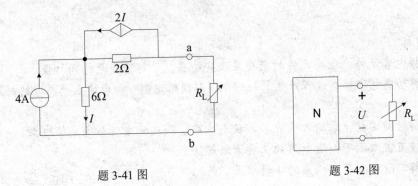

题 3-41 图　　　　　　　　　　题 3-42 图

第 4 章　动态电路的时域分析

本章目标

1. 掌握电容元件、电感元件的定义及伏安关系，了解储能元件的特性。
2. 了解动态电路暂态过程产生的原因，理解换路定则，初步建立动态电路时域分析的基本思路。
3. 理解时间常数、零输入响应、零状态响应、阶跃响应、全响应等概念。
4. 掌握直流激励下一阶电路的三要素求解法。
5. 理解二阶电路暂态响应的 4 种形式。

4.1　电 容 元 件

4.1.1　电容元件的定义

电容元件（capacitor）是从实际电容器抽象出来的电路模型。实际电容器种类和规格很多，但其基本结构都是两块金属极板中间隔以绝缘介质组成。把电容器两端加上电源，两块极板能分别聚集等量的异性电荷（charge），在介质中建立电场，并储存电场能量。电源移去后，这些电荷由于电场力的作用互相吸引，但被介质所绝缘而不能中和，因此极板上电荷能长久地储存起来，所以电容器是一种能够储存电场能量的电路器件。如果忽略电容器在实际工作时的漏电和磁场影响等次要因素，就可以把它看成是一个只储存电场能量的理想元件——电容元件。

电容元件的定义是：如果一个二端元件，在任一时刻的电荷量 $q(t)$ 和电压 $u(t)$ 之间存在代数关系

$$q = f(u) \ \ 或 \ \ u = f(q)$$

亦即这一关系可以由 $q \sim u$ 平面上的一条曲线所决定，则此二端元件就称为电容元件。

电容元件的分类与电阻元件的分类相似。当元件的特性曲线为通过坐标原点的直线时，称为线性电容元件，否则称为非线性电容元件；当电容元件的特性曲线不随时间变化时，称为时不变电容或定常电容，否则称为时变电容。本书只讨论线性时不变电容元件，其符号如图 4-1（a）所示，其特性曲线是一条通过原点的不随时间变化的直线，如图 4-1（b）所示，在任一时刻，电荷量与其端电压的关系为

$$q(t) = Cu(t) \tag{4-1}$$

式中系数 C 称为电容元件的**电容**（capacitance）。线性时不变电容元件的电容 C 是一个与 q、

u 无关的正实常数，其数值等于单位电压加于电容元件两端时，电容元件所储存的电荷量，因此 C 表征了该元件**储存电荷**的能力。

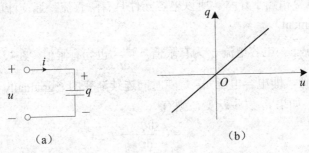

图 4-1　线性时不变电容元件的符号及特性曲线

需要说明的是，由于线性电容元件简称为"电容"，因此，"电容"一词及其符号 C 既表示电容元件，又表示电容元件的参数。除非特别指明，"电容"均指线性时不变电容或其参数。

电容 C 的国际单位是库仑/伏特，称为**法拉**（farad），简称法，用字母 F 表示。在实用中，法拉这个单位过大，常用微法（microfarad，μF）或皮法（picofarad，pF），它们之间的换算关系是：$1F = 10^6 \mu F = 10^{12} pF$。

常用电容器的电容量约为几个皮法至几千微法，采用碳纳米管可制成超大容量电容器，可望达到数百法。实际电容器除了标明它的标称电容量外，还必须标明它的额定工作电压，使用时若电压超过额定值，电容就有可能会因介质被击穿而损坏。电解电容器还必须标明它的极性，在电路中其"+""−"端必须按要求连接到指定的位置，如果极性接错，可能发生炸裂现象。

4.1.2　电容元件的伏安关系

虽然电容是根据 $q{\sim}u$ 关系来定义的，如式（4-1）所示，但在分析电路时，往往要利用电路元件的伏安关系来建立电路方程，因而必须推导电容的 VCR。

假设电容上的电压 u_C 与电流 i_C 采用关联参考方向。当电容电压 u_C 随时间变化时，储存在电容极板上的电荷随之变化，出现充电或放电现象，连接电容的导线中就有电荷移动从而形成电流。若电容电压 u_C 不变化，电荷也不变化，则电流为零。考虑到传导电流

$$i_C(t) = \frac{\mathrm{d}q(t)}{\mathrm{d}t} \tag{4-2}$$

将 $q(t) = Cu_C(t)$ 代入式（4-2），可得

$$i_C(t) = \frac{\mathrm{d}}{\mathrm{d}t}[Cu_C(t)] = C\frac{\mathrm{d}u_C(t)}{\mathrm{d}t} \tag{4-3}$$

这就是电容元件 VCR 的微分形式。若 u_C 与 i_C 为非关联参考方向，上式右侧应加以负号。

由式（4-3）可以看出，电容具有以下两个基本性质。

（1）线性电容元件的电流与其端电压的变化率成正比（而与电压的大小无关），电压

变化越快，电容上储存的电荷量变化越快，电流越大。如果电压恒定不变，即 $\dfrac{du_C}{dt}=0$，则电流为零，此时电容相当于开路。所以电容元件具有隔直流、通交流的特性，是一种**动态元件**（dynamic element）。

（2）一般情况下，电容电流 i_C 为有限值，$\dfrac{du_C}{dt}$ 也为有限值，在极小的时间间隔 dt 内，du_C 也应该为极小值，即电容电压 u_C 是随时间**连续渐变的**（gradually change）、**不能跃变**（sudden change）。如果 u_C 发生跃变，则有

$$i_C = C\frac{du_C}{dt} \to \infty$$

i_C 就不是有限值了。所以，一般情况下电容电压是不能跃变的，电容电压的变化需要时间。常用下式表示电容电压的连续性：

$$u_C(t_+) = u_C(t_-)$$

上式中，t_+ 和 t_- 在数值上都等于 t，但 t_- 表示 t 时刻前的瞬间、t_+ 表示 t 时刻后的瞬间。对于 $t=0$ 时刻来说，电容电压的连续性可以表示为

$$u_C(0_+) = u_C(0_-) \tag{4-4}$$

这一特性是分析动态电路的一个重要依据，电容也因此被称为惰性元件。但是，在某些理想情况下，电容电压还是可以跃变的。

【**例 4-1**】图 4-2 所示电路的开关闭合已久，在 $t=0$ 时刻断开，求开关断开瞬间电容电压的初始值 $u_C(0_+)$。

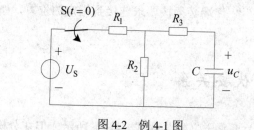

图 4-2 例 4-1 图

解 在开关断开前，电路已处于直流稳态，其中的电容元件相当于开路，所以开关断开前瞬间电容电压就是电阻 R_2 上的电压

$$u_C(0_-) = \frac{R_2}{R_1+R_2}U_S$$

当开关断开时，在电阻均不为零的情况下，电容电流为有限值，电容电压不能跃变，由此得到

$$u_C(0_+) = u_C(0_-) = \frac{R_2}{R_1+R_2}U_S$$

将式 $i_C(t) = C\dfrac{du_C(t)}{dt}$ 两边积分，可以得到电容元件 VCR 的积分形式。为了便于理解，先将电流定义式 $i_C(t) = \dfrac{dq(t)}{dt}$ 两边积分，可以得到

$$q(t) = \int_{-\infty}^{t} i_C(\xi) \mathrm{d}\xi \qquad (4\text{-}5)$$

上式表明，t 时刻电容上的电荷量是此刻以前由电流充电和放电而累积的结果，也就是说，某一时刻的电荷量取决于此时刻以前的全部电流。所以电容具有记忆作用，属于**记忆元件**（memory element）。上式中积分下限取 $-\infty$，意指从很久以前算起，那时电容上的电荷量为零。

由式（4-1）、式（4-5）可得

$$u_C(t) = \frac{q(t)}{C} = \frac{1}{C} \int_{-\infty}^{t} i_C(\xi) \mathrm{d}\xi \qquad (4\text{-}6)$$

这就是电容元件 VCR 的积分形式。上式表明：电容电压 $u_C(t)$ 不仅和当时的电流有关，还与 $(-\infty, t)$ 期间的全部"历史"有关，电容电压对电流有"记忆"作用，是一个记忆元件。

如果所研究的问题是从某一时刻 t_0 之后的情况，并将 t_0 时刻的电容电压记作 $u_C(t_0)$，由式（4-6）可以求出 t_0 以后的伏安关系

$$u_C(t) = \frac{1}{C} \int_{-\infty}^{t_0} i_C(\xi) \mathrm{d}\xi + \frac{1}{C} \int_{t_0}^{t} i_C(\xi) \mathrm{d}\xi = \frac{q(t_0)}{C} + \frac{1}{C} \int_{t_0}^{t} i_C(\xi) \mathrm{d}\xi$$

即

$$u_C(t) = u_C(t_0) + \frac{1}{C} \int_{t_0}^{t} i_C(\xi) \mathrm{d}\xi \qquad (4\text{-}7)$$

上式表示某时刻电容电压 $u_C(t)$ 等于电容电压的初始值 $u_C(t_0)$，加上 $t=t_0$ 到 t 时刻范围内电容电流在电容上积累电荷所产生的电压 $\frac{1}{C} \int_{t_0}^{t} i(\xi) \mathrm{d}\xi$。其中，电容电压的初始值 $u(t_0) = \frac{1}{C} \int_{-\infty}^{t_0} i(\xi) \mathrm{d}\xi$，是从 $t = -\infty$ 到 $t = t_0$ 时间范围内流过电容的电流在电容上积累电荷所产生的电压，代表了电容 C 在 t_0 以前全部电流对电压的影响，也代表了 t_0 以前全部"历史"对未来（$t > t_0$）产生的影响。如果知道了由初始时刻 t_0 开始作用的电流 $i(t)$ 以及电容电压的初始值 $u(t_0)$，就能确定 $t > t_0$ 时的电容电压 $u_C(t)$，故称 $u_C(t_0)$ 为电容的**初始状态**（initial state）。

【例 4-2】 如图 4-3（a）所示，已知 $C = 0.1\mathrm{F}$，$u_C(0_-) = 0$，求：（1）若已知 $u_C(t)$ 波形如图 4-3（b）所示，求电容上的电流 $i_C(t)$；（2）若已知 $i_C(t)$ 波形如图 4-3（c）所示，求电容上的电压 $u_C(t)$。

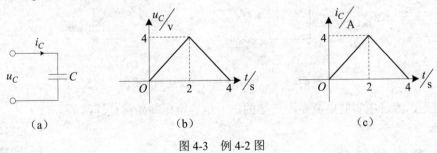

图 4-3 例 4-2 图

解 （1）已知电容电压求电流可以用式（4-3）。

$$i_C = C \frac{\mathrm{d}u_C}{\mathrm{d}t} = 0.1 \times \frac{\mathrm{d}u_C}{\mathrm{d}t}$$

其中各阶段电压的变化率

$$\frac{\mathrm{d}u_C}{\mathrm{d}t} = \begin{cases} 2\mathrm{V/s} & (0 < t < 2\mathrm{s}) \\ -2\mathrm{V/s} & (2\mathrm{s} < t < 4\mathrm{s}) \\ 0 & (t > 4\mathrm{s}) \end{cases}$$

所以

$$i_C = C\frac{\mathrm{d}u_C}{\mathrm{d}t} = \begin{cases} 0.1 \times 2\mathrm{A} = 0.2\mathrm{A} & (0 < t < 2\mathrm{s}) \\ 0.1 \times (-2)\mathrm{A} = -0.2\mathrm{A} & (2\mathrm{s} < t < 4\mathrm{s}) \\ 0 & (t > 4\mathrm{s}) \end{cases}$$

由此可以得到电流随时间变化的波形图，如图 4-4（a）所示。

（2）已知电容电流求电压可以利用式（4-7）分段计算。

当 $0 \leqslant t \leqslant 2\mathrm{s}$ 时

$$i_C(t) = 2t\mathrm{A}, \quad u_C(0) = 0$$

所以

$$u(t) = u(0) + \frac{1}{C}\int_0^t 2\xi\,\mathrm{d}\xi = 10\,\xi^2\Big|_0^t = 10t^2\mathrm{V}$$

且

$$u_C(2_-) = 40\mathrm{V}$$

当 $2\mathrm{s} \leqslant t \leqslant 4\mathrm{s}$ 时

$$i_C(t) = (-2t + 8)\mathrm{A}$$

因为

$$u_C(2_+) = u_C(2_-) = 40\mathrm{V}$$

所以

$$u_C(t) = u_C(2) + \frac{1}{C}\int_2^t(-2\xi + 8)\,\mathrm{d}\xi = 40 + \frac{1}{0.1}\int_2^t(-2\xi + 8)\,\mathrm{d}\xi = 10(-t^2 + 8t - 8)\mathrm{V}$$

且

$$u(4_-) = 80\mathrm{V}$$

当 $t \geqslant 4\mathrm{s}$ 时，$i_C(t) = 0$

所以

$$u_C(t) = u_C(4_-) = 80\mathrm{V}$$

故得电压随时间变化的波形图如图 4-4（b）所示。

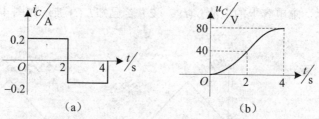

图 4-4　电流、电压随时间变化的波形图

由本例可见，流过电容的电流是不连续的，而电容电压却始终是连续的。

4.1.3　电容的储能

当电容元件的电压与电流采用关联参考方向时，电容吸收的瞬时功率

扫码看视频

电容的储能

$$p(t) = u_C(t)i_C(t) = Cu_C(t)\frac{\mathrm{d}u_C(t)}{\mathrm{d}t} \tag{4-8}$$

电容的瞬时功率有可能为正，也有可能为负。当 $p > 0$ 时，表示电容元件从外电路吸收能量（充电）。与电阻不同的是，电容并不把吸收的电能消耗掉，而是将其储存为电场能量。当 $p < 0$ 时，说明电容元件正在释放原先储存的电场能量。所以电容元件是一种储存电场能量的元件。

根据能量与功率的关系

$$p(t) = \frac{\mathrm{d}W_C(t)}{\mathrm{d}t}$$

由式（4-8）可以求得 t 时刻电容吸收的总能量

$$W_C(t) = \int_{-\infty}^{t} p(\xi)\mathrm{d}\xi = \int_{-\infty}^{t} u_C(\xi)C\frac{\mathrm{d}u_C(\xi)}{\mathrm{d}\xi}\mathrm{d}\xi = \int_{u_C(-\infty)}^{u_C(t)} Cu_C(\xi)\mathrm{d}u_C(\xi)$$

$$= \frac{1}{2}Cu_C^2(\xi)\Big|_{u(-\infty)}^{u(t)} = \frac{1}{2}Cu_C^2(t) - \frac{1}{2}Cu_C^2(-\infty)$$

由于 $t = -\infty$ 时电容尚未充电，$u_C(-\infty) = 0$，所以电容元件在 t 时刻所储有的**电场能量**

$$W_C(t) = \frac{1}{2}Cu_C^2(t) \tag{4-9}$$

上式说明，电容中的储能只与该时刻 $u_C(t)$ 值有关，由于 $C > 0$，$W_C(t)$ 总是大于零或等于零。当电压值增高时，储存的电场能量增加，电容从电源吸收能量，处于充电状态；当电压值降低时，储存的电场能量减少，处于放电状态。电容不可能放出多于它储存的能量，这说明电容是一种能量吞吐元件，属于无源元件。

由式（4-9）也可以理解为什么电容电压不能轻易跃变，这是因为电容电压的跃变需要伴随电容储存能量的跃变，在电流值为有界的情况下，是不可能造成电场能量跃变和电容电压跃变的。

思考与练习

4-1-1　充电到 12V 的某电容元件，其电荷为 600pC，则电容 C 为多少？储能为多少？

[50×10^{-12}F；3.6×10^{-9}J]

4-1-2　一个 1F 的电容，在某个时刻其两端的电压为 10V，能否算出该时刻的电流是多少，为什么？如果已知电压为 $u = 5t^2$，且在某一时刻瞬时值为 10V，结果又如何？

[无法计算；14.14A]

4-1-3　已知 2A 的电流向 1F 的电容充电，已知 $t = 0$ 时刻，$u_C(0) = 1$V，则在 $t = 3$s 时，$u_C(3) = ?$

[7V]

4.2 电感元件

4.2.1 电感元件的定义

电感元件（inductor）是从实际电感器抽象出来的电路模型。实际电感器的基本结构是由导线密绕而成的，如图 4-5 所示。当线圈中通以电流 i 时，其内部及周围会产生**磁场**（magnetic filed），并储存了磁场能量。设穿过一匝线圈的**磁通量**（magnetic flux）为 Φ，则与每匝线圈交链的磁通量之和称为**磁通链**（magnetic flux linkage），用 ψ 表示。若磁通 Φ 与 N 匝线圈交链，则磁通链 $\psi = N\Phi$。ψ 和 Φ 都是由线圈本身的电流产生的，与电流的方向遵循右手螺旋法则。如果忽略实际电感器在工作时要消耗能量等次要因素，就可以把它看成是一个只储存磁场能量的理想元件——电感元件。

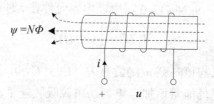

图 4-5 电感器的基本结构

电感元件的定义是：如果一个二端元件，在任一时刻的磁通链 $\psi(t)$ 和电流 $i(t)$ 之间存在代数关系

$$\psi = f(i) \ \text{或} \ i = f(\psi)$$

亦即这一关系可以由 $\psi \sim i$ 平面上的一条曲线所决定，则此二端元件就称为电感元件。

电感元件也可以分为线性与非线性，时变与时不变。本书只讨论线性时不变电感元件，其符号如图 4-6（a）所示，其特性曲线是一条通过原点的不随时间变化的直线，如图 4-6（b）所示，在任一时刻，磁通链与电流的关系为

$$\psi(t) = Li(t) \tag{4-10}$$

式中系数 L 称为电感元件的**电感**（inductance）。线性时不变电感元件的电感 L 是一个与 ψ、i 无关的正实常数，其数值等于单位电流流过电感元件时，电感元件所产生的磁链，因此 L 表征了该元件**储存磁场**的能力。

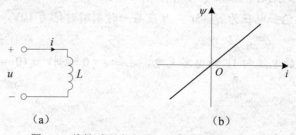

（a） （b）

图 4-6 线性时不变电感元件的符号及特性曲线

电感 L 的国际单位是韦伯/安培，称为**亨利**（Henry），简称亨，用字母 H 表示。如果电感较小，也常用毫亨（millihenry，mH）和微亨（microhenry，μH）做单位。

4.2.2 电感元件的伏安关系

当电感电流 i_L 随时间变化时，电流产生的磁链 ψ 也随之变化，根据楞次定律（Lenz's law），电感两端将产生感应电压 u_L 来阻碍磁链（电流）的变化。若电感上的电压与电流采用关联参考方向，并且电流与磁链的参考方向符合右手螺旋法则时，根据**法拉第电磁感应定律**（Farady's law of electromagnetic induction），电感电压

$$u_L(t) = \frac{\mathrm{d}\psi(t)}{\mathrm{d}t} \tag{4-11}$$

将 $\psi(t) = Li(t)$ 代入上式，得

$$u_L(t) = L\frac{\mathrm{d}i_L(t)}{\mathrm{d}t} \tag{4-12}$$

这就是电感元件 VCR 的微分形式。若 u_L 与 i_L 为非关联参考方向，则上式右侧应加以负号。

由式（4-12）可以看出，电感具有以下两个基本性质。

（1）线性电感元件的电压与其流过电流的变化率成正比（而与电流的大小无关），电流变化越快，电压越大。如果电流恒定不变，即 $\frac{\mathrm{d}i_L}{\mathrm{d}t} = 0$，则电压为零，此时电感相当于短路。所以电感元件具有通直流、隔高频交流的特性，是一种**动态元件**。

（2）一般情况下，电感电压 u_L 为有限值，$\frac{\mathrm{d}i_L}{\mathrm{d}t}$ 也为有限值，因此在极小时间间隔 dt 内，$\mathrm{d}i_L$ 也应该为极小值，即电感电流 i_L 是时间 t 的**连续函数、不能跃变**。如果 i_L 发生跃变，则有

$$u_L = L\frac{\mathrm{d}i_L}{\mathrm{d}t} \to \infty$$

u_L 就不是有限值了。所以，一般情况下电感电流是不能跃变的，即电感电流的变化需要时间。常用下式表示电感电流的连续性：

$$i_L(t_+) = i_L(t_-)$$

对于 $t = 0$ 时刻来说，上式表示为

$$i_L(0_+) = i_L(0_-) \tag{4-13}$$

这一特性是分析动态电路的一个重要依据，电感也因此被称为惰性元件。但是，在某些理想情况下，电感电压还是可以跃变的。

将式 $u_L(t) = L\frac{\mathrm{d}i_L(t)}{\mathrm{d}t}$ 两边积分，可以得到电感元件 VCR 的积分形式

$$i_L(t) = \frac{1}{L}\int_{-\infty}^{t} u_L(\xi)\mathrm{d}\xi \tag{4-14}$$

上式说明：电感电流 $i_L(t)$ 不仅和当时的电流有关，还与 $(-\infty, t)$ 期间的全部"历史"有关，电

感电流对电压（磁链）有记忆作用，是一个记忆元件。

如果所研究的问题是从某一时刻 t_0 之后的情况，并将 t_0 时刻的电感电压记作 $u_L(t_0)$，由式（4-14）可以求出 t_0 以后的伏安关系

$$i_L(t) = \frac{1}{L}\int_{-\infty}^{t_0} u_L(\xi)\mathrm{d}\xi + \frac{1}{L}\int_{t_0}^{t} u_L(\xi)\mathrm{d}\xi = \frac{\psi(t_0)}{L} + \frac{1}{L}\int_{t_0}^{t} u_L(\xi)\mathrm{d}\xi$$

即

$$i_L(t) = i_L(t_0) + \frac{1}{L}\int_{t_0}^{t} u_L(\xi)\mathrm{d}\xi \tag{4-15}$$

式（4-15）表示某时刻电感电流 $i_L(t)$ 等于电感电流的初始值 $i_L(t_0)$，加上 $t = t_0$ 到 t 时刻范围内电感电压在电感上积累磁链所产生的电流 $\frac{1}{L}\int_{t_0}^{t} u_L(\xi)\mathrm{d}\xi$。其中电感电流的初始值 $i_L(t_0) = \frac{1}{L}\int_{-\infty}^{t_0} u_L(\xi)\mathrm{d}\xi$，是从 $t = -\infty$ 到 $t = t_0$ 时间范围内电感两端的电压在电感上积累磁链所产生的电流。$i_L(t_0)$ 代表了电感 L 在 t_0 以前全部电压对电流的影响，亦代表了 t_0 以前全部"历史"对未来（$t > t_0$）产生的影响。如果知道了由初始时刻 t_0 开始作用的电压 $u_L(t)$ 以及电感电流的初始值 $i_L(t_0)$，就能确定 $t > t_0$ 时的电感电流 $i_L(t)$，故称 $i_L(t_0)$ 为电感的初始状态。

4.2.3　电感的储能

扫码看视频

电感的储能

当电感元件的电压与电流采用关联参考方向时，电感吸收的瞬时功率

$$p(t) = u_L(t)i_L(t) = Li_L(t)\frac{\mathrm{d}i_L(t)}{\mathrm{d}t} \tag{4-16}$$

电感的瞬时功率有可能为正，也有可能为负。当 $p > 0$ 时，表示电感元件从外电路吸收能量建立磁场；当 $p < 0$ 时，说明电感元件正在释放原先储存的磁场能量。根据能量与功率的关系

$$p(t) = \frac{\mathrm{d}W_L(t)}{\mathrm{d}t}$$

由式（4-16）可以求得 t 时刻电感吸收的总能量

$$W_L(t) = \int_{-\infty}^{t} p(\xi)\mathrm{d}\xi = \int_{-\infty}^{t} i_L(\xi)L\frac{\mathrm{d}i_L(\xi)}{\mathrm{d}\xi}\mathrm{d}\xi$$

$$= \int_{u_C(-\infty)}^{u_C(t)} Li_L(\xi)\mathrm{d}i_L(\xi) = \frac{1}{2}Li_L^2(\xi)\Big|_{i(-\infty)}^{i(t)}$$

$$= \frac{1}{2}Li_L^2(t) - \frac{1}{2}Li_L^2(-\infty)$$

由于 $t = -\infty$ 时电感尚未通电，$i_L(-\infty) = 0$，所以电感元件在 t 时刻所储有的**磁场能量**

$$W_L(t) = \frac{1}{2}Li_L^2(t) \tag{4-17}$$

上式说明，电感中的储能只与该时刻 $i_L(t)$ 值有关，由于 $L > 0$，$W_L(t)$ 总是大于零或等于零。当电流值增高时，储存的磁场能量增加，电感从电源吸收能量，处于充电状态；当电流值降低时，储存的磁场能量减少，处于放电状态。电感不可能放出多于它储存的能量，这说明电感是一种能量吞吐元件，属于无源元件。

由式（4-17）同样可以理解为什么电感电流不能轻易跃变，这是因为电感电流的跃变需要伴随电感储存能量的跃变，在电压有界的情况下，是不可能造成磁场能量发生跃变和电感电流发生跃变的。

综合以上两节的内容，可以将电容与电感的特性总结在表 4-1 中。显然，电容与电感是一对对偶量，利用对偶性将有助于我们记忆相关的概念与公式。

表 4-1　电容与电感的特性

		电容（C）	电感（L）
元件定义		$q(t) = Cu(t)$	$\psi(t) = Li(t)$
伏安关系	微分形式	$i_C(t) = C\dfrac{\mathrm{d}u_C(t)}{\mathrm{d}t}$	$u_L(t) = L\dfrac{\mathrm{d}i_L(t)}{\mathrm{d}t}$
	积分形式	$u_C(t) = u_C(t_0) + \dfrac{1}{C}\displaystyle\int_{t_0}^{t} i_C(\xi)\mathrm{d}\xi$	$i_L(t) = i_L(t_0) + \dfrac{1}{L}\displaystyle\int_{t_0}^{t} u_L(\xi)\mathrm{d}\xi$
直流稳态电路中		开路	短路
不能跃变的物理量		$u_C(q)$	$i_L(\psi)$
储存的能量		$W_C(t) = \dfrac{1}{2}Cu_C^2(t)$	$W_L(t) = \dfrac{1}{2}Li_L^2(t)$

思考与练习

4-2-1　如果一个电感线圈两端的电压为零，那么这个电感线圈是否有可能储能？

[有可能]

4-2-2　已知电感 $L=2\mathrm{H}$，其电流波形如题 4-2-2 图所示，且电感上的电压、电流取关联参考方向，求电感端电压 $u_L(t)$、吸收的功率 $p_L(t)$ 和储能 $W_L(t)$，并画出它们的波形图。

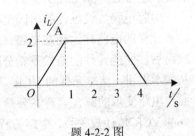

题 4-2-2 图

4.3　动态电路的过渡过程

4.3.1　动态电路的基本概念

扫码看视频

动态电路的基本概念

自然界事物的运动，在一定条件下有一定的稳定状态。当条件改变时，就要过渡到新的稳定状态。例如电动机，当接通电源后电动机由静止状态起动、升速，最后达到稳定速度；当切断电源后，电动机将从某一稳定速度逐渐减速，最后停止转动，速度为零。又如一个电炉，接通电源后就会发热，其温度逐渐上升，最后达到稳定值；当切断电源后电炉的温度又从某一稳定值逐渐下降，最后回到环境温度。由此可见，从一种稳定状态转变到另一种稳定状态往往不能跃变，而是需要一定的时间，这个物理过程就称为**过渡过程**（transient process）。过渡过程是能量不能跃变的具体体现。

在电路中也有类似的现象。先来观察一个如图 4-7（a）所示的电路实验：将灯泡与元件 A 并联后由开关接到一组直流电源上，开关 S 闭合已久，灯泡正常发光，电路处于稳定状态。① 若元件 A 为电阻元件，则当开关 S 断开后，灯泡瞬间熄灭。这说明电路没有经历过渡过程，直接进入了另一种稳定状态。② 若元件 A 为电容元件，则当开关断开后，灯泡逐渐变暗而熄灭，说明这个电路从一种稳定状态转变到另一种稳定状态经历了过渡过程，图 4-7（b）所示为灯泡上的端电压 u 的变化示意图。

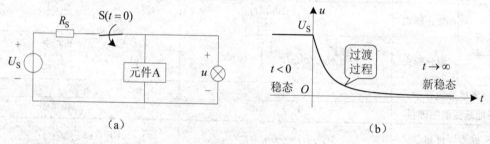

图 4-7　动态电路的过渡过程

比较上述实验的两种情况可见，开关动作是引起电路过渡过程的外因。我们把开关动作、电路结构或参数变化、激励变化等统称为**换路**（switching）。但并不是所有的换路都会引起过渡过程，如上述实验的第一种情况的纯电阻电路就没有过渡过程。

引起电路过渡过程的内因是有**储能元件**（energy storage element）的存在，我们把含有动态元件的电路称为**动态电路**（dynamic circuit）。电路过渡过程的物理实质是，动态电路换路后，储能元件的能量重新分配一般情况下不能瞬间完成，必然伴随着一个过渡过程。从数学上讲，储能元件的 VCR 是微积分关系，必然导致动态电路方程也是微积分关系，从而使电路变量的解含有暂态分量（通解）。在纯电阻电路中，由于不存在储能元件，电阻元件的 VCR 是代数关系，电路方程也是代数关系，其响应便没有暂态分量。纯电阻电路在换路后直接进入下一个稳定状态，不存在过渡过程。

实际电路中的过渡过程通常是暂时存在而最后消失的，故称为**暂态**（transient state）过程。虽然暂态过程为时短暂，如只有几秒钟、几微妙或纳秒，但在不少实际电路中却会产生重要的影响。例如，有些电路利用电容器充电和放电的过渡过程来完成一些特定的任务，如积分电路、微分电路等。而在电力系统中，过渡过程引起的过电压或过电流，可能造成电气设备损坏甚至导致整个供电系统崩溃。所以，要认识和掌握动态电路过渡过程的规律，以便充分利用它的特点，防止它的危害。

4.3.2　动态电路方程的建立

研究动态电路的核心问题是根据结构约束 KCL、KVL 和元件约束 VCR 建立解变量方程并求解。

以图 4-8 所示的典型 RC 电路为例，换路后电路中有 3 个待解变量 u_C、u_R 和 i，需要 3 个独立方程，根据 KVL 可以列出

$$u_R + u_C = u_S$$

根据 VCR 可以列出

$$u_R = Ri \qquad\qquad i = C\frac{\mathrm{d}u_C}{\mathrm{d}t}$$

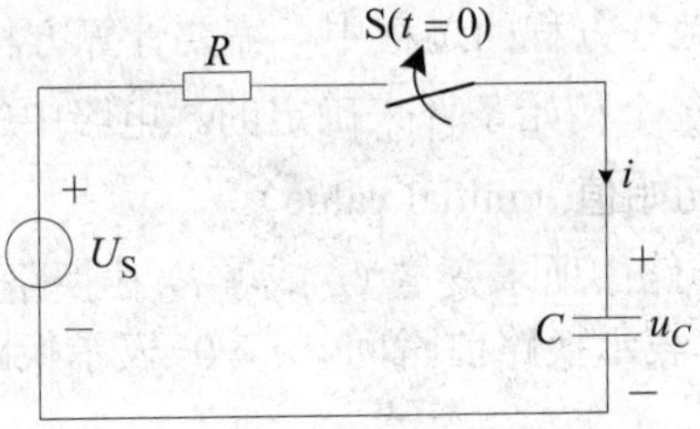

图 4-8　典型的一阶 RC 电路

若以 u_C 为解变量，可将 VCR 方程代入 KVL 方程，得

$$RC\frac{\mathrm{d}u_C}{\mathrm{d}t} + u_C = u_S$$

整理后可得

$$\frac{\mathrm{d}u_C}{\mathrm{d}t} + \frac{1}{RC}u_C = \frac{1}{RC}u_S \qquad\qquad (4\text{-}18\text{-}1)$$

若以 i 为解变量，将 VCR 方程代入 KVL 方程，得

$$Ri + \frac{1}{C}\int i\,\mathrm{d}\xi = u_S$$

整理后可得

$$\frac{\mathrm{d}i}{\mathrm{d}t} + \frac{1}{RC}i = \frac{1}{R}\frac{\mathrm{d}u_S}{\mathrm{d}t} \qquad\qquad (4\text{-}18\text{-}2)$$

观察两个不同解变量的方程（4-18-1）和（4-18-2），可看出以下几点。

（1）一阶电路变量（响应）的方程是一阶常系数线性微分方程，故而称为**一阶电路**（firsr order circuit）。

（2）当方程右侧为 0 时，方程降为一阶齐次方程，式中的常系数仅取决于电路的结构与参数，和激励无关。且同一电路的不同解变量，具有相同的特征方程（特征根），也即具有相同的通解形式。

（3）方程右侧是激励或其导数的线性组合，因此响应的特解与激励有关。如直流激励

将使响应的特解也是直流量、交流激励将使响应的特解也是同频交流量。

　　一般情况下，若线性时不变电路中含有 n 个独立的动态元件，那么描述该电路的方程就是 n 阶常系数线性微分方程，该电路称为 n 阶电路。其响应的方程为

$$\frac{\mathrm{d}^n x}{\mathrm{d}t^n} + \alpha_1 \frac{\mathrm{d}^{n-1}x}{\mathrm{d}t^{n-1}} + \cdots + \alpha_n x = W(t)$$

其中，x 为响应（u 或 i）；α_1、$\alpha_2 \cdots \alpha_n$ 为常量，其值取决于电路元件的参数；$W(t)$ 为电路中的激励及其导数的线性组合。当电路中不存在任何激励（零输入）时，$W(t) = 0$，方程降为 n 阶齐次微分方程。

4.3.3　初始值的确定

　　在求解 n 阶常系数线性微分方程的过程中，需要计算方程通解中的 n 个待定系数，它们是通过 n 个初始条件来确定的。电路中的初始条件指的是，电路解变量及其一阶至 $n-1$ 阶导数的**初始值**（initial value）。

　　一阶电路的初始值是指电路中所求变量（u 或者 i）在换路后瞬间的值。若换路是在 $t = 0$ 时刻进行的，则通常用 $t = 0_-$ 表示换路前瞬间、$t = 0_+$ 表示换路后瞬间，用 $u(0_+)$、$i(0_+)$ 表示变量的初始值。

　　由前面两节的分析可知，电容电压 u_C 和电感电流 i_L 通常不能跃变，所以在换路瞬间

$$\begin{cases} u_C(0_+) = u_C(0_-) \\ i_L(0_+) = i_L(0_-) \end{cases} \tag{4-19}$$

式（4-19）常称为**换路定则**（switching law）。

　　换路定则表明，电路中的初始值 $u_C(0_+)$ 和 $i_L(0_+)$ 可根据换路前瞬间的 $u_C(0_-)$ 和 $i_L(0_-)$ 来确定。当 $t = 0_-$ 时刻电路处于直流稳态时，等效电路中的电容元件相当于开路、电感元件相当于短路。而 u_C、i_L 以外的各电压、电流（包括 i_C、u_L），在换路瞬间均可跃变，故需利用换路后的等效电路来确定初始值。根据替代定理，在 $t = 0_+$ 时刻，电容元件可以用直流电压源 $u_C(0_+)$ 替代、电感元件 L 可以用直流电流源 $i_L(0_+)$ 替代。

　　因此，确定初始值的一般步骤如下（仅处理直流稳态电路）。

　　（1）作 $t = 0_-$ 时刻（换路前瞬间）等效图，确定 u_C、i_L 的初始值。

　　先将换路前电路中的电容元件开路、电感元件短路处理，得到 $t = 0_-$ 等效图，由此计算出电路的**初始状态**（original value）$u_C(0_-)$、$i_L(0_-)$，再根据换路定则得到

$$\begin{cases} u_C(0_+) = u_C(0_-) \\ i_L(0_+) = i_L(0_-) \end{cases}$$

　　（2）作 $t = 0_+$ 时刻（换路后瞬间）等效图，确定除 u_C、i_L 以外各电压、电流的初始值。

　　将换路后电路图中的电容元件用直流电压源 $u_C(0_+)$ 替代、电感元件用直流电流源 $i_L(0_+)$ 替代，如表 4-2 所示，由此得到 $t = 0_+$ 等效图，进而计算除 $u_C(0_+)$、$i_L(0_+)$ 以外各电

压、电流的初始值。

表 4-2 C 和 L 在 $t=0_+$ 时刻的等效图

$t = 0_-$（已知）	$t = 0_+$（替代）
C $u_C(0_-)$	$u_C(0_+) = u_C(0_-)$
L $i_L(0_-)$	$i_L(0_+) = i_L(0_-)$

【例 4-3】 图 4-9 所示电路中开关 S 闭合已久，当 $t=0$ 时断开开关，求换路后的初始值 $u_C(0_+)$、$i_L(0_+)$、$u_L(0_+)$ 和 $u_{R_2}(0_+)$。

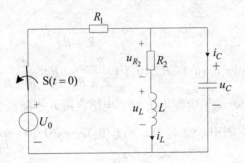

图 4-9 例 4-3 图

解 （1）作 $t = 0_-$ 时刻的等效图，求电路的初始状态 $u_C(0_-)$、$i_L(0_-)$。

由于 $t = 0_-$ 时刻电路处于直流稳态，故其中电容元件相当于开路、电感元件相当于短路，如图 4-10 所示。

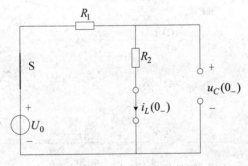

图 4-10 $t = 0_-$ 时刻的等效图

由 $t = 0_-$ 时刻的等效图可知

$$i_L(0_-) = \frac{U_0}{R_1 + R_2} \qquad u_C(0_-) = \frac{R_2}{R_1 + R_2} U_0$$

由换路定则得

$$i_L(0_+) = i_L(0_-) = \frac{U_0}{R_1 + R_2} \qquad u_C(0_+) = u_C(0_-) = \frac{R_2 U_0}{R_1 + R_2}$$

（2）作 $t = 0_+$ 时刻的等效图，计算除 $u_C(0_+)$、$i_L(0_+)$ 以外各电压、电流的初始值。

根据替代定理，在 $t = 0_+$ 时刻，电容元件用直流电压源 $u_C(0_+)$ 替代、电感元件用直流电流源 $i_L(0_+)$ 替代，如图 4-11 所示。

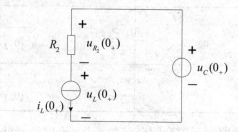

图 4-11　$t = 0_+$ 时刻的等效图

由 $t = 0_+$ 时刻的等效图可知

$$u_{R_2}(0_+) = R_2 i_L(0_+) = \frac{R_2}{R_1 + R_2} \cdot U_0$$

$$u_L(0_+) = u_C(0_+) - R_2 i_L(0_+) = \frac{R_2 U_0}{R_1 + R_2} - R_2 \cdot \frac{U_0}{R_1 + R_2} = 0$$

由计算结果可以看出，除了电容电压 u_C、电感电流 i_L 不能跃变外，其他变量的初始值都可能发生跃变。例如本例中 $i_C(0_-) = 0$，而 $i_C(0_+) = -i_L(0_+) = -\dfrac{U_0}{R_1 + R_2}$，换路瞬间发生了跃变。

【例 4-4】 图 4-12 所示电路中开关 S 断开已久，当电路中的电压和电流恒定不变时开关 S 闭合，求电路中的初始值 $u_C(0_+)$、$i_L(0_+)$、$i_1(0_+)$ 和 $i_2(0_+)$。

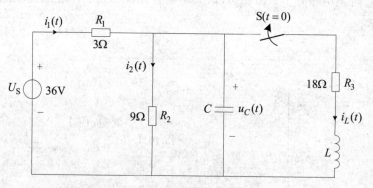

图 4-12　例 4-4 图

解　（1）作 $t = 0_-$ 时刻的等效图，求电路的初始状态 $u_C(0_-)$、$i_L(0_-)$，其中电容元件开路处理、电感元件短路处理，如图 4-13 所示。

由图 4-13 可知

$$u_C(0_-) = \frac{R_2}{R_1 + R_2} U_S = \frac{9}{3 + 9} \times 36\text{V} = 27\text{V}, \qquad i_L(0_-) = 0\text{A}$$

由换路定则得到

$$u_C(0_+) = u_C(0_-) = 27\text{V}, \qquad i_L(0_+) = i_L(0_-) = 0\text{A}$$

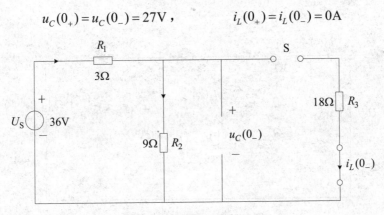

图 4-13　$t = 0$ 时刻的等效图

（2）作 $t = 0_+$ 时刻的等效图，计算除 $u_C(0_+)$、$i_L(0_+)$ 以外各电压、电流的初始值，其中电容元件用直流电压源 $u_C(0_+) = 27\text{V}$ 替代、电感元件用直流电流源 $i_L(0_+) = 0\text{A}$ （开路）替代，如图 4-14 所示。

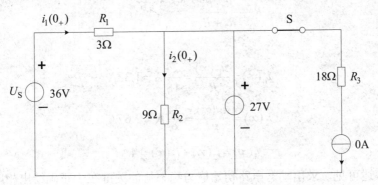

图 4-14　$t = 0_+$ 时刻的等效图

由 $t = 0_+$ 时刻的等效图可知

$$i_2(0_+) = \frac{27}{R_2} = 3\text{A} \qquad\qquad i_1(0_+) = \frac{36-27}{R_1} = 3\text{A}$$

4.3.4　稳态值的确定

扫码看视频

稳态值的确定

电路中的**稳态值**是指动态电路经历过渡过程后，达到新的稳定状态时所对应的电压、电流值，常用 $u(\infty)$、$i(\infty)$ 表示。稳态值的确定可以利用 $t = \infty$ 时刻的等效图。在直流激励的电路中，$t = \infty$ 时电路又一次处于直流稳态，故等效电路中的电容元件相当于开路、电感元件相当于短路。

【例 4-5】续例 4-4，在如图 4-12 所示电路中，求开关 S 断开后电路中的稳态值 $u_C(\infty)$、$i_L(\infty)$、$i_1(\infty)$ 和 $i_2(\infty)$。

解　作 $t = \infty$ 时刻的等效图，其中电容元件相当于开路、电感元件相当于短路，如图 4-15

143

所示。

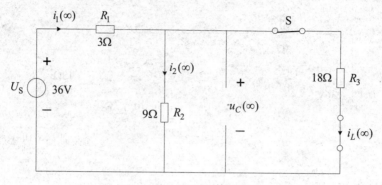

图 4-15　$t = \infty$ 时刻的等效图

由图 4-15 可以得到

$$u_C(\infty) = \frac{\dfrac{R_2 \cdot R_3}{R_2 + R_3}}{R_1 + \dfrac{R_2 \cdot R_3}{R_2 + R_3}} U_S = \frac{6}{3 + 6} \times 36\text{V} = 24\text{V}$$

所以

$$i_L(\infty) = \frac{u_C(\infty)}{R_3} = \frac{24}{18}\text{A} = 1.33\text{A}$$

$$i_2(\infty) = \frac{u_C(\infty)}{R_2} = \frac{24}{9}\text{A} = 2.67\text{A}$$

$$i_1(\infty) = i_2(\infty) + i_L(\infty) = 4\text{A}$$

　　由以上叙述可见，求出动态电路初始值与稳态值的关键在于正确绘出相应时刻的等效电路，表 4-3 列出了电容 C 和电感 L 在 $t = 0_-$、$t = 0_+$ 和 $t = \infty$ 时刻的等效图，以供参考。

表 4-3　C 和 L 在 $t = 0_-$、$t = 0_+$ 和 $t = \infty$ 时刻的等效图

条件 元件	直流稳态 $t = 0_-$	初始状态 $t = 0_+$	直流稳态 $t = \infty$
┤├	开路	$u_C(0_+) = u_C(0_-)$	开路
⌒⌒	短路	$i_L(0_+) = i_L(0_-)$	短路

思考与练习

4-3-1　什么叫过渡过程？什么样的电路才会发生过渡过程？

4-3-2　说明换路定则的物理意义。

4-3-3 电路如题 4-3-3 图所示，若以 i_L 为解变量，试列写该电路换路后的微分方程。

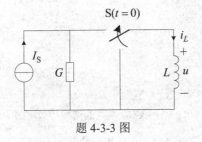

题 4-3-3 图

$$\left[\frac{\mathrm{d}i_L}{\mathrm{d}t}+\frac{1}{GL}i_L=\frac{1}{GL}i_S\right]$$

4-3-4 题 4-3-4 图所示电路 $t<0$ 时已达稳态，求 i_C、u_L 和 i 的初始值与稳态值。

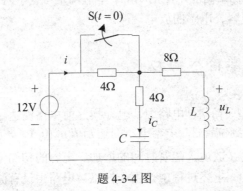

题 4-3-4 图

[1A，4V，2A；0，0，1.5A]

4.4 一阶电路的零输入响应

用一阶微分方程描述的电路称为一阶电路（firsr order circuit）。以下几节讨论由直流电源激励的只含一个动态元件的电路。根据等效电源定理，这类一阶电路可以等效为一组电源和一个动态元件的串联或并联，如图 4-16 所示。

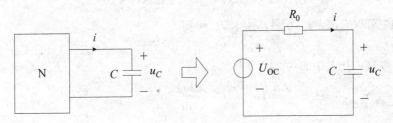

（a）一阶 RC 电路的戴维宁等效电路

图 4-16 一阶电路的等效

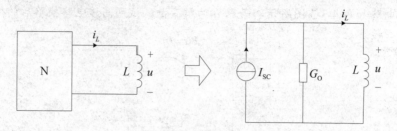

（b）一阶 *GL* 电路的诺顿等效电路

图 4-16　一阶电路的等效（续）

　　动态电路发生换路后，能够引起电路中响应的原因有两个：一是电源激励；二是电路中动态元件的初始储能。所谓**零输入响应**（zero-input response），是指动态电路在没有外加激励的条件下，仅由电路初始储能产生的响应。本节就是讨论一阶 *RC* 及一阶 *GL* 电路的零输入响应，也就是研究电容、电感的放电规律。

4.4.1　*RC* 电路的零输入响应

　　如图 4-17 所示的典型一阶 *RC* 电路中，已知换路前电路已达稳态，开关在 *t*=0 时由位置 1 换到位置 2，电容电压的初始值 $u_C(0_+) = u_C(0_-) = U_0$，换路后电容开始通过电阻 *R* 放电，随着时间的增加，电容的初始储能逐渐耗尽，电容电压最终达到稳态值 $u_C(\infty) = 0$。上述过程中，由于换路后电路中没有激励，仅仅由电容元件的初始储能引起了响应，故为零输入响应。

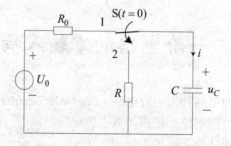

图 4-17　*RC* 电路的零输入响应

　　由图 4-17 可以看出，*t* > 0 时，由 KVL 可得

$$Ri + u_C = 0$$

若以 u_C 为解变量，代入电容 VCR

$$i = C\frac{\mathrm{d}u_C}{\mathrm{d}t}$$

可以得到

$$RC\frac{\mathrm{d}u_C}{\mathrm{d}t} + u_C = 0 \tag{4-20}$$

式（4-20）为一阶常系数齐次微分方程，将它改写成如下分离变量型方程

$$\frac{\mathrm{d}u_C}{u_C} = -\frac{\mathrm{d}t}{RC}$$

对上式两边求积分，即

$$\int \frac{\mathrm{d}u_C}{u_C} = \int -\frac{\mathrm{d}t}{RC}$$

得

$$\ln u_C = -\frac{t}{RC} + B$$

由此求得 u_C 的通解为

$$u_C(t) = \mathrm{e}^{-\frac{t}{RC}+B} = A\mathrm{e}^{-\frac{t}{RC}}$$

式中 B 和 A 为积分常数，可由初始条件来定。将电容电压的初始值 $u_C(0_+) = U_0$ 代入上式，得到

$$A = u_C(0_+) = U_0$$

所以

$$u_C(t) = u_C(0_+)\mathrm{e}^{-\frac{t}{RC}} = U_0\mathrm{e}^{-\frac{t}{RC}} \qquad (t \geqslant 0) \tag{4-21}$$

换路后电容电流为

$$i = C\frac{\mathrm{d}u_C}{\mathrm{d}t} = -\frac{u_C(0_+)}{R}\mathrm{e}^{-\frac{t}{RC}} = -\frac{U_0}{R}\mathrm{e}^{-\frac{t}{RC}} = i(0_+)\mathrm{e}^{-\frac{t}{RC}} \qquad (t > 0) \tag{4-22}$$

电容电压及电流的变化波形如图 4-18 所示。

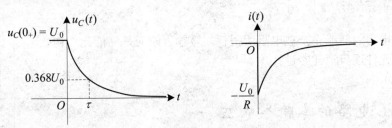

图 4-18　RC 电路的零输入响应变化曲线

从上述分析可以看出，一阶 RC 电路的零输入响应都是由初始值开始，按共同的指数规律 $\mathrm{e}^{-\frac{t}{RC}}$ 衰减到零的过程，而衰减的快慢取决于 R 和 C 的乘积。定义

$$\tau = RC \tag{4-23}$$

τ 称为一阶 RC 电路的**时间常数**（time constant），其量纲为秒。

$$欧姆 \cdot 法拉 = \frac{伏特}{安培} \cdot \frac{库仑}{伏特} = \frac{库仑}{库仑/秒} = 秒$$

表 4-4 列出了电容电压在放电过程中的衰减情况。

表 4-4 不同时刻 $u_C(t)=U_0 \mathrm{e}^{-\frac{t}{RC}}$ 的值

t	0	τ	2τ	3τ	4τ	5τ	6τ	∞
$u_C(t)$	U_0	36.8% U_0	13.5% U_0	5% U_0	1.8% U_0	0.67% U_0	0.25% U_0	0

由表 4-4 可知,当 $t=0$ 时,$u_C(0)=U_0$;当 $t=\tau$ 时,$u_C(\tau)=U_0\mathrm{e}^{-1}$=36.8%$U_0$;当 $t=3\tau$ 时,$u_C(3\tau)=U_0\mathrm{e}^{-3}$= 5%$U_0$,工程上一般认为 $t=3\sim5\tau$ 时,电路响应接近 0,放电过程基本结束。

显然,时间常数 τ 取决于电路的结构和参数,体现了电路的固有特性。$\tau=RC$ 越大,电路消耗储存能量所需的时间越长,放电过程衰减越慢,如图 4-19 所示。

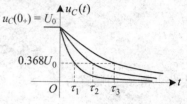

图 4-19 时间常数 τ 对衰减速度的影响

在如图 4-17 所示电路中,电容的初始储能

$$W_C(0_+)=\frac{1}{2}Cu_C^2(0_+)=\frac{1}{2}CU_0^2$$

换路后,电容通过电阻放电,其 t 时刻的储能为

$$W_C(t)=\frac{1}{2}Cu_C^2(t)$$

由于电容电压 u_C 随时间按指数规律衰减,电容的储能也将逐渐衰减为零。在整个过渡过程中电阻消耗的总能量为

$$W_R=\int_0^\infty i^2R\mathrm{d}t=\int_0^\infty\left(-\frac{U_0}{R}\mathrm{e}^{-\frac{t}{RC}}\right)^2R\mathrm{d}t=\frac{U_0^2}{R}\int_0^\infty\mathrm{e}^{-\frac{2t}{RC}}\mathrm{d}t=\frac{U_0^2}{R}\left(-\frac{RC}{2}\mathrm{e}^{-\frac{2t}{RC}}\right)\bigg|_0^\infty$$

$$=\frac{1}{2}CU_0^2=W_C(0_+)$$

可见,电容的储能完全被电阻所消耗,零输入响应是储能元件初始储能被电阻元件逐步消耗的过程。

4.4.2 GL 电路的零输入响应

在如图 4-20 所示的典型一阶 GL 电路中,已知换路前电路已达稳态,开关在 t=0 时由位置 1 换到位置 2,电感电流的初始值 $i_L(0_+)=i_L(0_-)=I_0$,换路后电感开始通过电导 G 放电,随着时间的增加,电感的初始储能逐渐耗尽,电感电流最终达到稳态值 $i_L(\infty)=0$。

由图 4-20 可以看出,$t>0$ 时,由 KCL 可得

$$Gu+i_L=0$$

若以 i_L 为解变量,代入电感 VCR

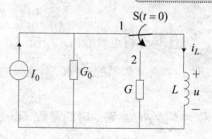

图 4-20 GL 电路的零输入响应

$$u = L\frac{\mathrm{d}i_L}{\mathrm{d}t}$$

得到

$$GL\frac{\mathrm{d}i_L}{\mathrm{d}t} + i_L = 0 \qquad (4\text{-}24)$$

式（4-24）为一阶常系数齐次微分方程，参照式（4-20）的解法，i_L 的通解为

$$i_L(t) = \mathrm{e}^{-\frac{t}{GL}+B} = A\mathrm{e}^{-\frac{t}{GL}}$$

式中 B 和 A 为积分常数，可由初始条件来定。将电感电流的初始值 $i_L(0_+) = I_0$ 代入通解，得

$$A = i_L(0_+) = I_0$$

所以

$$i_L(t) = i_L(0_+)\mathrm{e}^{-\frac{t}{GL}} = I_0\mathrm{e}^{-\frac{t}{GL}} \qquad (t \geqslant 0) \qquad (4\text{-}25)$$

电路中的零输入响应电压为

$$u = L\frac{\mathrm{d}i_L}{\mathrm{d}t} = -\frac{i_L(0_+)}{G}\mathrm{e}^{-\frac{t}{GL}} = -\frac{I_0}{G}\mathrm{e}^{-\frac{t}{GL}} = u(0_+)\mathrm{e}^{-\frac{t}{GL}} \qquad (t > 0) \qquad (4\text{-}26)$$

电感电流及电感电压的变化波形如图 4-21 所示。

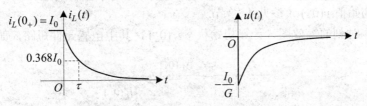

图 4-21　GL 电路的零输入响应变化曲线

从上述分析可以看出，一阶 GL 电路的零输入响应都是由初始值开始，按共同的指数规律 $\mathrm{e}^{-\frac{t}{GL}}$ 衰减到 0，而衰减的快慢取决于 G 和 L 的乘积。定义

$$\tau = GL = \frac{L}{R} \qquad (4\text{-}27)$$

τ 称为一阶 GL 电路的**时间常数**，它的量纲也是**秒**。GL 愈大，零输入响应衰减愈慢；反之，GL 愈小衰减愈快。

综上分析可知：一阶电路的零输入响应是由电路的初始储能引起的，并由初始值开始，按指数规律 $\mathrm{e}^{-\frac{t}{\tau}}$ 衰减到零。如果用 $y(t)$ 表示电路中的响应（u 或 i），则一阶电路的零输入响应可统一表示为

$$y(t) = y(0_+)\mathrm{e}^{-\frac{t}{\tau}} \qquad (t > 0) \qquad (4\text{-}28)$$

式中，τ 为一阶电路的时间常数。具体地说，对于一阶 RC 电路，$\tau = RC$；对于一阶 GL 电路，$\tau = GL$。其中 R（或 G）是换路后电路中，从储能元件两端看过去的等效电阻。时间常数取决于电路的结构和参数，决定了零输入响应衰减的快慢，一般认为 $t = 3\tau \sim 5\tau$ 时，放电基本结束，响应趋向零值。

既然一阶电路的零输入响应是由电路的初始储能引起的，观察式（4-21）、式（4-22）、

式（4-25）和式（4-26）不难看出，若 u_C、i_L 初始值（U_0 或 I_0）增大 k 倍，则零输入响应也相应增大 k 倍。这种零输入响应与初始状态的正比关系称为零输入响应线性或比例性。

【例 4-6】 在如图 4-22 所示电路中，已知换路前电路已达稳态，开关在 $t=0$ 时由位置 1 换到位置 2，求换路后的 $i_L(t)$、$u_L(t)$、$i(t)$ 的变化规律。

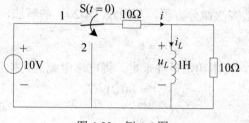

图 4-22　例 4-6 图

解　本例中，由于换路后电路中没有电源激励，电路中的响应是由电感的初始储能引起的零输入响应，因此它们按共同的指数衰减规律

$$y(t) = y(0_+)\mathrm{e}^{-\frac{t}{\tau}}$$

只要求出各响应的初始值及换路后电路的时间常数，即可求出各响应。

（1）求初始值 $y(0_+)$（参见 4.3.3 节）

先作 $t = 0_-$ 时刻的等效图，计算初始状态 $i_L(0_-)$，其中电感元件短路，如图 4-23 所示。

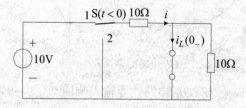

图 4-23　$t = 0_-$ 时刻的等效图

所以

$$i_L(0_-) = \frac{10}{10}\mathrm{A} = 1\mathrm{A}$$

再根据换路定则得到

$$i_L(0_+) = i_L(0_-) = 1\mathrm{A}$$

再作 $t = 0_+$ 时刻的等效图，计算除 i_L 以外的其他变量初始值，其中电感元件用直流电流源 $i_L(0_+)$ 替代，如图 4-24 所示。

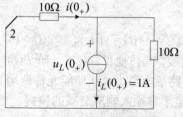

图 4-24　$t = 0_+$ 时刻的等效图

从图 4-24 中可以得到

$$i(0_+) = \frac{1}{2}i_L(0_-) = 0.5\text{A}$$

$$u_L(0_+) = -10 \times 0.5\text{V} = -5\text{V}$$

（2）求时间常数 τ

对于一阶 GL 电路，$\tau = GL$。其中 G 是换路后电路中，从储能元件两端看过去的等效电导。因此，作 $t > 0$ 的等效电路，如图 4-25 所示，等效电阻

$$R = \frac{10 \times 10}{10 + 10}\Omega = 5\Omega$$

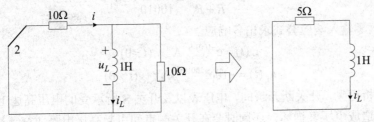

图 4-25　$t > 0$ 时的等效电路

所以

$$\tau = GL = \frac{L}{R} = \frac{1}{5}\text{s}$$

（3）代入零输入响应公式求出各响应

$$i_L(t) = \text{e}^{-5t}\ \text{A} \qquad (t \geqslant 0)$$

$$u_L(t) = -5\text{e}^{-5t}\ \text{V} \qquad (t > 0)$$

$$i(t) = 0.5\text{e}^{-5t}\ \text{A} \qquad (t > 0)$$

$i_L(t)$、$u_L(t)$、$i(t)$ 的变化波形如图 4-26 所示。

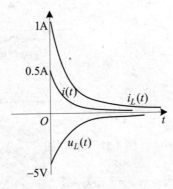

图 4-26　响应的变化波形

【例 4-7】图 4-27（a）所示是一个实际电感线圈与电压源 U_S 接通的电路，已知电源电压 $U_S = 10\text{V}$，电感线圈的电感 $L = 1\text{H}$，电阻 $R = 10\Omega$，电压表的量程为 50V，内阻 $R_V = 10\text{k}\Omega$。设换路前电路已处稳态，开关在 $t = 0$ 时断开。求换路后的 $i_L(t)$、$u_V(t)$。

解　（1）先由 $t = 0_-$ 时刻的等效图计算初始状态 $i_L(0_-)$，其中电感元件短路。

$$i_L(0_-) = \frac{U_S}{R} = \frac{10}{10}\text{A} = 1\text{A}$$

再根据换路定则得到

$$i_L(0_+) = i_L(0_-) = 1\text{A}$$

再由 $t = 0_+$ 时刻的等效图计算 $u_V(0_+)$，其中电感元件用直流电流源 $i_L(0_+) = i_L(0_-) = 1\text{A}$ 替代。

$$u_V(0_+) = -R_V \cdot i_L(0_+) = -10\text{kV}$$

（2）求时间常数

$$\tau = \frac{L}{R + R_V} = \frac{1}{10010}\text{s}$$

（3）代入零输入响应公式求出各响应

$$i_L(t) = \text{e}^{-10010t}\text{ A} \qquad (t \geqslant 0)$$

$$u_L(t) = -10\text{e}^{-10010t}\text{ kV} \qquad (t > 0)$$

从上述分析可见，开关断开瞬间，电压表以及开关 S 所承受的电压高达 10kV。这样的高电压不仅会造成电压表损坏，还同时会在开关触点间引起高压电弧（空气被击穿放电），损坏开关设备。而且电压表内阻越大，电压表两端的电压越大，高电压对电路的危害越大。由此可见，在切断感性负载电流时，必须考虑电感磁场能量释放的问题，以免高电压损坏电气设备。

为避免这些问题，常在电感线圈旁并联一个二极管，如图 4-27（b）所示。开关闭合时，二极管截止，相当于开路，不影响电路的正常工作；开关断开时，二极管为电感线圈提供放电通路，避免了高电压的产生。

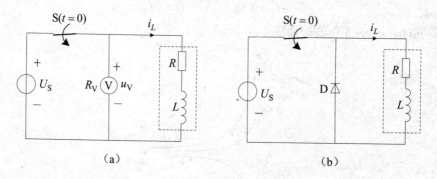

图 4-27　例 4-7 图

思考与练习

4-4-1　一个 $10\mu\text{F}$ 的电容元件，已被充电至 100V，通过 $6.8\text{M}\Omega$ 的电阻放电，放电至仅剩 0.674V 时需经历多少时间？最大的放电电流为多少？

[340s；14.7μA]

4-4-2　为什么在 RC 电路中时间常数与电阻成正比，而在 GL 电路中时间常数与电阻成反比？试从物理概念上解释。

4-4-3　RC 电路的放电响应波形如题 4-4-3 图所示。问：（1）当电容电压为 u_{C_1} 波形时，若 $R_1 = 10\text{k}\Omega$，$C_1 =$ ？（2）当电容电压为 u_{C_2} 波形时，若 $C_2 = 2C_1$，$R_2 =$ ？

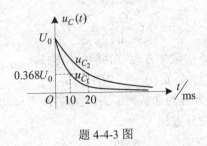

题 4-4-3 图

[（1）$1\mu\text{F}$；（2）$10\text{k}\Omega$]

4.5　一阶电路的零状态响应

零状态就是指电路中储能元件的初始储能为零，也就是 u_C、i_L 的初始状态为零

$$\begin{cases} u_C(0_+) = u_C(0_-) = 0 \\ i_L(0_+) = i_L(0_-) = 0 \end{cases}$$

处于零状态的电路在外加激励下引起的响应称为**零状态响应**（zero-state response）。本节讨论直流电源激励下一阶电路的零状态响应，也就是研究电容、电感的充电规律。

扫码看视频

RC 电路的
零状态响应

4.5.1　RC 电路的零状态响应

在如图 4-28 所示的典型一阶 RC 电路中，已知换路前电路已达稳态，开关在 $t = 0$ 时由位置 2 换到位置 1，电容电压的初始值 $u_C(0_+) = u_C(0_-) = 0$，换路后电容开始充电，随着时间的增加，电容的初始储能逐渐增加，电容电压最终达到稳态值 $u_C(\infty) = U_S$。上述过程中，由于换路前电容中没有储能，仅仅由电源激励引起了响应，故为零状态响应。

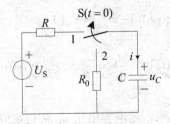

图 4-28　RC 电路的零状态响应

由图 4-28 可以看出，$t > 0$ 时，由 KVL 可得

$$Ri + u_C = U_S$$

若以 u_C 为解变量，代入电容 VCR

$$i = C\frac{\mathrm{d}u_C}{\mathrm{d}t}$$

得到

$$RC\frac{\mathrm{d}u_C}{\mathrm{d}t} + u_C = U_\mathrm{S} \tag{4-29}$$

式（4-29）为一阶常系数非齐次微分方程，其解的结构为

$$u_C(t) = u_{\mathrm{Ch}}(t) + u_{\mathrm{Cp}}(t) \tag{4-30}$$

其中，$u_{\mathrm{Ch}}(t)$ 为对应齐次微分方程的通解，$u_{\mathrm{Cp}}(t)$ 为非齐次方程的任何一个特解。

式（4-29）对应的齐次微分方程为

$$RC\frac{\mathrm{d}u_C}{\mathrm{d}t} + u_C = 0$$

其通解为

$$u_{\mathrm{Ch}}(t) = A\mathrm{e}^{-\frac{t}{RC}} = A\mathrm{e}^{-\frac{t}{\tau}}$$

式中 A 为待定系数，可由初始条件来定。可见，通解 $u_{\mathrm{Ch}}(t)$ 的变化规律与激励无关，仅取决于电路的结构与参数 RC，称为**自由分量**（force-free component）。由于一般情况下自由分量最终将衰减至零，所以又称为**暂态分量**（transient component）。

非齐次微分方程的特解 $u_{\mathrm{Cp}}(t)$ 可取换路后的稳态值，其变化规律与激励函数有关，又称为**强迫分量或强制分量**（forced component）。对图 4-26 所示的典型一阶 RC 电路，由于稳态值 $u_C(\infty) = U_\mathrm{S}$，故特解

$$u_{\mathrm{Cp}}(t) = u_C(\infty) = U_\mathrm{S}$$

因此，u_C 的全解为

$$u_C(t) = A\mathrm{e}^{-\frac{t}{\tau}} + U_\mathrm{S}$$

将初始条件 $u_C(0_+) = u_C(0_-) = 0$ 代入上式

$$u_C(0) = A\mathrm{e}^0 + U_\mathrm{S} = 0$$

可得

$$A = -U_\mathrm{S}$$

所以

$$u_C(t) = u_C(\infty)\left(1 - \mathrm{e}^{-\frac{t}{\tau}}\right) = U_\mathrm{S}\left(1 - \mathrm{e}^{-\frac{t}{\tau}}\right) \qquad (t \geqslant 0) \tag{4-31}$$

$$i(t) = C\frac{\mathrm{d}u_C}{\mathrm{d}t} = \frac{U_\mathrm{S}}{R}\mathrm{e}^{-\frac{t}{\tau}} \qquad (t > 0) \tag{4-32}$$

它们的变化曲线如图 4-29 所示。

可见，RC 电路的零状态响应，是电容电压 u_C 从初始值零开始，按指数规律逐渐增长到稳态值 U_S 的过程，是储能元件充电的过程。充电的快慢取决于时间常数 $\tau = RC$，τ 越大，充电越慢，反之，τ 小则充电快。一般认为 $t = 3\tau \sim 5\tau$ 时，电路已达稳态，充电过程基本结束。

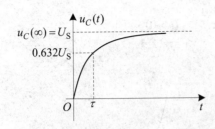

图 4-29 *RC* 电路的零状态响应变化曲线

4.5.2 *GL* 电路的零状态响应

在如图 4-30 所示的典型一阶 *GL* 电路中，已知换路前电路已达稳态，开关在 $t = 0$ 时由位置 2 换到位置 1，电感电流的初始值 $i_L(0_+) = i_L(0_-) = 0$，换路后电感开始充电，随着时间的增加，电感的初始储能逐渐增加，电感电流最终达到稳态值 $i_L(\infty) = I_S$。

由图 4-30 可以看出，$t > 0$ 时，由 KCL 可得

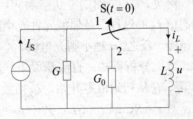

图 4-30 *GL* 电路的零状态响应

$$Gu + i_L = I_S$$

若以 i_L 为解变量，代入电感 VCR

$$u = L\frac{\mathrm{d}i_L}{\mathrm{d}t}$$

得到

$$GL\frac{\mathrm{d}i_L}{\mathrm{d}t} + i_L = I_S \tag{4-33}$$

式（4-33）为一阶常系数非齐次微分方程，参照式（4-28）的解法，i_L 的通解为

$$i_{Lh}(t) = Ae^{-\frac{t}{GL}} = Ae^{-\frac{t}{\tau}}$$

特解

$$i_{Lp}(t) = i_L(\infty) = I_S$$

因此，i_L 的全解为

$$i_L(t) = Ae^{-\frac{t}{\tau}} + I_S$$

将初始条件 $i_L(0_+) = i_L(0_-) = 0$ 代入上式得

$$A = -I_S$$

所以

$$i_L(t) = i_L(\infty)\left(1 - e^{-\frac{t}{\tau}}\right) = I_S\left(1 - e^{-\frac{t}{\tau}}\right) \qquad (t \geqslant 0) \tag{4-34}$$

155

$$u(t) = L\frac{\mathrm{d}i_L}{\mathrm{d}t} = \frac{I_S}{G}\mathrm{e}^{\frac{t}{\tau}} \qquad (t>0) \tag{4-35}$$

它们的变化曲线如图 4-31 所示。

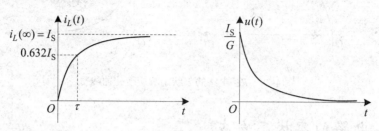

图 4-31 GL 电路的零状态响应变化曲线

可见，GL 电路的零状态响应，是电感电流 i_L 从初始值零开始，按指数规律逐渐增长到稳态值 I_S 的过程，是储能元件充电的过程。充电的快慢取决于时间常数 $\tau = GL$，τ 越大，充电越慢，反之，τ 越小则充电快。一般认为 $t = 3\tau \sim 5\tau$ 时，电路已达稳态，充电过程基本结束。

综上分析可知：直流激励下一阶电路的零状态响应，是电路中储能元件充电的过程，是 u_C、i_L 从初始值零开始，按指数规律逐渐增长到稳态值的过程，而充电的快慢取决于时间常数 $\tau = RC$ 或 $\tau = GL$。其中 u_C、i_L 的变化规律为

$$u_C(t) = u_C(\infty)\left(1 - \mathrm{e}^{-\frac{t}{\tau}}\right) \qquad (t \geqslant 0) \tag{4-36}$$

或

$$i_L(t) = i_L(\infty)\left(1 - \mathrm{e}^{-\frac{t}{\tau}}\right) \qquad (t \geqslant 0) \tag{4-37}$$

求解直流激励下一阶电路的零状态响应时，可以不列微积分方程，直接利用式（4-36）或式（4-37）先求出 u_C、i_L，再解电路中的其他变量。

另外，观察式（4-31）、式（4-32）和式（4-34）、式（4-35）不难看出，若电源激励（U_S 或 I_S）增大 k 倍，则零状态响应也相应增大 k 倍。可见，一阶电路的零状态响应与电源激励呈正比关系，称为零状态响应线性或比例性。

【例 4-8】 在如图 4-32（a）所示电路中，已知换路前电路已达稳态，开关在 $t=0$ 时闭合，求换路后的响应 $i_1(t)$、$i_2(t)$、$i_L(t)$、$u_L(t)$。

解 从图 4-32（a）可以看出，由于 i_L 不能跃变，因此初始状态

$$i_L(0_+) = i_L(0_-) = 0$$

换路后是电感元件充电的过程，为此，可以将连接于电感两端的有源二端网络简化为一组电源，得到 $t>0$ 的等效电路，如图 4-32（b）所示。电路的时间常数为

$$\tau = GL = \frac{L}{R} = \frac{1.5}{150}\mathrm{s} = \frac{1}{100}\mathrm{s}$$

当电路达到新的稳态时，电感相当于短路，i_L 的稳态值

$$i_L(\infty) = 1\mathrm{A}$$

代入式（4-36）可以求出

$$i_L(t) = i_L(\infty)\left(1 - e^{-\frac{t}{\tau}}\right) = (1 - e^{-100t})\text{A} \qquad (t \geq 0)$$

根据图 4-32（a）所示电路，再解其他变量

$$u_L(t) = L\frac{\mathrm{d}i_L}{\mathrm{d}t} = 150e^{-100t}\text{V} \qquad (t > 0)$$

$$i_2(t) = \frac{100i_L + u_L}{100} = (1 + 0.5e^{-100t})\text{A} \qquad (t > 0)$$

$$i_1(t) = i_2(t) + i_L(t) = (2 - 0.5e^{-100t})\text{A} \qquad (t > 0)$$

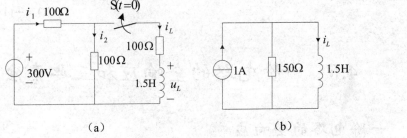

（a）

图 4-32　例 4-8 图

$i_L(t)$、$u_L(t)$ 及 $i_1(t)$、$i_2(t)$ 的波形曲线如图 4-33 所示。

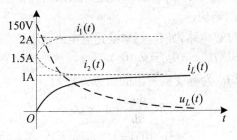

图 4-33　响应的波形

思考与练习

4-5-1　在题 4-5-1 图所示电路中，开关 S 断开已久，则开关 S 闭合后灯泡 L_1、L_2、L_3 的亮度将如何变化？

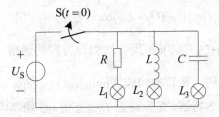

题 4-5-1 图

[L_1 直接亮、L_2 从暗到亮、L_3 从亮到暗]

4-5-2 在题 4-5-2 图所示电路中，开关一直断开，$t=0$ 时开关闭合，求 $t\geqslant 0$ 的电流 $i(t)$。

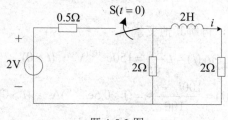

题 4-5-2 图

$$[i(t)=\frac{2}{3}(1-\mathrm{e}^{-2t})\mathrm{A}, \quad t\geqslant 0]$$

4.6 一阶电路的全响应和三要素法

4.6.1 一阶电路的全响应

扫码看视频

一阶电路的全响应

一阶电路的**全响应**（complete response）就是外加激励与储能元件的初始储能均不为零时电路的响应。

以图 4-34（a）所示的 RC 电路为例，已知换路前电路已达稳态，开关在 $t=0$ 时由位置 1 换到位置 2，电容电压的初始值 $u_C(0_+)=u_C(0_-)=U_0$，换路后电容电压稳态值 $u_C(\infty)=U_\mathrm{S}$。

对 $t>0$ 的电路，若以 u_C 为解变量列出的微分方程为

$$\begin{cases} RC\dfrac{\mathrm{d}u_C}{\mathrm{d}t}+u_C=U_\mathrm{S} \\ u_C(0_+)=U_0 \end{cases}$$

方程的解为

$$u_C(t)=u_{Ch}(t)+u_{Cp}(t)=A\mathrm{e}^{-\frac{t}{\tau}}+U_\mathrm{S} \qquad (\tau=RC)$$

将初始条件 $u_C(0_+)=u_C(0_-)=U_0$ 代入上式可得

$$A=U_0-U_\mathrm{S}$$

所以

$$u_C(t)=(U_0-U_\mathrm{S})\mathrm{e}^{-\frac{t}{\tau}}+U_\mathrm{S} \qquad (t\geqslant 0) \tag{4-38}$$

式（4-38）中的第一项 $(U_0-U_\mathrm{S})\mathrm{e}^{-\frac{t}{\tau}}$ 为齐次微分方程的**通解**，在线性有损电路中是按电路固有的指数规律 $\mathrm{e}^{-\frac{t}{\tau}}$ 衰减的，称**暂态响应**（transient response）。第二项 $U_\mathrm{S}=u_C(\infty)$ 受激励的制约，是非齐次微分方程的**特解**，是换路后的稳态值，称**稳态响应**（steady-state response）。所以

全响应=暂态响应+稳态响应

即

$$y(t) = y_h(t) + y_p(t)$$

式（4-38）经整理后，还可改写为

$$u_C(t) = U_0 e^{-\frac{t}{\tau}} + U_S\left(1 - e^{-\frac{t}{\tau}}\right) \quad (t \geq 0) \tag{4-39}$$

式（4-39）中的第一项 $U_0 e^{-\frac{t}{\tau}}$ 为零输入响应，第二项 $U_S\left(1 - e^{-\frac{t}{\tau}}\right)$ 为零状态响应。

因为引起动态电路响应的原因有两种：一是电源激励；二是电路中动态元件的初始储能。根据线性电路的叠加性，电路中的响应是两种激励单独作用所产生的响应的叠加。所以

全响应=零输入响应+零状态响应

即

$$y(t) = y_{zi}(t) + y_{zs}(t)$$

图 4-34（b）和图 4-34（c）分别绘出了两种分解方式下电容电压 u_C 随时间变化的全响应曲线。从图中可知，按暂态响应与稳态响应相加或按零输入响应与零状态响应相加，所得的全响应是一致的。

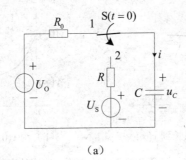

（a）

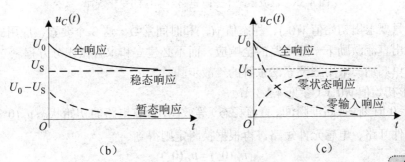

（b）　　　　　　　　　　　　（c）

图 4-34　RC 电路的全响应

4.6.2　三要素法求直流激励下的一阶电路

从前面的分析可以归纳出，求解任何一阶电路响应 $y(t)$，都可以建立一阶常系数线性微分方程。在满足初始条件时，其全响应是暂态分量 $y_h(t)$ 和稳态分量 $y_p(t)$

的叠加，即

$$y(t) = y_h(t) + y_p(t)$$

其中，$y_h(t)$为对应齐次微分方程的通解，$y_h(t) = Ae^{-\frac{t}{\tau}}$；$y_p(t)$是非齐次微分方程的特解，可取换路后的稳态值。对直流激励下的一阶电路，$y_p(t) = y(\infty)$，故全解

$$y(t) = Ae^{-\frac{t}{\tau}} + y(\infty)$$

若初始值$y(0_+)$为已知，代入上式可得

$$A = y(0_+) - y(\infty)$$

所以

$$y(t) = [y(0_+) - y(\infty)]e^{-\frac{t}{\tau}} + y(\infty) \qquad (t > 0) \tag{4-40}$$

式（4-40）即为一阶电路在直流激励下，求解换路后任一电压、电流响应的三**要素公式**。由上式可见，直流激励下一阶电路中的任何响应$y(t)$，都是由初始值$y(0_+)$开始，按指数规律$e^{-\frac{t}{\tau}}$变化到稳态值$y(\infty)$的，而这个过程的快慢取决于时间常数τ。图4-35所示为直流激励下一阶电路全响应按指数规律变化的示意图。

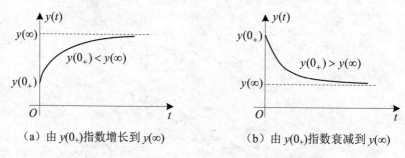

（a）由$y(0_+)$指数增长到$y(\infty)$　　　　　　（b）由$y(0_+)$指数衰减到$y(\infty)$

图4-35　直流激励下一阶电路全响应的变化规律

今后，只要求出初始值$y(0_+)$、稳态值$y(\infty)$和时间常数τ这3个要素，应用式（4-40）就能直接写出直流激励下一阶电路的全响应，而不必建立和求解微积分方程。

下面简单归纳一下用三要素法求解的一般步骤。

（1）求初始值$y(0_+)$（参见4.3.3节）

先作$t = 0_-$时刻（换路前瞬间、直流稳态）等效图，计算电路的初始状态$u_C(0_-)$、$i_L(0_-)$，其中电容元件开路、电感元件短路，再根据换路定则得到

$$\begin{cases} u_C(0_+) = u_C(0_-) \\ i_L(0_+) = i_L(0_-) \end{cases}$$

再作$t = 0_+$时刻（换路后瞬间）等效图，计算除$u_C(0_+)$、$i_L(0_+)$以外各电压、电流的初始值，其中电容元件用直流电压源$u_C(0_+)$替代，电感元件用直流电流源$i_L(0_+)$替代。

（2）求稳态值$y(\infty)$（参见4.3.4节）

作$t = \infty$时刻（直流稳态）等效图，其中电容元件相当于开路，电感元件相当于短路，求解各响应的稳态值。

（3）求时间常数 τ

对于一阶 RC 电路，$\tau = RC$；对于一阶 GL 电路，$\tau = GL = \dfrac{L}{R}$。其中 R 是换路后的电路中，从储能元件两端看过去的等效电阻（其求法可参见 3.7.3 节）。一般可以将换路后（$t > 0$）电路中的所有电源置"0"值（即电压源用短路代替，电流源用开路代替），再将储能元件以外的部分等效为一个电阻。

（4）代三要素公式求出换路后的全响应

$$y(t) = [y(0_+) - y(\infty)]e^{-\frac{t}{\tau}} + y(\infty) \qquad (t > 0)$$

注意：三要素法不仅适用于计算全响应，还可以计算零输入响应和零状态响应，但三要素法只适用于求解直流激励下的一阶电路。

【例 4-9】在如图 4-36 所示电路中，开关 S 在 $t = 0$ 时闭合，且已知 $t = 0_-$ 时电路已处于稳态，求 $u_{ab}(t)$。

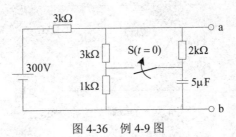

图 4-36　例 4-9 图

解　（1）求初始值

先作 $t = 0_-$ 时刻的等效图，其中电容元件开路处理，如图 4-37 所示，计算 u_C 的初始状态

$$u_C(0_-) = \frac{2+1}{3+2+1} \times 300\text{V} = 150\text{V}$$

所以

$$u_C(0_+) = u_C(0_-) = 150\text{V}$$

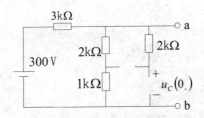

图 4-37　$t = 0_-$ 时刻的等效图

再作 $t = 0_+$ 时刻的等效图，其中电容元件用直流电压源 $u_C(0_+) = 150\text{V}$ 替代，如图 4-38（a）所示。

将图 4-38（a）化简为图 4-38（b）后，应用弥尔曼定理得

$$u_{ab}(0_+) = \frac{\dfrac{300}{3} + \dfrac{150}{1}}{\dfrac{1}{3} + \dfrac{1}{1}}\text{V} = 187.5\text{V}$$

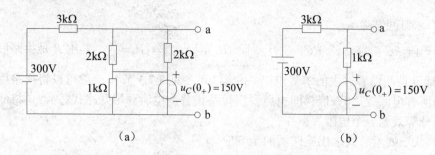

图 4-38 $t = 0_+$ 时刻的等效图

（2）求稳态值

作 $t = \infty$ 等效图，其中电容元件相当于开路，如图 4-39 所示。

$$u_{\text{ab}}(\infty) = \frac{1+1}{3+1+1} \times 300\text{V} = 120\text{V}$$

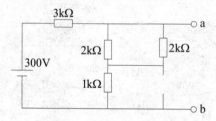

图 4-39 $t = \infty$ 时刻的等效图

（3）求时间常数 τ

作 $t > 0$ 的除源等效图，如图 4-40 所示。从储能元件两端看过去的等效电阻

$$R = \frac{1 \times \left(3 + \dfrac{2 \times 2}{2+2}\right)}{1 + \left(3 + \dfrac{2 \times 2}{2+2}\right)} \text{k}\Omega = 0.8\text{k}\Omega$$

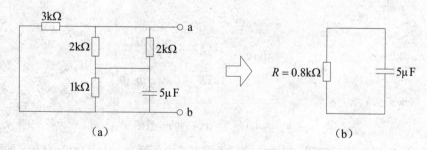

图 4-40 $t > 0$ 的除源等效图

可得时间常数

$$\tau = RC = 4 \times 10^{-3}\text{s}$$

（4）代三要素公式求出全响应

$$u_{\text{ab}}(t) = [u_{\text{ab}}(0_+) - u_{\text{ab}}(\infty)]\text{e}^{-\frac{t}{\tau}} + u_{\text{ab}}(\infty) = (120 + 67.5\text{e}^{-250t})\text{V} \qquad (t > 0)$$

【例 4-10】在如图 4-41 所示电路中，开关 S 在 $t = 0$ 时由 a 点合向 b 点，且已知 $t = 0$ 时电路已处于稳态，求 $t > 0$ 的电压 $u(t)$。

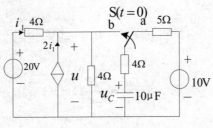

图 4-41　例 4-10 图

解　（1）求初始值 $u(0_+)$

先作 $t = 0_-$ 时刻的等效图计算电路初始状态 $u_C(0_-) = 10\text{V}$，根据换路定则得

$$u_C(0_+) = u_C(0_-) = 10\text{V}$$

再作 $t = 0_+$ 时刻的等效图计算 u_C 以外变量的初始值，其中电容元件用直流电压源 $u_C(0_+) = 10\text{V}$ 替代，如图 4-42（a）所示，该图中对节点列 KCL 方程

$$\frac{u(0_+) - 20}{4} + \frac{u(0_+)}{4} + \frac{u(0_+) - 10}{4} = 2i_1(0_+)$$

再对控制量增列一个方程

$$i_1(0_+) = \frac{20 - u(0_+)}{4}$$

联立以上两式可得

$$u(0_+) = 14\text{V}$$

（2）求稳态值 $y(\infty)$

作 $t = \infty$ 时刻的等效图，其中电容元件相当于开路，如图 4-42（b）所示，该图中对最外围回路列 KVL 方程

$$20 = 4i_1(\infty) + 4i_2(\infty)$$

又根据 KCL

$$i_1(\infty) + 2i_1(\infty) = i_2(\infty)$$

联立以上两式可得

$$i_1(\infty) = 1.25\text{A}$$

所以　　　　　$$u(\infty) = 20 - 4i_1(\infty) = (20 - 4 \times 1.25)\text{V} = 15\text{V}$$

（3）求时间常数 τ

从储能元件两端看过去的有源二端网络等效电阻的求法可参见 3.7.3 节，本例中将换路后（$t > 0$）电路中的所有电源置"0"值，再用外施电源的方法计算，除源后的二端网络如图 4-42（c）所示。由于无源二端网络等效电阻是由网络本身特性决定的，与外施电源的值无关，故假设外施电源引起受控源控制量

$$i_1 = 1\text{A}$$

则端口电流

$$i' = -4i_1 = -4\text{A}$$

端口电压

$$u' = 4i' - 4i_1 = -20\text{V}$$

由等效电阻定义

$$R = \frac{u'}{i'} = \frac{-20}{-4}\Omega = 5\Omega$$

故时间常数

$$\tau = RC = 5 \times 10^{-5}\text{s}$$

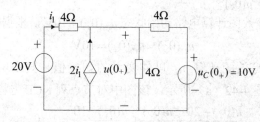

（a）$t = 0_+$时刻的等效图

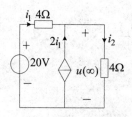 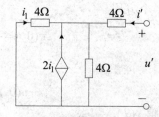

（b）$t = \infty$时刻的等效图　　　　（c）有源二端网络除源

图 4-42　例 4-10 等效图

（4）代三要素公式求全响应

$$u(t) = [u(0_+) - u(\infty)]\mathrm{e}^{-\frac{t}{\tau}} + u(\infty) = \left(15 - \mathrm{e}^{-2 \times 10^4 t}\right)\text{V} \qquad (t > 0)$$

思考与练习

4-6-1　写出三要素法适用范围及其公式。

4-6-2　三要素法能否用于分析一阶电路的零输入响应和零状态响应？若三要素法用于分析一阶电路的零输入响应和零状态响应时，$y(\infty)$和$y(0_+)$各有何特点？

[能]

4-6-3　电流 i 的波形如题 4-6-3 图所示，试写出 $i(t)$ 的函数表达式。

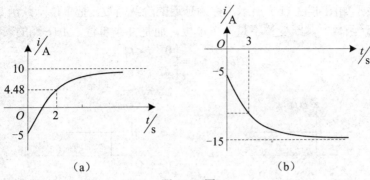

题 4-6-3 图

$$\left[\left(10-15\mathrm{e}^{-\frac{t}{2}}\right)\mathrm{A}\; ;\; \left(-15+10\mathrm{e}^{-\frac{t}{3}}\right)\mathrm{A}\right]$$

4-6-4　在题 4-6-4 图所示电路中，开关 S 断开已久，$t=0$ 时开关闭合，求 $t>0$ 时的电流 $i(t)$。

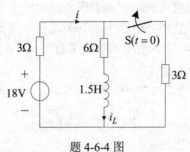

题 4-6-4 图

$$[i(t)=(3.6+0.4\mathrm{e}^{-5t})\mathrm{A}，\; t>0]$$

4.7　阶跃函数与阶跃响应

4.7.1　阶跃函数的定义

扫码看视频

阶跃函数的定义

单位阶跃函数（unit step function）是一种奇异函数，可用 $\varepsilon(t)$ 表示，其定义为

$$\varepsilon(t)=\begin{cases}0 & t<0 \\ 1 & t>0\end{cases} \tag{4-41}$$

该函数在 $t<0$ 时幅值为 0，在 $t>0$ 时幅值为 1，在 $t=0$ 时从 0 突变到 1。$\varepsilon(t)$ 的波形如图 4-43（a）所示。

假如这种突变发生在 $t=t_0$ 时刻，则单位阶跃函数可表示为

$$\varepsilon(t-t_0)=\begin{cases}0 & t<t_0 \\ 1 & t>t_0\end{cases} \tag{4-42}$$

$\varepsilon(t-t_0)$的波形如图 4-43（b）所示，称为延迟的阶跃函数。把单位阶跃函数乘以常量 A，所得结果为阶跃函数，其跃变量不是一个单位，而是 A 个单位，$A\varepsilon(t-t_0)$的表达式为

$$A\varepsilon(t-t_0) = \begin{cases} 0 & t < t_0 \\ A & t > t_0 \end{cases} \tag{4-43}$$

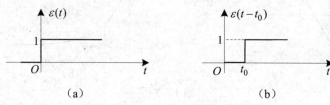

图 4-43　阶跃函数的波形

4.7.2　阶跃函数的作用

有了阶跃函数的定义，就可以利用它来表示电路中的突变。

首先，我们常利用阶跃函数描述电路中的开关动作。例如图 4-44（a）中开关 S 的作用可以用图 4-44（b）所示的阶跃函数 $U_S\varepsilon(t)$来描述。

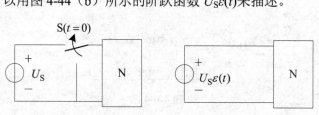

图 4-44　阶跃函数的开关作用

应用阶跃函数还可以截取任意一个信号 $f(t)$。例如图 4-45（a）中 $f(t)$是对所有 t 都有定义的一个任意函数，则可用 $f(t)\varepsilon(t-t_0)$来截取 $f(t)$在 $t > t_0$ 段的波形，如图 4-45（b）所示，即

$$f(t)\varepsilon(t-t_0) = \begin{cases} 0 & t < t_0 \\ f(t) & t > t_0 \end{cases}$$

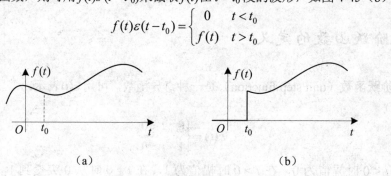

图 4-45　用阶跃函数截取波形

此外，阶跃函数还可以用来表示脉冲波形。例如图 4-46（a）所示的矩形脉冲，可以看作是两个阶跃函数的叠加，如图 4-46（b）和图 4-46（c）所示。即

$$f(t) = A\varepsilon(t-t_1) - A\varepsilon(t-t_2)$$

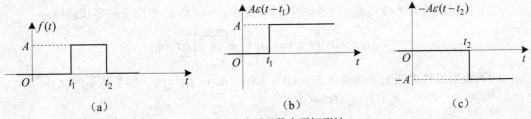

（a）　　　　　　　　（b）　　　　　　　　（c）

图 4-46　阶跃函数表示矩形波

4.7.3　阶跃响应

一阶电路的单位阶跃响应（unit-step response）是指：初始状态为零的一阶电路，在单位阶跃信号激励下的响应，常用符号 $s(t)$ 来表示。

显然，求解电路单位阶跃响应的方法、步骤，是与求解在直流电源作用下的零状态响应一样的。

在线性时不变动态电路中，若已知在单位阶跃信号 $\varepsilon(t)$ 激励下的单位阶跃响应为 $s(t)$，则在阶跃信号 $A\varepsilon(t)$ 激励下的阶跃响应为 $As(t)$，这是线性电路比例性的具体体现。而在延迟阶跃函数 $A\varepsilon(t-t_0)$ 激励下的阶跃响应为 $As(t-t_0)$，这反映了时不变电路的时不变性。同时，根据线性电路的叠加性，如果同时有几个阶跃激励共同作用于电路时，其零状态响应等于各个激励单独作用产生的零状态响应之和。

【例 4-11】 脉冲电压 $u_S(t)$ 如图 4-47（a）所示作用于图 4-47（b）所示的 RC 电路，求零状态响应 $u_C(t)$。

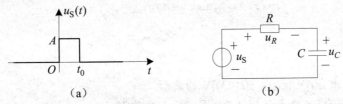

（a）　　　　　　　　　　（b）

图 4-47　例 4-11 图

解　先可以将脉冲电压 $u_S(t)$ 分解为两个阶跃函数，即

$$u_S(t) = A\varepsilon(t) - A\varepsilon(t - t_0)$$

（1）求 $\varepsilon(t)$ 作用下的单位阶跃响应为 $s(t)$

当电路的激励为单位阶跃信号 $\varepsilon(t)$V 时，相当于电路在 $t = 0$ 时接通电压值为 1V 的直流电压源，故初始值 $u_C(0_+) = u_C(0_-) = 0$，换路后稳态值 $u_C(\infty) = 1$V，单位阶跃响应

$$s(t) = \left(1 - \mathrm{e}^{-\frac{t}{\tau}}\right)\varepsilon(t)\mathrm{V}$$

其中时间常数 $\tau = RC$。

（2）根据线性电路比例性，$A\varepsilon(t)$ 作用下的零状态响应

$$u_C'(t) = As(t) = A\left(1 - \mathrm{e}^{-\frac{t}{\tau}}\right)\varepsilon(t)$$

（3）根据线性时不变电路的比例性和时不变性，$-A\varepsilon(t-t_0)$作用下的零状态响应

$$u_C''(t) = -As(t-t_0) = -A\left(1-\mathrm{e}^{-\frac{(t-t_0)}{\tau}}\right)\varepsilon(t-t_0)$$

（4）根据线性电路的叠加性，在$u_S(t) = A\varepsilon(t) - A\varepsilon(t-t_0)$作用下的零状态响应

$$u_C(t) = u_C'(t) + u_C''(t)$$
$$= As(t) - As(t-t_0)$$
$$= A\left(1-\mathrm{e}^{-\frac{t}{\tau}}\right)\varepsilon(t) - A\left(1-\mathrm{e}^{-\frac{(t-t_0)}{\tau}}\right)\varepsilon(t-t_0)$$

响应$u_C(t)$、$u_C'(t)$、$u_C''(t)$的波形如图 4-48 所示。

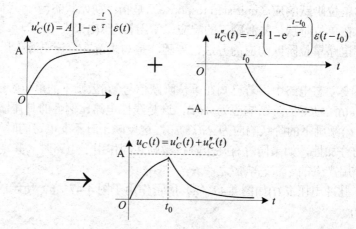

图 4-48　响应的波形

思考与练习

4-7-1　试画出 $u(t) = [\varepsilon(t) - \varepsilon(t-3)]\mathrm{V}$ 的波形。

4-7-2　试用阶跃函数表示题 4-7-2 图所示 u 的波形。

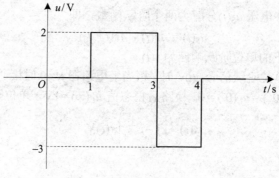

题 4-7-2 图

$$[u = \left[2\varepsilon(t-1) - 5\varepsilon(t-3) + 3\varepsilon(t-4)\right]\mathrm{V}]$$

4-7-3　求题 4-7-3 图所示电路中的响应 $i_L(t)$。

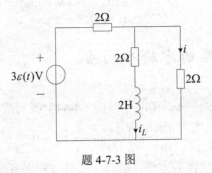

题 4-7-3 图

$$[i_L(t) = 0.5(1 - \mathrm{e}^{-1.5t})\varepsilon(t)\mathrm{A}]$$

4.8　二阶电路的暂态分析

用二阶微分方程描述的动态电路称为二阶电路（second order circuit），一般含有两个独立的动态元件。本节以典型的 RLC 串联电路为例，着重讨论电路参数对响应形式的影响。

扫码看视频

二阶电路方程
的建立

4.8.1　二阶电路方程的建立

图 4-49 所示是 RLC 串联电路，假设电容电压的初始值为 $u_C(0_+) = u_C(0_-) = U_0$，电感电流的初始值为 $i_L(0_+) = i_L(0_-) = I_0$。若换路后 $u_S = 0$，电容 C、电感 L 将通过电阻 R 放电。由于电路中无外加激励，且有耗能元件 R，所以电路中的初始储能终将被电阻耗尽，电路中各电压、电流最终趋于零。但与一阶电路响应单调下降有所不同，RLC 串联电路中由于同时包含电容和电感元件，电场能量和磁场能量的互相转换可能使响应出现振荡的形式。

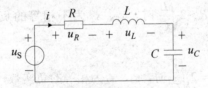

图 4-49　RLC 串联电路

对图 4-49 所示 RLC 串联电路，可以列出 KVL 方程

$$u_R + u_L + u_C = u_S$$

再列各元件的 VCR

$$i = C\frac{\mathrm{d}u_C}{\mathrm{d}t}, \quad u_R = Ri = RC\frac{\mathrm{d}u_C}{\mathrm{d}t}, \quad u_L = L\frac{\mathrm{d}i}{\mathrm{d}t} = LC\frac{\mathrm{d}^2u_C}{\mathrm{d}t^2}$$

可以得到以 u_C 为解变量的二阶微分方程

$$LC\frac{\mathrm{d}^2u_C}{\mathrm{d}t^2} + RC\frac{\mathrm{d}u_C}{\mathrm{d}t} + u_C = u_S \tag{4-44}$$

扫码看视频

RLC 串联电路的
零输入响应

4.8.2 *RLC* 串联电路的零输入响应

零输入条件下，由于换路后 $u_S = 0$，可将式（4-44）改写成

$$\frac{\mathrm{d}^2u_C}{\mathrm{d}t^2} + \frac{R}{L}\frac{\mathrm{d}u_C}{\mathrm{d}t} + \frac{1}{LC}u_C = 0 \tag{4-45}$$

这是一个二阶常系数线性齐次微分方程，解这个微分方程必须满足的两个初始条件为

$$\begin{cases} u_C(0_+) = u_C(0_-) = U_0 \\ \dfrac{\mathrm{d}u_C}{\mathrm{d}t}\Big|_{t=0_+} = \dfrac{1}{C}i(0_+) = \dfrac{1}{C}i(0_-) = \dfrac{I_0}{C} \end{cases}$$

根据高等数学知识，对应式（4-44）的特征方程为

$$s^2 + \frac{R}{L}s + \frac{1}{LC} = 0$$

其特征根为

$$s_{1,2} = -\frac{R}{2L} \pm \sqrt{\left(\frac{R}{2L}\right)^2 - \frac{1}{LC}} = -\alpha \pm \sqrt{\alpha^2 - \omega_0^2} \tag{4-46}$$

其中

$$\alpha = \frac{R}{2L} \qquad \omega_0 = \frac{1}{\sqrt{LC}} \tag{4-47}$$

式（4-46）表明，特征根 s_1、s_2 仅由电路结构和元件参数决定，与激励及初始储能无关，它反映了电路的固有特性，且具有频率的量纲，称为电路的**固有频率**（natural frequency）。上式中的 α 称为衰减常数，ω_0 是 *RLC* 串联电路的谐振角频率。

当 R、L、C 取不同值（设 R、L、C 均非负）时，电路的固有频率（特征根）可能出现以下 4 种不同的情况。

（1）当 $\alpha > \omega_0$ 时，即 $R > 2\sqrt{\dfrac{L}{C}}$ 时，s_1、s_2 为不相等的负实数，这时为**过阻尼情况**（overdamped case）。

（2）当 $\alpha = \omega_0$ 时，即 $R = 2\sqrt{\dfrac{L}{C}}$ 时，s_1、s_2 为相等的负实数，即

$$s_1 = s_2 = -\alpha = -\frac{R}{2L}$$

这时为**临界阻尼情况**（critically damped case）。

（3）当 $\alpha < \omega_0$ 时，即 $R < 2\sqrt{\dfrac{L}{C}}$ 时，s_1、s_2 为一对共轭复数，即

$$s_{1,2} = -\alpha \pm j\sqrt{\omega_0^2 - \alpha^2} = -\alpha \pm j\omega_\mathrm{d}$$

上式中 $\omega_{\mathrm{d}} = \sqrt{\omega_0^2 - \alpha^2}$，这时为**欠阻尼情况**（underdamped case）。

（4）当 $\alpha=0$，即 $R=0$ 时，s_1、s_2 为一对共轭虚数，即

$$s_{1,2} = \pm \mathrm{j}\omega_0$$

这时为**无阻尼情况**（non-damped case）。

由微分方程理论可知，特征根在复平面上的位置将决定齐次微分方程解的形式。针对以上特征根的 4 种不同情况，式（4-45）的解分别对应如下 4 种形式。

（1）过阻尼情况（ $R > 2\sqrt{\dfrac{L}{C}}$ ）

$$u_C(t) = A_1 \mathrm{e}^{s_1 t} + A_2 \mathrm{e}^{s_2 t} \tag{4-48}$$

响应由两个随时间衰减的指数函数项叠加而成，是一个**非震荡**（non-oscillatory）的放电过程。这是因为电阻 R 较大，使得电容在释放出能量后还来不及从电感重新获得能量，电路中能量就被电阻耗尽了。

（2）临界阻尼情况（ $R = 2\sqrt{\dfrac{L}{C}}$ ）

$$u_C(t) = (A_1 + A_2 t)\mathrm{e}^{-\alpha t} \tag{4-49}$$

电路仍处于非震荡放电状态，此时电阻 R 还是够大，消耗能量也很快，使得电容、电感之间不能形成往返的能量交换，但是正处于非震荡与震荡的分界点。

（3）欠阻尼情况（ $R < 2\sqrt{\dfrac{L}{C}}$ ）

$$u_C(t) = \mathrm{e}^{-\alpha t}(A_1 \cos\omega_{\mathrm{d}} t + A_2 \sin\omega_{\mathrm{d}} t) = A\mathrm{e}^{-\alpha t}\cos(\omega_{\mathrm{d}} t + \theta) \tag{4-50}$$

响应是幅值按 $\mathrm{e}^{-\alpha t}$ 衰减，角频率为 ω_{d} 的正弦函数，称之为**衰减振荡**（attenuate oscillation）响应。之所以形成这种震荡放电现象，是因为电路中的电阻 R 比较小，耗能较慢，导致电感和电容之间形成往返的能量交换。

（4）无阻尼情况（$R=0$）

$$u_C(t) = A_1 \cos\omega_0 t + A_2 \sin\omega_0 t = A\cos(\omega_0 t + \theta) \tag{4-51}$$

响应为**等幅震荡**形式。由于电路中无损耗，电路的储能在电场和磁场之间往返转移，震荡将无衰减地进行下去。

以上各式中，A_1、A_2、A 及 θ 是根据初始条件确定的待定系数。

从以上分析可见，二阶电路中响应的形式取决于电路的固有频率，固有频率可以是实数、共轭复数或虚数，从而决定响应的形式为非震荡、震荡或等幅震荡。

【**例 4-12**】在如图 4-50 所示电路中，已知电路的初始状态为 $u_C(0_-) = 2\mathrm{V}$，$i_L(0_-) =1\mathrm{A}$，$R = 3\Omega$，$L = 0.5\mathrm{H}$，$C = 0.25\mathrm{F}$，求换路后的零输入响应 u_C 和 i_L。

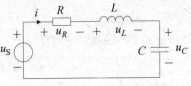

图 4-50　例 4-12 图

解　先列 KVL 方程

$$u_R + u_L + u_C = 0$$

再列出各元件的 VCR

$$i = C\frac{du_C}{dt} \qquad u_R = Ri = RC\frac{du_C}{dt} \qquad u_L = L\frac{di}{dt} = LC\frac{d^2 u_C}{dt^2}$$

由此可以得到以 u_C 为解变量的电路方程

$$LC\frac{d^2 u_C}{dt^2} + RC\frac{du_C}{dt} + u_C = 0$$

代入已知数据

$$\frac{1}{2} \times \frac{1}{4} \times \frac{d^2 u_C}{dt^2} + 3 \times \frac{1}{4} \times \frac{du_C}{dt} + u_C = 0$$

整理得

$$\frac{d^2 u_C}{dt^2} + 6\frac{du_C}{dt} + 8u_C = 0$$

对应特征方程为

$$s^2 + 6s + 8 = 0$$

所以特征根

$$\begin{cases} s_1 = -2 \\ s_2 = -4 \end{cases}$$

因此零输入响应解的形式为

$$u_C(t) = A_1 e^{s_1 t} + A_2 e^{s_2 t} = A_1 e^{-2t} + A_2 e^{-4t}$$

$$i_L(t) = C\frac{du_C(t)}{dt} = \frac{1}{4} \times \left(-2A_1 e^{-2t} - 4A_2 e^{-4t}\right) = -\frac{1}{2}A_1 e^{-2t} - A_2 e^{-4t}$$

确定以上微分方程积分常数的两个初始条件为

$$\begin{cases} u_C(0_+) = u_C(0_-) = 2 \\ \left.\dfrac{du_C}{dt}\right|_{t=0_+} = \dfrac{1}{C}i(0_+) = \dfrac{1}{C}i(0_-) = 4 \end{cases}$$

可得

$$\begin{cases} 2 = A_1 + A_2 \\ 1 = -\dfrac{1}{2}A_1 - A_2 \end{cases}$$

所以

$$\begin{cases} A_1 = 6 \\ A_2 = -4 \end{cases}$$

由此得到

$$u_C(t) = (6e^{-2t} - 4e^{-4t})V, \qquad t \geq 0$$

$$i_L(t) = \left[-\frac{1}{2} \times 6 \times e^{-2t} - (-4) \times e^{-4t}\right]A = (4e^{-4t} - 3e^{-2t})A \qquad t \geq 0$$

u_C 和 i_L 的波形图如图 4-51 所示。

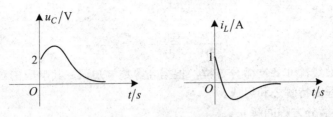

图 4-51　u_C 和 i_L 的波形

4.8.3　直流 RLC 串联电路的全响应

如果在如图 4-50 所示电路中，$u_S = U_S$（$t \geq 0$），则由式（4-44）可以得到电路的微分方程为

$$LC\frac{\mathrm{d}^2 u_C}{\mathrm{d}t^2} + RC\frac{\mathrm{d}u_C}{\mathrm{d}t} + u_C = U_S \tag{4-52}$$

这是二阶线性非齐次微分方程，其解的结构为

$$u_C(t) = u_{Ch}(t) + u_{Cp}(t) \tag{4-53}$$

其中，$u_{Cp}(t)$ 为非齐次方程的任何一个特解，其形式取决于外加激励源。当外加激励为直流时，方程的特解也是直流，它实际上仍然是换路后的稳态解：$u_{Cp}(t) = u_C(\infty) = U_S$。

$u_{Ch}(t)$ 为对应齐次微分方程的通解，其形式与二阶电路的零输入响应相同，即根据特征根的不同而分为过阻尼、临界阻尼和欠阻尼等情况。

最后将初始条件 $u_C(0_+)$、$\left.\dfrac{\mathrm{d}u_C}{\mathrm{d}t}\right|_{t=0_+} = \dfrac{1}{C}i(0_+)$ 代入式（4-53），便可确定待定系数，从而求得二阶电路的全响应。

【例 4-13】在如图 4-52 所示电路中，已知 $L = 1\mathrm{H}$，$C = 1\mathrm{F}$，$R = 1\Omega$，$U_S = 9\mathrm{V}$，换路前电路已达稳态，求换路后的响应 u_C。

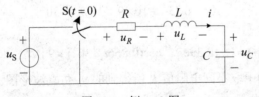

图 4-52　例 4-13 图

解　（1）以 u_C 为解变量列微分方程

根据 KVL

$$u_R + u_L + u_C = u_S$$

再列各元件的 VCR

$$i = C\frac{\mathrm{d}u_C}{\mathrm{d}t} \qquad u_R = Ri = RC\frac{\mathrm{d}u_C}{\mathrm{d}t} \qquad u_L = L\frac{\mathrm{d}i}{\mathrm{d}t} = LC\frac{\mathrm{d}^2 u_C}{\mathrm{d}t^2}$$

可以得到

$$LC\frac{\mathrm{d}^2 u_C}{\mathrm{d}t^2} + RC\frac{\mathrm{d}u_C}{\mathrm{d}t} + u_C = U_S$$

将已知参数代入上式

$$\frac{d^2 u_C}{dt^2} + \frac{du_C}{dt} + u_C = 9$$

上式为二阶常系数线性非齐次微分方程，根据高等数学知识，其响应由对应齐次微分方程的通解与微分方程的特解之和组成。

（2）求齐次微分方程通解 u_{Ch}

特征方程

$$s^2 + s + 1 = 0$$

电路的固有频率（特征根）为

$$s_{1,2} = \frac{-1 \pm \sqrt{1-4}}{2} = \frac{-1 \pm j\sqrt{3}}{2} = -0.5 \pm j0.866$$

由于特征根为一对共轭复根，故响应的形式为

$$u_{Ch}(t) = Ae^{-\alpha t} \cos(\omega_d t + \theta) = Ae^{-0.5t} \cos(0.866t + \theta)$$

其中 A、θ 为待定系数。

（3）求特解 u_{Cp}

特解可以取 u_C 的稳态值

$$u_{Cp} = u_C(\infty) = 9\text{V}$$

故全响应

$$u_C(t) = Ae^{-0.5t} \cos(0.866t + \theta) + 9$$

（4）由初始条件定积分常数

$$\begin{cases} u_C(0_+) = A\cos\theta + 9 = 0 \\ \dfrac{du_C(0_+)}{dt} = -0.5Ae^{-0.5t}\cos\theta - 0.866Ae^{-0.5t}\sin\theta = \dfrac{i(0_+)}{C} = 0 \end{cases}$$

得

$$A = -6\sqrt{3} = -10.39, \qquad \theta = -30°$$

所以全响应

$$u_C(t) = \left[-10.39e^{-0.5t} \cos(0.866t - 30°) + 9 \right]\text{V} \qquad t \geq 0$$

图 4-53 所示为本例中取不同电阻值 R 所得到的 u_C 仿真波形图。

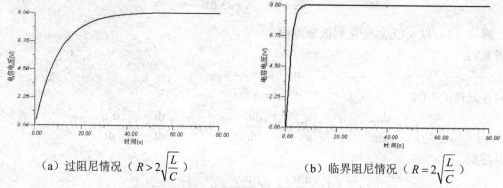

（a）过阻尼情况（$R > 2\sqrt{\dfrac{L}{C}}$）　　　（b）临界阻尼情况（$R = 2\sqrt{\dfrac{L}{C}}$）

图 4-53　u_C 仿真波形图

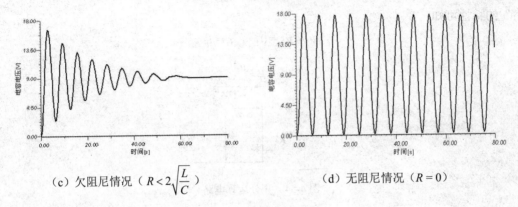

（c）欠阻尼情况（ $R < 2\sqrt{\dfrac{L}{C}}$ ）　　　　　（d）无阻尼情况（ $R = 0$ ）

图 4-53　u_C 仿真波形图（续）

思考与练习

4-8-1　二阶电路的零输入响应有几种形式？如何判别？

4-8-2　RLC 串联电路的零输入响应原处于临界阻尼状况，增大或减小 R 的值，电路响应将分别改变为过阻尼还是欠阻尼情况？说明原因。

[增大 R 过阻尼、减小 R 欠阻尼]

4-8-3　题 4-8-3 图所示 GCL 并联电路中，已知 $L = 0.25\text{H}$，$C = 1\text{F}$，$u_C(0) = 0$，$i_L(0) = 2\text{A}$，试以 i_L 为解变量列出微分方程，并判断电导 G 为下列各数值时，电路的解为何种形式？
（1） $G = 0$；（2） $G = 4\text{S}$；（3） $G = 0.5\text{S}$；（4） $G = 8\text{S}$。

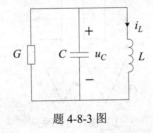

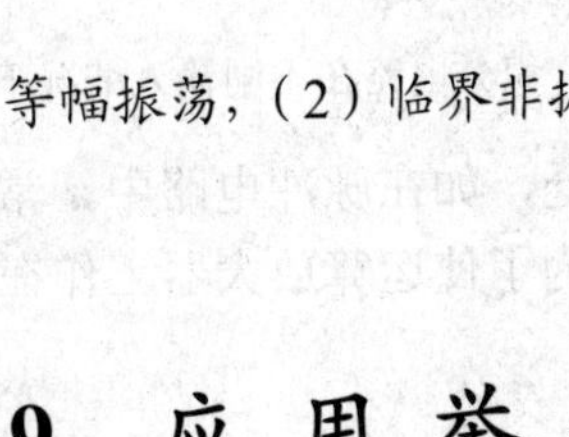

题 4-8-3 图

$[\dfrac{\mathrm{d}^2 i_L}{\mathrm{d}t^2} + G\dfrac{\mathrm{d}i_L}{\mathrm{d}t} + 4i_L = 0$ ；（1）等幅振荡，（2）临界非振荡，（3）衰减振荡，（4）非振荡衰减]

4.9　应　用　举　例

4.9.1　积分电路

图 4-54 所示为一个基本的反相积分运算电路，由理想运算放大器"虚短路"与"虚断

路"的特性可知

$$u_- \approx u_+ = 0, \qquad i_I = i_F$$

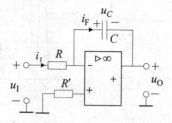

图 4-54 积分运算电路

所以

$$\frac{u_I}{R} = C\frac{\mathrm{d}u_C}{\mathrm{d}t}$$

$$u_O = -u_C = -\frac{1}{RC}\int u_I \mathrm{d}t$$

上式表明，u_O 与 u_I 的积分成正比。当求解 0 到 t 时间段的输出电压时

$$u_O = -\frac{1}{RC}\int_0^t u_I \mathrm{d}t + u_O(0)$$

当输入 u_I 为阶跃信号时，若电容初始电压为零，则输出电压 u_O 波形如图 4-55（a）所示。当输入为方波和正弦波时，输出电压的波形分别如图 4-55（b）和图 4-55（c）所示。

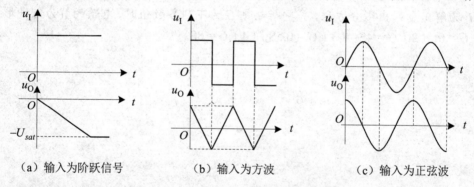

（a）输入为阶跃信号　　　　　　（b）输入为方波　　　　　　（c）输入为正弦波

图 4-55 积分电路在不同输入情况下的波形

积分运算电路的应用非常广泛，如在脉冲电路中，常用积分电路将矩形脉冲信号变换成锯齿波信号。在实用电路中，为了使运算放大器工作在线性区域内，常在电容上并联一个电阻。

4.9.2 微分电路

图 4-56 所示为一个基本的反相微分运算电路，由理想运算放大器"虚短路"与"虚断路"的特性可知

$$u_- \approx u_+ = 0, \qquad i_{\mathrm{I}} = i_{\mathrm{F}}$$

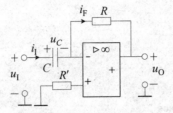

图 4-56　微分运算电路

所以

$$C \frac{\mathrm{d}u_C}{\mathrm{d}t} = \frac{0 - u_{\mathrm{O}}}{R}$$

$$u_{\mathrm{O}} = -RC \frac{\mathrm{d}u_C}{\mathrm{d}t} = -RC \frac{\mathrm{d}u_{\mathrm{I}}}{\mathrm{d}t}$$

上式表明，u_{O} 与 u_{I} 之间是微分关系。当输入 u_{I} 为方波时，输出电压 u_{O} 的波形如图 4-57 所示。在脉冲电路中，常用微分电路将矩形脉冲信号变换成尖顶脉冲信号。

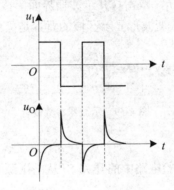

图 4-57　微分电路在输入方波情况下的输入、输出波形

4.10　Multisim 仿真：
动态电路的过渡过程

扫码看视频

Multisim 仿真：动态电路的过渡过程

4.10.1　一阶 RC 电路的过渡过程

　　按图 4-58 所示搭建仿真电路，其中 S_1 是单刀双掷开关（SPDT），XSC1 是双通道示波器，用于观察电容两端的电压波形，为便于比较，输入信号接入 A 通道观察，电容两端电压信号接入 B 通道观察，由于与示波器通道 A、B 相接的连线颜色就是示波器波形的颜色，因此可以通过右键改变连线颜色，以区分不同的信号波形。需要注意的是，Multisim 中的示波器是虚拟示波器，其连接与实际示波器有所不同，A、B 两个通道的"-"无论是接地

还是悬空，系统都认为其接地，因此在图 4-58 中示波器 A、B 通道的“-”都未接地，实际的示波器要求“-”一定要接地。

XSC1
Ext Trig
A
B
Key = Space
S1
3
2
R
1
100kΩ
U1
10 V
C
1uF
0

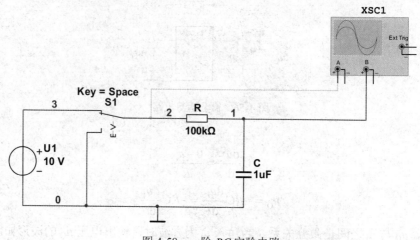

图 4-58　一阶 RC 实验电路

开关 S_1 开始连接电压源 U_1，双击打开示波器界面，按图 4-59 所示设置示波器参数。单击按键 Reverse（反向）可改变波形显示区域的背景是黑色还是白色。

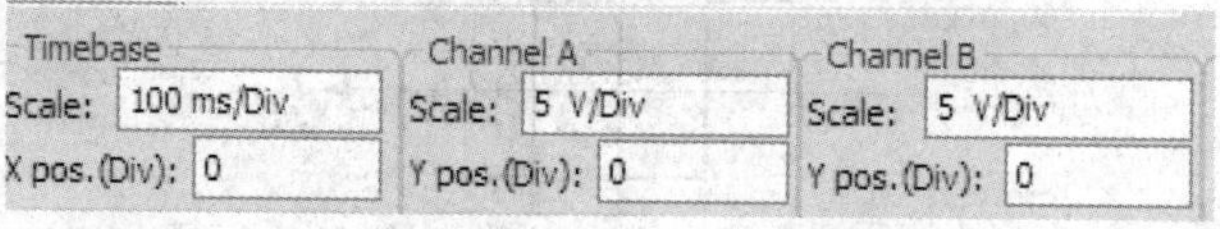

Timebase
Scale: 100 ms/Div
X pos.(Div): 0
Channel A
Scale: 5 V/Div
Y pos.(Div): 0
Channel B
Scale: 5 V/Div
Y pos.(Div): 0

图 4-59　示波器参数设置

1．放电实验

打开仿真开关，然后将实验电路中的开关 S_1 从电压源 U_1 打到接地端，可观察到示波器的波形如图 4-60 所示。

思考：能否从示波器波形图计算出 RC 电路的时间常数？

2．充电实验

当电容两端电压为零后，再将开关从接地端打到电压源 U_1 端，可观察到示波器的波形如图 4-61 所示。

Oscilloscope-XSC1
电容电压

图 4-60　开关从 U_1 打到接地端后的波形

Oscilloscope-XSC1
电容电压

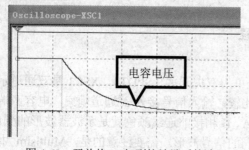

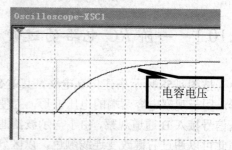

图 4-61　开关从接地端打到 U_1 的波形显示

💡 **思考：** 如果改变电阻 R 的数值，电容电压的波形会怎样变化？

4.10.2　二阶电路的过渡过程

按照图 4-62 所示搭建仿真电路，观察二阶电路的过渡过程。

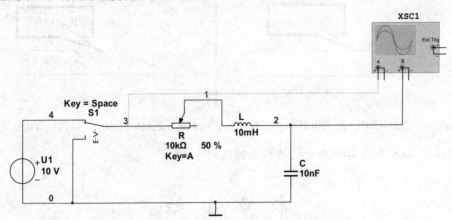

图 4-62　二阶 *RLC* 串联实验电路

改变电位器 R 的电阻值，可以观察不同电阻值对电路响应的影响。

1．无阻尼情况

首先令 $R = 0\text{k}\Omega$，打开仿真开关，拨动开关 S_1 到接地端，可观察到示波器波形如图 4-63 所示。

2．欠阻尼情况

关闭仿真开关，令 $R = 0.5\text{k}\Omega$（5%），打开仿真开关，拨动开关 S_1，可观察到示波器波形如图 4-64 所示。

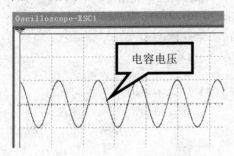

图 4-63　$R = 0\text{k}\Omega$ 时的电容电压波形

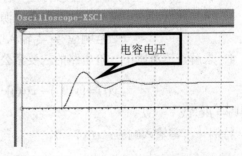

图 4-64　$R = 0.5\text{k}\Omega$（5%）时的电容电压波形

3．临界阻尼情况

关闭仿真开关，令 $R = 2\text{k}\Omega$（20%），打开仿真开关，拨动开关 S_1，可观察到示波器波形如图 4-65 所示。

4. 过阻尼情况

关闭仿真开关，令 $R = 5\text{k}\Omega$（50%），打开仿真开关，拨动开关 S_1，可观察到示波器波形如图 4-66 所示。

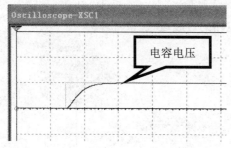

图 4-65　$R = 2\text{k}\Omega$（20%）时的电容电压波形　　图 4-66　$R = 5\text{k}\Omega$（50%）时的电容电压波形

💡 思考：图 4-66 与图 4-65 所示的波形有何区别？

本 章 小 结

1. 电容元件和电感元件的 VCR 分别为：$i_C(t) = C\dfrac{\mathrm{d}u_C(t)}{\mathrm{d}t}$、$u_L(t) = L\dfrac{\mathrm{d}i_L(t)}{\mathrm{d}t}$

它们的储能分别为：$W_C(t) = \dfrac{1}{2}Cu_C^2(t)$、$W_L(t) = \dfrac{1}{2}Li_L^2(t)$

一般情况下 u_C、i_L 不能跃变，表现为换路时刻：$\begin{cases} u_C(0_+) = u_C(0_-) \\ i_L(0_+) = i_L(0_-) \end{cases}$（换路定则）

2. 产生电路暂态响应的根本原因是电路中含有储能元件。时域中求解动态电路的基本思路是，根据 KCL、KVL、VCR 列写响应（电压或电流）的微分方程并求解。

$$\text{全响应} = \text{暂态响应（通解）} + \text{稳态响应（特解）}$$

3. 引起线性动态电路响应的原因是电源激励以及电路中动态元件的初始储能。

$$\text{全响应} = \text{零输入响应} + \text{零状态响应}$$

4. 求解直流激励下一阶电路的三要素公式为

$$y(t) = [y(0_+) - y(\infty)]\mathrm{e}^{-\frac{t}{\tau}} + y(\infty) \qquad (t > 0)$$

其中 $\tau = RC$ 或 $\tau = GL$。

特例一，零输入响应：$y(\infty) = 0$

$$y(t) = y(\infty)\mathrm{e}^{-\frac{t}{\tau}} \qquad (t > 0)$$

是电路中储能元件放电的过程。

特例二，零状态响应（阶跃响应）：$\begin{cases} u_C(0_+) = u_C(0_-) = 0 \\ i_L(0_+) = i_L(0_-) = 0 \end{cases}$

$$u_C(t) = u_C(\infty)\left(1 - e^{-\frac{t}{\tau}}\right) \quad (t \geqslant 0) \quad 或 \quad i_L(t) = i_L(\infty)\left(1 - e^{-\frac{t}{\tau}}\right) \quad (t \geqslant 0)$$

是电路中储能元件充电的过程。

5. 二阶电路微分方程的两个特征根 s_1、s_2，决定暂态响应的不同形式。

① 当 $R > 2\sqrt{\dfrac{L}{C}}$ 时（过阻尼情况），s_1、s_2 为不相等的负实数时，$y(t) = A_1 e^{s_1 t} + A_2 e^{s_2 t}$。

② 当 $R = 2\sqrt{\dfrac{L}{C}}$ 时（临界阻尼情况），s_1、s_2 为相等的负实数时，$y(t) = (A_1 + A_2 t)e^{-\alpha t}$。

③ 当 $R < 2\sqrt{\dfrac{L}{C}}$ 时（欠阻尼情况），s_1、s_2 为一对共轭复数时，$y(t) = A e^{-\alpha t} \cos(\omega_d t + \theta)$。

④ 当 $R = 0$ 时（无阻尼情况），s_1、s_2 为一对共轭虚数时，$y(t) = A\cos(\omega_0 t + \theta)$。

习　题　4

4.1　电容元件

4-1　已知电容 $C = 2F$ 上的电压 $u = 2(1 - e^{-t})\text{V}$，$t > 0$，且电容上的电压、电流取关联参考方向，求 $t > 0$ 时的电流 i，并粗略画出 u、i 的波形。电容的最大储能是多少？

4-2　已知电容 $C = 1\mu F$ 上的电压波形如题 4-2 图所示，且电容上的电压、电流取关联参考方向，求电容电流 $i_C(t)$、电容吸收的功率 $p_C(t)$ 和储能 $W_C(t)$，并画出它们的波形图。

4-3　已知电容 $C = 1\mu F$ 上的电流波形如题 4-3 图所示，且电容上的电压、电流取关联参考方向，电容初始电压 $u_C(0) = 0$，（1）求电容电压并画出波形图；（2）求 $t_1 = 1s$ 和 $t_2 = 3s$ 时电容的储能。

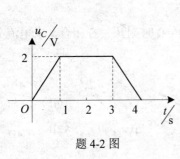

题 4-2 图

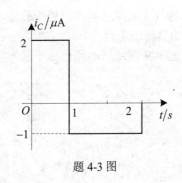

题 4-3 图

4.2　电感元件

4-4　已知电感 $L = 0.5F$ 上的电流 $i = 2\sin 5t\text{A}$，$t > 0$，且电感上的电压、电流取关联参考方向，求电感电压 u 及电感的最大储能。

4-5　题 4-5 图所示电路处于直流稳态，试计算电容和电感储存的能量。

4.3　动态电路的过渡过程

4-6　题 4-6 图所示电路已处于稳定状态，在 $t = 0$ 时刻开关断开，求 $u_C(0_+)$ 和 $i_L(0_+)$。

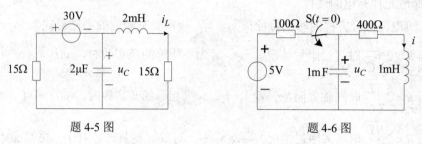

题 4-5 图　　　　　　　　　　　题 4-6 图

4-7　题 4-7 图所示各电路已处于稳定状态，在 $t = 0$ 时刻开关 S 动作。求换路后各电路中所标电流 i 的初始值 $i(0_+)$ 与稳态值 $i(\infty)$。

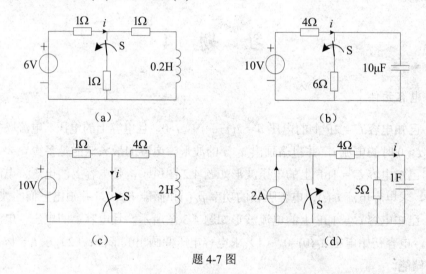

（a）　　　　　　　　　　　（b）

（c）　　　　　　　　　　　（d）

题 4-7 图

4-8　题 4-8 图所示电路已处于稳定状态，在 $t = 0$ 时刻开关 S 闭合，求图中所标各电压、电流的初始值与稳态值。

4-9　题 4-9 图所示电路已处于稳定状态，在 $t = 0$ 时刻开关 S 闭合，求电流 i 的初始值与稳态值。

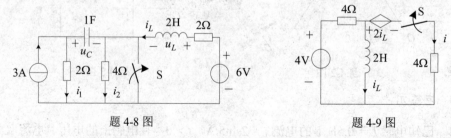

题 4-8 图　　　　　　　　　　　题 4-9 图

4.4　一阶电路的零输入响应

4-10　在题 4-10 图所示电路中，开关闭合已经很久，$t = 0$ 时刻断开开关，求 $t > 0$ 的

电压 $u(t)$。

4-11　在题 4-11 图所示电路中，开关合在 a 点已经很久，$t = 0$ 时刻开关倒向 b 点，求 $t \geqslant 0$ 的电容电压 $u_C(t)$。

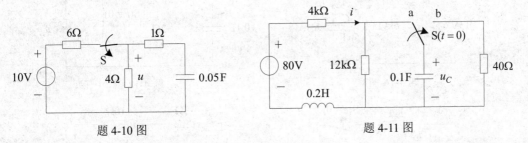

题 4-10 图　　　　　　　　　　　题 4-11 图

4-12　在题 4-12 图所示电路中，开关闭合已经很久，$t=0$ 时断开开关，求 $t>0$ 的电压 $u(t)$。

4-13　在题 4-13 图所示电路中，开关一直闭合，$t = 0$ 时断开开关，求 $t \geqslant 0$ 的电流 $i(t)$。

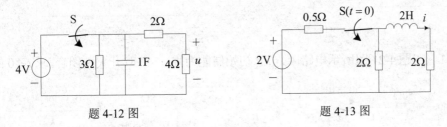

题 4-12 图　　　　　　　　　　　题 4-13 图

4-14　在题 4-14 图所示电路中，开关一直断开，$t = 0$ 时闭合开关，求 $t > 0$ 的电流 $i(t)$。

4-15　题 4-15 图所示是一个测量电路，已知 $U_S = 12\text{V}$，$L = 1\text{H}$，$R = 10\Omega$，电压表的量程为 50V，内阻 $R_V = 10\text{k}\Omega$。设换路前电路已处稳态，开关在 $t = 0$ 时断开。求换路后的 $i_L(t)$ 及开关断开瞬间电压表两端的电压 $u_V(0_+)$。

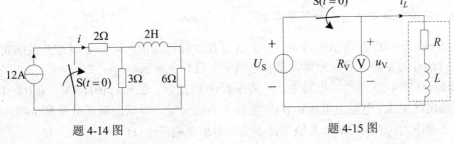

题 4-14 图　　　　　　　　　　　题 4-15 图

4.5　一阶电路的零状态响应

4-16　在题 4-16 图所示电路中，开关一直闭合，$t = 0$ 时断开开关，求 $t > 0$ 的 $u_C(t)$、$i_C(t)$ 和 $i(t)$。

4-17　在题 4-17 图所示电路中，开关闭合已经很久，$t = 0$ 时断开开关，求 $t > 0$ 的 $u(t)$。

4-18　在题 4-18 图所示电路中，电容初始储能为零，$t = 0$ 时开关 S 闭合，求 $t \geqslant 0$ 的 $u_C(t)$。

4-19　在题 4-19 图所示电路中，开关一直断开，$t = 0$ 时闭合开关，求 $t \geqslant 0$ 的电流 $i_L(t)$。

4-20　在题 4-20 图所示电路中，开关 S 断开已经很久，$t = 0$ 时开关闭合，求 $t > 0$ 的

$i_L(t)$和$u(t)$。

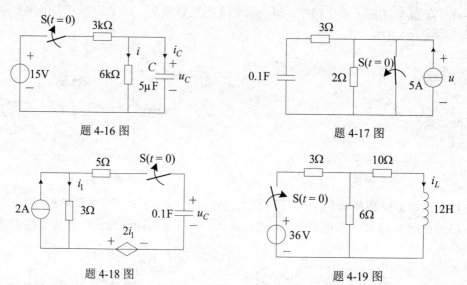

题 4-16 图   题 4-17 图

题 4-18 图   题 4-19 图

4-21   在题 4-21 图所示电路中,电感初始储能为零,$t=0$ 时开关 S 闭合,求 $t \geqslant 0$ 的 $i_L(t)$。

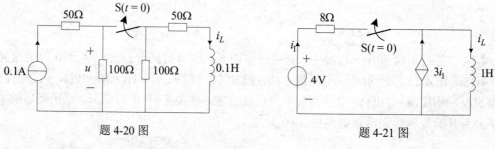

题 4-20 图   题 4-21 图

4.6   一阶电路的全响应和三要素法

4-22   在题 4-22 图所示电路中,开关 S 合在 1 端已经很久,$t=0$ 时刻开关倒向 2 端,求换路后 $i_L(t)$ 的零输入响应分量、零状态响应分量和全响应。

4-23   在题 4-23 图所示电路中,开关在 $t=0$ 时闭合,已知 $u_C(0)=1\text{V}$,$u_S(t)=1\text{V}$,求换路后该电路中 2Ω 电阻上电压 $u_O(t)$ 的零输入响应分量、零状态响应分量和全响应;如果将初始条件改为 $u_C(0)=2\text{V}$,其他条件不变,再求全响应 $u_O(t)$。

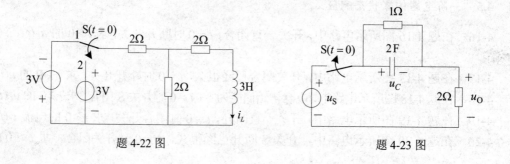

题 4-22 图   题 4-23 图

4-24　在题 4-24 图所示电路中，开关 S 合在 1 端已经很久，$t = 0$ 时刻开关倒向 2 端，求换路后的响应 $u_C(t)$ 和 $i(t)$。

4-25　题 4-7 图所示各电路已处于稳定状态，在 $t = 0$ 时刻开关 S 动作。请用三要素法求换路后各电路中所标的电流 i。

4-26　题 4-26 图所示电路已处于稳定状态，在 $t = 0$ 时刻断开开关 S。求换路后的电压 $u(t)$。

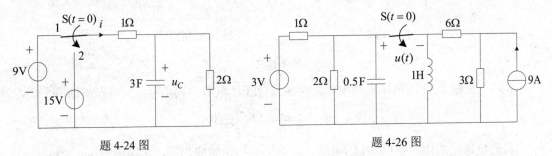

题 4-24 图　　　　　　　　　题 4-26 图

4-27　题 4-9 图所示电路已处于稳定状态，在 $t=0$ 时刻开关 S 闭合，求换路后的电流 $i(t)$。

4-28　已知 RC 一阶电路的全响应 $u_C(t) = 10 - 6e^{-10t}$ V，则当初始状态不变，而输入增加一倍时，全响应 $u_C(t) = ?$

4-29　题 4-29 图所示电路已处于稳定状态，在 $t=0$ 时刻开关闭合，求换路后的电压 $u_L(t)$。

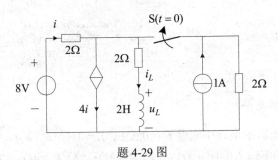

题 4-29 图

4.7　阶跃函数与阶跃响应

4-30　将题 4-30 图所示电路中电容元件以外的部分等效为戴维宁等效电源，然后求解零状态响应 $u_C(t)$。

4-31　在题 4-31 图所示电路中 $i_L(t) = 1$A，则 $t > 0$ 的 $i(t)$ 等于多少？

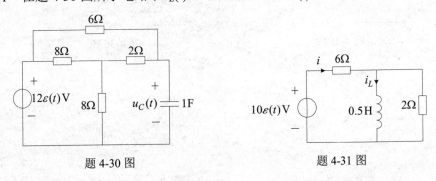

题 4-30 图　　　　　　　　　题 4-31 图

4-32 题 4-32（a）图所示的延时脉冲作用于题 4-32（b）图所示电路，已知 $i_L(0_+) = 0$ ，求电流 $i(t)$ 。

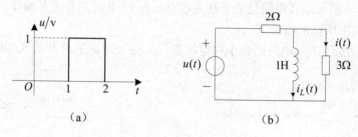

（a）　　　　　　　　　　（b）

题 4-32 图

4-33 在题 4-33 图所示电路中，N 内部只含线性电阻，输出电压的阶跃响应为

$$u_O(t) = \left(\frac{1}{2} + \frac{1}{8} e^{-0.25t} \right) \varepsilon(t) \text{V}$$

若把电路中的电容换以 2H 的电感，且电感的初始储能为零，求输出电压 $u_O(t)$ 。

4-34 在题 4-34 图所示电路中，求 $t \geq 0$ 时的 $u_C(t)$ 。

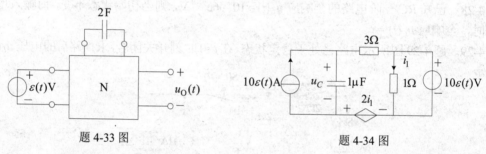

题 4-33 图　　　　　　　　　　题 4-34 图

4.8 二阶电路的暂态分析

4-35 在题 4-35 图所示电路中，设 $C = 0.25$F，$L = 1$H，$u_C(0_-) = 2$V，$i(0_-) = -1$A，试分别求 R 为如下值时的零输入响应 $u_C(t)$ 。（1）$R = 5\Omega$；（2）$R = 4\Omega$；（3）$R = 2\Omega$；（4）$R = 0$。

4-36 在题 4-36 图所示电路中，求阶跃响应 $u_C(t)$ 和 $i_L(t)$ 。

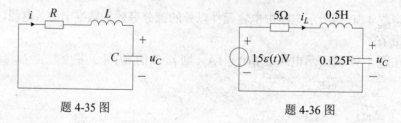

题 4-35 图　　　　　　　　　　题 4-36 图

第 5 章　正弦稳态电路的相量分析法

本章目标

1. 掌握正弦量的相量表示法。

2. 掌握两类约束的相量形式。

3. 理解阻抗和导纳的概念，建立相量模型，能用类比的方法将直流电路中的各种分析方法应用到正弦稳态电路的分析中。

5.1　正弦量的基本概念

正弦信号激励下的线性时不变电路的全响应同样由暂态响应和稳态响应两部分组成，对实际有耗电路来说，暂态响应随时间逐渐衰减，电路最终只剩稳态响应。从本章开始，我们讨论**正弦稳态响应**（sinusoidal steady-state response）的问题。

正弦稳态分析的重要性在于：（1）正弦（简谐）规律是许多自然现象本身呈现出的特性，例如钟摆的运动、琴弦的震动、海洋表面的波纹等均呈现正弦波动的特性。（2）正弦信号易于产生和传输，全世界的电力供应大多采用正弦交流形式，通信技术中所采用的"载波"信号也是正弦波。（3）正弦信号利于计算，例如正弦量加减、积分和微分运算后仍为同频正弦量，这样，就有可能使电路各部分的电压、电流波形相同，这在技术上具有重大意义。（4）任何实际的周期信号都可以分解为一系列不同频率的正弦量之和。因此，正弦信号是电路分析中一个极为重要的基本函数，对正弦稳态电路的研究分析具有非常重要的理论价值和实际意义。

按照正弦规律随时间变化的电压和电流等物理量，常统称为**正弦量**（sinusoid），可用 sin 函数或 cos 函数描述。本书采用 cos 函数。

图 5-1 所示为某一正弦电流的波形，其瞬时值的数学表达式为

$$i(t)=I_\mathrm{m}\cos(\omega t+\psi) \tag{5-1}$$

式中 $i(t)$ 表示电流的**瞬时值**（instantaneous value），ω、I_m 和 ψ 分别表示正弦电流的**角频率**（angular frequency）、**振幅**（amplitude）和**初相位**（initial phase），这 3 个量是确定正弦量 $i(t)$ 的 3 个要素，分别表征正弦量变化的快慢、大小及初相位。

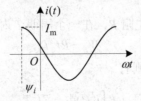

图 5-1　正弦电流的波形

5.1.1 周期、频率和角频率

正弦量是周期性变化的信号，其变化的快慢可以用**周期**（period）、频率或角频率来反映。

周期 T 是正弦量变化一周所需要的时间，单位是秒（s）。正弦量每秒变化的次数称为频率 f，单位是赫兹（Hz），简称赫。显然，周期与频率互为倒数关系，即

$$f = \frac{1}{T} \tag{5-2}$$

我国和世界上大多数国家的电力工业标准频率是 50Hz，简称**工频**（power frequency），其周期为 0.02s，也有少数国家，如美国、日本采用的工频为 60Hz。

一般交流电机、照明负载及家用电器都使用工频交流电。但在其他不同的领域内则使用各种不同的频率，例如收音机调幅广播使用的频率为 525kHz~18MHz，调频广播的频率为 88MHz~108MHz，无线电工程使用的频率可以高达 300GHz。

式（5-1）中的角频率 ω 表示正弦量每秒变化的弧度数，单位是弧度/秒（rad/s）。由于正弦量变化一周相位变化 2π 弧度（rad），因此角频率

$$\omega = 2\pi f = \frac{2\pi}{T} \tag{5-3}$$

例如对工频 $f = 50$Hz 来说，角频率 $\omega = 2\pi f = 314$rad/s。

5.1.2 瞬时值、振幅和有效值

正弦量的瞬时值对应某一时刻电压和电流的数值，一般用小写字母表示，如 u、i 分别表示电压和电流的瞬时值。瞬时值中的最大值称为正弦量的振幅、幅值或峰值，一般用大写字母带下标 m 表示，如 U_m、I_m 分别表示电压和电流的振幅。

正弦量的瞬时值是随时间周期性变化的，瞬时值和幅值是正弦量在某一特定时刻的取值。为了计量正弦量的大小、表征其在电路中的功率效应，工程中经常采用**有效值**（effective value）这个物理量。

周期量的有效值是将周期量在一个周期内的做功能力换算成具有相同做功能力的直流量，该直流量的大小称为有效值，并规定用直流电一样的符号、大写字母表示。

例如，当周期电流 i 流过电阻 R 时，在一个周期 T 内消耗的电能为

$$W_i = \int_0^T R i^2(t) \mathrm{d}t$$

设有某个直流电流 I 流过同一个电阻 R，在一个周期 T 内消耗的电能为

$$W_I = R I^2 T$$

若两者一周内消耗的电能相等，则有

$$R \int_0^T i^2(t) \mathrm{d}t = R I^2 T$$

因此，周期电流的有效值为

$$I = \sqrt{\frac{1}{T}\int_0^T i^2(t)\mathrm{d}t} \tag{5-4}$$

即有效值 I 等于瞬时值 i 的平方在一个周期内平均值再取平方根，所以有效值也称为**方均根值**（root-mean-square value，简写为 **RMS**）。

将正弦电流 $i(t) = I_m\cos(\omega t+\psi_i)$ 代入式（5-4），得

$$I = \sqrt{\frac{1}{T}\int_0^T I_m^2\cos^2(\omega t+\psi)\,\mathrm{d}t} = \sqrt{\frac{1}{T}I_m^2\int_0^T \frac{1+\cos 2(\omega t+\psi)}{2}\mathrm{d}t} = \sqrt{\frac{1}{T}I_m^2\cdot\frac{T}{2}}$$

所以，正弦电流有效值与幅值的关系为

$$I = \frac{I_m}{\sqrt 2} = 0.707 I_m \tag{5-5}$$

同理，正弦电压有效值与幅值的关系为

$$U = \frac{U_m}{\sqrt 2} = 0.707 U_m \tag{5-6}$$

式（5-5）和式（5-6）说明，正弦量的有效值是最大值的 $\dfrac{1}{\sqrt 2}$，即 0.707 倍。也就是说，最大值为 1A 的正弦交流电在电路中转换能量的实际效果，和 0.707A 的直流电相当。

有效值可以代替振幅作为正弦量的一个要素，例如正弦电流的表达式也可以写为

$$i(t) = I_m\cos(\omega t+\psi_i) = \sqrt 2 I\cos(\omega t+\psi_i)$$

在工程上，通常所说的交流电数值一般均指有效值，例如交流电压表和电流表的读数都是有效值，一般电气设备铭牌上的额定电压和额定电流也是指有效值。但是，电力器件和设备的耐压值是指器件和设备的绝缘可以承受的最大电压，所以，当这些器件应用于正弦电路时，就要按最大值来考虑。

5.1.3 相位与相位差

从式（5-1）可见，正弦量的瞬时值 $i(t)$ 何时为零、何时为最大，不是简单地由时间 t 来确定，而是由 $\omega t+\psi$ 确定的，这个反映正弦量随时间变化进程的电角度，称为正弦量的相位角或相位，单位是弧度（rad）。对应 $t=0$ 时刻的相位 ψ 称为初相位，简称初相。由于正弦量的相位是以 2π 为周期变化的，因此通常规定初相在主值范围内取值，即 $-\pi\leqslant\psi\leqslant\pi$。

初相位的大小及正负与计时起点的选择有关，如图 5-2 所示，如果时间起点取在正弦量的正最大值瞬间，则初相 $\psi=0$；如果离坐标原点最近的正弦量的正最大值出现在时间起点之左，则初相 $\psi>0$；如果离坐标原点最近的正弦量的正最大值出现在时间起点之右，则初相 $\psi<0$。

任何两个同频率正弦量之间的相位关系可以通过它们的**相位差**（phase difference）来表示。例如设

$$u(t) = U_m\cos(\omega t+\psi_u)$$

$$i(t) = I_m\cos(\omega t + \psi_i)$$

它们的相位差

$$\varphi = (\omega t + \psi_u) - (\omega t + \psi_i) = \psi_u - \psi_i$$

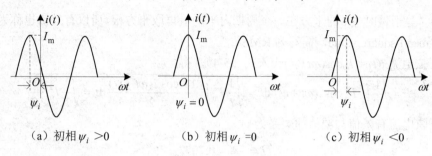

（a）初相 $\psi_i > 0$　　　　（b）初相 $\psi_i = 0$　　　　（c）初相 $\psi_i < 0$

图 5-2　初相的正与负

由此可见，两个同频率正弦量的相位差等于它们的初相之差，是一个与时间及计时起点无关的常量。

相位差一般也取主值范围，即 $-\pi \leqslant \varphi \leqslant \pi$。如果 $\varphi = \psi_u - \psi_i > 0$，则称电压 u **超前**（lead）电流 i，或称 i **滞后**（lag）u；反之，如果 $\varphi = \psi_u - \psi_i < 0$，则称电压 u 滞后电流 i，或称 i 超前 u。

特殊情况下，如果 $\varphi = \psi_u - \psi_i = 0$，则称电压 u 与电流 i **同相**（in phase），这时 u 与 i 同时达到最大值、最小值，同时过零，如图 5-3（a）所示；如果 $\varphi = \psi_u - \psi_i = \pm\dfrac{\pi}{2}$，则称电压 u 与电流 i **正交**（quadrature phase），其特点是一个正弦量达到极值时，另一个正弦量正好过零，如图 5-3（b）所示；如果 $\varphi = \psi_u - \psi_i = \pm\pi$，则称电压 u 与电流 i **反相**（opposite phase），其特点是一个正弦量达到最大值时，另一个正弦量达到最小值，如图 5-3（c）所示。

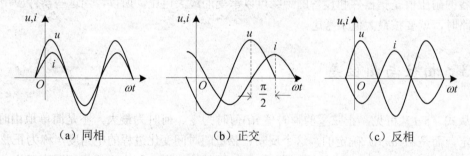

（a）同相　　　　　　（b）正交　　　　　　（c）反相

图 5-3　同频正弦量的相位关系

一般所说的相位差均指同频率正弦量的相位之差，不同频率正弦量的相位差随时间不断变化，没有任何实际意义。

【例 5-1】已知某正弦电流的有效值 $I = 10A$，频率 $f = 50Hz$，并已知 $t = 0$ 时刻的瞬时值 $i(t) = 10A$，求该电流的瞬时值表达式。

解　设该电流的瞬时值表达式为

$$i(t) = I_m\cos(\omega t + \psi_i)$$

其中振幅

$$I_m = \sqrt{2}I = 10\sqrt{2}A$$

角频率

$$\omega = 2\pi f = 314 \text{rad/s}$$

代入 $t = 0$ 时刻的瞬时值

$$10 = 10\sqrt{2}\cos\psi_i$$

所以初相位

$$\psi = 45° \quad \text{或} \psi = -45°$$

该电流的瞬时值表达式为

$$i = 10\sqrt{2}\cos(314t + 45°)\text{A} \quad \text{或} \quad i = 10\sqrt{2}\cos(314t - 45°)\text{A}$$

【例 5-2】 已知正弦电压 $u_1 = -10\cos(314t + 30°)\text{V}$，$u_2 = 20\sin(314t + 45°)\text{V}$，求它们的相位差。

解 比较正弦量相位时，首先要注意 3 个相同，即同频率、同函数（同为 cos 或 sin）、同符号（表达式前同为正）。

本例中，u_1 和 u_2 是同频率的正弦量，但它们的函数形式不同、表达式前的符号不同，所以先将 u_1 和 u_2 化为同函数、同符号的表达式：

$$u_1 = -10\cos(314t + 30°)\text{V} = 10\cos(314t + 30° - 180°)\text{V} = 10\cos(314t - 150°)\text{V}$$

$$u_2 = 20\sin(314t + 45°)\text{V} = 20\cos(314t + 45° - 90°)\text{V} = 20\cos(314t - 45°)\text{V}$$

所以相位差

$$\varphi = -150° - (-45°) = -105°$$

即电压 u_2 比 u_1 超前 $105°$，或者说 u_1 比 u_2 滞后 $105°$。

思考与练习

5-1-1　已知正弦量 u 的波形如题 5-1-1 图所示，请写出其函数表达式，并求出幅值、有效值、周期、角频率、频率、初相位。

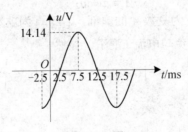

题 5-1-1 图

$[u = 10\sqrt{2}\cos(314t - 135°)\text{V}; \ 10\sqrt{2}\text{V}; \ 10\text{V}; \ 20\text{ms}; \ 50\text{Hz}; \ 314\text{rad/s}; \ -135°]$

5-1-2　耐压值为 250V 的电容器，能否接在 220V 的民用电源上使用？

$[不能]$

5-1-3　求下列各组正弦量的相位差，并说明超前、滞后的关系。

（1）$u_1 = 311\cos(\omega t - 30°)\text{V}$，$u_2 = 311\sin(\omega t - 30°)\text{V}$

（2）$u_1 = 220\cos(\omega t + 20°)\text{V}$，$u_2 = -220\sin(\omega t + 10°)\text{V}$

（3）$u_1 = 3\cos(2\omega t - 15°)\text{V}$，$u_2 = 2\cos(\omega t + 15°)\text{V}$

[u_1 超前 u_2 90°；u_1 滞后 u_2 80°；无意义]

5.2 正弦量的相量表示

前已指出，一个正弦量是由它的振幅（或有效值）、角频率（或频率）和初相 3 个要素共同决定的。在线性时不变电路中，若激励是同频率的正弦量，则电路中各处的稳态响应均为与激励同频率的正弦量。因此，在正弦电路的稳态分析中，只需两个要素就可以确定各个电压与电流。相量就是与时间无关的、用于表示正弦量振幅（或有效值）和初相的复数。用复数（相量）的运算代替正弦量的运算，可以简化正弦稳态电路的分析与计算。本节先复习一下有关复数的知识。

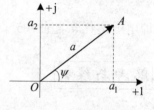

扫码看视频

复数的复习

5.2.1 复数的复习

1. 复数的表达形式

复数由实部（real part）和虚部（imaginary part）组成，对应于复平面上的一个点或一条有向线段。如图 5-4 所示，复数 A 在复平面实轴+1 上的投影为 a_1，在虚轴+j 上的投影为 a_2；有向线段 OA 的长度为 a，有向线段与实轴+1 的夹角为 ψ。

复数 A 可以用下述几种形式来表示。

（1）代数形式

$$A = a_1 + \mathrm{j}a_2 \tag{5-7-1}$$

图 5-4 复数的表示

式中，a_1 为复数 A 的实部，a_2 为复数 A 的虚部，$\mathrm{j} = \sqrt{-1}$ 为虚数的单位，相当于数学中的 i，电路分析中用符号 j 是为了避免与电流 i 混淆。显然

$$\mathrm{j}^2 = -1, \quad \mathrm{j}^3 = -\mathrm{j}, \quad \mathrm{j}^4 = \mathrm{j}^2 \times \mathrm{j}^2 = 1, \quad \frac{1}{\mathrm{j}} = \frac{\mathrm{j}}{\mathrm{j}^2} = -\mathrm{j}$$

（2）三角函数形式

由图 5-4 可见

$$A = a\cos\psi + \mathrm{j}a\sin\psi = a(\cos\psi + \mathrm{j}\sin\psi) \tag{5-7-2}$$

式中，a 称为复数 A 的**模**（modulus），ψ 称为复数 A 的**幅角**（argument）。

（3）指数形式

根据欧拉公式

$$\mathrm{e}^{\mathrm{j}\psi} = \cos\psi + \mathrm{j}\sin\psi$$

故可以把复数 A 写成指数形式

$$A = ae^{j\psi} \qquad\qquad (5\text{-}7\text{-}3)$$

（4）极坐标形式

$$A = a\,\underline{/\psi_a} \qquad\qquad (5\text{-}7\text{-}4)$$

它是复数的三角形式和指数形式的工程简写。

上述几种形式可以互相转换，例如将极坐标化为直角坐标形式

$$\begin{cases} a_1 = a\cos\psi \\ a_2 = a\sin\psi \end{cases} \qquad\qquad (5\text{-}8)$$

将直角坐标化为极坐标

$$\begin{cases} a = \sqrt{a_1^2 + a_2^2} \\ \psi = \arctan\dfrac{a_2}{a_1} \end{cases} \qquad\qquad (5\text{-}9)$$

2．复数的运算规则

对复数进行加、减运算时应用代数形式较为方便。例如已知两个复数

$$A = a_1 + ja_2 \qquad\qquad B = b_1 + jb_2$$

则

$$A \pm B = (a_1 \pm b_1) + j(a_2 \pm b_2)$$

即复数相加、减时，就是将复数的实部与实部相加、减，虚部与虚部相加、减。

对复数进行乘、除运算时应用极坐标形式（或指数形式）较为方便。例如已知两个复数

$$A = a\,\underline{/\psi_a} \qquad\qquad B = b\,\underline{/\psi_b}$$

则

$$A \cdot B = (a\,\underline{/\psi_a}) \cdot (b\,\underline{/\psi_b}) = ab\,\underline{/\psi_a + \psi_b}$$

$$\frac{A}{B} = \frac{a\,\underline{/\psi_a}}{b\,\underline{/\psi_b}} = \frac{a}{b}\,\underline{/\psi_a - \psi_b}$$

即复数相乘、除时，就是将复数的模与模相乘、除，幅角与幅角相加、减。

【例 5-3】已知 $A = 3 + j4 = 5\,\underline{/53.1°}$，$B = 1 - j = \sqrt{2}\,\underline{/-45°}$，求（1）$A + B$；（2）$A - B$；
（3）$A \cdot B$；（4）$\dfrac{A}{B}$。

解　（1）$A + B = (3 + j4) + (1 - j) = 4 + j3 = 5\,\underline{/36.9°}$

（2）$A - B = (3 + j4) - (1 - j) = 2 + j5 = 5.39\,\underline{/68.2°}$

（3）$A \cdot B = (5\,\underline{/53.1°})(\sqrt{2}\,\underline{/-45°}) = 7.07\,\underline{/8.1°}$

（4）$\dfrac{A}{B} = \dfrac{5\,\underline{/53.1°}}{\sqrt{2}\,\underline{/-45°}} = 3.54\,\underline{/98.1°}$

由于复数可以用矢量表示，因此复数的加减运算也可以用几何作图来实现。图 5-5 和
图 5-6 分别示出了例 5-3 中复数 A、B 相加和相减的运算过程。复数加、减运算符合"平行
四边形法则"或"三角形法则"。

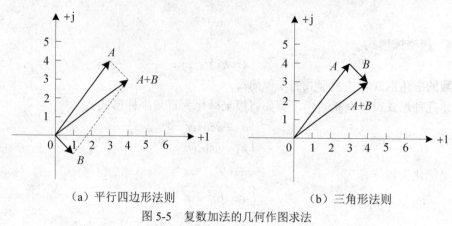

（a）平行四边形法则　　　　　　　　（b）三角形法则

图 5-5　复数加法的几何作图求法

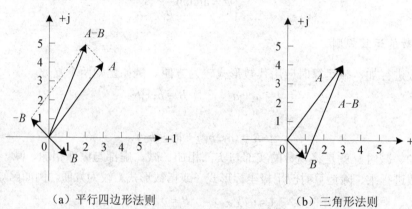

（a）平行四边形法则　　　　　　　　（b）三角形法则

图 5-6　复数减法的几何作图求法

另外，在复数的运算中，$e^{j\theta} = 1\underline{/\theta}$ 是一个特殊的复数，其模等于 1，幅角为 θ。任意复数 $A = a\underline{/\psi}$ 乘以 $e^{j\theta}$，则 $A \cdot e^{j\theta} = (a\underline{/\psi}) \cdot (\underline{/\theta}) = a\underline{/\psi + \theta}$，即等于把复数 A 逆时针旋转了 θ 角，而其模不变。因此 $e^{j\theta}$ 可以看成旋转因子。

当 $\theta = 90°$ 时，$e^{j90°} = \cos 90° + j\sin 90° = j$，因此任意一个复数乘以 j，相当于这个复数的模不变而幅角加了 $90°$（逆时针旋转了 $90°$ 角）。

当 $\theta = \pm 180°$ 时，$e^{j(\pm 180°)} = \cos(\pm 180°) + j\sin(\pm 180°) = -1$，因此任意一个复数乘以（-1），相当于这个复数的模不变而幅角加（或减）了 $180°$。

当 $\theta = -90°$ 时，$e^{j(-90°)} = \cos(-90°) + j\sin(-90°) = -j$，因此任意一个复数乘以（-j），相当于这个复数的模不变而幅角减了 $90°$。

正弦稳态分析中经常会用到复数运算，复数的代数形式与极坐标形式之间的互相转换应熟练掌握，也可以利用某些计算器直接进行两种形式的互换运算。

5.2.2　正弦量的复数表示法

根据欧拉公式

扫码看视频

正弦量的复数
表示法

$$e^{j\theta} = \cos\theta + j\sin\theta \tag{5-10}$$

可以把 $\cos\theta$ 与 $\sin\theta$ 分别看作复数 $e^{j\theta}$ 的实部与虚部，即

$$\cos\theta = \mathrm{Re}(e^{j\theta})$$
$$\sin\theta = \mathrm{Im}(e^{j\theta})$$

其中，Re 与 Im 分别表示取实部和取虚部的运算。若 $\theta = \omega t + \psi_u$，则复函数

$$e^{j(\omega t + \psi_u)} = \cos(\omega t + \psi_u) + j\sin(\omega t + \psi_u)$$

如果正弦电压 $u(t) = U_m \cos(\omega t + \psi_u)$，则

$$u(t) = U_m \cos(\omega t + \psi_u) = \mathrm{Re}[U_m e^{j(\omega t + \psi_u)}] = \mathrm{Re}[U_m e^{j\psi_u} \cdot e^{j\omega t}]$$

上式表明，正弦函数 $u(t)$ 等于复指数函数 $U_m e^{j(\omega t + \psi_u)}$ 的实部，该指数函数包含了正弦量的三要素：角频率 ω、振幅 U_m 和初相位 ψ_u。若定义

$$\dot{U}_m = U_m e^{j\psi_u} = U_m \underline{/\psi_u} \tag{5-11}$$

则正弦电压可表示为

$$u(t) = \mathrm{Re}[U_m e^{j\psi_u} \cdot e^{j\omega t}] = \mathrm{Re}[\dot{U}_m e^{j\omega t}] \tag{5-12}$$

上述 $\dot{U}_m$ 是一个包含了正弦量两个要素的复常数，其模 U_m 与幅角 ψ_u 分别为这个正弦电压的振幅与初相位。为了把这个代表正弦量的复数与一般的复数相区别，称它为振幅相量（amplitude phasor），并特别用大写字母上加"·"来表示。

由上述可见，当频率一定时，正弦量与相量有一一对应的关系，若已知正弦量的瞬时值表达式，就可以得到对应的相量，反过来，若已知相量，就可以写出正弦量的瞬时值表达式。

$$u(t) = U_m \cos(\omega t + \psi_u) \quad \Leftrightarrow \quad \dot{U}_m = U_m \underline{/\psi_u}$$
$$i(t) = I_m \cos(\omega t + \psi_i) \quad \Leftrightarrow \quad \dot{I}_m = I_m \underline{/\psi_i}$$

但必须注意，正弦量是随时间按正弦规律变化的函数，而相量是由正弦量的有效值（或振幅）与初相位构成的一个与时间无关的复数。因此，相量只是表征正弦量但并不等于正弦量，例如

$$u(t) = U_m \cos(\omega t + \psi_u) = \mathrm{Re}[\dot{U}_m e^{j\omega t}] \neq \dot{U}_m$$

另外，相量也可以用正弦量的有效值与初相位构成的复数来定义，即

$$\dot{U} = U \underline{/\psi_u} = \frac{1}{\sqrt{2}} \dot{U}_m, \quad \dot{I} = I \underline{/\psi_i} = \frac{1}{\sqrt{2}} \dot{I}_m$$

一般情况下，振幅相量附带下标 m，如 $\dot{U}_m$、$\dot{I}_m$，有效值相量（effective value phasor）则无下标 m，如 $\dot{U}$、$\dot{I}$。今后若无特殊说明，正弦量的相量就是指有效值相量。

和复数一样，相量也可以用复平面上的有向线段来表示，其中有向线段的长度表示正弦量的有效值或振幅，有向线段与实轴的夹角表示正弦量的初相位，这种表示相量的图形称为相量图（phasor diagram）。如图 5-7（a）所示，分别给出了表示 $\dot{U} = U \underline{/\psi_u}$ 与 $\dot{I} = I \underline{/\psi_i}$ 的相量图，另外，在画相量图时也可以省略复平面上的实轴与虚轴，如图 5-7（b）所示。从相量图中可以方便地看出各同频正弦量的大小以及相互间的相位关系。但要注意，只有相同频率的正弦量才能画在一张相量图上。

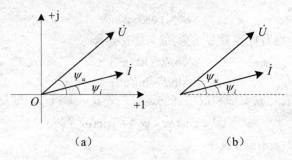

(a)   (b)

图 5-7   电压与电流的相量图

【例 5-4】 已知 $i_1(t) = 5\cos(314t + 60°)\text{A}$ ，$i_2(t) = -10\sin(314t + 60°)\text{A}$ ，$i_3(t) = -4\cos(314t + 60°)\text{A}$ ，试写出代表这 3 个正弦量的相量，并画出相量图。

     解 i_1 对应的振幅相量为

$$\dot{I}_{1m} = 5\underline{/60°}\,\text{A}$$

将 i_2 先化为 cos 函数

$$i_2(t) = 10\cos(314t + 60° + 90°) = 10\cos(314t + 150°)\text{A}$$

其对应的振幅相量为

$$\dot{I}_{2m} = 10\underline{/150°}\,\text{A}$$

将 i_3 化为

$$i_3(t) = 4\cos(314t + 60° - 180°) = 4\cos(314t - 120°)\text{A}$$

其对应的振幅相量为

$$\dot{I}_{3m} = 4\underline{/-120°}\,\text{A}$$

它们的相量图如图 5-8 所示。

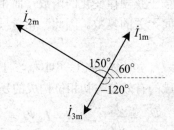

图 5-8   例 5-4 的相量图

【例 5-5】 已知电压和电流的相量分别为 $\dot{U}_m = 50\underline{/-30°}\,\text{V}$ ，$\dot{I} = 20\underline{/60°}\,\text{A}$ ，$f = 50\text{Hz}$ ，求电压与电流的瞬时值表达式。

     解   电压和电流的角频率

$$\omega = 2\pi f = 314\text{rad/s}$$

电压与电流的瞬时值表达式分别为

$$u(t) = U_m\cos(\omega t + \psi_u) = 50\cos(314t - 30°)\text{V}$$

$$i(t) = \sqrt{2}I\cos(\omega t + \psi_i) = 20\sqrt{2}\cos(314t + 60°)\text{A}$$

【例 5-6】 设正弦量 $u_1(t) = U_{m1}\cos(\omega t + \psi_1)$ 、$u_2(t) = U_{m2}\cos(\omega t + \psi_2)$ ，试写出如下运算

后对应的相量。（1）比例运算 $y_1 = ku_1$（k 为常数）；（2）加减运算 $y_2 = u_1(t) \pm u_2(t)$；（3）微分运算 $y_3 = \dfrac{\mathrm{d}u_1(t)}{\mathrm{d}t}$；（4）积分运算 $y_4 = \int u_1(t)\mathrm{d}t$。

解　正弦量 u_1、u_2 对应的相量分别为

$$u_1(t) = U_{m1}\cos(\omega t + \psi_1) = \mathrm{Re}[\dot{U}_{m1} \cdot \mathrm{e}^{\mathrm{j}\omega t}] \qquad \Leftrightarrow \qquad \dot{U}_{m1} = U_{m1}\;\underline{/\psi_1}$$

$$u_2(t) = U_{m2}\cos(\omega t + \psi_2) = \mathrm{Re}[\dot{U}_{m2} \cdot \mathrm{e}^{\mathrm{j}\omega t}] \qquad \Leftrightarrow \qquad \dot{U}_{m2} = U_{m2}\;\underline{/\psi_2}$$

根据复数运算规则，复数的实部运算等于复数运算之后再取实部，由此可以解出各项运算的结果。

（1）比例运算

$$y_1 = ku_1(t) = k\,\mathrm{Re}[\dot{U}_{m1} \cdot \mathrm{e}^{\mathrm{j}\omega t}] = \mathrm{Re}[k\dot{U}_{m1} \cdot \mathrm{e}^{\mathrm{j}\omega t}] \qquad \Rightarrow \qquad k\dot{U}_{m1}$$

（2）加减运算

$$y_2 = u_1(t) \pm u_2(t) = \mathrm{Re}[\dot{U}_{m1} \cdot \mathrm{e}^{\mathrm{j}\omega t}] \pm \mathrm{Re}[\dot{U}_{m2} \cdot \mathrm{e}^{\mathrm{j}\omega t}] = \mathrm{Re}[(\dot{U}_{m1} \pm \dot{U}_{m2}) \cdot \mathrm{e}^{\mathrm{j}\omega t}]$$
$$\Rightarrow \qquad \dot{U}_{m1} \pm \dot{U}_{m2}$$

（3）微分运算

$$y_3 = \frac{\mathrm{d}u_1(t)}{\mathrm{d}t} = \frac{\mathrm{d}}{\mathrm{d}t}\mathrm{Re}[\dot{U}_{m1} \cdot \mathrm{e}^{\mathrm{j}\omega t}] = \mathrm{Re}\frac{\mathrm{d}}{\mathrm{d}t}[\dot{U}_{m1} \cdot \mathrm{e}^{\mathrm{j}\omega t}] = \mathrm{Re}[(\mathrm{j}\omega)\dot{U}_{m1} \cdot \mathrm{e}^{\mathrm{j}\omega t}]$$
$$\Rightarrow \qquad (\mathrm{j}\omega)\dot{U}_{m1}$$

（4）积分运算

$$y_4 = \int u_1(t)\mathrm{d}t = \int \mathrm{Re}[\dot{U}_{m1} \cdot \mathrm{e}^{\mathrm{j}\omega t}]\mathrm{d}t = \mathrm{Re}\int \left[\dot{U}_{m1} \cdot \mathrm{e}^{\mathrm{j}\omega t}\right]\mathrm{d}t = \mathrm{Re}\left[\left(\frac{1}{\mathrm{j}\omega}\right)\dot{U}_{m1} \cdot \mathrm{e}^{\mathrm{j}\omega t}\right]$$
$$\Rightarrow \qquad \left(\frac{1}{\mathrm{j}\omega}\right)\dot{U}_{m1}$$

将本例的运算结果列于表 5-1 中。

表 5-1　正弦量与相量的对应关系

正　弦　量	相　量
$u_1(t) = U_{m1}\cos(\omega t + \psi_1)$	$\dot{U}_{m1} = U_{m1}\;\underline{/\psi_1}$
$u_2(t) = U_{m2}\cos(\omega t + \psi_2)$	$\dot{U}_{m2} = U_{m2}\;\underline{/\psi_2}$
$ku_1(t)$	$k\dot{U}_{m1}$
$u_1(t) \pm u_2(t)$	$\dot{U}_{m1} \pm \dot{U}_{m2}$
$\dfrac{\mathrm{d}u_1(t)}{\mathrm{d}t}$	$(\mathrm{j}\omega)\dot{U}_{m1}$
$\int u_1(t)\mathrm{d}t$	$\left(\dfrac{1}{\mathrm{j}\omega}\right)\dot{U}_{m1}$

从表 5-1 可以看出，同频正弦量的线性组合对应为同一线性组合的相量，意味着时域中的三角函数运算，可以用对应的相量（复数）运算来代替。正弦量微分、积分的运算对应为相量乘以或除以 $\mathrm{j}\omega$ 的运算，可以将时域中的微积分方程对应为复代数方程，将大大简化正弦稳态电路的运算过程。

思考与练习

5-2-1 将下列复数化为极坐标形式：（1）3+j4；（2）5−j5；（3）−2。

5-2-2 将下列复数化为直角坐标形式：（1）$10\underline{/30°}$；（2）$3\underline{/-120°}$；（3）$2\underline{/-90°}$。

5-2-3 已知复数 $A = 6 - \text{j}8$，$B = 5\underline{/126.87°}$，求：（1）$A+B$；（2）$A−B$；（3）$AB$；（4）$\dfrac{A}{B}$。

$$[3−\text{j}4; \quad 9−\text{j}12; \quad 50\underline{/73.74°}; \quad −2]$$

5-2-4 已知 $u_1 = \cos\omega t\,\text{V}$，$u_2 = \sin\omega t\,\text{V}$，分别求 $u_1 + u_2$，$u_1−u_2$ 和 $\dot{U}_{1\text{m}} + \dot{U}_{2\text{m}}$、$\dot{U}_{1\text{m}} - \dot{U}_{2\text{m}}$，从计算结果可以得出什么结论？

$$[\sqrt{2}\cos(\omega t − 45°)\,\text{V}; \quad \sqrt{2}\cos(\omega t + 45°)\,\text{V}; \quad \sqrt{2}\underline{/-45°}\text{V}; \quad \sqrt{2}\underline{/45°}\text{V}]$$

5.3 基尔霍夫定律的相量形式

基尔霍夫定律和各种元件上的伏安关系是分析电路的全部约束关系。为了使用相量法分析正弦稳态电路，必须研究两类约束的相量形式。本节先讨论基尔霍夫定律的相量形式。

5.3.1 KCL 的相量形式

扫码看视频

KCL 的相量形式

如第 1 章内容所述，对于任一集中参数电路中的任一节点，在任一时刻，流出（或流入）该节点的所有支路电流的代数和恒为零。KCL 的表达式为

$$\sum_{k=1}^{K} i_k(t) = 0$$

假设正弦稳态电路中的全部电流都是相同频率 ω 的正弦量，设某节点上的第 k 条支路电流

$$i_k(t) = I_{k\text{m}}\cos(\omega t + \psi_k) = \text{Re}[\dot{I}_{k\text{m}} \cdot \text{e}^{\text{j}\omega t}]$$

代入 KCL 方程可以得到

$$\sum_{k=1}^{K} i_k(t) = \sum_{k=1}^{K} \left\{ \text{Re}[\dot{I}_{k\text{m}} \cdot \text{e}^{\text{j}\omega t}] \right\} = 0$$

即

$$\text{Re}[\dot{I}_{1\text{m}} \cdot \text{e}^{\text{j}\omega t}] + \text{Re}[\dot{I}_{2\text{m}} \cdot \text{e}^{\text{j}\omega t}] + \cdots + \text{Re}[\dot{I}_{k\text{m}} \cdot \text{e}^{\text{j}\omega t}] + \cdots + \text{Re}[\dot{I}_{K\text{m}} \cdot \text{e}^{\text{j}\omega t}] = 0$$

根据复数运算规则，复数的实部运算等于复数运算之后再取实部，即

$$\text{Re}\left[\dot{I}_{1\text{m}} \cdot \text{e}^{\text{j}\omega t} + \dot{I}_{2\text{m}} \cdot \text{e}^{\text{j}\omega t} + \cdots + \dot{I}_{k\text{m}} \cdot \text{e}^{\text{j}\omega t} + \cdots + \dot{I}_{K\text{m}} \cdot \text{e}^{\text{j}\omega t} \right] = 0$$

所以

$$\text{Re}\left[(\dot{I}_{1\text{m}} + \dot{I}_{2\text{m}} + \cdots + \dot{I}_{k\text{m}} + \cdots + \dot{I}_{K\text{m}})\text{e}^{\text{j}\omega t} \right] = 0$$

由于上式对任何时刻 t 都成立，所以

$$\dot{I}_{1m} + \dot{I}_{2m} + \cdots + \dot{I}_{km} + \cdots + \dot{I}_{Km} = 0$$

即

$$\sum_{k=1}^{K} \dot{I}_{km} = 0 \quad \text{或} \quad \sum_{k=1}^{K} \dot{I}_{k} = 0 \tag{5-13}$$

式（5-13）就是 KCL 的相量形式，它表示对于具有相同频率的正弦稳态电路中的任一节点，流出（或流入）该节点的所有支路电流的对应相量之和等于零。

【**例 5-7**】在如图 5-9（a）所示电路中，已知 $i_1(t) = 10\sqrt{2}\cos(\omega t + 60°)\,$A，$i_2(t) = 5\sqrt{2}\sin\omega t$A，求电流 $i(t)$。

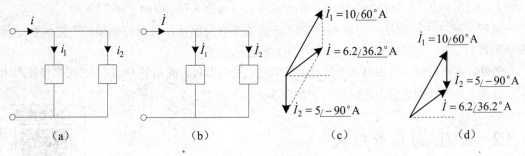

图 5-9　例 5-7 图

解法一　用三角函数公式求解

$$\begin{aligned}
i(t) = i_1(t) + i_2(t) &= 10\sqrt{2}\cos(\omega t + 60°)\text{A} + 5\sqrt{2}\sin\omega t\text{A} \\
&= 10\sqrt{2}\left[\cos\omega t\cos 60° - \sin\omega t\sin 60°\right]\text{A} + 5\sqrt{2}\sin\omega t\text{A} \\
&= (7.07\cos\omega t - 12.25\sin\omega t + 7.07\sin\omega t)\text{A} \\
&= (7.07\cos\omega t - 5.18\sin\omega t)\text{A}
\end{aligned}$$

再以 7.07 和 5.18 为直角边作辅助三角形，如图 5-10 所示，其斜边为 $\sqrt{7.07^2 + 5.18^2} = 8.76$，夹角为 $\arctan\left(\dfrac{5.18}{7.07}\right) = 36.23°$，则

$$\begin{aligned}
i(t) = i_1(t) + i_2(t) &= 8.76\left[\frac{7.07}{8.76}\cos\omega t - \frac{5.18}{8.76}\sin\omega t\right]\text{A} \\
&= 8.76\left[\cos 36.23°\cos\omega t - \sin 36.23°\sin\omega t\right]\text{A} \\
&= 8.76\cos(\omega t + 36.23°)\text{A}
\end{aligned}$$

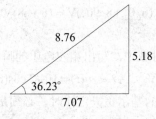

图 5-10　辅助三角形

解法二　利用相量求解

（1）把正弦量变换为对应的相量

$$i_1(t) = 10\sqrt{2}\cos(\omega t + 60°)\text{A} \quad \rightarrow \quad \dot{I}_1 = 10\underline{/60°}\text{A}$$

$$i_2(t) = 5\sqrt{2}\sin\omega t\text{A} = 5\sqrt{2}\cos(\omega t - 90°)\text{A} \quad \rightarrow \quad \dot{I}_2 = 5\underline{/-90°}\text{A}$$

由此得到对应的相量模型，如图 5-9（b）所示。

（2）在相量模型中应用 KCL 计算

$$\dot{I} = \dot{I}_1 + \dot{I}_2 = (10\underline{/60°} + 5\underline{/-90°})\text{A} = [(5 + j8.66) - j5]\text{A} = (5 + j3.66)\text{A} = 6.20\underline{/36.23°}\text{A}$$

（3）将计算结果反变换到时域中，可以得到相应电流的瞬时值表达式

$$\dot{I} = 6.20\underline{/36.23°}\text{A} \rightarrow i(t) = 6.2\sqrt{2}\cos(\omega t + 36.23°)\ \text{A} = 8.76\cos(\omega t + 36.23°)\ \text{A}$$

显然，解法二比解法一方便得多。将正弦量变换为相量，可以将烦琐的三角函数运算变换为代数运算，这是正弦稳态分析中的主要运算方法。

另外，本题也可以用相量图求解。在复平面上先画出对应的相量 $\dot{I}_1$、$\dot{I}_2$，再根据平行四边形法则或三角形法则求解电流相量 $\dot{I}$ ，如图 5-9（c）和图 5-9（d）所示。

5.3.2　KVL 的相量形式

扫码看视频

KVL 的相量形式

与 KCL 所述同理，KVL 的相量形式为

$$\sum_{k=1}^{K}\dot{U}_{km} = 0 \quad \text{或} \quad \sum_{k=1}^{K}\dot{U}_k = 0 \tag{5-14}$$

它表示对于具有相同频率的正弦稳态电路中，沿任一回路的所有支路电压降的对应相量之和等于零。

【例 5-8】 在如图 5-11（a）所示电路中，已知 $u_1(t) = 6\sqrt{2}\cos\omega t\text{V}$，$u_2(t) = -8\sqrt{2}\sin\omega t\text{V}$，求端口电压 $u(t)$，并画出相量图。

解　本题直接利用相量求解。

（1）把正弦量变换为对应的相量

$$u_1(t) = 6\sqrt{2}\cos\omega t\text{V} \quad \rightarrow \quad \dot{U}_1 = 6\underline{/0°}\text{A}$$

$$u_2(t) = -8\sqrt{2}\sin\omega t\text{V} = 8\sqrt{2}\cos(\omega t + 90°)\text{A} \quad \rightarrow \quad \dot{U}_2 = 8\underline{/90°}\text{A}$$

由此得到对应的相量模型，如图 5-11（b）所示。

（2）在相量模型中应用 KVL 计算

$$\dot{U} = \dot{U}_1 + \dot{U}_2 = (6\underline{/0°} + 8\underline{/90°})\text{V} = (6 + j8)\text{V} = 10\underline{/53.1°}\text{V}$$

各电压的相量图如图 5-11（c）所示。

（3）将计算结果反变换到时域中，写出相应电压的瞬时值表达式

$$\dot{U} = 10\underline{/53.1°}\text{V} \quad \rightarrow \quad u(t) = 10\sqrt{2}\cos(\omega t + 53.1°)\text{A}$$

需要注意的是，在应用相量形式的基尔霍夫定律时，必须是各个相量（大写字母上有"·"）相加为零，一般情况下有效值之和不为零，即 $\sum I \neq 0$、$\sum U \neq 0$，如本例中 $U_1 + U_2 = 6\text{V} + 8\text{V} = 14\text{V} \neq U$。

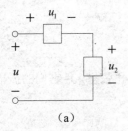
（a）

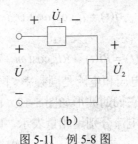
（b）

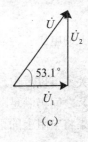
（c）

图 5-11 例 5-8 图

思考与练习

5-3-1 已知 $i_1 = 10\cos\omega t$ A ， $i_2 = 10\sin(\omega t + 90°)$ A ， 求 $i = i_1 + i_2$ 。

$$[20\cos\omega t \text{A}]$$

5-3-2 在题 5-3-2 图所示正弦交流电路中，已知 $u = 100\cos(\omega t - 60°)$ V ， $u_1 = 100\cos(\omega t - 120°)$ V ，则图中所示 u_2 等于多少？

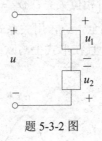

题 5-3-2 图

$$[100\cos(\omega t - 180°)\text{V}]$$

5.4 基本元件 VCR 的相量形式

在前面的学习中，已经导出了线性时不变电阻、电感和电容的伏安关系，在关联参考方向下，这 3 种基本元件 VCR 的时域形式分别为

$$u = Ri \qquad u = L\frac{\mathrm{d}i}{\mathrm{d}t} \qquad i = C\frac{\mathrm{d}u}{\mathrm{d}t}$$

在单一频率的正弦稳态电路中，这些元件上的电压、电流都是同频正弦量，借助相量分析，可以将时域中的微积分关系对应为频域中的复代数方程。本节将导出这 3 种基本元件伏安关系的相量形式，由此建立正弦稳态电路中 R、L、C 元件的相量模型。

5.4.1 电阻元件

设图 5-12（a）所示电阻元件上的电流为

扫码看视频

电阻元件

$$i(t) = I_m\cos(\omega t + \psi_i)$$

则电阻上的电压

$$u(t) = Ri(t) = RI_m\cos(\omega t + \psi_i)$$

从以上关系可以看出，电阻上的电压和电流是同频率、同相位的正弦量，且它们的振幅（或有效值）之间仍满足欧姆定律，它们的波形如图 5-12（b）所示。

如果将电阻上的正弦电压和电流分别用相量表示，则

$$\dot{I}_m = I_m\underline{/\psi_i}, \qquad \dot{U}_m = RI_m\underline{/\psi_i}$$

可以得到电阻元件 VCR 的相量形式

$$\dot{U}_m = R\dot{I}_m \qquad 或 \quad \dot{U} = R\dot{I} \tag{5-15}$$

上式表明，电阻元件上的电压相量与流过的电流相量成正比，其比值为 R。这一复数关系可以用图 5-12（c）所示的**相量模型**（phasor model）表示，称它为电阻元件的相量模型。

式（5-15）包含了电阻上电压与电流两方面的关系

$$\begin{cases} 大小关系：\dfrac{U}{I} = R \\[2mm] 相位关系：\psi_u = \psi_i \end{cases} \tag{5-16}$$

显然，相量分析与时域分析的结论完全一致，用关系式 $\dot{U} = R\dot{I}$ 可以简单明了地反映出电阻元件在正弦交流电路中的伏安关系，且在形式上与欧姆定律一致。电阻元件上电压、电流的相量图如图 5-12（d）所示。

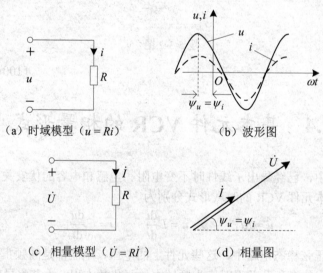

（a）时域模型（$u = Ri$）　　　　　　（b）波形图

（c）相量模型（$\dot{U} = R\dot{I}$）　　　　（d）相量图

图 5-12　电阻元件伏安关系

5.4.2　电感元件

扫码看视频

电感元件

设图 5-13（a）所示电感元件上的电流为

$$i(t) = I_m\cos(\omega t + \psi_i)$$

则电感上的电压

$$u = L\frac{\mathrm{d}i}{\mathrm{d}t} = -\omega L I_{\mathrm{m}}\sin(\omega t + \psi_i) = \omega L I_{\mathrm{m}}\cos(\omega t + \psi_i + 90^\circ)$$

从以上关系可以看出，电感上的电压和电流也是同频率的正弦量，它们的振幅（或有效值）之间有类似欧姆定律的正比例关系，且电压比电流在相位上超前 90°，它们的波形如图 5-13（b）所示。

如果将电感上的正弦电压和电流分别用相量表示，则

$$\dot{I}_{\mathrm{m}} = I_{\mathrm{m}}\underline{/\psi_i}, \qquad \dot{U}_{\mathrm{m}} = \omega L I_{\mathrm{m}}\underline{/\psi_i + 90^\circ} = \mathrm{j}\omega L I_{\mathrm{m}}\underline{/\psi_i}$$

由此得到电感元件 VCR 的相量形式

$$\dot{U}_{\mathrm{m}} = \mathrm{j}\omega L\dot{I}_{\mathrm{m}} \quad \text{或} \quad \dot{U} = \mathrm{j}\omega L\dot{I} \tag{5-17}$$

上式表明，电感元件上的电压相量与流过的电流相量成正比，其比值为 $\mathrm{j}\omega L$。这一复数关系可以用图 5-13（c）所示的电路模型表示，称它为电感元件的相量模型。从上面的推导过程可以看出，引入相量后，对正弦量求导数的微分运算，变成了对应相量乘以 $\mathrm{j}\omega$ 的代数运算，与例 5-6 结论一致。即

$$u = L\frac{\mathrm{d}i}{\mathrm{d}t} \quad \rightarrow \quad \dot{U} = \mathrm{j}\omega L\dot{I}$$

式（5-17）包含了电感上电压与电流两方面的关系

$$\begin{cases} \text{大小关系：} \dfrac{U}{I} = \omega L = X_L \\[2mm] \text{相位关系：} \psi_u = \psi_i + 90^\circ \end{cases} \tag{5-18}$$

显然，相量分析与时域分析的结论完全一致：电感上电压与电流的振幅（或有效值）之间有类似欧姆定律的正比例关系，且电感上电压超前电流 90°。其中，定义比例常数 $\mathrm{j}\omega L$ 的虚部为

$$X_L = \omega L = 2\pi f L \tag{5-19}$$

X_L 具有与电阻相同的量纲 Ω，它反映了电感元件在正弦条件下反抗电流通过的能力，称为电感的电抗，简称**感抗**（inductive reactance）。感抗 X_L 与激励源的频率成正比，当 $\omega = 0$（直流）时，$X_L = 0$，电感相当于短路；而在 $\omega \rightarrow \infty$ 时，$X_L \rightarrow \infty$，电感相当于开路。

电感元件上电压、电流的相量图如图 5-13（d）所示。

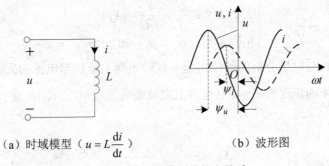

（a）时域模型（$u = L\dfrac{\mathrm{d}i}{\mathrm{d}t}$）　　　　（b）波形图

图 5-13　电感元件伏安关系

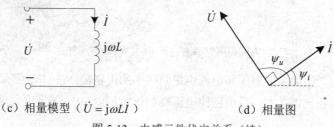

（c）相量模型（$\dot{U} = j\omega L\dot{I}$）　　　　　（d）相量图

图 5-13　电感元件伏安关系（续）

扫码看视频
电容元件

5.4.3　电容元件

设图 5-14（a）所示电容元件上的电压为

$$u(t) = U_m\cos(\omega t + \psi_u)$$

则电容上的电流

$$i = C\frac{\mathrm{d}u}{\mathrm{d}t} = -\omega C U_m\sin(\omega t + \psi_u) = \omega C U_m\cos(\omega t + \psi_u + 90°)$$

从以上关系可以看出，电容上的电流和电压也是同频率的正弦量，它们的振幅（或有效值）之间有类似欧姆定律的正比例关系，且电流比电压在相位上超前 90°，它们的波形如图 5-14（b）所示。

如果将电容上的正弦电压和电流分别用相量表示，则

$$\dot{U}_m = U_m\underline{/\psi_u} \qquad \dot{I}_m = \omega C U_m\underline{/\psi_u + 90°} = j\omega C U_m\underline{/\psi_u}$$

由此得到电容元件 VCR 的相量形式

$$\dot{I}_m = j\omega C\dot{U}_m \quad \text{或} \quad \dot{I} = j\omega C\dot{U}$$

这一关系也可写成

$$\dot{U}_m = \frac{1}{j\omega C}\dot{I}_m \quad \text{或} \quad \dot{U} = \frac{1}{j\omega C}\dot{I} \tag{5-20}$$

上式表明，电容元件上的电压相量与流过的电流相量成正比，其比值为 $\frac{1}{j\omega C}$。这一复数关系可以用图 5-14（c）所示的电路模型表示，称它为电容元件的相量模型。

式（5-20）包含了电容上电压与电流两方面的关系

$$\begin{cases} \text{大小关系：} \dfrac{U}{I} = \dfrac{1}{\omega C} = |X_C| \\[2mm] \text{相位关系：} \psi_u = \psi_i - 90° \end{cases} \tag{5-21}$$

显然，相量分析与时域分析的结论完全一致：电容上电压与电流的振幅（或有效值）之间有类似欧姆定律的正比例关系，且电容上电流超前电压 90°。其中，定义比例常数 $\frac{1}{j\omega C}$ 的虚部为

$$X_C = -\frac{1}{\omega C} = -\frac{1}{2\pi f C} \tag{5-22}$$

X_C 具有与电阻相同的量纲 Ω，它反映了电容元件在正弦条件下反抗电流通过的能力，称为电容的电抗，简称**容抗**（capacitive reactance）。容抗的绝对值 $|X_C|$ 与激励源的频率成反比，当 $\omega = 0$（直流）时，$|X_C| \to \infty$，电容相当于开路；而在 $\omega \to \infty$ 时，$|X_C| \to 0$，电容相当于短路。因此，电容在电子电路中常起到隔直、旁路、滤波等作用。

电容元件上电压、电流的相量图如图 5-14（d）所示。

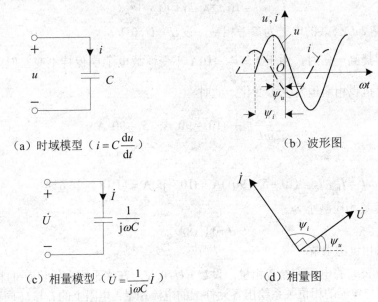

(a) 时域模型（$i = C \dfrac{\mathrm{d}u}{\mathrm{d}t}$）　　　　　　(b) 波形图

(c) 相量模型（$\dot{U} = \dfrac{1}{\mathrm{j}\omega C} \dot{I}$）　　　　　　(d) 相量图

图 5-14　电容元件伏安关系

综上所述，R、L、C 各元件在正弦电路中对电流均有阻碍作用。电阻元件对电流的阻碍作用与频率无关，其上的电压和电流同相；电感元件对电流的阻碍作用表现为感抗，与频率成正比，其上的电压超前电流 $90°$；电容元件对电流的阻碍作用表现为容抗，与频率成反比，其上的电流超前电压 $90°$。

利用相量分析，我们将 R、L、C 各元件的 VCR 对应为频域中类似于欧姆定律的复代数方程，从而避免了微积分运算，可以使正弦稳态电路的计算过程大为简化。

【例 5-9】 图 5-15（a）所示为某正弦稳态电路的一部分，已知交流电流表 A_1、A_2 的读数均为 10A，求：（1）图中电流表 A 的读数；（2）如果维持 A_1 表的读数不变，而把电源的频率提高一倍，再求电流表 A 的读数。

解法一　用相量求解

（1）先画出图 5-15（a）所示电路的相量模型，如图 5-15（b）所示。由于 R、L 为并联关系，故设 R、L 公共的电压为 $\dot{U} = U \angle 0°$。

由已知条件，交流电流表 A_1、A_2 的读数为有效值 10A，则

$$\dot{I}_1 = \frac{\dot{U}}{R} = \frac{U}{R} \angle 0° = 10\text{A} \quad （电阻上电压、电流同相）$$

$$\dot{I}_2 = \frac{\dot{U}}{\mathrm{j}\omega L} = \frac{U}{\omega L}\underline{/-90^\circ} = 10\underline{/-90^\circ}\mathrm{A}\quad（电感上电压超前电流90^\circ）$$

根据 KCL 可得

$$\dot{I} = \dot{I}_1 + \dot{I}_2 = (10 + 10\underline{/-90^\circ})\mathrm{A} = (10 - \mathrm{j}10)\mathrm{A} = 10\sqrt{2}\underline{/-45^\circ}\mathrm{A}$$

故电流表 A 的读数为

$$I = 10\sqrt{2}\mathrm{A} = 14.14\mathrm{A}$$

（2）仍取 R、L 公共的电压为参考相量，设 $\dot{U} = U\underline{/0^\circ}\mathrm{V}$。

当电源频率提高一倍时，由于 $\dot{I}_1 = \dfrac{\dot{U}}{R} = 10\mathrm{A}$ 不变，故电压 $\dot{U}$ 保持不变，但由于频率发生了变化，故感抗也相应地发生了变化，此时

$$\dot{I}_2 = \frac{\dot{U}}{\mathrm{j}2\omega L} = \frac{1}{2} \times 10\underline{/-90^\circ}\mathrm{A} = 5\underline{/-90^\circ}\mathrm{A}$$

根据 KCL 可得

$$\dot{I} = \dot{I}_1 + \dot{I}_2 = (10 + 5\underline{/-90^\circ})\mathrm{A} = (10 - \mathrm{j}5)\mathrm{A} = 11.18\underline{/-26.6^\circ}\mathrm{A}$$

故电流表 A 的读数相应减小为

$$I = 11.18\mathrm{A}$$

解法二 用相量图求解

先取 R、L 公共的电压为参考相量，设 $\dot{U} = U\underline{/0^\circ}\mathrm{V}$，在水平方向绘出 $\dot{U}$ 的相量图，再利用元件上电压与电流的相位关系绘出各元件上的电流相量：电阻上的 $\dot{I}_1$ 与 $\dot{U}$ 同相、电感上的 $\dot{I}_2$ 滞后 $\dot{U}90^\circ$，总电流相量 $\dot{I}$ 与 $\dot{I}_1$、$\dot{I}_2$ 组成了一个直角三角形，如图 5-15（c）所示。则

（1）频率为 ω 时，$I = \sqrt{I_1^2 + I_2^2} = \sqrt{10^2 + 10^2}\mathrm{A} = 14.14\mathrm{A}$

（2）频率为 2ω 时，$I = \sqrt{I_1^2 + I_2^2} = \sqrt{10^2 + 5^2}\mathrm{A} = 11.18\mathrm{A}$

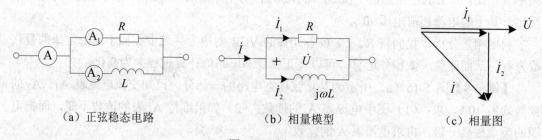

（a）正弦稳态电路 　　　（b）相量模型 　　　（c）相量图

图 5-15　例 5-9 图

最后，将 3 种基本元件 R、L、C 在正弦稳态电路中的伏安关系总结在表 5-2 中，以供对照参考。

表 5-2　3 种基本元件在正弦稳态电路中的伏安关系

元件名称	时域形式	相量形式	大小关系	相位关系	相量图
电阻	$u = Ri$	$\dot{U} = R\dot{I}$	$\dfrac{U}{I} = R$	$\psi_u = \psi_i$ u、i 同相	

续表

元件名称	时域形式	相量形式	大小关系	相位关系	相量图
电感	$u = L\dfrac{\mathrm{d}i}{\mathrm{d}t}$	$\dot{U} = \mathrm{j}\omega L\dot{I}$	$\dfrac{U}{I} = \omega L$	$\psi_u = \psi_i + 90°$ u 超前 i 90°	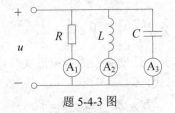
电容	$i = C\dfrac{\mathrm{d}u}{\mathrm{d}t}$	$\dot{I} = \mathrm{j}\omega C\dot{U}$ 或 $\dot{U} = \dfrac{1}{\mathrm{j}\omega C}\dot{I}$	$\dfrac{U}{I} = \dfrac{1}{\omega C}$	$\psi_u = \psi_i - 90°$ i 超前 u 90°	

思考与练习

5-4-1　指出下列各式的错误。

（1）$\dot{U} = L\dfrac{\mathrm{d}\dot{I}}{\mathrm{d}t}$　　（2）$u = \omega Li$　　（3）$u = \mathrm{j}\omega L\dot{I}$　　（4）$\dot{U} = \omega L\dot{I}$　　（5）$\dot{U} = -\mathrm{j}\omega C\dot{I}$

5-4-2　一个电感线圈（其电阻忽略不计）接在 $U = 100\text{V}$，$f = 50\text{Hz}$ 的交流电源上，流过 2A 电流。如果把它接在 $U = 100\text{V}$，$f = 60\text{Hz}$ 的交流电源上，则流过的电流为多少？

[1.67A]

5-4-3　在题 5-4-3 图所示电路中，A_1、A_2、A_3 3 个电流表的读数均为 3A，当正弦交流电源电压有效值不变，频率升高为原来的 2 倍时，各电流表的读数将变化为多少？

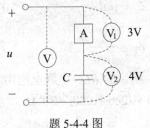

题 5-4-3 图

[3A；1.5A；6A]

5-4-4　在题 5-4-4 图所示正弦稳态电路中，电压表 V_1 和 V_2 读数已知，求下列 3 种情况下电压表 V 的读数。（1）A 元件为电阻；（2）A 元件为电容；（3）A 元件为电感。

题 5-4-4 图

[5V；7V；1V]

5-4-5　在题 5-4-5 图所示正弦稳态电路中，电流表 A_1 和 A_2 读数已知，求下列 3 种情

况下电流表 A_3 的读数。（1）A 元件为电阻；（2）A 元件为电容；（3）A 元件为电感。

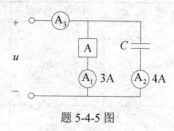

题 5-4-5 图

[5A；7A；1A]

5.5 阻抗与导纳

扫码看视频

阻抗与导纳

5.5.1 基本元件 VCR 的统一形式——阻抗与导纳

5.4 节内容导出了 3 种基本元件 R、L、C 伏安关系的相量形式，在关联参考方向下分别为

$$\dot{U} = R\dot{I} \qquad \dot{U} = j\omega L\dot{I} \qquad \dot{U} = \frac{1}{j\omega C}\dot{I}$$

它们都表现为电压相量与电流相量成正比，差别只在于复比例系数上。为统一起见，把 3 种基本元件在正弦稳态时的电压相量与电流相量之比定义为该元件的阻抗（impedance），记为 Z；把阻抗的倒数，即元件上电流相量与电压相量之比，定义为该元件的导纳（admittance），用 Y 表示，即

$$Z = \frac{\dot{U}}{\dot{I}} \qquad Y = \frac{\dot{I}}{\dot{U}} = \frac{1}{Z} \tag{5-23}$$

引出了 Z、Y 参数后，基本元件伏安关系的相量形式与直流电路中电阻元件的 VCR 形式相同，称为欧姆定律的相量形式，即

$$\dot{U} = Z\dot{I} \quad 或 \quad \dot{I} = Y\dot{U} \tag{5-24}$$

由此可得 R、L、C 元件的阻抗与导纳分别为

$$R: \qquad Z_R = R \qquad\qquad Y_R = \frac{1}{R} = G$$

$$L: \qquad Z_L = j\omega L \qquad\qquad Y_L = \frac{1}{j\omega L}$$

$$C: \qquad Z_C = \frac{1}{j\omega C} \qquad\qquad Y_C = j\omega C$$

【例 5-10】 在如图 5-16（a）所示的 RLC 串联电路中，已知 $R = 30\Omega$，$L = 0.05H$，$C = 25\mu F$，通过电路的电流为 $i(t) = 0.5\sqrt{2}\cos(1000t + 30°)A$，求各元件电压 u_R、u_L、u_C 和总电压 u，并画出它们的相量图。

解 （1）先根据图 5-16（a）所示的时域电路画出相应的相量模型，如图 5-16（b）所示，其中电压、电流用相量表示

$$i(t) = 0.5\sqrt{2}\cos(1000t + 30°)\text{A} \quad \rightarrow \quad \dot{I} = 0.5\underline{/30°}\,\text{A}$$

元件用阻抗表示

$$R \quad \rightarrow \quad Z_R = R = 30\Omega$$

$$L \quad \rightarrow \quad Z_L = j\omega L = j50\Omega$$

$$C \quad \rightarrow \quad Z_C = \frac{1}{j\omega C} = -j40\Omega$$

（2）仿照直流电阻电路的分析方法，根据相量形式的两类约束求出各电压的相量表达式。

$$\dot{U}_R = R\dot{I} = 30\Omega \times 0.5\underline{/30°}\,\text{A} = 15\underline{/30°}\,\text{V}$$

$$\dot{U}_L = j\omega L\dot{I} = j50\Omega \times 0.5\underline{/30°}\,\text{A} = 25\underline{/120°}\,\text{V}$$

$$\dot{U}_C = \frac{\dot{I}}{j\omega C} = -j40 \times 0.5\underline{/30°}\,\text{V} = 20\underline{/-60°}\,\text{V}$$

$$\dot{U} = \dot{U}_R + \dot{U}_L + \dot{U}_C = (15\underline{/30°} + 25\underline{/120°} + 20\underline{/-60°})\text{V}$$

$$= \left[(12.99 + j7.5) + (-12.5 + j21.65) + (10 - j17.32) \right]\text{V}$$

$$= (10.49 + j11.83)\text{V} = 15.81\underline{/48.43°}\,\text{V}$$

各电压相量图如图 5-16（c）所示。

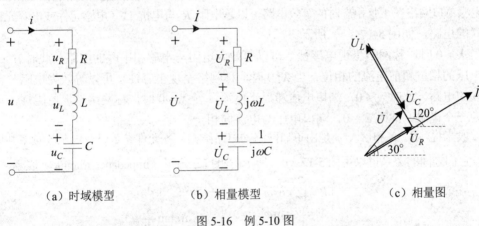

（a）时域模型　　　（b）相量模型　　　（c）相量图

图 5-16　例 5-10 图

（3）根据计算所得的电压相量，写出相应的瞬时值表达式

$$\dot{U}_R = 15\underline{/30°}\,\text{V} \quad \rightarrow \quad u_R = 15\sqrt{2}\cos(1000t + 30°)\text{V}$$

$$\dot{U}_L = 25\underline{/120°}\,\text{V} \quad \rightarrow \quad u_L = 25\sqrt{2}\cos(1000t + 120°)\text{V}$$

$$\dot{U}_C = 20\underline{/-60°}\,\text{V} \quad \rightarrow \quad u_C = 20\sqrt{2}\cos(1000t - 60°)\text{V}$$

$$\dot{U} = 15.81\underline{/48.43°}\,\text{V} \quad \rightarrow \quad u = 15.81\sqrt{2}\cos(1000t + 48.43°)\text{V}$$

5.5.2　无源单口的等效阻抗与导纳

扫码看视频

等效阻抗与导纳

上述阻抗与导纳的定义，不仅适用于单个元件，而且适用于由多个线性元件组合成的无源单口网络。图 5-17（a）所示的是一个线性无源单

口网络，设其端口电压相量与电流相量分别为

$$\dot{U} = U\underline{/\psi_u}, \quad \dot{I} = I\underline{/\psi_i}$$

则其端口的**等效阻抗**（equivalent impedance）定义为

$$Z \stackrel{\text{def}}{=} \frac{\dot{U}}{\dot{I}} = \frac{U\underline{/\psi_u}}{I\underline{/\psi_i}} = \frac{U}{I}\underline{/\psi_u - \psi_i} = |Z|\underline{/\varphi} \tag{5-25}$$

上式中，$|Z| = \dfrac{U}{I}$ 称为**阻抗模**，它表明无源单口网络在正弦稳态时端口电压与电流有效值（或振幅）的比值；$\varphi = \psi_u - \psi_i$ 称为**阻抗角**（impedance angle），它表明无源单口网络端口电压与电流的相位差。因此，阻抗 Z 全面反映了无源单口网络在正弦稳态时的端口伏安特性。

显然，阻抗具有电阻的量纲 Ω，其电路符号与电阻相同，如图 5-17（b）所示。但注意 Z 是复常数，并不表示正弦量，所以在大写字母 Z 上不能加圆点。

如果将阻抗由极坐标形式转换为直角坐标形式，则

$$|Z|\underline{/\varphi} = |Z|\cos\varphi + j|Z|\sin\varphi = R + jX \tag{5-26}$$

其中，等效阻抗的实部 R 称为**等效电阻**（equivalent resistor），它表达了阻抗的耗能性质；等效阻抗的虚部 X 称为**等效电抗**（equivalent reactance），它表达了阻抗的储能性质。因此，线性无源单口网络在正弦稳态时的等效电路可以是电阻 R 与电抗 jX（电感元件或电容元件）相串联的电路，如图 5-17（c）所示。

当 $X > 0$ 时，称网络呈现电感性，可以等效为电阻与电感相串联的电路，此时 $\varphi > 0$，端口电压的相位超前电流的相位；当 $X < 0$ 时，称网络呈现电容性，可以等效为电阻与电容相串联的电路，此时 $\varphi < 0$，端口电压滞后于电流；当 $X = 0$ 时，称网络呈现电阻性，可以等效为一个电阻，此时 $\varphi = 0$，端口电压与电流同相。

一般来说，R、X 和 $|Z|$、φ 是由单口网络的电路结构、各元件参数以及电源的频率共同决定的，它们之间的关系可以用图 5-17（d）所示的**阻抗三角形**（impedance triangle）表示，即

$$\begin{cases} R = |Z|\cos\varphi \\ X = |Z|\sin\varphi \end{cases} \quad \text{或} \quad \begin{cases} |Z| = \sqrt{R^2 + X^2} \\ \varphi = \arctan\dfrac{X}{R} \end{cases} \tag{5-27}$$

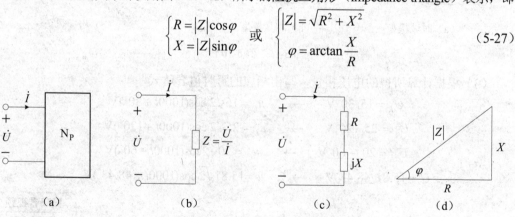

图 5-17　线性无源单口的等效阻抗

同理，线性无源单口网络的**等效导纳**（equivalent admittance）定义为

$$Y = \frac{1}{Z} = \frac{\dot{I}}{\dot{U}} = \frac{I}{U}\underline{/\psi_i - \psi_u} = G + jB \tag{5-28}$$

其中，等效导纳的实部 G 称为**等效电导**（equivalent conductance），等效导纳的虚部 B 称为**等效电纳**（equivalent susceptance）。显然，导纳具有电导的量纲 S，其符号及等效电路如图 5-18 所示。导纳与阻抗一样，可以全面反映无源单口网络在正弦稳态时的端口伏安特性。

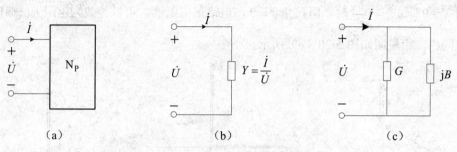

图 5-18　线性无源单口的等效导纳

在同一频率下，同一单口阻抗与导纳的关系为

$$Y = \frac{1}{Z} = \frac{1}{R + jX} = \frac{R}{R^2 + X^2} - j\frac{X}{R^2 + X^2} = G + jB \tag{5-29}$$

或

$$Z = \frac{1}{Y} = \frac{1}{G + jB} = \frac{G}{G^2 + B^2} - j\frac{B}{G^2 + B^2} = R + jX \tag{5-30}$$

从以上关系可以看出，一般情况下，$G \neq \dfrac{1}{R}$，$B \neq \dfrac{1}{X}$。

【**例 5-11**】求图 5-19 所示 RLC 串联电路的等效阻抗。

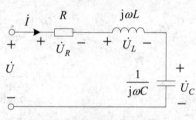

图 5-19　RLC 串联电路

解　根据 KVL 及元件 VCR 可以得到

$$\dot{U} = \dot{U}_R + \dot{U}_L + \dot{U}_C = R\dot{I} + j\omega L\dot{I} + \frac{1}{j\omega C}\dot{I}$$

所以电路的等效阻抗

$$Z = \frac{\dot{U}}{\dot{I}} = R + j\omega L + \frac{1}{j\omega C} = R + j\left(\omega L - \frac{1}{\omega C}\right) = R + jX$$

其中电抗 $X = \omega L - \dfrac{1}{\omega C}$ 与电源的频率有关，在不同的频率及参数下，阻抗有不同的性质。

当 $X > 0$ 即 $\omega L > \dfrac{1}{\omega C}$ 时，阻抗角 $\varphi > 0$，电路呈电感性，可以等效为电阻与电感相串联的电路，端口电压超前电流，相量图如图 5-20（a）所示。

当 $X < 0$ 即 $\omega L < \dfrac{1}{\omega C}$ 时，阻抗角 $\varphi < 0$，电路呈电容性，可以等效为电阻与电容相串联的电路，端口电压滞后电流，相量图如图 5-20（b）所示。

当 $X = 0$ 即 $\omega L = \dfrac{1}{\omega C}$ 时，阻抗角 $\varphi = 0$，电路呈电阻性，可以等效为电阻 R，端口电压与电流同相，相量图如图 5-20（c）所示。

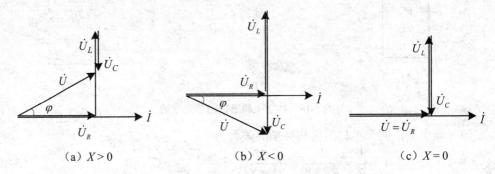

（a）$X > 0$　　　　　　（b）$X < 0$　　　　　　（c）$X = 0$

图 5-20　RLC 串联电路的相量图

【例 5-12】 在如图 5-21 所示 GCL 并联电路中，已知 $G = 0.5\text{S}$，$C = 0.25\text{F}$，$L = 50\text{mH}$，端口电流为 $i(t) = 10\sqrt{2}\cos 10t\,\text{A}$，求各元件电流 i_G、i_C、i_L 和总电压 u。

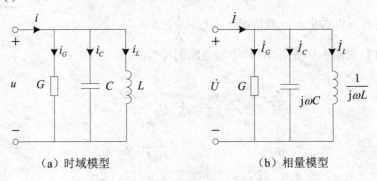

（a）时域模型　　　　　　　　　（b）相量模型

图 5-21　GCL 并联电路

解　（1）先根据图 5-21（a）所示的时域电路画出相应的相量模型，如图 5-21（b）所示，其中电压、电流用相量表示

$$i(t) = 10\sqrt{2}\cos 10t\,\text{A} \quad \rightarrow \quad \dot{I} = 10\text{A}$$

元件用导纳表示

$$G \quad \rightarrow \quad Y_G = G = 0.5\text{S}$$

$$C \quad \rightarrow \quad Y_C = \text{j}\omega C = \text{j}2.5\text{S}$$

$$L \quad \rightarrow \quad Y_L = \frac{1}{\text{j}\omega L} = -\text{j}2\text{S}$$

（2）仿照直流电阻电路的分析方法，先求电路的等效导纳

$$Y = Y_G + Y_C + Y_L = [0.5 + \text{j}(2.5 - 2)]\text{S} = (0.5 + \text{j}0.5)\text{S} = 0.5\sqrt{2}\,\underline{/45°}\,\text{S}$$

根据相量形式的欧姆定律，端口电压相量

$$\dot{U} = \frac{\dot{I}}{Y} = \frac{10}{0.5\sqrt{2}\underline{/45^\circ}} = 10\sqrt{2}\underline{/-45^\circ}\,\text{V}$$

再由元件 VCR 的相量形式可得

$$\dot{I}_G = Y_G\dot{U} = 0.5 \times 10\sqrt{2}\underline{/-45^\circ}\,\text{A} = 5\sqrt{2}\underline{/-45^\circ}\,\text{A}$$

$$\dot{I}_C = Y_C\dot{U} = \text{j}2.5 \times 10\sqrt{2}\underline{/-45^\circ}\,\text{A} = 25\sqrt{2}\underline{/45^\circ}\,\text{A}$$

$$\dot{I}_L = Y_L\dot{U} = -\text{j}2 \times 10\sqrt{2}\underline{/-45^\circ}\,\text{A} = 20\sqrt{2}\underline{/-135^\circ}\,\text{A}$$

本题也可仿照直流电阻电路中并联电路的分流公式 $\left(\dot{I}_k = \dfrac{Y_k}{\sum Y_k}\dot{I}\right)$ 进行求解。

$$\dot{I}_G = \frac{Y_G}{Y}\dot{I} = \frac{0.5}{0.5\sqrt{2}\underline{/45^\circ}} \times 10\,\text{A} = 5\sqrt{2}\underline{/-45^\circ}\,\text{A}$$

$$\dot{I}_C = \frac{Y_C}{Y}\dot{I} = \frac{\text{j}2.5}{0.5\sqrt{2}\underline{/45^\circ}} \times 10\,\text{A} = 25\sqrt{2}\underline{/45^\circ}\,\text{A}$$

$$\dot{I}_L = \frac{Y_L}{Y}\dot{I} = \frac{-\text{j}2}{0.5\sqrt{2}\underline{/45^\circ}} \times 10\,\text{A} = 20\sqrt{2}\underline{/-135^\circ}\,\text{A}$$

各电压、电流相量图如图 5-22 所示。

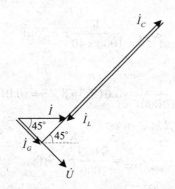

图 5-22　相量图

（3）根据计算所得的电压、电流相量，写出相应的瞬时值表达式。

$$\dot{U} = 10\sqrt{2}\underline{/-45^\circ}\,\text{V} \qquad \rightarrow \qquad u = 20\cos(10t - 45^\circ)\,\text{V}$$

$$\dot{I}_G = 5\sqrt{2}\underline{/-45^\circ}\,\text{A} \qquad \rightarrow \qquad i_G = 10\cos(10t - 45^\circ)\,\text{A}$$

$$\dot{I}_C = 25\sqrt{2}\underline{/45^\circ}\,\text{A} \qquad \rightarrow \qquad i_C = 50\cos(10t + 45^\circ)\,\text{A}$$

$$\dot{I}_L = 20\sqrt{2}\underline{/-135^\circ}\,\text{A} \qquad \rightarrow \qquad i_L = 40\cos(10t - 135^\circ)\,\text{A}$$

【例 5-13】在如图 5-23（a）所示的单口网络中，已知 $R = 30\Omega$，$L = 0.04\text{H}$，$C = 25\mu\text{F}$，计算该网络在 $\omega_1 = 1000\text{rad/s}$ 和 $\omega_2 = 500\text{rad/s}$ 时的等效阻抗、等效导纳和对应的等效电路。

解　先将时域模型变成相量模型，如图 5-23（b）所示。

（1）当 $\omega = \omega_1 = 1000\text{rad/s}$ 时，

$$Z_R = R = 30\Omega \qquad Z_L = \text{j}\omega L = \text{j}40\Omega \qquad Z_C = \frac{1}{\text{j}\omega C} = -\text{j}40\Omega$$

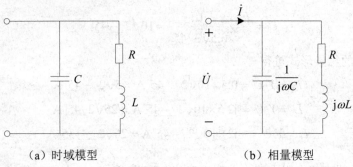

（a）时域模型　　　　　　　（b）相量模型

图 5-23　例 5-13 图

故等效阻抗

$$Z(\text{j}1000) = \frac{(R + \text{j}\omega L)\dfrac{1}{\text{j}\omega C}}{R + \text{j}\omega L + \dfrac{1}{\text{j}\omega C}} = \frac{(30 + \text{j}40) \times (-\text{j}40)}{30 + \text{j}40 - \text{j}40}\Omega = \frac{50\underline{/53.13^\circ} \times 40\underline{/-90^\circ}}{30}\Omega$$

$$= 66.67\underline{/-36.87^\circ}\,\Omega = (53.34 - \text{j}40.00)\Omega$$

其中令 $\dfrac{1}{\text{j}\omega C_{\text{eq1}}} = -\text{j}40\Omega$，故串联等效电容

$$C_{\text{eq1}} = \frac{1}{1000 \times 40}\text{F} = 25\mu\text{F}$$

等效导纳

$$Y(\text{j}1000) = \frac{1}{Z(\text{j}1000)} = 0.015\underline{/36.87^\circ}\,\text{S} = (0.012 + \text{j}0.009)\text{S}$$

其中令 $\text{j}\omega C_{\text{eq2}} = \text{j}0.009\text{S}$，故并联等效电容

$$C_{\text{eq2}} = \frac{0.009}{1000}\text{F} = 9\mu\text{F}$$

其对应的等效电路如图 5-24（a）所示。

（2）当 $\omega = \omega_2 = 500\text{rad/s}$ 时，

$$Z_R = R = 30\Omega \qquad Z_L = \text{j}\omega L = \text{j}20\Omega \qquad Z_C = \frac{1}{\text{j}\omega C} = -\text{j}80\Omega$$

故等效阻抗

$$Z(\text{j}500) = \frac{(R + \text{j}\omega L)\dfrac{1}{\text{j}\omega C}}{R + \text{j}\omega L + \dfrac{1}{\text{j}\omega C}} = \frac{(30 + \text{j}20) \times (-\text{j}80)}{30 + \text{j}20 - \text{j}80}\Omega = \frac{36.06\underline{/33.69^\circ} \times 80\underline{/-90^\circ}}{67.08\underline{/-63.43^\circ}}\Omega$$

$$= 43.01\underline{/7.12^\circ}\,\Omega = (42.68 + \text{j}5.33)\Omega$$

其中令 $\text{j}\omega L_{\text{eq1}} = \text{j}5.33\Omega$，故串联等效电感

$$L_{\text{eq1}} = \frac{5.33}{500}\text{H} = 10.66\text{mH}$$

等效导纳

$$Y(\mathrm{j}500) = \frac{1}{Z(\mathrm{j}500)} = 0.023\underline{/-7.12^\circ}\,\mathrm{S} = (0.023 - \mathrm{j}0.0029)\mathrm{S}$$

其中令 $\dfrac{1}{\mathrm{j}\omega L_{\mathrm{eq}2}} = -\mathrm{j}0.0029\mathrm{S}$，故并联等效电感

$$L_{\mathrm{eq}2} = \frac{1}{500 \times 0.0029}\mathrm{H} = 0.69\mathrm{H}$$

其对应的等效电路如图 5-24（b）所示。

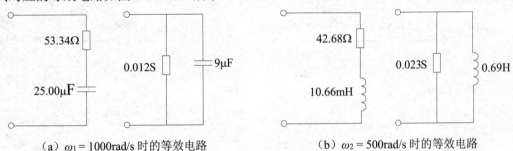

（a）$\omega_1 = 1000\mathrm{rad/s}$ 时的等效电路　　　（b）$\omega_2 = 500\mathrm{rad/s}$ 时的等效电路

图 5-24　单口网络的等效电路

【例 5-14】求图 5-25 所示单口网络的等效阻抗。

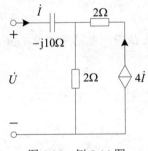

图 5-25　例 5-14 图

解　用外施电流源求电压的方法，设想端口接电流源 $\dot{I}$，则端口电压

$$\dot{U} = -\mathrm{j}10\dot{I} + 2(\dot{I} + 4\dot{I}) = (10 - \mathrm{j}10)\dot{I}$$

所以等效阻抗

$$Z = \frac{\dot{U}}{\dot{I}} = (10 - \mathrm{j}10)\Omega$$

思考与练习

5-5-1　已知二端网络端电压与电流取关联参考方向，$\dot{U} = 240\underline{/45^\circ}\,\mathrm{V}$，$\dot{I} = 10\underline{/-15^\circ}\,\mathrm{A}$，求其阻抗 Z 与导纳 Y，并说明电路的性质。

$$[24\underline{/60^\circ}\,\Omega，\ 0.0417\underline{/-60^\circ}\,\mathrm{S}，电感性]$$

5-5-2　已知 R、L、C 串联的正弦稳态电路中，$R = 200\Omega$，$L = 10\mathrm{mH}$，$C = 1\mu\mathrm{F}$，请分

别求电源角频率为 10^3rad/s、10^4rad/s、10^5rad/s 时的等效阻抗 Z，并说明该电路的性质。

[$1010\underline{/-78.6°}\,\Omega$，电容性；$200\Omega$，电阻性；$1010\underline{/78.6°}\,\Omega$，电感性]

5-5-3 若 R、L 串联电路中，电压与电流取关联参考方向，$u=10\sqrt{2}\cos(\omega t+30°)\text{V}$，$i=2\sqrt{2}\cos(\omega t-30°)\text{A}$，则 R 和 X 分别为多少？

[2.5Ω；4.33Ω]

5-5-4 在题 5-5-4 图所示的两个正弦稳态电路中，所标电压为有效值，已知图（b）中 $R=\omega L=\dfrac{1}{\omega C}$，求电压表 V、$V_1$ 和 V_2 读数。

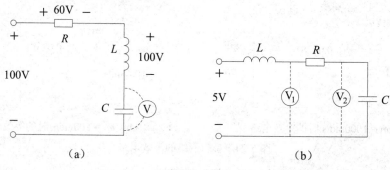

（a）　　　　　　　　（b）

题 5-5-4 图

[（a）20V 或 180V；（b）$5\sqrt{2}$V、5V]

5-5-5 在题 5-5-5 图所示的正弦稳态电路中，$R=\omega L=\dfrac{1}{\omega C}$，已知电流表 A_1 的读数为 5A，求电流表 A_2 和 A_3 数为多少？

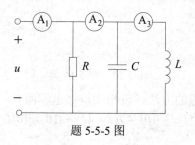

题 5-5-5 图

[0；5A]

5-5-6 在题 5-5-6 图所示二端网络中，已知 $\omega=3$rad/s，则其等效阻抗 $Z=$？

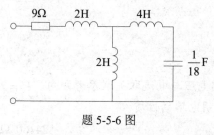

题 5-5-6 图

[$(9+j9)\Omega$]

扫码看视频

正弦稳态电路的
相量分析法

5.6　正弦稳态电路的相量分析法

通过前面内容的学习已经知道，当正弦稳态电路中引入了相量、阻抗与导纳这些概念之后，正弦交流电路中的三角函数运算（KCL、KVL）变成了复数运算，微积分方程（VCR）变成了复代数方程，两类约束的相量形式与电阻电路中相应的表达式在形式上是完全相同的，两类约束的对应关系如表 5-3 所示。

表 5-3　两类约束的对应关系

两类约束	直流稳态电路	交流稳态电路（相量分析）
KCL	$\sum i = 0$	$\sum \dot{I} = 0$
KVL	$\sum u = 0$	$\sum \dot{U} = 0$
VCR	$u = Ri$　或　$i = Gu$	$\dot{U} = Z\dot{I}$　或　$\dot{I} = Y\dot{U}$

因此，只要将变量 u 或 i 对应为相量 $\dot{U}$、$\dot{I}$，并将元件 R 或 G 对应为阻抗 Z 或导纳 Y，电阻电路中所有的定理、公式和分析方法，都可推广应用于正弦稳态电路的相量模型之中。

用相量法分析正弦稳态电路的一般步骤如下。

（1）根据时域电路模型画出相应的相量模型，其中正弦电压、电流用相量表示

$$u(t) = \sqrt{2}U\cos(\omega t + \psi_u) \quad \rightarrow \quad \dot{U} = U\underline{/\psi_u}\ (\text{或}\ \dot{U}_m = U_m\underline{/\psi_u})$$

$$i(t) = \sqrt{2}I\cos(\omega t + \psi_i) \quad \rightarrow \quad \dot{I} = I\underline{/\psi_i}\ (\text{或}\ \dot{I}_m = I_m\underline{/\psi_i})$$

元件用阻抗（或导纳）表示

$$R \quad \rightarrow \quad R \quad (\text{或}\ G)$$

$$L \quad \rightarrow \quad j\omega L \quad (\text{或}\ \frac{1}{j\omega L})$$

$$C \quad \rightarrow \quad \frac{1}{j\omega C} \quad (\text{或}\ j\omega C)$$

（2）仿照直流电阻电路的分析方法，根据相量形式的两类约束求解各电压、电流的相量表达式。

（3）根据计算所得的电压、电流相量，写出相应的瞬时值表达式

$$\dot{U} = U\underline{/\psi_u} \quad \rightarrow \quad u(t) = \sqrt{2}U\cos(\omega t + \psi_u)$$

$$\dot{I} = I\underline{/\psi_i} \quad \rightarrow \quad i(t) = \sqrt{2}I\cos(\omega t + \psi_i)$$

但必须记住相量分析法的使用条件：单一频率正弦电源作用下的线性时不变正弦稳态电路。

5.6.1　简单正弦电路的分析

简单的阻抗串、并联电路，可以利用阻抗串、并联等效、分压或分流公式进行求解。

【例5-15】 在如图5-26（a）所示电路中，已知$u_S(t) = 10\sqrt{2}\cos 3t\,\text{V}$，求$i$、$i_C$和$i_L$。

解 （1）根据时域电路模型画出相应的相量模型，其中

$$\dot{U}_S = 10\underline{/0°}\,\text{V}$$

元件用阻抗表示

$$Z_L = j\omega L = j3 \times \frac{1}{3}\,\Omega = j1\,\Omega$$

$$Z_C = \frac{1}{j\omega C} = \frac{1}{j3 \times \frac{1}{6}}\,\Omega = -j2\,\Omega$$

得到相量模型如图5-26（b）所示。

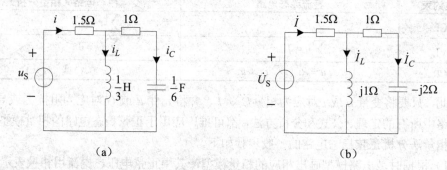

（a）　　　　　　　　　　　　　　（b）

图5-26　例5-15图

（2）仿照直流电阻电路的分析方法，先求混联电路的等效阻抗

$$Z = \left(1.5 + \frac{j1 \times (1-j2)}{j1 + (1-j2)}\right)\Omega = \left(1.5 + \frac{2+j}{1-j}\right)\Omega = \left(1.5 + \frac{1+j3}{2}\right)\Omega$$

$$= (2 + j1.5)\,\Omega = 2.5\underline{/36.9°}\,\Omega$$

由相量形式的欧姆定律得总电流

$$\dot{I} = \frac{\dot{U}_S}{Z} = \frac{10}{2.5\underline{/36.9°}}\,\text{A} = 4\underline{/-36.9°}\,\text{A}$$

由分流公式得

$$\dot{I}_C = \frac{j1}{j1 + (1-j2)} \times \dot{I} = \frac{j}{1-j} \times 4\underline{/-36.9°}\,\text{A} = 2\sqrt{2}\underline{/98.1°}\,\text{A}$$

$$\dot{I}_L = \frac{1-j2}{j1 + (1-j2)} \times \dot{I} = \frac{1-j2}{1-j} \times 4\underline{/-36.9°}\,\text{A} = 2\sqrt{10}\underline{/-55.3°}\,\text{A}$$

（3）根据计算所得的电流相量，写出相应的瞬时值表达式

$$i(t) = 4\sqrt{2}\cos(3t - 36.9°)\,\text{A} = 5.66\cos(3t - 36.9°)\,\text{A}$$

$$i_C(t) = 4\cos(3t + 98.1°)\,\text{A}$$

$$i_L(t) = 4\sqrt{5}\cos(3t - 55.3°)\,\text{A} = 8.94\cos(3t - 55.3°)\,\text{A}$$

【例5-16】 图5-27（a）所示为阻容移相桥电路，当电阻R由0变化到∞时，输出电压$\dot{U}_o$的大小不变，但相位落后输入电压$\dot{U}_s$的角度由0°逐步增大到180°。若图中已知$r = 1\text{k}\Omega$，

$\dfrac{1}{\mathrm{j}\omega C} = -\mathrm{j}500\Omega$，$\dot{U}_\mathrm{s} = 10\underline{/0^\circ}\,\mathrm{V}$，求 $R = 500\Omega$ 时的输出电压 $\dot{U}_\mathrm{o}$。

解法一　利用相量代数运算，先由分压公式得

$$\dot{U}_C = \frac{\dfrac{1}{\mathrm{j}\omega C}}{R + \dfrac{1}{\mathrm{j}\omega C}}\dot{U}_\mathrm{s} = \frac{1}{1 + \mathrm{j}\omega CR}\dot{U}_\mathrm{s}, \qquad \dot{U}_r = \frac{1}{2}\dot{U}_\mathrm{s}$$

故

$$\dot{U}_\mathrm{o} = \frac{\dfrac{1}{\mathrm{j}\omega C}}{R + \dfrac{1}{\mathrm{j}\omega C}}\dot{U}_\mathrm{s} - \frac{1}{2}\dot{U}_\mathrm{s} = \frac{1}{1 + \mathrm{j}\omega CR}\dot{U}_\mathrm{s} - \frac{1}{2}\dot{U}_\mathrm{s} = \frac{1 - \mathrm{j}\omega CR}{2(1 + \mathrm{j}\omega CR)}\dot{U}_\mathrm{s} = \frac{1}{2}\dot{U}_\mathrm{s}\underline{/-2\arctan(\omega CR)}$$

上式说明，该电路的输出电压 $\dot{U}_\mathrm{o}$ 在大小上始终为输入电压 $\dot{U}_\mathrm{s}$ 的一半，即 $U_\mathrm{o} = \dfrac{1}{2}U_\mathrm{s}$，而相位落后输入电压 $\varphi = 2\arctan\omega CR$。当 $R = 0$ 时，$\varphi = 0^\circ$，当 $R \to \infty$ 时，$\varphi = 180^\circ$，是一个移相电路。当 $R = 500\Omega$ 时，代入已知数据得

$$\dot{U}_\mathrm{o} = \frac{\dfrac{1}{\mathrm{j}\omega C}}{R + \dfrac{1}{\mathrm{j}\omega C}}\dot{U}_\mathrm{s} - \frac{1}{2}\dot{U}_\mathrm{s} = \frac{-\mathrm{j}500}{500 - \mathrm{j}500}\times 10\,\mathrm{V} - \frac{1}{2}\times 10\,\mathrm{V} = 5\underline{/-90^\circ}\,\mathrm{V}$$

即，输出电压 $\dot{U}_\mathrm{o}$ 比输入电压 $\dot{U}_\mathrm{s}$ 落后 90°。

解法二　利用相量图分析，这种方法比较形象直观。

先画输入电压相量 $\dot{U}_\mathrm{s}$，再画 RC 串联支路的电流 $\dot{I}$ 超前 $\dot{U}_\mathrm{s}$ 一个角度，$\dot{U}_R$ 与 $\dot{I}$ 同相，$\dot{U}_C$ 比 $\dot{I}$ 滞后 90°，由于 $\dot{U}_R + \dot{U}_C = \dot{U}_\mathrm{s}$，$\dot{U}_R$、$\dot{U}_C$ 与 $\dot{U}_\mathrm{s}$ 构成一个直角三角形，如图 5-27（b）所示。当 R 变化时，$\dot{U}_R$ 与 $\dot{U}_C$ 也会变化，但 $\dot{U}_R$、$\dot{U}_C$ 与 $\dot{U}_\mathrm{s}$ 之间的直角三角形关系不变，因此三角形的顶点 A 始终在以 U_s 为直径的半圆周上。输出电压 $\dot{U}_\mathrm{o} = \dot{U}_C - \dot{U}_r$ 由三角形的顶点 A 指向圆心 O，其大小始终为圆的半径，即 $U_\mathrm{o} = \dfrac{1}{2}U_\mathrm{s}$。

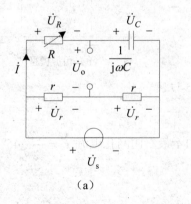
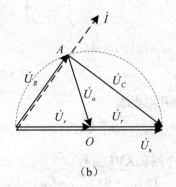

(a)　　　　　　　　　　　(b)

图 5-27　例 5-16 图

当 $R = 500\Omega$ 时，代入已知数据得 RC 串联支路的等效阻抗

$$R + \frac{1}{j\omega C} = (500 - j500)\Omega = 500\sqrt{2} \underline{/-45°} \, \Omega$$

故 RC 串联支路的电流 $\dot{I}$ 比 $\dot{U}_s$ 超前 $45°$，因此 $\dot{U}_R$、$\dot{U}_C$、$\dot{U}_s$ 构成等腰直角三角形，由此得出 $\dot{U}_o$ 比 $\dot{U}_s$ 落后 $90°$，输出电压

$$\dot{U}_o = \frac{1}{2}\dot{U}_s \underline{/-90°} = \frac{1}{2} \times 10 \underline{/-90°} \, \text{V} = 5 \underline{/-90°} \, \text{V}$$

5.6.2　复杂正弦电路的分析

对结构较为复杂的电路，可以进一步应用电阻电路中的方程分析法、线性叠加与等效变换等方法进行分析。下面通过例题，说明如何求解同频率正弦电源作用下的正弦稳态响应。

【例 5-17】在如图 5-28 所示的正弦交流电路中，已知 $u_s = \sqrt{2}\cos 2t \, \text{V}$，$i_s = \cos(2t + 45°) \, \text{A}$，试用不同的方法求电感上的电流 i_L。

解　根据时域电路模型画出相应的相量模型，其中

$$\dot{U}_S = 1\underline{/0°} \, \text{V}, \qquad \dot{I}_S = \frac{\sqrt{2}}{2}\underline{/45°} \, \text{A}$$

元件用阻抗表示

$$Z_L = j\omega L = j2 \times 0.25\Omega = j0.5\Omega$$

$$Z_C = \frac{1}{j\omega C} = \frac{1}{j2 \times 0.5}\Omega = -j1\Omega$$

得到相量模型如图 5-28（b）所示。

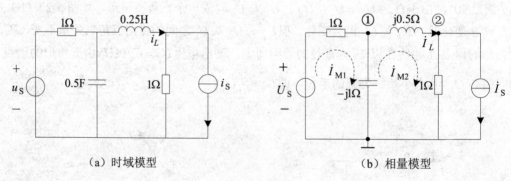

（a）时域模型　　　　　　　　　　（b）相量模型

图 5-28　例 5-17 图

（1）网孔电流法

设网孔电流 $\dot{I}_{M1}$、$\dot{I}_{M2}$ 如图 5-28（b）所示，由于最右侧网孔电流 $\dot{I}_S = \frac{\sqrt{2}}{2}\underline{/45°} \, \text{A}$ 为已知，故只需列两个网孔 KVL 方程

网孔 1　　$1 \times \dot{I}_{M1} - j1 \times (\dot{I}_{M1} - \dot{I}_{M2}) = \dot{U}_S$

网孔 2　　$j0.5 \times \dot{I}_{M2} + 1 \times (\dot{I}_{M2} - \dot{I}_S) - j1 \times (\dot{I}_{M2} - \dot{I}_{M1}) = 0$

代入 $\dot{U}_S = 1\underline{/0^\circ}\,\text{V}$、$\dot{I}_S = \dfrac{\sqrt{2}}{2}\underline{/45^\circ}\,\text{A}$，整理后得到

$$\begin{cases} (1-\text{j})\dot{I}_{M1} + \text{j}\dot{I}_{M2} = 1\underline{/0^\circ} \\ \text{j}\dot{I}_{M1} + (1-\text{j}0.5)\dot{I}_{M2} = \dfrac{\sqrt{2}}{2}\underline{/45^\circ} \end{cases}$$

联立求解得

$$\dot{I}_{M2} = \dfrac{\begin{vmatrix} 1-\text{j} & 1 \\ \text{j} & \dfrac{\sqrt{2}}{2}\underline{/45^\circ} \end{vmatrix}}{\begin{vmatrix} 1-\text{j} & \text{j} \\ \text{j} & 1-\text{j}0.5 \end{vmatrix}}\,\text{A} = \dfrac{(1-\text{j})\times\dfrac{\sqrt{2}}{2}\underline{/45^\circ} - \text{j}}{(1-\text{j})(1-\text{j}0.5)+1}\,\text{A} = \dfrac{1-\text{j}}{1.5-\text{j}1.5}\,\text{A} = \dfrac{2}{3}\underline{/0^\circ}\,\text{A}$$

所以

$$\dot{I}_L = \dot{I}_{M2} = \dfrac{2}{3}\underline{/0^\circ}\,\text{A}$$

写成相应的瞬时值表达式

$$i_L(t) = \left(\dfrac{2}{3}\sqrt{2}\cos 2t\right)\text{A}$$

（2）节点电压法

设参考节点如图 5-28（b）所示，以节点电位 $\dot{U}_{N1}$、$\dot{U}_{N2}$ 为解变量列 KVL 方程

节点① $\quad \dfrac{\dot{U}_{N1} - \dot{U}_S}{1} + \dfrac{\dot{U}_{N1}}{-\text{j}1} + \dfrac{\dot{U}_{N1} - \dot{U}_{N2}}{\text{j}0.5} = 0$

节点② $\quad \dfrac{\dot{U}_{N2} - \dot{U}_{N1}}{\text{j}0.5} + \dfrac{\dot{U}_{N2}}{1} = -\dot{I}_S$

代入 $\dot{U}_S = 1\underline{/0^\circ}\,\text{V}$、$\dot{I}_S = \dfrac{\sqrt{2}}{2}\underline{/45^\circ}\,\text{A}$，整理后得到

$$\begin{cases} (1-\text{j})\times\dot{U}_{N1} + \text{j}2\times\dot{U}_{N2} = 1\underline{/0^\circ} \\ \text{j}2\times\dot{U}_{N1} + (1-\text{j}2)\times\dot{U}_{N2} = -\dfrac{\sqrt{2}}{2}\underline{/45^\circ} \end{cases}$$

联立求解得

$$\dot{U}_{N1} = \dfrac{\begin{vmatrix} 1 & \text{j}2 \\ -\dfrac{\sqrt{2}}{2}\underline{/45^\circ} & 1-\text{j}2 \end{vmatrix}}{\begin{vmatrix} 1-\text{j} & \text{j}2 \\ \text{j}2 & 1-\text{j}2 \end{vmatrix}}\,\text{V} = \dfrac{(1-\text{j}2)+\text{j}2\times\dfrac{\sqrt{2}}{2}\underline{/45^\circ}}{(1-\text{j})\times(1-\text{j}2)+4}\,\text{V} = \dfrac{-\text{j}}{3-\text{j}3}\,\text{V}$$

$$\dot{U}_{N2} = \dfrac{\begin{vmatrix} 1-\text{j} & 1 \\ \text{j}2 & -\dfrac{\sqrt{2}}{2}\underline{/45^\circ} \end{vmatrix}}{\begin{vmatrix} 1-\text{j} & \text{j}2 \\ \text{j}2 & 1-\text{j}2 \end{vmatrix}}\,\text{V} = \dfrac{-(1-\text{j})\times\dfrac{\sqrt{2}}{2}\underline{/45^\circ} - \text{j}2}{(1-\text{j})\times(1-\text{j}2)+4}\,\text{V} = \dfrac{-1-\text{j}2}{3-\text{j}3}\,\text{V}$$

电感上的电流

$$\dot{I}_L = \frac{\dot{U}_{N1} - \dot{U}_{N2}}{j0.5} = \frac{2}{3}\underline{/0^\circ}\,\text{A}$$

写成相应的瞬时值表达式

$$i_L(t) = \left(\frac{2}{3}\sqrt{2}\cos 2t\right)\text{A}$$

（3）叠加定理

画出两个电源单独作用的电路，如图 5-29 所示。

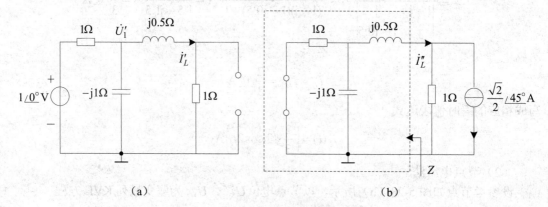

图 5-29　用叠加定理求解

当电压源 $\dot{U}_S = 1\underline{/0^\circ}\,\text{V}$ 单独作用时，应用弥尔曼定理

$$\dot{U}_1' = \frac{\dfrac{\dot{U}_S}{1}}{\dfrac{1}{1} + \dfrac{1}{-j1} + \dfrac{1}{(1+j0.5)}} = \frac{2+j}{3+j3}\,\text{V}$$

所以

$$\dot{I}_L' = \frac{\dot{U}_L'}{(1+j0.5)} = \frac{2}{3+j3}\,\text{A}$$

当电流源 $\dot{I}_S = \dfrac{\sqrt{2}}{2}\underline{/45^\circ}\,\text{A}$ 单独作用时，图 5-29（b）所示电路中的虚框部分的等效阻抗

$$Z = \left[j0.5 + \frac{1\times(-j)}{1-j}\right]\Omega = 0.5\,\Omega$$

应用分流公式

$$\dot{I}_L'' = \frac{1}{0.5+1} \times \frac{\sqrt{2}}{2}\underline{/45^\circ}\,\text{A} = \frac{\sqrt{2}}{3}\underline{/45^\circ}\,\text{A} = \frac{1+j}{3}\,\text{A}$$

当两个电源共同作用时

$$\dot{I}_L = \dot{I}_L' + \dot{I}_L'' = \frac{2}{3+j3}\,\text{A} + \frac{1+j}{3}\,\text{A} = \frac{2}{3}\underline{/0^\circ}\,\text{A}$$

（4）电源等效变换

如图 5-30（a）所示，先将 $1\underline{/0°}\text{V}$ 电压源与 1Ω 电阻的串联组合等效为 $1\underline{/0°}\text{A}$ 电流源与 1Ω 电阻的并联组合，再求 1Ω 电阻与 $-j1\Omega$ 电抗的并联等效阻抗

$$\frac{1\times(-j)}{1-j}\Omega = (0.5-j0.5)\Omega$$

得到等效电路，如图 5-30（b）所示。

接着将图 5-30（b）所示中的两组电流源与阻抗的并联组合，分别等效为电压源与阻抗的串联组合，得到等效电路如图 5-30（c）所示，由此可以得到

$$\dot{I}_L = \frac{(0.5-j0.5)+(0.5+j0.5)}{(0.5-j0.5)+j0.5+1}\text{A} = \frac{2}{3}\underline{/0°}\text{A}$$

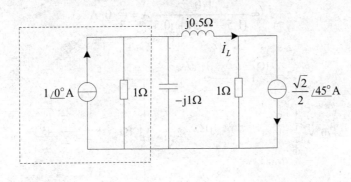

（a）

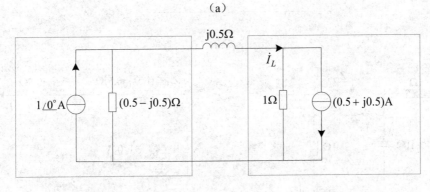

（b）

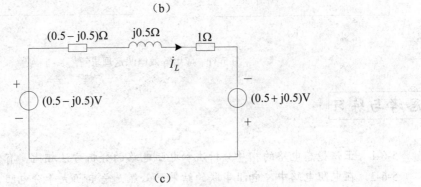

（c）

图 5-30　用电源等效变换求解

（5）戴维宁定理

先断开变量 $\dot{I}_L$ 所在支路 j0.5Ω，得到有源二端网络如图 5-31（a）所示，由图可以求出开路电压

$$\dot{U}_{OC} = \left(\frac{-j1}{1-j1} \times 1\underline{/0°} + 1 \times \frac{\sqrt{2}}{2}\underline{/45°} \right)V = 1\underline{/0°}\,V$$

接着将有源二端网络除源，得到如图 5-31（b）所示电路，由图可以求出等效阻抗

$$Z_O = \left(\frac{1 \times (-j1)}{1-j1} + 1 \right)\Omega = (1.5 - j0.5)\Omega$$

最后画出等效电路图，如图 5-31（c）所示，由图可以求出

$$\dot{I}_L = \frac{1\underline{/0°}}{(1.5-j0.5)+j0.5}A = \frac{2}{3}\underline{/0°}\,A$$

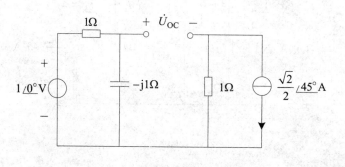

（a）

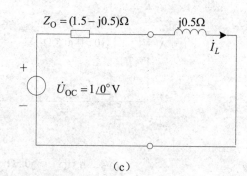

（b）   （c）

图 5-31　应用等效电源定理求解

思考与练习

5-6-1　正弦稳态电路的相量分析法和电阻电路的分析方法相比，有何异同之处？

5-6-2　在电阻电路中，电阻串联的结果，必然是总电阻大于分电阻、总电压大于分电压。但在正弦稳态电路中，阻抗串联的结果，总阻抗有可能小于分阻抗、总电压有可能小

于分电压。怎么解释这种现象？举例说明。

5-6-3 在电阻电路中，电阻并联的结果，必然是总电阻小于分电阻、总电流大于分电流。但在正弦稳态电路中，阻抗并联的结果，总阻抗有可能大于分阻抗、总电流有可能小于分电流。怎么解释这种现象？举例说明。

5.7 应 用 举 例

5.7.1 RC 移 相 电 路

有些电路要求输出信号 u_O 的相位超前或滞后输入信号 u_I 一个角度，这可以通过移相电路来实现。利用下面介绍的 RC 串联电路，可实现 90° 范围内的相位超前或滞后。

1. 超前移相电路

图 5-32（a）所示是超前移相电路，设电流 $\dot{I}$ 为参考相量，则电阻上的电压 $\dot{U}_R$ 与 $\dot{I}$ 同相、电容上的电压 $\dot{U}_C$ 滞后 $\dot{I}90°$，输出电压 $\dot{U}_o = \dot{U}_R$ 超前输入电压 $\dot{U}_i$，对应相量图如图 5-32（b）所示。

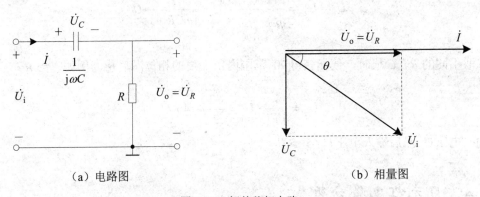

（a）电路图　　　　　　　　　　（b）相量图

图 5-32 超前移相电路

输出电压 $\dot{U}_o = \dot{U}_R$ 与输入电压（总电压）的关系可由分压公式得到

$$\dot{U}_o = \dot{U}_R = \frac{R}{R + \dfrac{1}{j\omega C}} \cdot \dot{U}_i = \frac{j\omega RC}{j\omega RC + 1} \cdot \dot{U}_i$$

当选取不同的 R、C 值时，便能获得 90° 范围内所需要的相位超前量。例如，当 $R = \dfrac{1}{\omega C}$ 时

$$\dot{U}_o = \frac{j}{j+1} \cdot \dot{U}_i = \frac{\sqrt{2}}{2} \angle 45° \dot{U}_i$$

即输出电压 $\dot{U}_o$ 超前输入电压 $\dot{U}_i 45°$。

2. 滞后移相电路

图 5-33（a）所示是滞后移相电路，设电流 $\dot{I}$ 为参考相量，则电阻上的电压 $\dot{U}_R$ 与 $\dot{I}$ 同相、电容上的电压 $\dot{U}_C$ 滞后 $\dot{I}$ 90°，输出电压 $\dot{U}_o = \dot{U}_C$ 滞后输入电压 $\dot{U}_i$，对应相量图如图 5-33（b）所示。

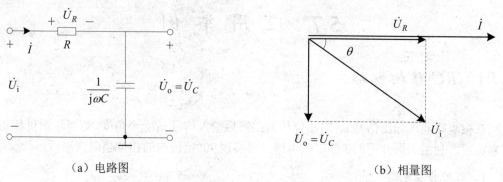

（a）电路图　　　　　　　　　　　　（b）相量图

图 5-33　滞后移相电路

输出电压 $\dot{U}_o = \dot{U}_C$ 与输入电压（总电压）的关系可由分压公式得到

$$\dot{U}_o = \dot{U}_C = \frac{\dfrac{1}{j\omega C}}{R + \dfrac{1}{j\omega C}} \cdot \dot{U}_i = \frac{1}{j\omega CR + 1} \cdot \dot{U}_i$$

当选取不同的 R、C 值时，便能获得 90° 范围内所需要的相位滞后量。例如，当 $R = \dfrac{1}{\omega C}$ 时

$$\dot{U}_o = \frac{1}{j+1} \times \dot{U}_i = \frac{\sqrt{2}}{2} \angle -45° \dot{U}_i$$

即输出电压 $\dot{U}_o$ 滞后输入电压 $\dot{U}_i$ 45°。

5.7.2　日光灯电路分析

日光灯原理电路如图 5-34（a）所示。灯管工作时，可以认为是一电阻负载。镇流器是一个铁心线圈，可以认为是一个电感量较大的感性负载，两者串联的电路模型如图 5-34（b）所示。

日光灯起辉过程如下：当接通电源时，日光灯管不导电，全部电压加在启动器内的双金属片之间，使启动器动片与定片间的气隙被击穿，连续发生火花，双金属片受热伸长，使动片与定片接触。于是有电流流过灯管灯丝和镇流器。此时，启动器两端电压下降，双金属片冷却收缩，动片与定片分开。电路中的电流突然减小，镇流器线圈因灯丝电路断电而感应出很高的电压，与电源电压串联加到灯管两端，使灯管内气体电离产生弧光放电而发光。日光灯点亮后，灯管两端的电压降为 120V 以下，这个电压不再使启动器双金属片打火，因此启动器只在日光灯点燃时起作用，日光灯一旦点亮，启动器就处于断开状态。

当灯管正常发光时，与灯管串联的镇流器起着限制电压与电流的作用。

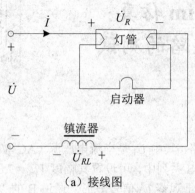
（a）接线图

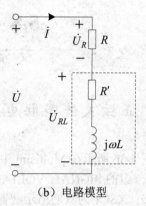
（b）电路模型

图 5-34　日光灯原理电路

某实验已测得接于 50Hz 电网上的日光灯电路端电压 $U=227\mathrm{V}$，灯管两端电压 $U_R = 69\mathrm{V}$，镇流器两端电压 $U_{RL} = 204\mathrm{V}$，电流 $I = 269.5\mathrm{mA}$，如何求出日光灯电路模型中的参数 R、R' 和 L？

由于灯管上电压、电流已知，故灯管电阻

$$R = \frac{U_R}{I} = \frac{69}{0.2695}\Omega = 256\Omega$$

以电流为参考相量绘相量图，如图 5-35 所示。

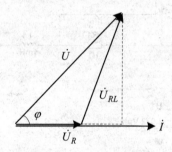

图 5-35　日光灯电路相量图

在 $\dot{U}$、$\dot{U}_R$ 和 $\dot{U}_{RL}$ 构成的三角形中，应用余弦定理可得

$$\cos\varphi = \frac{U^2 + U_R^2 - U_{RL}^2}{2U \cdot U_R} = \frac{227^2 + 69^2 - 204^2}{2 \times 227 \times 69} = 0.468$$

故

$$\varphi = 62.1°$$

从相量图可见

$$\omega L I = U\sin\varphi, \qquad (R + R')I = U\cos\varphi$$

所以镇流器的等效参数

$$L = \frac{U\sin\varphi}{\omega I} = \frac{227 \times \sin 62.1°}{2\pi \times 50 \times 0.2695}\mathrm{H} = 2.37\mathrm{H}$$

$$R' = \frac{U\cos\varphi}{I} - R = \left(\frac{227 \times 0.468}{0.2695} - 256\right)\Omega = 138.2\Omega$$

5.8　Multisim 仿真：
交流稳态电路的测试

5.8.1　正弦交流串联电路

按图 5-36 所示在 Multisim 中搭建仿真电路，其中 U_1 是交流电压源（AC_VOLTAGE），在 Sources 组的 SIGNAL_VOLTAGE_SOURCES 系列中，可设置其幅度 $V_{pk} = 7.072\text{V}$，频率 $f = 160\text{Hz}$。XSC1 为双通道示波器，通道 A 用于观察 U_1 信号波形，通道 B 的"+""−"接在电阻 R_1 两端用于观察 R_1 两端的电压波形，为便于区分可将通道 A 的"+"连线颜色更改为蓝色或其他颜色。

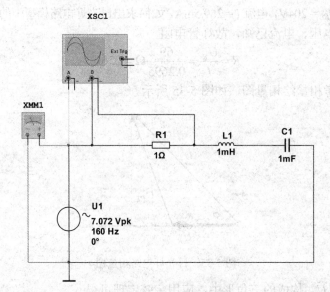

图 5-36　正弦交流串联电路

1. 观测电阻上的电压

打开仿真开关，设置示波器参数并观察电压波形，仿真结果如图 5-37 所示。

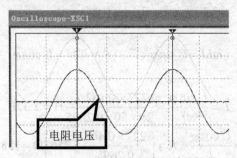

图 5-37　电阻电压与电源电压波形比较

💡 **思考**：由图 5-37 可得到该电路中电阻电压与电源电压的大小、相位是什么关系？

在图 5-37 中利用光标读出 U_1 正弦交流电压的幅度和周期记录于表 5-4。双击万用表 XMM1，选择交流 〰 电压档 ⌄，读出 U_1 电压的有效值记录于表 5-4。

表 5-4 正弦交流信号 U_1 的测量数据

	幅度（V）	有效值（V）	周期（ms）
测量值			

💡 **思考**：根据周期测量结果计算 U_1 的频率，是否与设置的一致？根据测量结果验证正弦交流信号的幅度与有效值的关系。

2．观测电感上的电压

将通道 B 的"+""−"接在电感 L_1 两端，打开仿真开关，可观察到结果如图 5-38 所示。

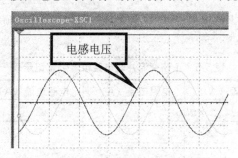

图 5-38 电感电压与电源电压波形比较

💡 **思考**：由图 5-38 可得到该电路中电感电压与电源电压的大小、相位是什么关系？

3．观测电容上的电压

将通道 B 的"+""−"接在电容 C_1 两端，打开仿真开关，可观察到结果如图 5-39 所示。

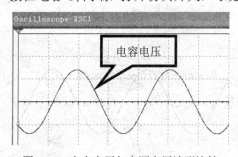

图 5-39 电容电压与电源电压波形比较

💡 **思考**：由图 5-39 可得到该电路中电容电压与电源电压的大小、相位是什么关系？

5.8.2 正弦交流并联电路

按图 5-40 所示在 Multisim 中搭建仿真电路，其中，U_1 是交流信号源（AC_POWER），在 Sources 组的 POWER_SOURCES 系列中，设置其有效值 $V_{rms} = 10V$，频率 $f = 0.16kHz$，相位 phase = 0°；XMM1~XMM4 是 4 个万用表，用于测量所在支路的正弦交流电流有效值。

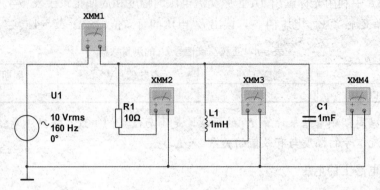

图 5-40　正弦交流并联电路

运行仿真，万用表使用交流 $\sim$ 电流档 A，改变信号源频率，记录 4 个电流表读数于表 5-5。

表 5-5　正弦交流并联电路电流测量记录表

信号源频率（Hz）	总电流（A）	电阻电流（A）	电感电流（A）	电容电流（A）
360				
160				
60				

💡 **思考**：根据表 5-5 所示的测量结果，RLC 并联电路各支路电流有效值之和是否等于总电流的有效值？如果不是，那么在已知各支路电流有效值的情况下如何求出总电流的有效值？不同的信号频率对各支路电流有效值有何影响？

本 章 小 结

1．设正弦量 $u(t) = U_m\cos(\omega t + \psi_u) = \sqrt{2}U\cos(\omega t + \psi_u)$，则其对应的幅值相量为：$\dot{U}_m = U_m\underline{/\psi_u}$，有效值相量为：$\dot{U} = U\underline{/\psi_u}$，且 $\dot{U} = \dfrac{1}{\sqrt{2}}\dot{U}_m$。

2．两类约束的相量形式为

① 结构约束 $\begin{cases} \text{KCL:} \quad \sum \dot{I} = 0 \\ \text{KVL:} \quad \sum \dot{U} = 0 \end{cases}$

② 元件约束 $\left.\begin{cases} R: \ \dot{U} = R\dot{I} \\ L: \ \dot{U} = j\omega L\dot{I} \\ C: \ \dot{U} = \dfrac{1}{j\omega C}\dot{I} \end{cases}\right\}$ 统一为欧姆定律形式：$\dot{U} = Z\dot{I}$ 或 $\dot{I} = Y\dot{U}$

3．线性无源单口的等效阻抗 $Z \overset{\text{def}}{=} \dfrac{\dot{U}}{\dot{I}} = \dfrac{U}{I} \underline{/\psi_u - \psi_i} = |Z| \underline{/\varphi} = R + jX$ 。

4．正弦稳态电路采用相量分析法，建立相量模型，用相量（复数）运算代替微、积分运算与三角函数运算，使动态电路的分析能借助直流稳态电路的解法，大大简化了计算过程。变换（域）的方法是电路分析的重要方法之一。

习　题　5

5.1　正弦量的基本概念

5-1　已知正弦电流 $i = 5\cos(100t - 45°)$ A，求其最大值、有效值、角频率、频率、周期和初相。

5-2　已知正弦电压的有效值为 220V，初相 30°，频率为 50Hz，请写出其瞬时值表达式。

5-3　求下列各组正弦量的相位差，并说明超前、滞后的关系。

（1）$u_1 = 311\cos(\omega t - 120°)$V，$u_2 = -311\cos(\omega t + 120°)$V

（2）$u_1 = 10\cos(\omega t - 120°)$V，$u_2 = 10\sin(\omega t + 10°)$V

（3）$u_1 = 30\cos(\omega t - 20°)$V，$u_2 = 20\cos(3\omega t + 20°)$V

5.2　正弦量的相量表示

5-4　将下列正弦量用有效值相量表示，并画出相量图。

（1）$i_1(t) = -3\cos(314t + 30°)$A

（2）$i_2(t) = 5\sin(314t + 60°)$A

（3）$i_3(t) = 4\sqrt{2}\cos(314t - 60°)$A

5-5　写出下列相量对应的的正弦量（设角频率为 ω）。

（1）$\dot{U} = 5e^{j45°}$ V　　（2）$\dot{I}_m = 10\underline{/-30°}$ A　　（3）$\dot{I} = (2 + j3)$A　　（4）$\dot{U} = -j15\underline{/20°}$ V

5.3　基尔霍夫定律的相量形式

5-6　已知正弦电流 $i_1(t) = 3\sqrt{2}\cos(\omega t + 30°)$ A，$i_2(t) = 4\sqrt{2}\cos(\omega t - 150°)$ A，求 $i_1(t) + i_2(t)$、$i_1(t) - i_2(t)$，并画出相量图。

5-7　已知正弦电压 $u_1(t) = 2\sqrt{2}\cos(\omega t + 20°)$V，$u_2(t) = -2\sqrt{2}\sin(\omega t + 20°)$V，求 $u_1(t) + u_2(t)$、$u_1(t) - u_2(t)$，并画出相量图。

5-8　（1）在题 5-8（a）图所示电路中，已知 $i_1(t) = 10\cos(\omega t + 36.9°)$A，$i_2(t) = 6\cos(\omega t + 120°)$A，求 $i(t)$，并画出相量图。

（2）在题 5-8（b）图所示电路中，已知 $u_1(t) = 80\sqrt{2}\cos(\omega t + 36.9°)$V，$u_2(t) = 60\sqrt{2}\cos(\omega t + 126.9°)$V，$u_3(t) = 120\sqrt{2}\cos(\omega t - 53.1°)$V，求 $u(t)$，并画出相量图。

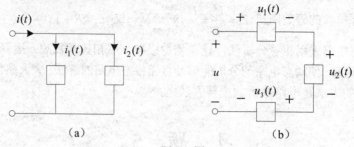

题 5-8 图

5.4 基本元件 VCR 的相量形式

5-9 已知某元件是一个电阻、电感或电容，其电压、电流的表达式分别如下所列，设电压、电流采用关联的参考方向，试确定该元件的参数 R、C 或 L。

（1）$u(t) = 1600\cos(628t + 20°)$V，$i(t) = 4\cos(628t - 70°)$A

（2）$u(t) = 8\sin(500t + 50°)$V，$i(t) = 2\sin(500t + 140°)$A

（3）$u(t) = 8\cos(250t + 60°)$V，$i(t) = 5\sin(250t + 150°)$A

5-10 已知元件 A 上的电压、电流采用关联的参考方向，流过元件 A 的正弦电流为 $i(t) = \sqrt{2}\cos(314t - 70°)$A，若元件 A 为：（1）电阻 $R = 3\text{k}\Omega$；（2）电感 $L = 2\text{mH}$；（3）电容 $C = 1\mu\text{F}$。请分别求元件 A 上的电压 $u(t)$。

5-11 已知元件 A 上的电压、电流采用关联的参考方向，元件 A 上的正弦电压为 $u(t) = 8\cos(1000t + 30°)$V，若元件 A 为：（1）电阻 $R = 3\text{k}\Omega$；（2）电感 $L = 2\text{mH}$；（3）电容 $C = 1\mu\text{F}$。请分别求流过元件 A 的电流 $i(t)$；如果在其他条件不变的情况下，将正弦电压的频率增加一倍，即 $u(t) = 8\cos(2000t + 30°)$V，则流过元件 A 的正弦电流 $i(t)$ 有何变化？

5-12 在题 5-12 图所示各电路中，各电压表、电流表的读数均为有效值，求电压表 V 和电流表 A 的读数。

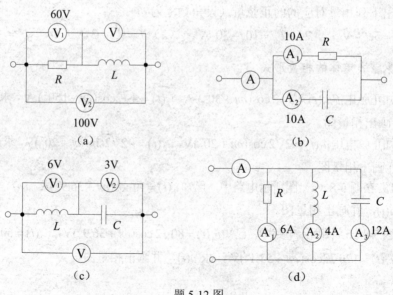

题 5-12 图

5.5　阻抗与导纳

5-13　题 5-13 图所示为一无源单口网络，其端口电压、电流分别如下列所示。求每种情况时的阻抗与导纳。

（1）$u(t) = 16\cos(2t + 70°)\text{V}$，$i(t) = 4\cos(2t - 10°)\text{A}$

（2）$u(t) = 3\sin(50t + 50°)\text{V}$，$i(t) = 2\cos(50t + 40°)\text{A}$

（3）$u(t) = 5\cos(3t - 60°)\text{V}$，$i(t) = [3\sin(3t) - 4\cos(3t)]\text{A}$

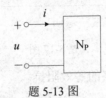

题 5-13 图

5-14　在题 5-14 图所示的 RLC 串联电路中，已知 $R=5\Omega$，$L=0.1\text{H}$，$C=5\mu\text{F}$，端口电压 $u(t) = 10\sqrt{2}\cos(2000t + 30°)\text{V}$，求等效阻抗 Z 和电流 i，并画出各元件电压、电流的相量图，说明该电路的性质。

5-15　在题 5-15 图所示的 GCL 并联电路中，已知端口 $i(t) = 5\sqrt{2}\cos(2t + 45°)\text{V}$，求等效导纳 Y 和端口电压 u。

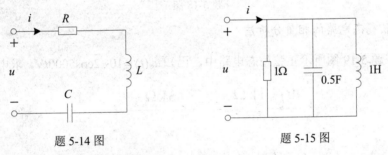

题 5-14 图　　　　　　　　　　题 5-15 图

5-16　在题 5-16 图所示的两个正弦稳态电路中，所标电流为有效值，已知题 5-16 图（b）中 $R = \omega L = \dfrac{1}{\omega C}$，求电流表 A、$A_1$ 和 A_2 读数。

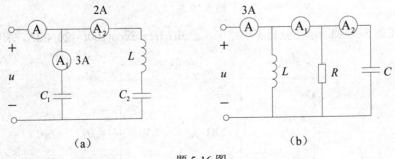

（a）　　　　　　　　　　（b）

题 5-16 图

5-17　在题 5-17 图所示各单口网络中，分别计算网络在 $\omega_1 = 10\text{rad/s}$ 和 $\omega_2 = 100\text{rad/s}$

233

时的等效阻抗和对应的等效电路。

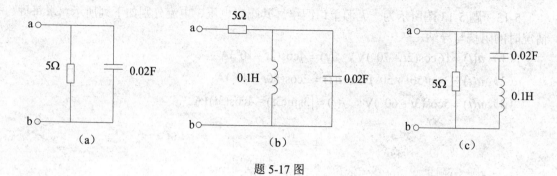

题 5-17 图

5-18　求题 5-18 图所示单口网络的等效阻抗。

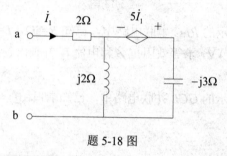

题 5-18 图

5.6　正弦稳态电路的相量分析法

5-19　在题 5-19 图所示正弦稳态电路中，已知 $u_S(t)=10\sqrt{2}\cos 5000t\mathrm{V}$，求电流 $i(t)$。

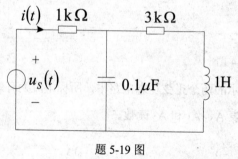

题 5-19 图

5-20　在题 5-20 图所示正弦稳态电路中，已知 $i_S(t)=2\cos(100t-20°)\mathrm{mA}$，求电压 $u_C(t)$。

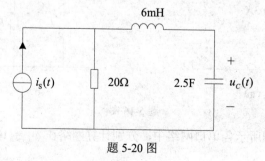

题 5-20 图

5-21   在题 5-21 图所示的正弦稳态电路中，已知 $u_C(t) = \sqrt{2}\cos 2t\,\mathrm{V}$，求电压源的电压 $u_S(t)$。画出所有电压、电流的相量图。

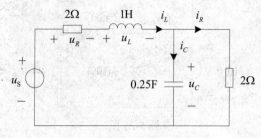

题 5-21 图

5-22   在题 5-22 图所示电路中，各电压表、电流表的读数均为有效值，求电压表 V_0 和电流表 A_0 的读数。

5-23   在题 5-23 图所示的正弦稳态电路中，已知 $R = 10\Omega$，各电流表的读数如图中所示。若电源频率 $f = 50\mathrm{Hz}$，求电阻 r 和电感 L 之值。

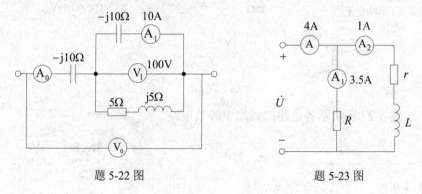

题 5-22 图   题 5-23 图

5-24   题 5-24 图所示为测量仪器中常用的不失真分压电路，试证明当 $R_1C_1 = R_2C_2$ 时，输出电压与输入电压之比是一个与频率无关的常数。

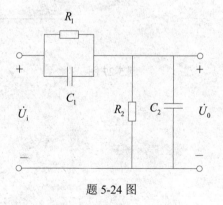

题 5-24 图

5-25   试用不同的方法求题 5-25 图所示电路中的电流相量 $\dot{I}_L$：（1）节点电压法；（2）网孔电流法；（3）叠加定理；（4）戴维宁定理。

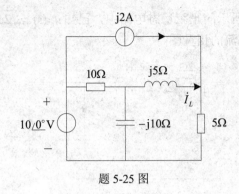

题 5-25 图

5-26　分别用网孔电流法和节点电压法求解题 5-26 图所示电路中的 $\dot{I}$。

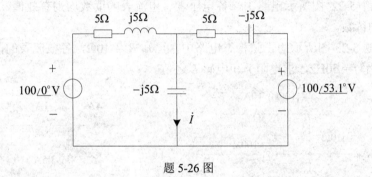

题 5-26 图

5-27　求题 5-27 图所示各电路的戴维宁等效电路。

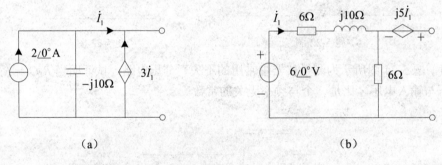

（a）　　　　　　　　　　（b）

题 5-27 图

第 6 章　正弦稳态功率和三相电路

本章目标

1. 掌握平均功率（有功功率）、无功功率、视在功率、复功率的概念以及计算方法。
2. 理解功率因数的意义和提高功率因数的方法。
3. 掌握最大功率传递定理。
4. 了解三相电路的基本概念，掌握对称三相电路相电压、线电压、相电流、线电流以及三相总功率的计算方法。

6.1　正弦稳态电路的功率

正弦稳态电路中通常包含有储能元件电感、电容，因此电路中除了消耗电能外，还要进行能量交换，其中功率的计算要比电阻电路的计算复杂，需要引入有功功率、无功功率和视在功率等新的概念。

扫码看视频

瞬时功率和
平均功率

6.1.1　瞬时功率和平均功率

如图 6-1（a）所示的单口网络 N，端口电压 u 和电流 i 采用关联的参考方向，假设电流 i 初相位 $\psi_i = 0$，u 与 i 的相位差 $\psi_u - \psi_i = \varphi$，即

$$i(t) = \sqrt{2}I\cos\omega t, \qquad u(t) = \sqrt{2}U\cos(\omega t + \varphi)$$

则此单口网络吸收的**瞬时功率**（instantaneous power）为

$$p(t) = u(t)i(t) = \sqrt{2}U\cos(\omega t + \varphi)\sqrt{2}I\cos\omega t$$

利用三角公式

$$\cos\alpha \cdot \cos\beta = \frac{\cos(\alpha - \beta) + \cos(\alpha + \beta)}{2}$$

可将上式写为

$$p(t) = UI\cos\varphi + UI\cos(2\omega t + \varphi) \tag{6-1}$$

式（6-1）表明，瞬时功率由两个分量相加而成，第一个分量 $UI\cos\varphi$ 为恒定分量，第二个分量 $UI\cos(2\omega t + \varphi)$ 为正弦分量，其频率为电源频率的两倍。

图 6-1（b）表示了电压 u、电流 i 和瞬时功率 p 的波形。由波形图可以看出，当 u、i 同号时，瞬时功率 $p > 0$，电路吸收能量；当 u、i 异号时，瞬时功率 $p < 0$，电路释放能量。说明电源和单口网络之间存在往返的能量交换，这是由于单口网络内部有储能元件存在。

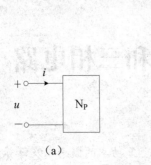
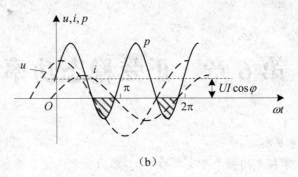

图 6-1 单口网络的瞬时功率

由于瞬时功率是随时间变化的，不便于测量，故实用意义不大，通常用平均功率来反映网络实际吸收的功率。一般电器所标的功率都是指平均功率，交流功率表显示的读数也是平均功率。

平均功率（average power）又称**有功功率**（active power），用大写字母 P 表示，是瞬时功率在一个周期内的平均值，即

$$P = \frac{1}{T}\int_0^T p(t)\mathrm{d}t = \frac{1}{T}\int_0^T \left[UI\cos\varphi + UI\cos(2\omega t + \varphi)\right]\mathrm{d}t$$

由于第二个分量 $UI\cos(2\omega t + \varphi)$ 在一个周期内的平均值为 0，所以

$$P = UI\cos\varphi \tag{6-2}$$

可见，平均功率等于瞬时功率的恒定分量，其 SI 单位也是**瓦特**（W）。平均功率不仅与电压、电流有效值的乘积有关，还与电压、电流的相位差 φ 有关。式中 $\cos\varphi$ 称为**功率因数**（power factor，pf），常用 λ 表示，即 $\lambda = \cos\varphi$，φ 也称为**功率因数角**（power factor angle）。因为 $\cos\varphi \leqslant 1$，所以有功功率总小于电压、电流有效值的乘积 UI。对无源二端网络而言，功率因数角实际上就是阻抗角，因而功率因数 $\cos\varphi$ 的大小取决于电路结构、参数以及电源的频率。

当单口网络只含一个电阻元件时，$\varphi = 0°$，由式（6-1）和式（6-2）可得瞬时功率和平均功率分别为

$$p_R(t) = UI\left[1 + \cos(2\omega t)\right], \qquad P_R = UI = I^2 R = \frac{U^2}{R}$$

可见，电阻元件的瞬时功率随时间波动，但始终有 $p_R \geqslant 0$，表明电阻在正弦稳态电路中始终吸收电能，是耗能元件。

当单口网络只含一个电感或一个电容元件时，$\varphi = \pm 90°$，由式（6-1）和式（6-2）可得电感或电容元件的瞬时功率和平均功率分别为

$$p_X(t) = UI\cos(\pm 90°) + UI\cos(2\omega t \pm 90°) = \mp UI\sin(2\omega t), \qquad P_X = UI\cos(\pm 90°) = 0$$

可见，电感或电容元件在正弦稳态电路中的瞬时功率可正可负，但平均功率为 0，表明电感或电容与外电路存在往返交换能量的现象，但不消耗电能，是储能元件。

一般情况下，线性无源单口网络可以等效为一个阻抗，设等效阻抗

$$Z = \frac{\dot{U}}{\dot{I}} = \frac{U}{I}\underline{/\varphi} = |Z|\underline{/\varphi} = R + \mathrm{j}X$$

则

$$P = UI\cos\varphi = I^2\left|Z\right|\cos\varphi = I^2R \tag{6-3}$$

即无源单口网络吸收的平均功率等于等效阻抗实部（等效电阻）消耗的平均功率。

另外，根据能量守恒原理，单口网络吸收的总平均功率就是网络中各电阻元件消耗的有功功率之和，即

$$P = UI\cos\varphi = \sum_{k=1}^{b}P_k = \sum_{k=1}^{b}I_k^2R_k$$

其中，R_k 为单口网络中第 k 条支路上的电阻，I_k 是第 k 条支路上的电流。

【例 6-1】在如图 6-2 所示的正弦交流电路中，已知电源电压 $\dot{U}_S = -j100\text{V}$，求电路吸收的平均功率。

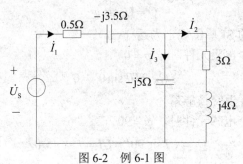

图 6-2　例 6-1 图

解法一　利用通用公式求解

先求单口网络的等效阻抗

$$Z = \left[(0.5 - j3.5) + \frac{-j5\times(3+j4)}{-j5+(3+j4)}\right]\Omega = \left[(0.5-j3.5) + \frac{-j5\times5\underline{/53.1^\circ}}{\sqrt{10}\underline{/-18.43^\circ}}\right]\Omega$$

$$= [(0.5-j3.5)+(7.5-j2.5)]\Omega = (8-j6)\Omega = 10\underline{/-36.9^\circ}\Omega$$

端口总电流

$$\dot{I}_1 = \frac{-j100}{10\underline{/-36.9^\circ}}\text{A} = 10\underline{/-53.1^\circ}\text{A}$$

所以

$$P = U_S I_1\cos\varphi = 100\times10\times\cos(-36.9^\circ)\text{W} = 800\text{W}$$

解法二　平均功率等于等效阻抗实部（等效电阻）消耗的功率

$$P = I_1^2\left|Z\right|\cos\varphi = I_1^2R = 10^2\times8\text{W} = 800\text{W}$$

解法三　平均功率等于网络中各电阻元件消耗的有功功率之和

$$\dot{I}_2 = \frac{-j5}{-j5+(3+j4)}\times\dot{I}_1 = \frac{-j5}{\sqrt{10}\underline{/-18.43^\circ}}\times10\underline{/-53.1^\circ}\text{A} = 15.81\underline{/-124.67^\circ}\text{A}$$

$$P = I_1^2\times0.5 + I_2^2\times3 = (10^2\times0.5 + 15.81^2\times3)\text{W} = 800\text{W}$$

扫码看视频

无功功率
和视在功率

6.1.2　无功功率和视在功率

电感和电容元件虽然不消耗有功功率，但它们与外电路要进行往返

的能量交换，为表征这一特性，工程上引入了无功功率的概念。

先利用三角公式 $\cos(\alpha + \beta) = \cos\alpha \cdot \cos\beta - \sin\alpha \cdot \sin\beta$，将式（6-1）化为

$$\begin{aligned}
p(t) &= UI\cos\varphi + UI\cos(2\omega t + \varphi) \\
&= UI\cos\varphi + UI\cos\varphi\cos 2\omega t - UI\sin\varphi\sin 2\omega t \\
&= UI\cos\varphi(1 + \cos 2\omega t) - UI\sin\varphi\sin 2\omega t
\end{aligned} \tag{6-4}$$

式（6-4）表明，瞬时功率可以分解为两个分量，第一个分量 $UI\cos\varphi(1 + \cos2\omega t)$ 随时间波动，但始终大于等于 0，对应为单口网络等效电阻吸收的瞬时功率；第二个分量 $UI\sin\varphi\sin2\omega t$ 均值为零，以电源的两倍频率交变，对应为单口网络等效电抗与外电路往返交换能量的瞬时功率。将单口网络与外电路交换能量的最大速率定义为**无功功率**（reactive power），用 Q 表示，则有

$$Q = UI\sin\varphi \tag{6-5}$$

为区别起见，无功功率的 SI 单位规定为乏（var）。

当单口网络只含一个电阻元件时，$\varphi = 0°$

$$Q_R = UI\sin 0° = 0$$

表示电阻与外电路没有往返交换能量。

当单口网络只含一个电感元件时，$\varphi = 90°$

$$Q_L = UI\sin 90° = UI = I^2 X_L > 0$$

表示电感吸收无功功率。

当单口网络只含一个电容元件时，$\varphi = -90°$

$$Q_C = UI\sin(-90°) = -UI = I^2 X_C < 0$$

表示电容发出无功功率。

可见无功功率的数值可正可负，电感与电容的无功功率可以相互补偿。

一般情况下，线性无源单口网络可以等效为一个阻抗，设等效阻抗

$$Z = \frac{\dot{U}}{\dot{I}} = \frac{U}{I}\underline{/\varphi} = |Z|\underline{/\varphi} = R + \mathrm{j}X$$

则

$$Q = UI\sin\varphi = I^2|Z|\sin\varphi = I^2 X \tag{6-6}$$

即单口网络的无功功率等于等效电抗的无功功率。当 $X > 0$ 时，网络呈电感性，$Q > 0$；当 $X < 0$ 时，网络呈电容性，$Q < 0$。

同样，根据能量守恒原理，单口网络吸收的总无功功率就是网络中各电抗元件吸收的无功功率之和，即

$$Q = UI\sin\varphi = \sum_{k=1}^{b} Q_k = \sum_{k=1}^{b} I_k^2 X_k$$

其中，X_k 为单口网络中第 k 条支路上的电抗，I_k 是第 k 条支路上的电流。

有功功率和无功功率的定义式都涉及电压与电流有效值的乘积，工程上把这一乘积定义为**视在功率**或**表观功率**（apparent power），用 S 表示，即

$$S = UI \tag{6-7}$$

为了与有功功率和无功功率区别，视在功率的单位规定为伏安（VA）。变压器、发电机等设备的容量就是以视在功率定义的。例如一个容量为 1000kVA 的发电机，在额定电压、额定电流的工作状态下，其输出的最大有功功率为 1000kW。如果负载功率因数 $\cos\varphi = 0.8$，则该发电机提供的功率是 800kW。由此可见，为了充分利用变压器或发电机的额定容量，应适当提高电路的功率因数。

有功功率、无功功率和视在功率的关系为

$$P = S\cos\varphi, \qquad Q = S\sin\varphi$$

$$S = \sqrt{P^2 + Q^2}, \qquad \varphi = \arctan\frac{Q}{P}$$

P、Q 和 S 之间符合直角三角形的关系，如图 6-3（d）所示，这一三角形称为**功率三角形**（power triangle）。

对无源单口网络来说，设等效阻抗为 $Z = R + \mathrm{j}X$，如图 6-3（a）所示，其对应的阻抗三角形如图 6-3（b）所示。将阻抗三角形的每条边乘以电流有效值 I，即可得到电压三角形，如图 6-3（c）所示。再将电压三角形的每条边乘以电流有效值 I，即可得到功率三角形。显然，对同一个网络来说，功率因数角、端口电压与电流的相位差角都等于阻抗角。

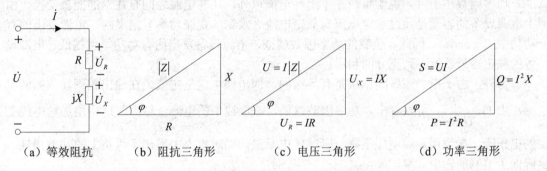

（a）等效阻抗　　（b）阻抗三角形　　（c）电压三角形　　（d）功率三角形

图 6-3　线性无源单口的功率三角形

【**例 6-2**】在如图 6-4 所示的正弦交流电路中，已知电源电压 $\dot{U} = 220\underline{/0°}\,\mathrm{V}$，求电源发出的有功功率 P、无功功率 Q、视在功率 S 和电路的功率因数 λ。

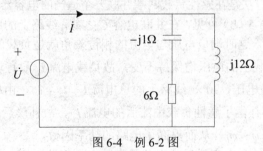

图 6-4　例 6-2 图

解　单口网络的等效阻抗

$$Z = \frac{\mathrm{j}12 \times (6 - \mathrm{j}1)}{\mathrm{j}12 + (6 - \mathrm{j}1)}\,\Omega = \frac{\mathrm{j}12 \times 6.08\underline{/-9.46°}}{12.53\underline{/61.39°}}\,\Omega = 5.82\underline{/19.15°}\,\Omega$$

端口电流

$$\dot{I} = \frac{220\underline{/0^\circ}}{5.82\underline{/19.15^\circ}}\,\text{A} = 37.8\,\underline{/-19.15^\circ}\,\text{A}$$

所以电源发出的功率

$$P = UI\cos\varphi = 220\times37.8\times\cos(19.15^\circ)\text{W} = 7855.8\text{W}$$

$$Q = UI\sin\varphi = 220\times33.8\times\sin(19.15^\circ)\text{W} = 2728\text{var}$$

$$S = UI = 220\times37.8 = 8316\text{VA}$$

电路的功率因数

$$\lambda = \cos\varphi = \cos 19.15^\circ = 0.945$$

扫码看视频

功率因数的提高

6.1.3 功率因数的提高

电力系统中的负载如电动机、变压器及日光灯等，大多属于电感性负荷，而且阻抗角较大，功率因数较低。例如，异步电动机在额定负载时的功率因数约为 0.7~0.9，空载时只有 0.2~0.3。日光灯由于串联了镇流器，其功率因数在 0.5 左右。

功率因数小于 1，说明负载除了消耗电能以外，还与电源之间有往返的能量交换。由于电源设备的容量是通过额定电压与额定电流之乘积（视在功率）定义的，电源发出的有功功率 $P = S\cos\varphi$，因此，负载的功率因数越低，电源设备发出的有功功率就越低，电源设备的额定容量就得不到充分的利用。

另外，由于电力系统的电压是有等级的，即电源电压是定值，在输出相同功率的情况下，由 $I = \dfrac{P}{U\cos\varphi}$ 可以看出，功率因数越低，输电线中的电流就越大，这将增加输电线上的电压降，导致用户端电压下降、影响供电质量。同时也大大增加了线路上的功率损耗，降低了电网的输电效率。

由上述原因可见，为了最大程度利用电源设备的容量、减少输电损耗、提高电能质量，就必须尽力提高用户端的功率因数。提高功率因数对于电力系统来说，能产生巨大的经济效益。

为了提高功率因数，必须保证负载原来的工作状态不变，即保持负载上的电压、电流及有功功率不变。常用的方法是在感性负载两端并联一个适当的电容器，如图 6-5（a）所示。

由图 6-5（a）和图 6-5（b）可见，在并联电容 C 之前，线路上的电流就是感性负载（RL 串联支路）上的电流 $\dot{I}_L$，这时端口电压与电流的相位差角就是负载的阻抗角 φ_L。并联电容 C 之后，由于负载及负载上的电压均保持不变，故负载电流 $\dot{I}_L$ 和有功功率 P 都不变，这时电容 C 上的电流 $\dot{I}_C$ 超前电压 $\dot{U}$ 90°，线路上的总电流 $\dot{I} = \dot{I}_L + \dot{I}_C$。由相量图可见，并联电容中超前于电压的电流 $\dot{I}_C$ 补偿了感性负载中滞后的电流 $\dot{I}_L$，故补偿后的总电流 I 及功率因数角 φ 减小了，即 $I < I_L$，$\varphi < \varphi_L$，从而提高了电路的功率因数。

从物理意义上讲，并联电容器后由于负载上的电压保持不变，故电源向负载输送的有功功率不变，但电容发出的无功功率补偿了感性负载所消耗的无功功率，从而减少了电源向感性负载提供的无功功率，使线路电流相应减小、功率因数提高。

图 6-5（c）所示为并联电容器前后的功率三角形，由图中可见，在已知感性负载端电压 U 和平均功率 P 的情况下，若要将电路的功率因数从 $\cos\varphi_L$ 提高到 $\cos\varphi$，则需要电容器

提供的无功功率为

$$|Q_C| = Q_L - Q = P(\tan\varphi_L - \tan\varphi) \tag{6-8}$$

由于电容提供的无功功率 $|Q_C| = \omega CU^2$，故需要并联的电容值为

$$C = \frac{P}{\omega U^2}(\tan\varphi_L - \tan\varphi) \tag{6-9}$$

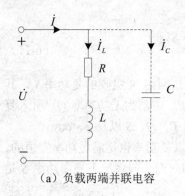
（a）负载两端并联电容

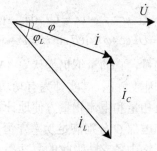
（b）并联电容后的相量图

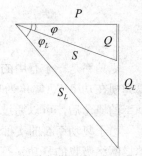
（c）并联电容后的功率三角形

图 6-5　功率因数的提高

【例 6-3】已知一个 $P = 80\text{kW}$、$\cos\varphi_L = 0.6$ 的感性负载，接在电压 $U = 220\text{V}$、频率 $f = 50\text{Hz}$ 的电源上。（1）求电源提供给这个负载的电流 I_L 和无功功率 Q_L；（2）如果用并联电容的方法将功率因数提高到 0.92，求并联电容的大小及并联电容后电源供出的电流 I 和无功功率 Q。

解　（1）并联电容前，负载平均功率 $P_L = UI_L\cos\varphi_L$，电源提供给这个负载的电流

$$I_L = \frac{P_L}{U\cos\varphi_L} = \frac{80 \times 10^3}{220 \times 0.6}\text{A} = 606.06\text{A}$$

负载功率因数角 $\varphi_L = \arccos 0.6 = 53.1°$，电源提供的无功功率为

$$Q_L = P_L\tan\varphi_L = 80 \times \tan 53.1°\text{kvar} = 106.55\text{kvar}$$

（2）并联电容后，电路的功率因数角 $\varphi = \arccos 0.92 = 23.07°$，所需的并联电容

$$C = \frac{P}{\omega U^2}(\tan\varphi_L - \tan\varphi) = \frac{80 \times 10^3}{314 \times 220^2}(\tan 53.1° - \tan 23.07°)\text{F} = 4769\mu\text{F}$$

电源供出的电流

$$I = \frac{P}{U\cos\varphi} = \frac{80 \times 10^3}{220 \times 0.92}\text{A} = 395.3\text{A}$$

无功功率

$$Q = P\tan\varphi = 80 \times \tan 23.07°\text{kvar} = 34.07\text{kvar}$$

可见，在负载平均功率不变的情况下，提高功率因数可以使电源供出的电流及无功功率大为减小。

6.1.4　复功率

设单口网络 N 的端口电压和电流采用关联的参考方向，且电压相量、电流相量分别为

$$\dot{U} = U \underline{/\psi_u}, \quad \dot{I} = I \underline{/\psi_i}$$

则定义 N 吸收的**复功率**（complex power）为端口电压相量与电流相量共轭复数的乘积，记为 $\tilde{S}$，即

$$\tilde{S} = \dot{U}\dot{I}^* \tag{6-10}$$

其中 $\dot{I}^*$ 是 $\dot{I}$ 的共轭复数，即 $\dot{I}^* = I \underline{/-\psi_i}$，显然

$$\tilde{S} = U\underline{/\psi_u} \cdot I \underline{/-\psi_i} = UI\underline{/(\psi_u - \psi_i)} = S\underline{/\varphi}$$
$$= UI\cos\varphi + jUI\sin\varphi = P + jQ \tag{6-11}$$

复功率是一个有用的辅助量，它的量纲仍为伏安（VA）。网络 N 吸收的复功率 $\tilde{S}$，其模为视在功率 S、幅角为功率因数角 φ；其实部为有功功率 P、虚部为无功功率 Q。引入复功率的概念后，可以通过电压相量和电流相量方便地计算出 P、Q、S 以及 φ、$\cos\varphi$。

由于复功率 $\tilde{S}$ 的实部 P 和虚部 Q 分别满足功率守恒，所以复功率也是满足功率守恒的，单口网络吸收的复功率等于网络中各支路吸收的复功率之和。而一般情况下视在功率 S 是不守恒的。

【例 6-4】 续接例 6-1 题，在如图 6-6 所示的正弦交流电路中，已知电源电压 $\dot{U}_S = -j100V$，求电源发出的复功率及各支路吸收的复功率。

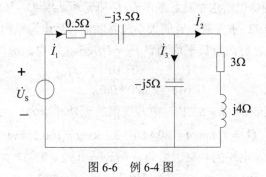

图 6-6　例 6-4 图

解　从例 6-1 题已经解得

$$\dot{I}_1 = 10\underline{/-53.1°}A, \quad \dot{I}_2 = 15.81\underline{/-124.67°}A$$

又可以解得

$$\dot{I}_3 = \dot{I}_1 - \dot{I}_2 = 15.81\underline{/18.43°}A$$

故电源发出的复功率

$$\tilde{S} = \dot{U}_S\dot{I}_1^* = -j100 \times 10\underline{/53.1°}VA = 1000\underline{/-36.9°}VA = (800 - j600)VA$$

各支路吸收的复功率

$$\tilde{S}_1 = \dot{U}_1\dot{I}_1^* = (Z_1\dot{I}_1)\dot{I}_1^* = Z_1I_1^2 = (0.5 - j3.5) \times 10^2 VA = (50 - j350)VA$$

$$\tilde{S}_2 = Z_2I_2^2 = (3 + j4) \times 15.81^2 VA = (750 + j1000)VA$$

$$\tilde{S}_3 = Z_3I_3^2 = (-j5) \times 15.81^2 VA = -j1250VA$$

从计算结果可以看出

$$\tilde{S}_1 + \tilde{S}_2 + \tilde{S}_3 = (50 - j350)VA + (750 + j1000)VA - j1250VA = (800 - j600)V$$

所以 $\tilde{S} = \tilde{S}_1 + \tilde{S}_2 + \tilde{S}_3$，复功率是守恒的。

思考与练习

6-1-1　试说明正弦稳态电路的有功功率、无功功率、视在功率的意义，三者存在什么关系？

6-1-2　请将题 6-1-2 图所示的正弦稳态电路相关计算结果填入题 6-1-2 表中，并简述并联电容器为什么会提高功率因数？是否并联电容器容量越大，功率因数提高越多？

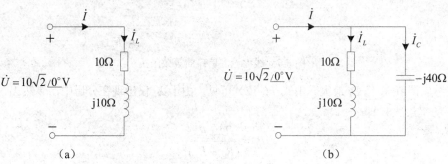

题 6-1-2 图

题 6-1-2 表

	I_L(A)	I(A)	P(W)	Q(Var)	S(VA)	$\cos\varphi$
（a）图						
（b）图						

[1、1、10、10、14.14、0.5；1、0.791、10、5、11.18、0.894]

6-1-3　用串联电容器或并联电阻的方法能否提高电路的功率因数？实际电路中为什么不采用这些方法？

6.2　最大功率传递定理

第 3 章讨论了电阻电路中的最大功率传递定理，本节讨论正弦稳态电路中，可变负载 Z_L 从给定线性有源单口网络 N_A 得到最大功率的条件。根据戴维宁定理，这类问题可以简化成如图 6-7（b）所示电路，图中 $\dot{U}_{OC}$ 是 N_A 的开路电压，Z_O 是 N_A 的等效阻抗。

设等效阻抗 $Z_O = R_O + jX_O$，负载阻抗 $Z_L = R_L + jX_L$，由图 6-7（b）可得

$$\dot{I} = \frac{\dot{U}_{OC}}{Z_O + Z_L} = \frac{\dot{U}_{OC}}{(R_O + R_L) + j(X_O + X_L)}$$

其模为

$$I = \frac{U_{OC}}{\sqrt{(R_O + R_L)^2 + (X_O + X_L)^2}}$$

所以负载吸收的平均功率为

$$P_L = I^2 R_L = \frac{U_{OC}^2 R_L}{(R_O + R_L)^2 + (X_O + X_L)^2} \qquad (6\text{-}12)$$

式（6-12）中，等效电源参数 U_{OC}、R_O 和 X_O 均为定值，假设负载阻抗中的 R_L 和 X_L 均可独立调节。

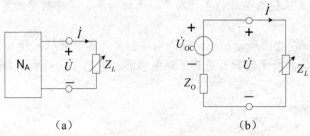

图 6-7　线性无源单口的等效阻抗

先考虑调节 X_L 使 P_L 最大。由式（6-12）可见，由于 X_L 仅出现在分母中，显然 $X_O + X_L = 0$ 时负载功率最大，即

$$P_L = \frac{U_{OC}^2 R_L}{(R_O + R_L)^2} \qquad (6\text{-}13)$$

在 $X_L = -X_O$ 的条件下，如果再调节 R_L，可将式（6-13）对 R_L 求导数，并令其等于零，即

$$\frac{\mathrm{d}}{\mathrm{d}R_L}\left[\frac{U_{OC}^2 R_L}{(R_O + R_L)^2}\right] = 0$$

由此可得：$R_L = R_O$。

综上所述，负载得到最大功率的条件是

$$Z_L = Z_O^* = R_O - \mathrm{j}X_O \qquad (6\text{-}14)$$

即负载阻抗和电源等效阻抗互为共轭复数。式（6-14）称为负载得到最大功率的**共轭匹配**（conjugate matching）条件。将共轭匹配条件代入式（6-12），得到负载的最大功率为

$$P_{L\max} = \frac{U_{OC}^2}{4R_O} \qquad (6\text{-}15)$$

在无线电通信等弱电系统中，往往要求达成共轭匹配，以使负载得到最大功率。但是电力系统中的主要问题是传输效率。在共轭匹配状态下，由于 $R_L = R_O$，负载与电源等效电阻消耗的平均功率相等，使电路的传输效率只有 50%。而且由于电源的内阻很小，匹配电流很大，必将危害电源及设备，因此不允许工作在共轭匹配状态下。

【**例 6-5**】在如图 6-8 所示的正弦交流电路中，求负载 Z_L 为何值时可获得最大功率？最大功率等于多少？

解　先求图 6-8 中 Z_L 以外部分的戴维宁等效电路。如图 6-9（a）所示，有源二端网络的开路电压

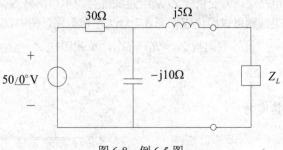

图 6-8　例 6-5 图

$$\dot{U}_{OC} = \frac{-j10}{30 - j10} \times 50\underline{/0^\circ}\,\text{V} = 15.8\underline{/-71.6^\circ}\,\text{V}$$

有源二端网络除源后的电路如图 6-9（b）所示，等效阻抗

$$Z_O = \left(j5 + \frac{-j10 \times 30}{30 - j10}\right)\Omega = (3 - j4)\Omega$$

化简后的等效电路如图 6-9（c）所示，因此，当 $Z_L = Z_O^* = (3+j4)\Omega$ 时，负载吸收的功率最大，最大功率为

$$P_{L\max} = \frac{U_{OC}^2}{4R_O} = \frac{15.8^2}{4 \times 3}\,\text{W} = 20.8\,\text{W}$$

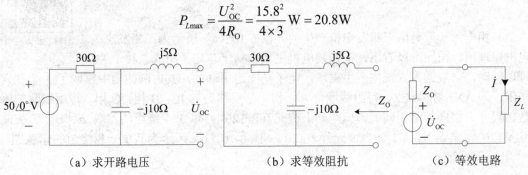

（a）求开路电压　　　　（b）求等效阻抗　　　　（c）等效电路

图 6-9　线性无源单口的等效阻抗

思考与练习

6-2-1　在题 6-2-1 图所示电路中，已知 $U_{OC} = 220\text{V}$，$Z_O = 5 + j10\Omega$，求下列 3 种情况下负载所获得的功率。（1）$Z_L = Z_O$;（2）$Z_L = R_L = |Z_O|$;（3）$Z_L = Z_O^*$。比较计算结果可以得到什么结论？

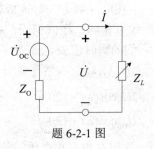

题 6-2-1 图

[（1）482W;（2）1502W;（3）2420W]

6.3　三相电路的基本概念

三相电路（three-phase circuit）是由 3 个同频率、等幅值、相位互差 120°的正弦交流电源，通过三相输电线向负载供电的电路。目前全世界的交流供电系统基本上都采用三相制。三相制供电系统比前面讨论的单相电路具有明显的优越性。例如在发电方面，对于相

同尺寸的发电机，三相电路比单相电路可提高效率 50%；在相同的输电条件下，三相输电比单相输电可节省导线材料 25%；在配电方面，三相变压器比单相变压器经济，且可接入单相和三相两类负载；在用电方面，当电动机尺寸相同时，三相电动机比单相电动机功率大、价格低廉、运行可靠、维护方便，且运行更平稳。我们日常生活中的单相交流电，也是从三相制供电系统中得到的。

扫码看视频

对称三相电压

6.3.1 对称三相电压

三相电源一般是由三相发电机产生的。图 6-10（a）所示为三相发电机原理图。由图可以看出，三相发电机主要由转子与定子组成。转子可以转动，一般通入直流电产生磁场。定子是固定不动的，其内圆凹槽中镶嵌了 3 个独立绕组，即 AX、BY、CZ，每组线圈称为一相，分别称为 A 相、B 相、C 相。每组线圈的匝数、尺寸、绕向都是相同的，但空间上彼此互差120°。即 3 个绕组的首端 A、B、C 彼此互差120°，末端 X、Y、Z 也彼此互差120°。图 6-10（b）所示为其中一相绕组的示意图。

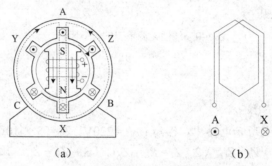

（a）　　　　　　　　　　　　（b）

图 6-10　三相发电机原理图

当转子在汽轮机或水轮机驱动下按顺时针方向等速旋转时，每相绕组将感应出随时间按正弦规律变化的电压，这组电压频率相同、幅值相同，相位彼此互差120°，称为对称的**三相电压**（three-phase voltage）。它们的瞬时值表达式为

$$\left.\begin{array}{l} u_{\text{A}} = \sqrt{2}U_{\text{p}}\cos\omega t \\ u_{\text{B}} = \sqrt{2}U_{\text{p}}\cos(\omega t - 120°) \\ u_{\text{C}} = \sqrt{2}U_{\text{p}}\cos(\omega t + 120°) \end{array}\right\} \tag{6-16}$$

式中 U_{p} 为每相感应电压的有效值。这组对称三相电压的相量表达式为

$$\left.\begin{array}{l} \dot{U}_{\text{A}} = U_{\text{p}}\underline{/0°} \\ \dot{U}_{\text{B}} = U_{\text{p}}\underline{/-120°} \\ \dot{U}_{\text{C}} = U_{\text{p}}\underline{/+120°} \end{array}\right\} \tag{6-17}$$

对称三相电压随时间变化的波形图和相量图分别如图 6-11（a）和图 6-11（b）所示。由图可以看出，对称三相电压的特点是 $u_{\text{A}} + u_{\text{B}} + u_{\text{C}} = 0$ 或 $\dot{U}_{\text{A}} + \dot{U}_{\text{B}} + \dot{U}_{\text{C}} = 0$。

三相电压达到最大值（或零值）的先后顺序称为**相序**（phase sequence）。图 6-11（a）中，当转子顺时针旋转时，产生的对称三相电压相序为 A-B-C，称为**正序**（positive sequence）

或顺序。当转子逆时针旋转时，相序为 A-C-B，称为**负序**（negative sequence）或逆序。一般没有特别说明，均采用正序，本书只讨论正序的情况。

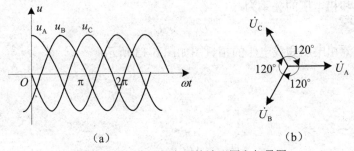

图 6-11　对称三相电压的波形图和相量图

实际应用中，发电厂的发电机相序确定以后一般就不再改变，相应供电设备的三相接线端常用不同颜色标注相序。我国用"黄、绿、红"表示对应的相序 A-B-C。三相电动机常用改变相序的方法实现电机的正转与反转。

6.3.2　三相电源的联结方式

三相电源的联结方式有两种：一种是星形（Y 型或 T 型）；另一种是三角形（△ 型或 D 型）。

1 . 三相电源星形（Y 形）联结

图 6-12 所示为三相电源的星形（Y 形）联结方式。它是将三相电源绕组的末端 X、Y、Z 连在一起，从首端 A、B、C 引出 3 根输电线与负载相连。A、B、C 3 根输电线称为**相线**、**端线**（terminal wire），俗称火线。公共端点 N 称为**中性点**（neutral point）或零点。从中性点引出的导线称为**中性线**、**中线**（neutral wire），俗称零线。

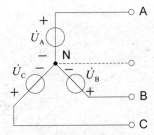

图 6-12　星形（Y 形）联结的三相电源

每相电源绕组的电压（即图中相线与中线之间的电压）称为**相电压**（phase voltage），分别用 $\dot{U}_{AN} = \dot{U}_A$、$\dot{U}_{BN} = \dot{U}_B$、$\dot{U}_{CN} = \dot{U}_C$ 表示。相线与相线之间的电压称为**线电压**（line voltage），用 $\dot{U}_{AB}$、$\dot{U}_{BC}$、$\dot{U}_{CA}$ 表示。由 KVL，星形联结电源的线电压和相电压的关系为

$$\left.\begin{aligned} \dot{U}_{AB} &= \dot{U}_A - \dot{U}_B = \sqrt{3}\dot{U}_A \underline{/30°} \\ \dot{U}_{BC} &= \dot{U}_B - \dot{U}_C = \sqrt{3}\dot{U}_B \underline{/30°} \\ \dot{U}_{CA} &= \dot{U}_C - \dot{U}_A = \sqrt{3}\dot{U}_C \underline{/30°} \end{aligned}\right\} \tag{6-18}$$

由式（6-18）可以看出，当三相电源联结成星形时，线电压在数值上为相电压的 $\sqrt{3}$ 倍，相位上较对应的相电压前项超前30°角。如用 U_L 表示线电压的有效值，U_P 表示相电压的有效值，则线电压和相电压的关系为

$$U_L = \sqrt{3}U_P \tag{6-19}$$

Y 型联结电源相电压和线电压的相量图如图 6-13 所示。

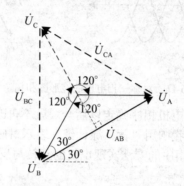

图 6-13　星形联结的三相电源相电压与线电压相量图

2. 三相电源三角形（Δ 形）联结

如果把三相电源绕组的首尾依次相接，形成一个闭合的回路，再从 A、B、C 分别引出相线，就构成了一个三角形（Δ 形）联结的三相电源，如图 6-14（a）所示。这种接法没有中点，线电压等于相电压。即

$$\left.\begin{aligned} \dot{U}_{AB} &= \dot{U}_A \\ \dot{U}_{BC} &= \dot{U}_B \\ \dot{U}_{CA} &= \dot{U}_C \end{aligned}\right\} \tag{6-20}$$

或表示为

$$U_L = U_P \tag{6-21}$$

其相量图如图 6-14（b）所示。

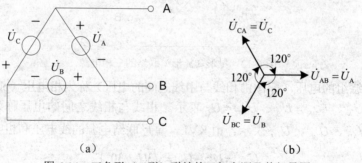

（a）　　　　　　　　　　　　　　　（b）

图 6-14　三角形（Δ 形）联结的三相电源及其相量图

应该指出，三相电源作 Δ 形联结时，每相的始末端必须连接正确，否则 3 个相电压代数和不为零，将在 Δ 形闭合回路内产生极大的电流，造成严重后果。

6.3.3　对称三相负载及其联结方式

三相负载也和三相电源一样，有星形和三角形两种联结方法。若三相负载每相都相同，就称为**对称的三相负载**（symmetrical three-phase load）。

1．对称负载星形（Y形）联结

负载星形联结的电路如图 6-15 所示，其中，每相负载的电压称为相电压（图中 $\dot{U}_{A'N'}$、$\dot{U}_{B'N'}$、$\dot{U}_{C'N'}$），相线与相线之间的电压称为线电压（图中 $\dot{U}_{A'B'}$、$\dot{U}_{B'C'}$、$\dot{U}_{C'A'}$），相线上的电流称为**线电流**（line current）（图中 $\dot{I}_A$、$\dot{I}_B$、$\dot{I}_C$），而每相负载（或电源）中的电流称为**相电流**（phase current）（图中 $\dot{I}_{A'N'}$、$\dot{I}_{B'N'}$、$\dot{I}_{C'N'}$）。

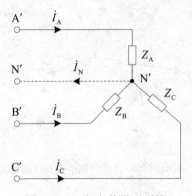

图 6-15　三相负载星形联结

显然，Y 形联结负载中的线电流等于相电流，即

$$I_L = I_P \tag{6-22}$$

当三相负载对称 $Z_A = Z_B = Z_C$ 时，线电压在数值上等于相电压的 $\sqrt{3}$ 倍，即 $U_L = \sqrt{3}U_P$，相位上超前对应的相电压前项30°角。但如果负载不对称，上述线电压与相电压的关系不再满足。

2．对称负载三角形（Δ形）联结

负载三角形联结的电路如图 6-16 所示。显然，Δ 形联结负载中的线电压等于相电压，即

$$U_L = U_P \tag{6-23}$$

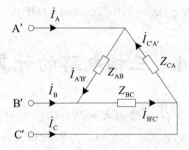

图 6-16　三相负载三角形联结

当三相负载对称时，$Z_{AB} = Z_{BC} = Z_{CA}$，负载侧相电流（图 6-16 中 $\dot{I}_{A'B'}$、$\dot{I}_{B'C'}$、$\dot{I}_{C'A'}$）与线电流（图 6-16 中 $\dot{I}_A$、$\dot{I}_B$、$\dot{I}_C$）也是对称的。设 $\dot{U}_{AB} = U_L \underline{/0^\circ}$，可以画出相电流与线电流的相量图如图 6-17 所示。由相量图可以看出

$$\left.\begin{array}{c} \dot{I}_A = \sqrt{3}\dot{I}_{AB} \underline{/-30^\circ} \\ \dot{I}_B = \sqrt{3}\dot{I}_{BC} \underline{/-30^\circ} \\ \dot{I}_C = \sqrt{3}\dot{I}_{CA} \underline{/-30^\circ} \end{array}\right\} \tag{6-24}$$

对称 $\triangle$ 形负载线电流与相电流的大小关系为 $I_L = \sqrt{3}I_P$，且线电流滞后对应相电流前项 30°。但如果负载不对称，上述线电流与相电流的关系不再满足。

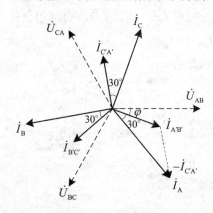

图 6-17　负载三角形联结时相电流与线电流的相量图

思考与练习

6-3-1　下列各组电压的相序是什么？

（1）$u_A = 311\cos(\omega t + 27^\circ)\text{V}$，$u_B = 311\cos(\omega t + 147^\circ)\text{V}$，$u_C = 311\cos(\omega t - 93^\circ)\text{V}$

（2）$u_A = 400\cos(\omega t - 18^\circ)\text{V}$，$u_B = 400\cos(\omega t - 138^\circ)\text{V}$，$u_C = 400\cos(\omega t + 102^\circ)\text{V}$

[BAC 负序；　ABC 正序]

6-3-2　星形联结的三相电源，设线电压 $u_{AB} = 380\sqrt{2}\cos(\omega t - 30^\circ)\text{V}$，试写出电源相电压 u_A、u_B、u_C 的表达式。

$[u_A = 220\sqrt{2}\cos(\omega t - 60^\circ)\text{V}$；　$u_B = 220\sqrt{2}\cos(\omega t - 180^\circ)\text{V}$；　$u_C = 220\sqrt{2}\cos(\omega t + 60^\circ)\text{V}]$

6.4　三相电路的计算

扫码看视频

三相电路的计算

由于三相电源和三相负载各有 Y 形和 $\triangle$ 形两种联结方式，故由此构成的三相电路常有以下形式：Y-Y 形、Y-$\triangle$ 形、$\triangle$-Y 形和 $\triangle$-$\triangle$ 形。在 Y-Y 形联结中，若引出中线，则三相电路中有三根相线、一根中线，这种供电方式称为三相四

线制（three-phase four-wire system），而其余接线方式都只有 3 根相线，没有中线，称为三相三线制（three-phase three-wire system）。

三相电路是特殊类型的正弦稳态电路，在其分析和计算中始终不变的是三相电源的对称性，这一点供电方国家电网可给以保证。分析正弦稳态电路的相量法同样适用于三相电路的分析和计算。当三相负载对称时，还可以利用其对称特性，简化计算过程。

下面以 Y-Y 联结的对称三相四线制电路为例，来说明三相电路的分析方法。其他联结方式的三相电路，可以参照这种方法，或根据星形和三角形的等效互换，将电路变换成 Y-Y 形再进行计算。

在如图 6-18 所示的三相四线制电路中，Z_L 为相线（输电线）阻抗，Z_N 为中线阻抗。若以 N 点为参考点，由弥尔曼定理可以求得

$$\dot{U}_{N'N} = \frac{\dfrac{\dot{U}_A}{Z_L + Z_A} + \dfrac{\dot{U}_B}{Z_L + Z_B} + \dfrac{\dot{U}_C}{Z_L + Z_C}}{\dfrac{1}{Z_L + Z_A} + \dfrac{1}{Z_L + Z_B} + \dfrac{1}{Z_L + Z_C} + \dfrac{1}{Z_N}}$$

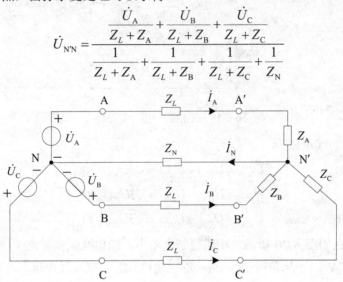

图 6-18　Y-Y 联结的三相四线制电路

当三相负载对称时，设 $Z_A = Z_B = Z_C = Z$，则有

$$\dot{U}_{N'N} = \frac{\dfrac{\dot{U}_A + \dot{U}_B + \dot{U}_C}{Z_L + Z}}{\dfrac{3}{Z_L + Z} + \dfrac{1}{Z_N}}$$

因为三相电源是对称的，$\dot{U}_A + \dot{U}_B + \dot{U}_C = 0$，所以

$$\dot{U}_{N'N} = 0$$

显然，中线电流 $\dot{I}_N = \dot{I}_A + \dot{I}_B + \dot{I}_C = 0$，中线阻抗 Z_N 上既没有压降也没有电流，根据替代定理，可以用短路线（或开路）代替。由此可以求出各相（线）电流为

$$\dot{I}_A = \frac{\dot{U}_A - \dot{U}_{N'N}}{Z + Z_L} = \frac{\dot{U}_A}{Z + Z_L}$$

$$\dot{I}_B = \frac{\dot{U}_B - \dot{U}_{N'N}}{Z + Z_L} = \frac{\dot{U}_B}{Z + Z_L} = \dot{I}_A \underline{/-120^\circ}$$

$$\dot{I}_\text{C} = \frac{\dot{U}_\text{C} - \dot{U}_\text{N'N}}{Z + Z_L} = \frac{\dot{U}_\text{C}}{Z + Z_L} = \dot{I}_\text{A} \underline{/+120^\circ}$$

可以看出，各相（线）电流彼此独立。由于三相电源和三相负载都是对称的，所以三相电流也是对称的，因此可以先分析计算其中一相，再按对称性规律直接写出其他两相。

图 6-19 所示为取 A 相的一相计算电路，由图可以求出 A 相负载的相电压

$$\dot{U}_\text{A'N'} = Z\dot{I}_\text{A}$$

所以

$$\dot{U}_\text{B'N'} = Z\dot{I}_\text{B} = \dot{U}_\text{A'N'} \underline{/-120^\circ}$$

$$\dot{U}_\text{C'N'} = Z\dot{I}_\text{C} = \dot{U}_\text{A'N'} \underline{/+120^\circ}$$

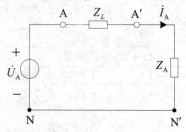

图 6-19　A 相的一相计算电路

同理可得负载侧的线电压为

$$\dot{U}_\text{A'B'} = \dot{U}_\text{A'N'} - \dot{U}_\text{B'N'} = \sqrt{3}\dot{U}_\text{A'N'} \underline{/30^\circ}$$

$$\dot{U}_\text{B'C'} = \dot{U}_\text{B'N'} - \dot{U}_\text{C'N'} = \sqrt{3}\dot{U}_\text{B'N'} \underline{/30^\circ}$$

$$\dot{U}_\text{C'A'} = \dot{U}_\text{C'N'} - \dot{U}_\text{A'N'} = \sqrt{3}\dot{U}_\text{C'N'} \underline{/30^\circ}$$

【例 6-6】 在如图 6-20 所示三相四线制电路中，输电线阻抗忽略不计，已知电源线电压 $\dot{U}_\text{AB} = 380\underline{/30^\circ}\text{V}$。三相负载 $Z_\text{A} = Z_\text{B} = Z_\text{C} = 10\underline{/30^\circ}\Omega$。试求线电流和中线电流。

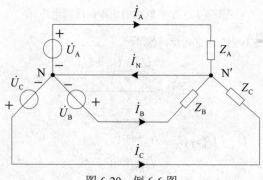

图 6-20　例 6-6 图

解　由于负载对称，只需计算其中一相即可推出其余两相。

$$\dot{U}_\text{A} = \frac{\dot{U}_\text{AB}}{\sqrt{3}\underline{/30^\circ}} = 220\underline{/0^\circ}\text{V}$$

可求得 A 相的相电流等于线电流，为

$$\dot{I}_A = \frac{\dot{U}_A}{Z_A} = \frac{220}{10\underline{/30°}} \text{A} = 22\underline{/-30°} \text{A}$$

其余线电流为

$$\dot{I}_B = \dot{I}_A \underline{/-120°} = 22\underline{/-150°} \text{A}$$

$$\dot{I}_C = \dot{I}_A \underline{/+120°} = 22\underline{/+90°} \text{A}$$

中线电流

$$\dot{I}_N = \dot{I}_A + \dot{I}_B + \dot{I}_C = 0$$

【例 6-7】有一星形联结的三相电路如图 6-21 所示，其中各相电阻分别为 $R_A = 10\Omega$ 、
$R_B = 10\,\Omega$ 、 $R_C = 20\,\Omega$ ，电源线电压为 380V。

求：（1）各线电流和中线电流。

（2）A 相短路，中性线未断时，求各相负载电压。

（3）A 相短路，中性线断开时，求各相负载电压。

（4）A 相断路，中性线未断时，求各相负载电压。

（5）A 相断路，中性线断开时，求各相负载电压。

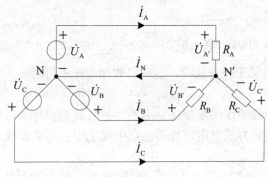

图 6-21　例 6-7 图

解　（1）三相负载不对称，但由于中性线的存在，负载上仍承受三相对称电压，分别
计算各线电流如下

$$\dot{I}_A = \frac{\dot{U}_A}{Z_A} = \frac{220}{10}\text{A} = 22\text{A}$$

$$\dot{I}_B = \frac{\dot{U}_B}{Z_B} = \frac{220\underline{/-120°}}{10}\text{A} = 22\underline{/-120°}\text{A}$$

$$\dot{I}_C = \frac{\dot{U}_C}{Z_C} = \frac{220\underline{/+120°}}{20}\text{A} = 11\underline{/+120°}\text{A}$$

中线电流为

$$\dot{I}_N = \dot{I}_A + \dot{I}_B + \dot{I}_C = (22 + 22\underline{/-120°} + 11\underline{/120°})\text{A} = (5.5 - \text{j}9.5)\text{A} = 11\underline{/-60°}\text{A}$$

（2）A 相短路，中性线未断时，A 相短路电流很大，其保护开关瞬间动作使 A 相断
电，而 B 相和 C 相未受影响，其相电压仍为 220V，正常工作。

（3）A 相短路，中性线断开时，负载中性点 N′ 的电位变成 A 点电位，如图 6-22 所示。

负载各相电压为

$$U_{A'} = 0 \qquad U_{B'} = U_{C'} = 380V$$

显然，B 相和 C 相的电灯组承受的电压超过了额定电压（220V），这是不允许的。

（4）A 相断路，中性线未断时，B、C 相电灯仍承受 220V 电压，正常工作。

（5）A 相断路，中性线断开时，电路变为单相电路，如图 6-23 所示，由图可求得

$$I = \frac{U_{BC}}{R_B + R_C} = \frac{380}{10 + 20}A = 12.7A$$

$$U'_B = IR_B = 12.7 \times 10V = 127V \qquad U'_C = IR_C = 12.7 \times 20V = 254V$$

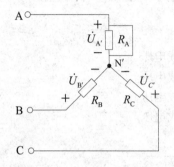
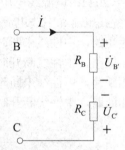

图 6-22 A 相短路中性线断开   图 6-23 A 相断路中性线断开

不对称负载 Y 联结又未接中线时，造成负载相电压不再对称，且负载电阻越大，负载承受的电压越高。

由此得到结论：中线的作用是保证星形不对称负载的相电压对称，对于不对称照明负载，必须采用三相四线制方式供电，且不能在中线上安装熔断器等电器，以防中线断开造成负载相电压不对称。

【例 6-8】对称三相电路如图 6-24 所示，已知 $Z = 60\underline{/30^\circ}\Omega$，$Z_L = (3+j4)\Omega$，电源线电压 380V，求负载侧的线电压和线电流。

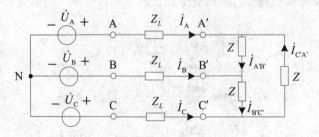

图 6-24 例 6-8 图

解 该电路可以先将三角形负载等效变换为星形负载，如图 6-25（a）所示，其中

$$Z' = \frac{Z}{3} = \frac{60\underline{/30^\circ}}{3}\Omega = 20\underline{/30^\circ}\Omega$$

因为对称，可以先计算其中一相。令 $\dot{U}_A = 220\underline{/0^\circ}V$，可得到如图 6-25（b）所示的 A 相计算电路。于是线电流为

$$\dot{I}_A = \frac{\dot{U}_A}{Z' + Z_L} = \frac{220}{(17.3 + j10) + (3 + j4)} A = 8.92\underline{/-34.6^\circ}\,A$$

所以 $\qquad \dot{I}_B = 8.92\underline{/-154.6^\circ}\,A \qquad\qquad \dot{I}_C = 8.92\underline{/85.4^\circ}\,A$

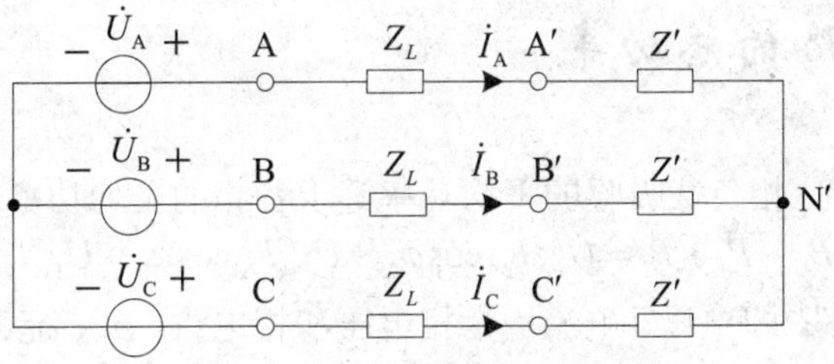

（a）Δ形负载等效变换为 Y 形负载

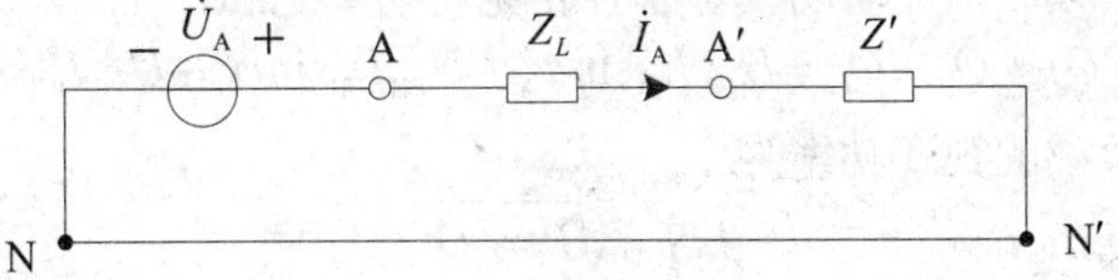

（b）A 相计算电路

图 6-25 例 6-8 计算图

A 相负载相电压、线电压分别为

$$\dot{U}_{A'N'} = Z'\dot{I}_A = 20\underline{/30^\circ} \times 8.92\underline{/-34.6^\circ}\,V = 178.4\underline{/-4.6^\circ}\,V$$

$$\dot{U}_{A'B'} = \sqrt{3}\dot{U}_{A'N'}\underline{/30^\circ} = 309\underline{/25.4^\circ}\,V$$

根据对称规律可以得到

$$\dot{U}_{B'C'} == 309\underline{/-94.6^\circ}\,V \qquad\qquad \dot{U}_{C'A'} == 309\underline{/145.4^\circ}\,V$$

思考与练习

6-4-1 什么是三相电路？什么是三相三线制供电？什么是三相四线制供电？

6-4-2 电源和负载都是星形联结的对称三相电路，有中线和无中线有何差别？三相四线制供电系统中，中线的作用是什么？为什么中线不允许断路？

6-4-3 已知对称三相电路中，电源相电压 $\dot{U}_A = 220\underline{/0^\circ}\,V$ ，每相负载阻抗 $Z = 10\Omega$，输电线上的阻抗忽略不计，求各种接线方案下负载侧的电压、电流，并填入题 6-4-3 表中。

题 6-4-3 表

电源接法	负载接法	相电压 U_P（V）	线电压 U_L（V）	相电流 I_P（A）	线电流 I_L（A）
Y	Y				
	Δ				
Δ	Y				
	Δ				

[220、380、22、22；380、380、38、66；127、220、12.7、12.7；220、220、22、38]

6.5　三相电路的功率及其测量

6.5.1　三相电路的总功率

在三相电路中，三相负载吸收的平均功率等于各相的平均功率之和，即

$$P = P_A + P_B + P_C = U_{PA}I_{PA}\cos\varphi_A + U_{PB}I_{PB}\cos\varphi_B + U_{PC}I_{PC}\cos\varphi_C$$

式中下标 P 代表"相"，即电压、电流均为相电压和相电流。φ_A、φ_B、φ_C 分别是 A、B、C 各相相电压和相电流的相位差，也就是各相负载的阻抗角。

同理，三相电路吸收的无功功率等于各相无功功率之和，即

$$Q = Q_A + Q_B + Q_C = U_{PA}I_{PA}\sin\varphi_A + U_{PB}I_{PB}\sin\varphi_B + U_{PC}I_{PC}\sin\varphi_C$$

由此可以得到三相负载的视在功率为

$$S = \sqrt{P^2 + Q^2}$$

功率因数

$$\cos\varphi = \frac{P}{S}$$

上述各式是三相电路功率的一般表达式，既适用于对称电路也适用于非对称电路。

如果三相电路是对称的，则不管负载是 Y 形联结还是 Δ 联结，由对称负载特点均可得 $U_P I_P = \dfrac{U_L I_L}{\sqrt{3}}$。因此对称三相电路的有功功率、无功功率和视在功率分别为

$$P = 3U_P I_P \cos\varphi = \sqrt{3}U_L I_L \cos\varphi \tag{6-25}$$

$$Q = 3U_P I_P \sin\varphi = \sqrt{3}U_L I_L \sin\varphi \tag{6-26}$$

$$S = 3U_P I_P = \sqrt{3}U_L I_L \tag{6-27}$$

以上各式中，φ 为各相电压与相电流的相位差，也就是各相负载的阻抗角。

【例 6-9】 设三相对称负载 $Z = (6+j8)\Omega$，接在 380V 线电压上，试求负载分别接为星形和三角形时，负载吸收的总功率。

解　每相负载阻抗

$$Z = (6+j8)\Omega = 10\underline{/53.1°}\,\Omega$$

（1）负载星形联结时，$U_L = \sqrt{3}U_P$，线电流等于相电流，即

$$I_L = I_P = \frac{U_P}{|Z|} = \frac{\dfrac{U_L}{\sqrt{3}}}{|Z|} = \left(\frac{\dfrac{380}{\sqrt{3}}}{10}\right)A = 22A$$

负载吸收的总功率为

$$P_Y = \sqrt{3}U_L I_L \cos\varphi = (\sqrt{3} \times 380 \times 22 \times \cos53.1°)W = 8.68kW$$

（2）负载三角形联结时，$U_L = U_P$，线电流

$$I_{\mathrm{L}} = \sqrt{3}I_{\mathrm{P}} = \sqrt{3}\frac{U_{\mathrm{P}}}{|Z|} = \sqrt{3}\frac{U_{\mathrm{L}}}{|Z|} = \left(\sqrt{3}\times\frac{380}{10}\right)\mathrm{A} = 66\mathrm{A}$$

负载吸收的总功率为

$$P_{\mathrm{Y}} = \sqrt{3}U_{\mathrm{L}}I_{\mathrm{L}}\cos\varphi = \sqrt{3}\times380\times66\times\cos53.1°\,\mathrm{W} = 26\mathrm{kW}$$

计算结果表明，在电源不变的情况下，同一负载由星形联结改为三角形联结时，吸收的功率将增大到原来的 3 倍。

6.5.2　对称三相电路的瞬时功率

对称三相电路的瞬时功率等于各相瞬时功率之和。以 Y 形联结的负载为例，设各相负载的相电压分别为

$$u_{\mathrm{A}} = \sqrt{2}U_{\mathrm{p}}\cos\omega t$$
$$u_{\mathrm{B}} = \sqrt{2}U_{\mathrm{p}}\cos(\omega t - 120°)$$
$$u_{\mathrm{C}} = \sqrt{2}U_{\mathrm{p}}\cos(\omega t + 120°)$$

如果对称负载 $Z = |Z|\angle\varphi$，则相电流滞后相电压 φ 角，所以相电流

$$i_{\mathrm{A}} = \sqrt{2}I_{\mathrm{p}}\cos(\omega t - \varphi)$$
$$i_{\mathrm{B}} = \sqrt{2}I_{\mathrm{p}}\cos(\omega t - 120° - \varphi)$$
$$i_{\mathrm{C}} = \sqrt{2}I_{\mathrm{p}}\cos(\omega t + 120° - \varphi)$$

各相负载的瞬时功率为

$$\begin{aligned}
p_{\mathrm{A}} &= u_{\mathrm{A}}i_{\mathrm{A}} = \sqrt{2}U_{\mathrm{p}}\cos\omega t \times \sqrt{2}I_{\mathrm{p}}\cos(\omega t - \varphi)\\
&= U_{\mathrm{p}}I_{\mathrm{p}}\cos\varphi - U_{\mathrm{p}}I_{\mathrm{p}}\cos(2\omega t - \varphi)\\
p_{\mathrm{B}} &= u_{\mathrm{B}}i_{\mathrm{B}} = \sqrt{2}U_{\mathrm{p}}\cos(\omega t - 120°) \times \sqrt{2}I_{\mathrm{p}}\cos(\omega t - 120° - \varphi)\\
&= U_{\mathrm{p}}I_{\mathrm{p}}\cos\varphi - U_{\mathrm{p}}I_{\mathrm{p}}\cos(2\omega t - \varphi - 240°)\\
p_{\mathrm{C}} &= u_{\mathrm{C}}i_{\mathrm{C}} = \sqrt{2}U_{\mathrm{p}}\cos(\omega t + 120°) \times \sqrt{2}I_{\mathrm{p}}\cos(\omega t + 120° - \varphi)\\
&= U_{\mathrm{p}}I_{\mathrm{p}}\cos\varphi - U_{\mathrm{p}}I_{\mathrm{p}}\cos(2\omega t - \varphi + 240°)
\end{aligned}$$

以上各式中的第二项是 3 个对称的正弦量，即

$$U_{\mathrm{p}}I_{\mathrm{p}}\cos(2\omega t - \varphi) + U_{\mathrm{p}}I_{\mathrm{p}}\cos(2\omega t - \varphi - 240°) + U_{\mathrm{p}}I_{\mathrm{p}}\cos(2\omega t - \varphi + 240°) = 0$$

所以各相负载的瞬时功率之和为

$$p = p_{\mathrm{A}} + p_{\mathrm{B}} + p_{\mathrm{C}} = 3U_{\mathrm{p}}I_{\mathrm{p}}\cos\varphi = \sqrt{3}U_{\mathrm{L}}I_{\mathrm{L}}\cos\varphi = P \qquad (6\text{-}28)$$

因此，三相电路的瞬时功率是一个不随时间变化的常数，且等于三相电路的平均功率，这个结论对星形联结和三角形联结电路都适用。这一特性是对称三相电路独有的特点，习惯上把对称三相制的这一特性称为瞬时功率的平衡，三相制是一种平衡制，它使三相电动机机械转矩恒定，运行更加平稳。

6.5.3　三相电路的功率测量

三相电路的功率可以用功率表来测量。在三相四线制电路中，负载一般是不对称的，必须用三只单相功率表分别测量三相负载的功率，然后再相加，其测量线路如图 6-26 所示，这种测量方法称为"三表法"。

若上述电路的三相负载对称，由于各相功率相同，只需测出一相负载的功率，然后乘以 3 倍，就可以得到三相负载的总功率，这种方法称为"一表法"。

对于三相三线制电路，无论对称与否，均可用两只功率表来测量，这就是常称的"二表法"。其测量线路如图 6-27 所示。

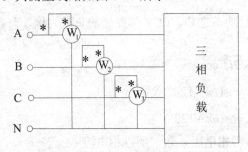

图 6-26　三表法测功率示意图

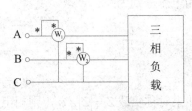

图 6-27　二表法测功率示意图

两个功率表的接线原则是：两只功率表的电流线圈分别串接于任意两根相线中（例如 A 相和 B 相），而电压线圈则跨接在这两条相线与第三条（例如 C 相）相线之间，这两块功率表读数的代数和就是三相电路的总功率。

下面证明"二表法"的正确性。设图 6-27 中 A、B、C 3 个端子接星形联结的三相电源，电源相电压分别为 u_A、u_B、u_C，三相负载吸收的总瞬时功率等于三相电源发出的瞬时功率之和，所以有

$$p = u_A i_A + u_B i_B + u_C i_C$$

由于三相三线制电路中，$i_A + i_B + i_C = 0$（KCL），所以将 $i_C = -(i_A + i_B)$ 代入上式得

$$p = u_A i_A + u_B i_B - u_C (i_A + i_B)$$
$$= (u_A - u_C) i_A + (u_B - u_C) i_B = u_{AC} i_A + u_{BC} i_B$$

对上式各项取其在一个周期内的平均值，可以得到正弦稳态下的平均功率

$$P = U_{AC} I_A \cos\varphi_1 + U_{BC} I_B \cos\varphi_2 \tag{6-29}$$

式（6-29）中，φ_1 是 u_{AC} 与 i_A 之间的相位差，φ_2 是 u_{BC} 与 i_B 之间的相位差。上式第一项就是图 6-27 中功率表 W_1 的读数（P_1），第二项就是功率表 W_2 的读数（P_2），这两个功率表的读数的代数和等于三相电路总功率（$P = P_1 + P_2$），二表法得以证明。

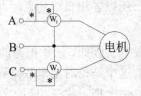

图 6-28　例 6-10 图

【例 6-10】某台电动机的功率为 5kW，功率因数等于 0.866，供电线电压为 380V。求图 6-28 所示电路两个功率表的读数。

解　由于电动机为对称三相负载，所以 $P = \sqrt{3} U_L I_L \cos\varphi$，

线电流

$$I_L = \frac{P}{\sqrt{3}U_L\cos\varphi} = \frac{5\times10^3}{\sqrt{3}\times380\times0.866}\text{A} = 8.77\text{A}$$

负载阻抗角

$$\varphi = \arccos 0.866 = 30°（感性负载）$$

设负载 Y 形联结，相电压 $\dot{U}_A = \dfrac{\dot{U}_{AB}}{\sqrt{3}\underline{/30°}} = 220\underline{/0°}\text{ V}$，则线电流等于相电流

$$\dot{I}_A = 8.77\underline{/-30°}\text{ V} \qquad \dot{I}_C = 8.77\underline{/(-30°+120°)}\text{A} = 8.77\underline{/+90°}\text{A}$$

线电压

$$\dot{U}_{AB} = 380\underline{/30°}\text{ V} \qquad \dot{U}_{CB} = -\dot{U}_{BC} = -380\underline{/(30°-120°)}\text{V} = 380\underline{/90°}\text{V}$$

可求得两个功率表的读数为

$$P_1 = U_{AB}I_A\cos\varphi_1 = 380\times8.772\times\cos(30°+30°)\text{W} = 1666.68\text{W}$$

$$P_2 = U_{CB}I_C\cos\varphi_2 = 380\times8.772\cos(90°-90°)\text{W} = 3333.36\text{W}$$

所以，三相总功率 $P = P_1 + P_2 = 5000\text{W}$，与已知条件 5kW 一致。

思考与练习

6-5-1　对称三相负载星形联结，每相阻抗 $Z = (9 + j12)\Omega$，接在线电压为 380V 的三相电源上，求线电流以及三相电路总功率 P、Q、S。

[14.67A；5808W；7744Var；9680VA]

6-5-2　在题 6-5-1 中，若将负载改成三角形联结，则线电流、总功率 P 将如何变化？

[44A；17424W]

6.6　应用举例：关于相序测定电路的分析和计算

三相电源的相序对于某些用电设备有直接影响，例如调换电源的相序，就会改变电动机的转向。下面介绍一种相序测定电路，这个电路的实质是一个不对称三相电路。

如图 6-29（a）所示，在三相三线制输电线（A、B、C）上，依次接入电容和两个同样功率的白炽灯，若三相电源星形联结（或等效变换为星形联结），其分析电路如图 6-29（b）所示。

设电容 $C = 1\mu\text{F}$，白炽灯都为 220V、40W，即灯的阻值为 $R = \dfrac{220^2}{40}\Omega = 1210\Omega$，电源线电压为 380V，$f = 50\text{Hz}$。下面通过计算来说明这种相序测定器的原理。

设电源中性点 N 为参考点，由于三相负载不对称且没有中性线，负载的中性点 N′ 将偏离电源中性点电位，设 $\dot{U}_A = U\underline{/0°} = 220\underline{/0°}\text{ V}$，根据弥尔曼定理

$$\dot{U}_{N'N} = \frac{\dfrac{\dot{U}_A}{Z_A} + \dfrac{\dot{U}_B}{Z_B} + \dfrac{\dot{U}_C}{Z_C}}{\dfrac{1}{Z_A} + \dfrac{1}{Z_B} + \dfrac{1}{Z_C}} = \frac{j\omega C \cdot U\underline{/0^\circ} + \dfrac{U\underline{/-120^\circ}}{R} + \dfrac{U\underline{/+120^\circ}}{R}}{j\omega C + \dfrac{1}{R} + \dfrac{1}{R}}$$

$$= \frac{j\omega C - \dfrac{1}{R}}{j\omega C + \dfrac{2}{R}} \cdot U = \frac{j314 \times 10^{-6} - \dfrac{1}{1210}}{j314 \times 10^{-6} + \dfrac{2}{1210}} \times 220V$$

$$= \frac{j314 - 826.4}{j314 + 1652.9} \times 220V = 115.6\underline{/148.4^\circ}\,V$$

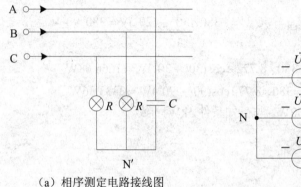

（a）相序测定电路接线图　　　　　　（b）分析电路

图 6-29　相序测定电路

所以 B 相白炽灯上的电压为

$$\dot{U}_{BN'} = \dot{U}_B - \dot{U}_{N'N} = (220\underline{/-120^\circ} - 115.6\underline{/148.4^\circ})V = 251\underline{/267^\circ}\,V$$

C 相白炽灯上的电压为

$$\dot{U}_{CN'} = \dot{U}_C - \dot{U}_{N'N} = (220\underline{/+120^\circ} - 115.6\underline{/148.4^\circ})V = 130\underline{/95^\circ}\,V$$

由计算结果可见，B 相白炽灯上的电压 $U_{BN'}$ 明显大于 C 相白炽灯上的电压 $U_{CN'}$。所以灯泡亮的一相（B 相）滞后于接电容的一相（A 相），而灯泡暗的一相（C 相）超前接电容的一相（A 相）。由计算结果画出的相量图，如图 6-30 所示。

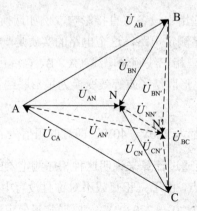

图 6-30　中性点位移相量图

6.7　Multisim 仿真：
功率因数提高和三相电路

6.7.1　功率因数的提高

按图 6-31 所示搭建仿真电路，其中，U_1 是交流信号源（AC_POWER），在 Sources 组的 POWER_SOURCES 系列中，设置其有效值 Vrms = 220V，频率 f = 50Hz；XMM1 为万用表，用于测量总电流的有效值；XWM1 为功率计（Wattmeter），其中电压测量端（+V−）并联在电源两端，电流测量端（+I−）串联在电路中，用于测量电路的有功功率和功率因数；S_1、S_2、S_3 为 3 个单刀单掷开关（SPST），分别用于控制电容 C_1、C_2、C_3 是否接入。

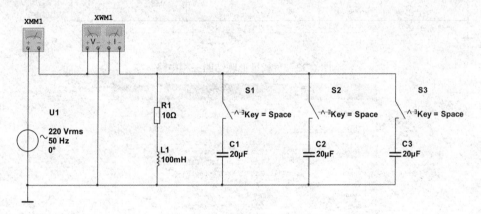

图 6-31　提高功率因数的电路

运行仿真，分别记录 RL 支路并联不同电容值时的总电流、有功功率和功率因数，将结果记录于表 6-1。

表 6-1　提高功率因数电路测量记录表

并联电容值（μF）	总电流（A）	有功功率（W）	功 率 因 数
0			
20			
40			
60			

💡 思考：根据表 6-1 所示的测量结果，观察当并联电容发生改变时总电流、有功功率和功率因数分别发生怎样的变化？由此可以得到提高功率因数的原理和方法是什么？

6.7.2　三相负载星形联结

按图 6-32 所示搭建仿真电路，其中，U_A、U_B、U_C 为采用星形联结的对称三相电源

（AC_POWER），在 Sources 组的 POWER_SOURCES 系列中，可设置有效值 Vrms = 220V，频率 f = 50Hz，相位分别为 phase = 0° / –120° /120°；万用表 XMM1~XMM3 用于测量 3 根火线之间的线电压；Probe1~Probe4 为 4 个测量探针，用于测量三相负载的相电压和相电流以及中线电压和中线电流，测量探针在右侧仪器栏中，探针的设置方法如图 6-33 所示，单击所要显示的参数为 Yes 即可。

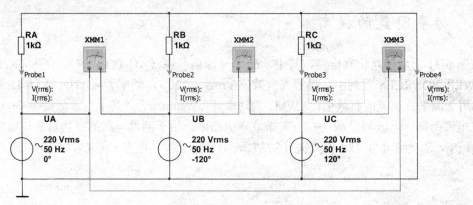

图 6-32　负载星形联结的三相电路

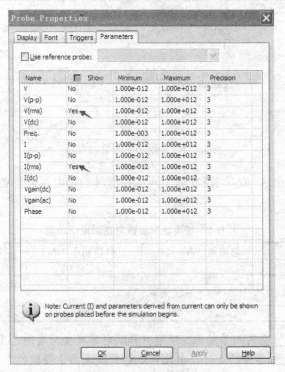

图 6-33　探针设置界面

打开仿真开关，双击万用表，选择交流 电压档，记录 3 个万用表的读数和 4 个测量探针的读数于表 6-2。

表 6-2　负载星形联结的三相电路测量数据表

参数	线电压（V）			相电压（V）			相/线电流（mA）			中线电流（A）
	U_{AB}	U_{BC}	U_{CA}	U_A	U_B	U_C	I_A	I_B	I_C	
测量值										

💡 **思考**：根据表 6-2 所示的测量结果可得到对称负载星形联结的三相电路中负载的线电压和相电压之间满足什么关系？星形联结的三相电源的线电压和相电压之间满足什么关系？

6.7.3　三相负载三角形联结

按图 6-34 所示搭建仿真电路，其中，U_A、U_B、U_C 为采用星形联结的对称三相电源，可设置有效值 V_{rms}=220V，频率 f=50Hz，相位分别为 phase = 0°、−120°、120°；万用表 XMM1~XMM3 用于测量 3 根相线之间的线电压，同时也是各相负载上的相电压；探针 Probe1~Probe3 用于测量三相负载的相电流，探针 Probe4~Probe6 用于测量三相负载的线电流和电源相电压。

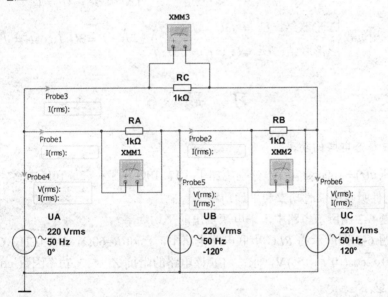

图 6-34　负载星形联结的三相电路

打开仿真开关，双击万用表，选择交流 ∿ 电压档 V，记录 3 个万用表的读数和 6 个测量探针的读数于表 6-3。

表 6-3　负载三角形联结的三相电路测量数据表

参数	线电压（V）			相电流（mA）			线电流（mA）			电源相电压（V）		
	U_{AB}	U_{BC}	U_{CA}	I_{AB}	I_{BC}	I_{CA}	I_A	I_B	I_C	U_A	U_B	U_C
测量值												

💡 **思考:** 根据表 6-3 所示的测量结果可得到对称负载三角形联结的三相电路中负载的线电流和相电流之间满足什么关系?星形联结的三相电源的线电压和相电压之间满足什么关系?

本 章 小 结

1. 正弦稳态电路 $\begin{cases} \text{有功功率:} P = UI\cos\varphi \\ \text{无功功率:} Q = UI\sin\varphi \\ \text{视在功率:} S = UI \end{cases}$,统一形式为复功率:$\tilde{S} = P + jQ$。

   功率因数 $\lambda = \cos\varphi = \dfrac{P}{S}$。

2. 负载得到最大功率的条件是 $Z_L = Z_O^* = R_O - jX_O$,最大功率为 $P_{Lmax} = \dfrac{U_{OC}^2}{4R_O}$。

3. 对称三相电源(同频、等幅、相位互差120°)$\begin{cases} \text{Y形联结:} U_L = \sqrt{3}U_P \\ \Delta\text{形联结:} U_L = U_P \end{cases}$

4. 对称三相负载 $\begin{cases} \text{Y形联结:} U_L = \sqrt{3}U_P、 I_L = I_P \\ \Delta\text{形联结:} U_L = U_P、 I_L = \sqrt{3}I_P \end{cases}$ 总功率 $P = 3U_P I_P\cos\varphi = \sqrt{3}U_L I_L\cos\varphi$。

习 题 6

6.1 正弦稳态电路的功率

6-1 电压 $u(t) = 100\cos(10t)\text{V}$ 分别施加于(1)10Ω 电阻;(2)10H 电感;(3)0.001F 电容。求各元件吸收的瞬时功率和平均功率。

6-2 在题 6-2 图所示电路中,求电源供出的平均功率。

6-3 在题 6-3 图所示的 RLC 串联电路电路中,已知 $R=60Ω$,$L=0.02\text{H}$,$C=10\mu\text{F}$,端口电压 $u = 100\sqrt{2}\cos(10^3 t + 15°)\text{V}$,求:(1)该电路的阻抗 Z;(2)功率因数 $\cos\varphi$;(3)吸收的功率 P、Q、S。

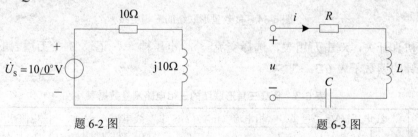

题 6-2 图   题 6-3 图

6-4 用电压表、电流表和功率表,可以测出电感线圈的电阻和电感值,如题 6-4 图所示。设三表的读数分别为 15V、1A、10W，且电源频率为 50Hz，试计算 R 和 L 的值。

6-5 在题 6-5 图所示电路中，已知 $u = 12\sqrt{2}\cos(2000t + 30°)\,\text{V}$，（1）分别求出每个电阻吸收的平均功率；（2）由网络端口的电压相量与电流相量求电路的平均功率 P；（3）计算网络等效阻抗实部（等效电阻）消耗的平均功率 P。

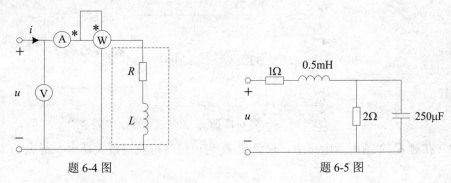

题 6-4 图   题 6-5 图

6-6 在题 6-6 图所示正弦稳态电路中，已知 $u_S(t) = 10\sqrt{2}\cos 5000t\,\text{V}$，求整个电路吸收的功率 P、Q、S 及功率因数 λ。

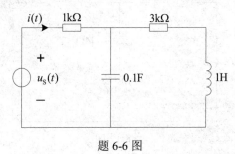

题 6-6 图

6-7 某厂变电站以 380V 的电压向某车间输送 600kW 的功率，设输电线的电阻为 0.005Ω。当负载功率因数为 0.7 时，输电线上的功率损耗是多少？若将功率因数提高到 0.9，则输电线上的功率损耗是多少？一年可节约多少度电？

6-8 如题 6-8 图所示，日光灯可等效为 RL 串联的感性负载，已知电源 $U = 220\text{V}$，$f = 50\text{Hz}$，日光灯消耗的功率 $P = 40\text{W}$，功率因数 $\lambda = 0.5$，为使功率因数提高到 $\lambda = 0.9$，求并联电容 C 为何值？

6-9 求题 6-5 图所示网络吸收的复功率 $\tilde{S}$，并由此确定该网络吸收的平均功率 P。

6-10 在题 6-10 图所示电路中，$\dot{I}_S = 10\underline{/0°}\,\text{A}$，$r = 7\Omega$，试分别求 3 条支路吸收的复功率。

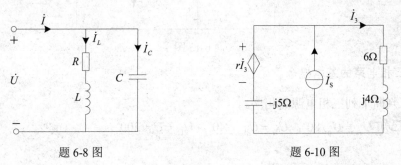

题 6-8 图   题 6-10 图

6.2 最大功率传递定理

6-11 在题 6-11 图所示电路中，求负载 Z_L 为何值时可获得最大功率？最大功率等于多少？

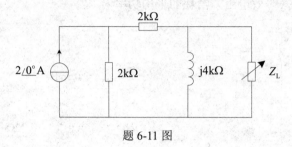

题 6-11 图

6-12 在题 6-12 图所示电路中，求负载 Z_L 为何值时可获得最大功率？最大功率等于多少？

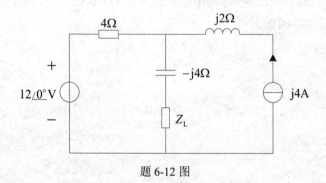

题 6-12 图

6-13 在题 6-13 图所示电路中，求负载 Z_L 为何值时可获得最大功率？最大功率等于多少？

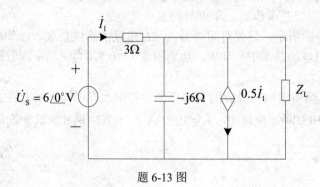

题 6-13 图

6.3 三相电路的基本概念

6-14 判断下列三相电源的相序。

（1）已知 $\dot{U}_A = U_p\angle 80°$，$\dot{U}_B = U_p\angle -40°$，$\dot{U}_C = U_p\angle 200°$。

（2）已知 $u_A = \sqrt{2}U_p \sin\omega t$，$u_B = \sqrt{2}U_p \cos(\omega t + 30°)$，$u_C = \sqrt{2}U_p \sin(\omega t - 120°)$。

（3）已知 $\dot{U}_A = -U_p$，$\dot{U}_B = -U_p \underline{/120°}$，$\dot{U}_C = -U_p \underline{/-120°}$。

6.4　三相电路的计算

6-15　已知对称三相电路的星形联结负载 $Z = 15\underline{/30°}\,\Omega$，中线阻抗 $Z_N = (3+j4)\Omega$，线电压 $U_L = 380V$，求负载侧的相电压、相电流、线电流。

6-16　三相四线制电路中，已知线电压 $U_L = 380V$，不对称星形联结的负载分别为 $Z_A = (3 + j5)\Omega$，$Z_B = (2 + j4)\Omega$，$Z_C = (3 + j4)\Omega$。求：（1）忽略中线阻抗时的相电流和中线电流；（2）当中线阻抗为 $Z_N = (1 + j1)\Omega$ 时的中性点电压 $\dot{U}_{N'N}$，并求各负载上的相电压。

6-17　在题 6-17 图所示的三相四线制电路中，已知线电压为 $U_L = 380V$，接有三相对称星形负载，$R = 60\Omega$。此外，在 C 相还接有额定电压为 220V，功率为 40W，功率因数为 0.5 的日光灯一盏。试求电流 $\dot{I}_A$、$\dot{I}_B$、$\dot{I}_C$ 和 $\dot{I}_N$。

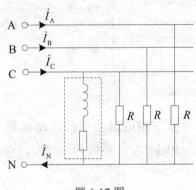

题 6-17 图

6-18　已知对称三相电路的三角形联结负载 $Z = 15\underline{/30°}\,\Omega$，线电压 $U_L = 380V$，求负载侧的相电压、相电流、线电流。

6-19　已知三相负载三角形联结，每相负载阻抗 $Z = (16+j24)\Omega$，接在线电压为 380V 的三相电源上。（1）求相电流和线电流；（2）求负载中一相断路时的相电流和线电流；（3）设一条端线断路，再求相电流和线电流。

6.5　三相电路的功率及其测量

6-20　已知对称三相电路中每相负载 $Z = (30+j15)\Omega$，电源线电压 $U_L = 380V$，分别计算负载接成星形和三角形时的线电流和吸收的平均功率。比较计算结果可以得到什么结论？

6-21　在对称 Y-Y 三相电路中，线电压为 220V，负载吸收的有功功率为 10kW，$\lambda = 0.85$（感性），试求每相负载的阻抗。

6-22　在题 6-22 图所示电路中，对称负载三角形联结，已知电源线电压为 380V，线电流为 17.3A，三相总功率为 5kW。试求：（1）每相负载的阻抗；（2）如果有一相负载断开，另外两相负载能否正常工作？图中各电流表的读数有何变化？（3）如果相线 A 断开，各相负载能否正常工作？图中各电流表的读数有何变化？

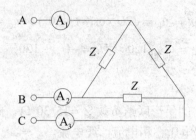

题 6-22 图

6-23 题 6-23 图所示电路是小功率星形对称电阻性负载从单相电源获得三相对称电压的电路。已知每相负载电阻 $R = 10\Omega$，电源频率 $f = 50$Hz，试求所需 L 和 C 的数值。

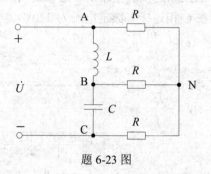

题 6-23 图

6-24 用两块功率表测对称三相电路功率的线路如题 6-24 图所示。已知线电压 $\dot{U}_{AB} = 380\underline{/75°}$V，线电流 $\dot{I}_{A} = 10\underline{/10°}$A，求两功率表的读数。

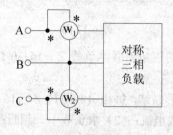

题 6-24 图

第 7 章　电路的频率特性

本章目标
1. 掌握频率特性的概念及分析方法。
2. 掌握典型电路的频率特性，理解低通、高通、带通等概念。
3. 能够运用叠加的方法求解不同频率电源作用下的稳态响应和平均功率。
4. 掌握典型谐振电路的谐振条件、谐振特点及频率特性。

7.1　正弦稳态的网络函数

前面几章讨论了单一固定频率激励下的正弦稳态响应和功率、能量等问题。当正弦激励的频率不同或发生变化时，由于电感元件与电容元件的阻抗均与频率有关，所以电路中的响应也会随频率发生变化。这种电路中的响应随激励频率而变化的特性称为电路的**频率特性**或**频率响应**（frequency response）。电路的频率特性可由正弦稳态网络函数来表明。

7.1.1　网络函数的定义

扫码看视频

网络函数的定义

第 3 章针对电阻电路讨论过线性电路的比例性：当线性电路中只含有一个独立电源时，电路中各处响应与激励之间存在线性关系。对于正弦稳态电路的相量模型，这种因果之间的正比例关系仍然存在。

对单一激励的正弦稳态电路，定义响应相量（支路电压或电流）与激励相量（电压源的电压或电流源的电流）之比为**网络函数**（network function），用 $H(j\omega)$ 表示，即

$$H(j\omega) = \frac{响应相量}{激励相量} \tag{7-1}$$

一般情况下网络函数是一个复数，它描述了在不同频率电源激励下，响应相量与激励相量之间的大小关系及相位关系。通常将激励源所在的端口称为策动点，如果激励和响应都在同一端口，对应的网络函数实际上就是等效阻抗或等效导纳，可称为策动点函数；如果激励和响应不在同一端口上，则称为**转移函数**或**传递函数**（transfer function）。

网络函数取决于网络的结构、参数以及电源的频率，它反映了网络本身的特性。在已知网络相量模型的前提下，网络函数可以应用相量法中的任一方法进行求解。

【例 7-1】 图 7-1 表示一个晶体管放大器的低频等效电路。设晶体管的参数 $r_{be} = 1\text{k}\Omega$，$R_C = 3\text{k}\Omega$，电流放大系数 $\beta = 100$，负载电阻 $R_L = 3\text{k}\Omega$，耦合电容 $C = 5\mu\text{F}$，求信号源频率分别为 500Hz 及 5Hz 时的网络函数 $H(j\omega) = \dfrac{\dot{U}_o}{\dot{U}_i}$（转移电压比、电压放大倍数）。

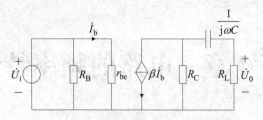

图 7-1   晶体管放大器的低频等效电路

解   先把受控源（CCCS）当作独立源处理，则

$$\dot{U}_o = -\frac{R_C}{R_C + \left(R_L + \dfrac{1}{j\omega C}\right)} \times \beta \dot{I}_b \times R_L$$

再对控制量增列一个方程

$$\dot{I}_b = \frac{\dot{U}_i}{r_{be}}$$

代入后得到网络函数

$$H(j\omega) = \frac{\dot{U}_o}{\dot{U}_i} = -\beta \frac{1}{r_{be}} \times \frac{R_C R_L}{R_C + R_L + \dfrac{1}{j\omega C}}$$

再将已知数据代入上式，则

$$H(j\omega) = \frac{\dot{U}_o}{\dot{U}_i} = -100 \times \frac{1}{1000} \times \frac{3000 \times 3000}{3000 + 3000 - j\dfrac{1}{\omega \times 5 \times 10^{-6}}} = -\frac{450}{3 - j\dfrac{100}{\omega}}$$

当 $f = 500\text{Hz}$ 时

$$H(j1000\pi) = \frac{\dot{U}_o}{\dot{U}_i} = -\frac{450}{3 - j\dfrac{100}{2\pi \times 500}} = -\frac{450}{3\underline{/-0.6°}} = 150\underline{/-179.4°}$$

当 $f = 5\text{Hz}$ 时

$$H(j10\pi) = \frac{\dot{U}_o}{\dot{U}_i} = -\frac{450}{3 - j\dfrac{100}{2\pi \times 5}} = 103\underline{/-180° + 46.7°} = 103\underline{/-133.3°}$$

由上述分析可见，网络函数不仅取决于网络的结构和参数，还会随电源频率的变化而变化。例如【例 7-1】中，放大电路在放大频率为 $f = 500\text{Hz}$（中频段）的信号时，电压放大倍数为 150，输出电压 $\dot{U}_o$ 与输入电压 $\dot{U}_i$ 接近反相；而在放大频率为 $f = 5\text{Hz}$（低频段）的信号时，电压放大倍数下降为 103，同时由于耦合电容引起的附加相移增加到 46.7°，使 $\dot{U}_o$ 与 $\dot{U}_i$ 的相位差变化为 −133.3°。

7.1.2   网络函数的频率特性

将网络函数写成极坐标的形式，即

$$H(\mathrm{j}\omega) = \left|H(\mathrm{j}\omega)\right| \underline{/\varphi(\omega)} \qquad (7\text{-}2)$$

其中，$\left|H(\mathrm{j}\omega)\right|$ 为网络函数的模，它反映响应和激励有效值（或振幅）之比与频率的关系，称为电路的**幅频特性**（amplitude-frequency characteristic）；$\varphi(\omega)$ 为网络函数的幅角，它反映响应和激励的相位差（或相移角）与频率的关系，称为电路的**相频特性**（phase-frequency characteristic）。幅频特性和相频特性总称为**频率特性**（frequency characteristic）。

根据网络的幅频特性，可将网络分为低通、高通、带通、带阻等；根据网络的相频特性，又可以将网络分为超前网络、滞后网络等。电子和通信工程中利用不同网络的频率特性，可以实现滤波、选频和移相等功能。

1. RC 低通电路

图 7-2 所示为 RC 低通电路（low-pass network），当 $\dot{U}_1$ 为激励相量，电容上的电压 $\dot{U}_2$ 为响应相量时，其网络函数（转移电压比）为

$$H(\mathrm{j}\omega) = \frac{\dot{U}_2}{\dot{U}_1} = \frac{\dfrac{1}{\mathrm{j}\omega C}}{R + \dfrac{1}{\mathrm{j}\omega C}} = \frac{1}{1 + \mathrm{j}\omega RC}$$

可见网络函数随电源频率的变化而变化。

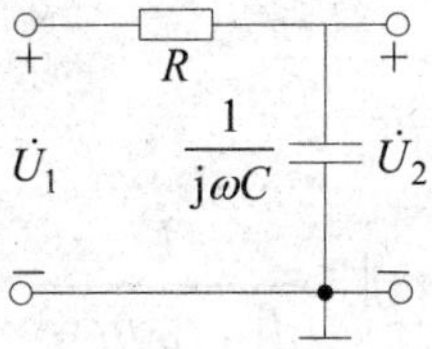

图 7-2　RC 低通电路

令 $\omega_0 = \dfrac{1}{RC}$，其幅频特性为

$$\left|H(\mathrm{j}\omega)\right| = \frac{1}{\sqrt{1 + (\omega RC)^2}} = \frac{1}{\sqrt{1 + \left(\dfrac{\omega}{\omega_0}\right)^2}}$$

相频特性为

$$\varphi(\omega) = -\arctan(\omega RC) = -\arctan\left(\frac{\omega}{\omega_0}\right)$$

根据以上两式取频率的相对值 $\dfrac{\omega}{\omega_0} = 0$、$1$、$2$、$\cdots$、$\infty$，计算 $\left|H(\mathrm{j}\omega)\right|$ 和 $\varphi(\omega)$ 列于表 7-1 中。

表 7-1　RC 低通电路的频率特性数据

$\dfrac{\omega}{\omega_0}$	0	1	2	3	4	$\cdots$	∞
$\left\|H(\mathrm{j}\omega)\right\|$	1	0.707	0.447	0.316	0.243	$\cdots$	0
$\varphi(\omega)$	$0°$	$-45°$	$-63.44°$	$-71.56°$	$-75.96°$	$\cdots$	$-90°$

由此可以画出幅频特性曲线和相频特性曲线，如图 7-3 所示。

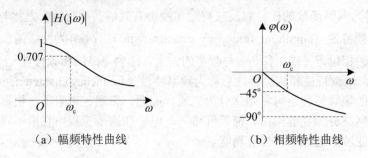

（a）幅频特性曲线　　　　　　　　（b）相频特性曲线

图 7-3　RC 低通电路的频率特性曲线

从 RC 低通电路及其幅频特性可见，当 $\omega = 0$（直流）时，电容元件相当于开路，$\dot{U}_2 = \dot{U}_1$，$\left| H(\mathrm{j}0) \right| = 1$；而当 $\omega \to \infty$ 时，电容元件相当于短路，$\dot{U}_2 \to 0$，$\left| H(\mathrm{j}\infty) \right| \to 0$。这表示，随着输入正弦信号频率的增加，$\left| H(\mathrm{j}\omega) \right|$ 由 1 单调下降并趋于 0，即低频的正弦信号比高频的正弦信号更容易通过这个电路，因此称图 7-2 所示电路为低通电路。

通常将网络函数的模下降到最大值的 $\dfrac{1}{\sqrt{2}}$ 时所对应的频率称为**截止频率**（cut-off frequency），记为 ω_c。当 $\omega = \omega_c$ 时，电路的输出功率是最大输出功率的一半，因此 ω_c 又称为**半功率点频率**。

本例中由于 $\left| H(\mathrm{j}\omega) \right|_{\max} = 1$，故由

$$\left| H(\mathrm{j}\omega) \right| = \frac{1}{\sqrt{1 + (\omega RC)^2}} = \frac{1}{\sqrt{2}}$$

得到截止频率

$$\omega_c = \omega_0 = \frac{1}{RC}$$

通常把 $0 \sim \omega_c$ 的频率范围定义为低通电路的**通频带宽度**（bandwidth，简写为 BW）。

从 RC 低通电路的相频特性可见，当 $\omega = 0$（直流）时，$\varphi(0) = 0°$；当 $\omega = \omega_c$ 时，$\varphi(\omega_c) = -45°$；而当 $\omega \to \infty$ 时，$\varphi(\infty) \to -90°$。这表示，随着输入正弦信号频率的增加，相移角 φ 由 $0°$ 单调下降并趋于 $-90°$。φ 角总为负，说明输出电压总是滞后于输入电压，滞后的角度介于 $0°$ 与 $-90°$ 之间，因此又称这个电路为**滞后网络**。

2．RC 高通电路

图 7-4 所示为 RC **高通电路**（high-pass network），当 $\dot{U}_1$ 为激励相量，电阻上的电压 $\dot{U}_2$ 为响应相量时，其网络函数（转移电压比）为

$$H(\mathrm{j}\omega) = \frac{\dot{U}_2}{\dot{U}_1} = \frac{R}{R + \dfrac{1}{\mathrm{j}\omega C}} = \frac{\mathrm{j}\omega RC}{\mathrm{j}\omega RC + 1} = \frac{1}{1 + \dfrac{1}{\mathrm{j}\omega RC}}$$

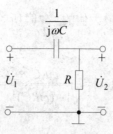

图 7-4　RC 高通电路

令 $\omega_0 = \dfrac{1}{RC}$，其幅频特性为

$$|H(\mathrm{j}\omega)| = \frac{1}{\sqrt{1 + \left(\dfrac{1}{\omega RC}\right)^2}} = \frac{1}{\sqrt{1 + \left(\dfrac{\omega_0}{\omega}\right)^2}}$$

相频特性为

$$\varphi(\omega) = \arctan\left(\frac{1}{\omega RC}\right) = \arctan\left(\frac{\omega_0}{\omega}\right)$$

根据以上两式取频率的相对值 $\dfrac{\omega}{\omega_0} = 0$、1、2、$\cdots$、$\infty$，计算 $|H(\mathrm{j}\omega)|$ 和 $\varphi(\omega)$ 列于表 7-2 中。

表 7-2　RC 高通电路的频率特性数据

$\dfrac{\omega}{\omega_0}$	0	1	2	3	4	$\cdots$	∞
$|H(\mathrm{j}\omega)|$	0	0.707	0.894	0.949	0.97	$\cdots$	1
$\varphi(\omega)$	90°	45°	26.57°	18.43°	14.04°	$\cdots$	0°

由此可以画出幅频特性曲线和相频特性曲线，如图 7-5 所示。

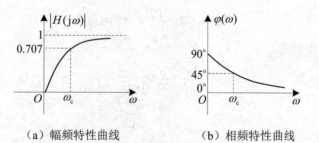

（a）幅频特性曲线　　　　　　（b）相频特性曲线

图 7-5　RC 高通电路的频率特性曲线

从 RC 高通电路及其幅频特性可见，当 $\omega = 0$（直流）时，电容元件相当于开路，$\dot{U}_2 = 0$，$|H(\mathrm{j}0)| = 0$；而当 $\omega \to \infty$ 时，电容元件相当于短路，$\dot{U}_2 \to \dot{U}_1$，$|H(\mathrm{j}\infty)| \to 1$。这表示，随着输入正弦信号频率的增加，$|H(\mathrm{j}\omega)|$ 由 0 单调上升并趋于 1，即高频的正弦信号比低频的正弦信号更容易通过这个电路，因此称图 7-4 所示电路为高通电路。

同样，将网络函数的模上升到最大值的 $\dfrac{1}{\sqrt{2}}$ 时所对应的频率称为截止频率。本例中由于 $\left|H(\mathrm{j}\omega)\right|_{\max}=1$，故由

$$\left|H(\mathrm{j}\omega)\right| = \frac{\omega RC}{\sqrt{1+(\omega RC)^2}} = \frac{1}{\sqrt{2}}$$

得到截止频率

$$\omega_{\mathrm{c}} = \frac{1}{RC}$$

通常把 $\omega_{\mathrm{c}} \sim \infty$ 的频率范围定义为高通电路通频带宽度 BW。

从 RC 高通电路的相频特性可见，当 $\omega = 0$（直流）时，$\varphi(0) = 90°$；而当 $\omega \to \infty$ 时，$\varphi(\infty) \to 0°$。这表示，随着输入正弦信号频率的增加，相移角 φ 由 $90°$ 单调下降并趋于 $0°$。φ 角总为正，说明输出电压总是超前于输入电压，超前的角度介于 $90°$ 与 $0°$ 之间，因此又称这个电路为 **超前网络**。当 $\omega = \omega_{\mathrm{c}}$ 时，$\varphi(\omega_{\mathrm{c}}) = 45°$。

3．RC 串并联选频网络

图 7-6 所示为 RC 桥式振荡电路中的 RC 串并联选频网络，当 $\dot{U}_1$ 为激励相量，$\dot{U}_2$ 为响应相量时，其网络函数（转移电压比）$H(\mathrm{j}\omega) = \dfrac{\dot{U}_2}{\dot{U}_1}$ 具有带通特性。

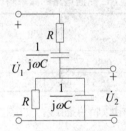

图 7-6　RC 串并联选频网络

设 RC 串联的阻抗为

$$Z_1 = R + \frac{1}{\mathrm{j}\omega C}$$

RC 并联的阻抗为

$$Z_2 = \frac{R \times \dfrac{1}{\mathrm{j}\omega C}}{R + \dfrac{1}{\mathrm{j}\omega C}}$$

则由分压公式可以得到网络函数

$$H(\mathrm{j}\omega) = \frac{\dot{U}_2}{\dot{U}_1} = \frac{Z_2}{Z_1 + Z_2} = \frac{1}{3 + \mathrm{j}\left(\omega RC - \dfrac{1}{\omega RC}\right)}$$

令 $\omega_0 = \dfrac{1}{RC}$ ，其幅频特性为

$$|H(\mathrm{j}\omega)| = \dfrac{1}{\sqrt{3^2 + \left(\omega RC - \dfrac{1}{\omega RC}\right)^2}} = \dfrac{1}{\sqrt{3^2 + \left(\dfrac{\omega}{\omega_0} - \dfrac{\omega_0}{\omega}\right)^2}}$$

相频特性为

$$\varphi(\omega) = -\arctan\left(\dfrac{\omega RC - \dfrac{1}{\omega RC}}{3}\right) = -\arctan\left(\dfrac{\dfrac{\omega}{\omega_0} - \dfrac{\omega_0}{\omega}}{3}\right)$$

由此可以得到 RC 串并联选频网络的幅频特性曲线和相频特性曲线，如图 7-7 所示。

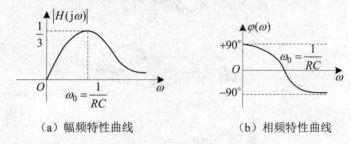

（a）幅频特性曲线　　　　　　（b）相频特性曲线

图 7-7　RC 串并联选频网络的频率特性曲线

从 RC 串并联选频网络及其频率特性可见，当 $\omega = 0$（直流）时，电容元件相当于开路，$\dot{U}_2 = 0$，$|H(\mathrm{j}0)| = 0$，$\varphi(0) = 90°$；而当 $\omega \to \infty$ 时，电容元件相当于短路，$\dot{U}_2 \to 0$，$|H(\mathrm{j}\infty)| \to 0$，$\varphi(\infty) = -90°$。这表示，低频和高频的正弦信号都不容易通过这个电路，这是一个**带通电路**（band-pass network），仅 ω_0 附近一段频带的信号可以传递输出，且相移角的范围为 $90° \sim -90°$，因此也称其为**超前滞后网络**。

当 $\omega = \omega_0 = \dfrac{1}{RC}$ 时，$|H(\mathrm{j}\omega_0)| = \dfrac{1}{3}$，$\varphi(\omega_0) = 0°$，$\dot{U}_2$ 与 $\dot{U}_1$ 同相。

思考与练习

7-1-1　判断题 7-1-1 图所示电路是低通滤波器还是高通滤波器。

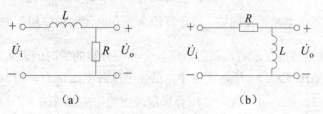

（a）　　　　　　　　　　（b）

题 7-1-1 图

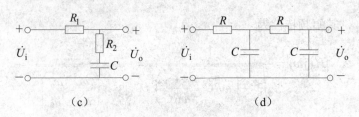

题 7-1-1 图（续）

[acd 低通、b 高通]

7-1-2 在题 7-1-2 图所示电路中，输入电压 u_1 的角频率应为多少，才能使输出电压 u_2 的相移恰好滞后输入电压 45°？如果输入电压 U_1 为 1V，求该频率时输出电压多大？

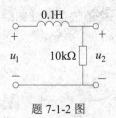

题 7-1-2 图

[10^5 rad/s; 0.707V]

7.2　多频激励的电路

第 5 章讨论过多个同频率正弦激励下的电路，由于符合相量分析法的使用条件：单一频率正弦电源作用下的线性时不变正弦稳态电路，这类电路可以建立相量模型并引用电阻电路中的方程分析法、线性叠加与等效变换等方法进行求解。

本节讨论不同频率正弦电源作用下的电路响应及功率等问题。这类电路整体不符合相量分析法的使用条件，但应用叠加定理求每个独立电源单独作用的响应时，还是符合单一频率条件的，所以通常利用叠加定理和相量法进行计算。

7.2.1　多频正弦激励的电路响应

计算不同频率正弦电源作用下的电路响应时，应注意阻抗 $Z_L = j\omega L$ 和 $Z_C = \dfrac{1}{j\omega C}$ 对于不同频率是不相同的，故计算每个独立电源单独作用下的响应分量时，需根据各自相应的相量模型进行求解，最后再将各个响应分量的瞬时值表达式相加。

【例 7-2】在如图 7-8（a）所示电路中，已知电压源电压 $u_s(t) = 2\sqrt{2}\cos(2t + 30°)\text{V}$，电流源电流 $i_s(t) = 5\sqrt{2}\cos(3t + 45°)\text{A}$，试用叠加定理求稳态电流 $i(t)$。

解　本题中两个独立电源的频率不同，只能用叠加定理进行求解。

扫码看视频

多频正弦激励的电路响应

（1）作 $u_s(t)=2\sqrt{2}\cos(2t+30°)\text{V}$ 单独作用的相量模型，如图 7-8（b）所示，其中

$$\dot{U}_s=2\underline{/30°}\text{V}, \qquad \text{j}2\omega_1=\text{j}4\Omega, \qquad \frac{1}{\text{j}3\omega_1}=-\text{j}\frac{1}{6}\Omega=-\text{j}0.167\Omega$$

$$\dot{I}'=\frac{\dot{U}_s}{1-\text{j}0.167}=\frac{2\underline{/30°}}{1.014\underline{/-9.5°}}\text{A}=1.97\underline{/39.5°}\text{A}$$

对应的时域表达式为

$$i'(t)=1.97\sqrt{2}\cos(2t+39.5°)\text{A}$$

（2）作 $i_s(t)=5\sqrt{2}\cos(3t+45°)\text{A}$ 单独作用的相量模型，如图 7-8（c）所示，其中

$$\dot{I}_s=5\underline{/45°}\text{V}, \qquad \text{j}2\omega_2=\text{j}6\Omega, \qquad \frac{1}{\text{j}3\omega_1}=-\text{j}\frac{1}{9}\Omega=-\text{j}0.111\Omega$$

$$\dot{I}''=\frac{1}{1-\text{j}0.111}\dot{I}_s=\frac{5\underline{/45°}}{1\underline{/-6.33°}}\text{A}=5\underline{/51.33°}\text{A}$$

对应的时域表达式为

$$i''(t)=5\sqrt{2}\cos(3t+51.33°)\text{A}$$

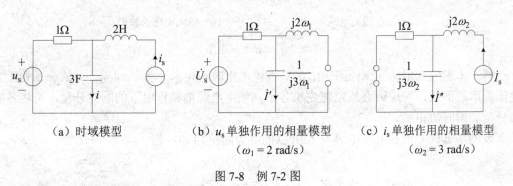

（a）时域模型　　　　　　（b）u_s 单独作用的相量模型　　（c）i_s 单独作用的相量模型
　　　　　　　　　　　　　　（$\omega_1=2$ rad/s）　　　　　　　　（$\omega_2=3$ rad/s）

图 7-8　例 7-2 图

（3）应用叠加定理可以得到

$$i(t)=i'(t)+i''(t)=\left[1.97\sqrt{2}\cos(2t+39.5°)+5\sqrt{2}\cos(3t+51.33°)\right]\text{A}$$

需要再次强调的是，不同频率正弦激励作用产生的响应分量也是不同频率的正弦量，应用叠加定理时只能将各响应分量的瞬时值相加，不能把代表不同频率正弦量的相量进行叠加，这是没有意义的。

7.2.2　非正弦周期信号激励的电路响应

非正弦周期信号在工程实际中大量存在，例如交流发电机所产生的电压波形并非理想的正弦波，数字电路中大量用到的脉冲信号是非正弦的，电子示波器中的扫描电压也是非正弦的。

根据傅立叶级数的理论，电路中的非正弦周期信号可以分解为一系列不同频率的正弦信号之和。因此可以利用正弦交流电路的知识，分别计算单个正弦信号作用下的电路响应

分量，再根据线性电路的叠加定理，把各个响应分量的瞬时值进行叠加，从而得到非正弦电路中的实际响应。

【例 7-3】 图 7-9（a）所示为一全波整流器的 LC 滤波电路，它是由电感 $L = 5\text{H}$ 和电容 $C = 10\mu\text{F}$ 组成的，已知负载电阻 $R = 2\text{k}\Omega$，滤波电路的输入电压 $u_S(t)$ 的波形如图 7-9（b）所示，其中 $\omega_1 = 314\text{rad/s}$，$U_m = 157\text{V}$，其傅立叶级数展开式为（见有关数学书籍）

$$u_S(t) = 200 \times \left[\frac{1}{2} + \frac{1}{3}\cos(2\omega_1 t) - \frac{1}{15}\cos(4\omega_1 t) + \cdots\right]\text{V}$$

$$= [100 + 66.67\cos(2\omega_1 t) - 13.33\cos(4\omega_1 t) + \cdots]\text{V}$$

求负载上的输出电压 $u_R(t)$。

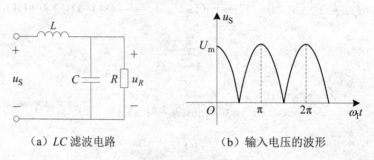

（a）LC 滤波电路　　　　　（b）输入电压的波形

图 7-9　LC 滤波电路

解　本题输入电压 u_S 相当于由 100V 直流电压源和频率为 $2\omega_1$、$4\omega_1$、$\cdots$ 的一系列正弦电压源串联而成，可应用叠加定理先求各不同频率电源单独作用下的响应分量，再将各响应分量的瞬时值相加。

设图 7-9（a）所示电路中 R 与 C 并联的等效阻抗为 Z_1，则

$$Z_1 = \frac{R \times \dfrac{1}{j\omega C}}{R + \dfrac{1}{j\omega C}} = \frac{R}{j\omega RC + 1}$$

该电路的网络函数

$$H(j\omega) = \frac{\dot{U}_R}{\dot{U}_S} = \frac{Z_1}{j\omega L + Z_1} = \frac{R}{R - \omega^2 LCR + j\omega L} = \frac{2000}{2000 - 0.1\omega^2 + j5\omega}$$

其中输入电压 u_S 的频率 ω 分别为 0、$2\omega_1$、$4\omega_1$、$\cdots$ 由上式可以方便地求出各电压源单独作用时产生的响应分量。

（1）100V 直流电压源单独作用时，$\omega = 0$，$H(j0) = 1$，$\dot{U}_S(j0) = 100\text{V}$，所以

$$\dot{U}_R(j0) = \dot{U}_S(j0) = 100\text{V}$$

因而输出电压的直流分量

$$U_{R0} = 100\text{V}$$

（2）二次谐波 $66.67\cos(2\omega_1 t)\text{V}$ 单独作用时，$\omega = 2\omega_1 = 628\text{rad/s}$，故

$$H(j2\omega_1) = \frac{2000}{2000 - 0.1 \times 628^2 + j5 \times 628} = 0.0532\underline{/-175.2°}$$

因为

$$\dot{U}_{Sm}(j2\omega_1) = 66.67\underline{/0^\circ}\,\text{V}$$

所以

$$\dot{U}_{Rm}(j2\omega_1) = H(j2\omega_1)\times\dot{U}_{Sm}(j2\omega_1) = 3.55\underline{/-175.2^\circ}\,\text{V}$$

因而输出的二次谐波分量

$$u_{R2}(t) = 3.55\cos(2\omega_1 t - 175.2^\circ)\,\text{V}$$

（3）四次谐波 $-13.33\cos(4\omega_1 t)$V 单独作用时，$\omega = 4\omega_1 = 1256\text{rad/s}$，故

$$H(j4\omega_1) = \frac{2000}{2000 - 0.1\times 1256^2 + j5\times 1256} = 0.0128\underline{/-177.69^\circ}$$

因为

$$\dot{U}_{Sm}(j4\omega_1) = 13.33\underline{/180^\circ}\,\text{V}$$

所以

$$\dot{U}_{Rm}(j4\omega_1) = H(j4\omega_1)\times\dot{U}_{Sm}(j4\omega_1) = 0.171\underline{/2.31^\circ}\,\text{V}$$

因而输出的四次谐波分量

$$u_{R4}(t) = 0.171\cos(4\omega_1 t + 2.31^\circ)\,\text{V}$$

（4）将以上求得的响应分量瞬时值进行叠加，得到负载上的输出电压

$$u_R(t) = U_{R0} + u_{R2}(t) + u_{R4}(t)$$

$$= [100 + 3.55\cos(2\omega_1 t - 175.2^\circ) + 0.171\cos(4\omega_1 t + 2.31^\circ) + \cdots]\text{V}$$

从以上计算结果可以看出，与输入相比，输出电压中的直流分量毫无衰减（$|H(j0)| = 1$），二次谐波分量已被大大削弱（$|H(j2\omega_1)| = 0.0532$），四次谐波分量更是所剩无几（$|H(j4\omega_1)| = 0.0128$）。因此 LC 滤波电路能够保留输入电压中的直流分量，有效地滤去大部分的交流分量，使输出电压趋于平滑。

扫码看视频

平均功率的叠加

7.2.3　平均功率的叠加

接下来讨论多个不同频率电源作用下的功率计算问题。先考虑一个简单的电路，如图 7-10 所示，其中电源 u_{S1}、u_{S2} 的频率分别为 ω_1、ω_2，且 $\omega_1 \neq \omega_2$，设它们单独作用在电阻 R 上引起的电流分别为

$$i_1(t) = I_{1m}\cos(\omega_1 t + \theta_1)、i_2(t) = I_{2m}\cos(\omega_2 t + \theta_2)$$

由叠加定理可知电阻上的电流

$$i(t) = i_1(t) + i_2(t)$$

电阻吸收的瞬时功率

$$p = Ri^2 = R(i_1 + i_2)^2 = Ri_1^2 + Ri_2^2 + 2Ri_1 i_2 = p_1 + p_2 + 2Ri_1 i_2$$

其中，p_1、p_2 分别为 u_{S1}、u_{S2} 单独作用时电阻吸收的瞬时功率。一般来说，$i_1 i_2 \neq 0$，因此 $p \neq p_1 + p_2$，这就是说瞬时功率不能叠加。

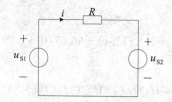

图 7-10　两个不同频电源作用的电路

如果 p 是周期函数，其周期为 T，则一周内的平均功率

$$P = \frac{1}{T}\int_0^T p\,\mathrm{d}t = \frac{1}{T}\int_0^T (p_1 + p_2 + 2Ri_1i_2)\mathrm{d}t = P_1 + P_2 + \frac{2R}{T}\int_0^T i_1i_2\,\mathrm{d}t$$

式中前两项 P_1、P_2 分别为 u_{S1}、u_{S2} 单独作用时电阻吸收的平均功率。最后一项中

$$\int_0^T i_1i_2\,\mathrm{d}t = \int_0^T I_{1m}\cos(\omega_1 t + \theta_1)I_{2m}\cos(\omega_2 t + \theta_2)\mathrm{d}t$$

利用三角公式

$$\cos\alpha \cdot \cos\beta = \frac{\cos(\alpha - \beta) + \cos(\alpha + \beta)}{2}$$

可将上式写为

$$\int_0^T i_1i_2\,\mathrm{d}t = I_{1m}I_{2m}\int_0^T \frac{1}{2}[\cos(\omega_1 t + \theta_1 - \omega_2 t - \theta_2) + \cos(\omega_1 t + \theta_1 + \omega_2 t + \theta_2)]\mathrm{d}t$$

$$= I_1 I_2 \left\{ \int_0^T \cos[(\omega_1 - \omega_2)t + (\theta_1 - \theta_2)]\mathrm{d}t + \int_0^T \cos[(\omega_1 + \omega_2)t + (\theta_1 + \theta_2)]\mathrm{d}t \right\}$$

其中后一项中 $\cos[(\omega_1 + \omega_2)t + (\theta_1 + \theta_2)]$ 随时间正弦交变，故其在一个周期内的积分恒等于 0；前一项由于 $\omega_1 \ne \omega_2$，$\cos[(\omega_1 - \omega_2)t + (\theta_1 - \theta_2)]$ 也是随时间正弦交变的，故其在一个周期内的积分也恒等于 0。所以不同频率的 i_1 和 i_2 没有构成平均功率。在 $\omega_1 \ne \omega_2$ 的条件下，平均功率

$$P = \frac{1}{T}\int_0^T p\,\mathrm{d}t = P_1 + P_2 + \frac{2R}{T}\int_0^T i_1i_2\,\mathrm{d}t = P_1 + P_2$$

可以叠加。

由此推广到一般情况：当多个不同频率的正弦激励作用于电路时，其平均功率等于每个电源单独作用时所产生的平均功率之和。即

$$P = P_0 + P_1 + P_2 + \cdots + P_N \tag{7-3}$$

其中 $P_0 = U_0I_0$、$P_1 = U_1I_1\cos\varphi_1$、$P_2 = U_2I_2\cos\varphi_2$、$\cdots$ 分别为各不同频率电源单独作用时对应的平均功率。但是要注意，式（7-3）不能用来计算同频率电源产生的功率。

根据第 5 章（5.1.2 节）有效值的定义，周期量的有效值是将周期量在一个周期内的做功能力换算成具有相同做功能力的直流量，该直流量的大小称为有效值。如以 I 表示有效值，则应有

$$P = RI^2 = RI_0^2 + RI_1^2 + RI_2^2 + \cdots + RI_N^2$$

所以，电流的有效值

$$I = \sqrt{I_0^2 + I_1^2 + I_2^2 + \cdots + I_N^2} \tag{7-4}$$

同理，电压的有效值

$$U = \sqrt{U_0^2 + U_1^2 + U_2^2 + \cdots + U_N^2} \tag{7-5}$$

所以，多个频率组成的电压或电流的有效值等于各个频率分量有效值的平方之和的平方根。

【例 7-4】 单口网络端口电压、电流分别为

$$u(t) = \left[10 + 18\cos\omega t + 5\cos(2\omega t + 45°) + 2\cos(3\omega t - 45°)\right]\text{V}$$

$$i(t) = \left[2 + 15\cos\omega t + 6\cos(3\omega t + 45°)\right]\text{A}$$

且 $u(t)$ 与 $i(t)$ 为关联的参考方向，求电压和电流的有效值及单口网络吸收的平均功率。

解　电压及电流的有效值分别为

$$U = \sqrt{10^2 + \left(\frac{18}{\sqrt{2}}\right)^2 + \left(\frac{5}{\sqrt{2}}\right)^2 + \left(\frac{2}{\sqrt{2}}\right)^2}\ \text{V} = 16.63\text{V}$$

$$I = \sqrt{2^2 + \left(\frac{15}{\sqrt{2}}\right)^2 + \left(\frac{6}{\sqrt{2}}\right)^2}\ \text{A} = 11.6\text{A}$$

该网络吸收的平均功率

$$P = P_0 + P_1 + P_2 + P_3$$

$$= \left[10 \times 2 + \frac{18}{\sqrt{2}} \times \frac{15}{\sqrt{2}} \times \cos 0° + \frac{5}{\sqrt{2}} \times 0 + \frac{2}{\sqrt{2}} \times \frac{6}{\sqrt{2}} \times \cos(-45° - 45°)\right]\text{W}$$

$$= (20 + 135 + 0 + 0)\text{W} = 155\text{W}$$

思考与练习

7-2-1　为什么多频激励电路利用相量法计算各个激励的响应时，不能采用同一个相量模型？在求总响应时不能将各分量的相量叠加？

7-2-2　为什么多频激励电路计算平均功率时，可以用叠加定理？

7-2-3　在题 7-2-3 图所示电路中，$i_S = (2 + 4\cos 10t)\text{A}$，则 10Ω 电阻上电流的有效值为多少？电路消耗的功率为多少？

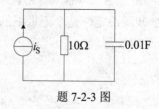

题 7-2-3 图

[2.83A；　80W]

7.3　*RLC* 串联谐振电路

对于含有电感、电容元件的无源二端网络来说，若出现了端口电压与端口电流同相的现象，则称电路发生了**谐振**（resonance）。能发生谐振的电路，称为**谐振电路**（resonance circuit）。谐振是电路中发生的特殊现象，在无线电、通信工程中有广泛的应用，但在电力系统中，谐振通常会对系统造成危害，应设法加以避免。

7.3.1 谐振条件

在如图 7-11（a）所示的 RLC 串联电路中，其等效阻抗

$$Z = \frac{\dot{U}_S}{\dot{I}} = R + j\left(\omega L - \frac{1}{\omega C}\right)$$

当等效阻抗虚部 $X = \omega L - \frac{1}{\omega C} = 0$ 时，$Z = R$，电路呈电阻性，端口电压 $\dot{U}_S$ 与电流 $\dot{I}$ 同相位。因此得出 RLC 串联电路产生谐振的条件为

$$\omega = \omega_0 = \frac{1}{\sqrt{LC}} \tag{7-6}$$

式中 ω_0 为电路的固有谐振角频率，简称谐振角频率。用频率表示的谐振条件为

$$f = f_0 = \frac{1}{2\pi\sqrt{LC}} \tag{7-7}$$

由以上式子可见，谐振频率由电路参数 L 和 C 决定，与外加激励无关。但如果外加激励的频率等于谐振频率，则电路发生谐振。

RLC 串联电路在发生谐振时的感抗和容抗在数值上相等，其值称为 RLC 串联谐振电路的**特性阻抗**（characteristic impedance），记为 ρ，即

$$\rho = \omega_0 L = \frac{1}{\omega_0 C} = \sqrt{\frac{L}{C}} \tag{7-8}$$

ρ 的单位为欧姆（Ω），它仅由电路参数 L 和 C 决定，与外加激励无关。

工程上常用特性阻抗 ρ 与电阻的比值来表征谐振电路的性能，并称此比值为 RLC 串联电路的**品质因数**（quality factor），记为 Q，即

$$Q = \frac{\rho}{R} = \frac{\omega_0 L}{R} = \frac{1}{\omega_0 CR} = \frac{1}{R}\sqrt{\frac{L}{C}} \tag{7-9}$$

品质因数 Q 由电路参数 R、L、C 共同决定，是个无量纲的物理量，由于实际电路中 R 值很小，因此 Q 值一般很大，可以高达数百。

7.3.2 谐振电路的特点

RLC 串联电路发生谐振时，电路等效电抗为 0，阻抗 $Z_0 = R + j\left(\omega_0 L - \frac{1}{\omega_0 C}\right) = R$ 为纯电阻，阻抗的模 $|Z|$ 达到最小值。在端口电压有效值（或幅值）不变的情况下，电路中的电流在谐振时达到最大值，且与端口电压同相，即

$$\dot{I}_0 = \frac{\dot{U}_S}{R} \tag{7-10}$$

此时，R、L、C 元件上的电压分别为

$$\dot{U}_{R0} = R \cdot \dot{I}_0 = R\frac{\dot{U}_S}{R} = \dot{U}_S \tag{7-11}$$

$$\dot{U}_{L0} = j\omega_0 L \cdot \dot{I}_0 = j\omega_0 L\frac{\dot{U}_S}{R} = jQ\dot{U}_S \tag{7-12}$$

$$\dot{U}_{C0} = \frac{1}{j\omega_0 C} \cdot \dot{I}_0 = -j\frac{1}{\omega_0 C}\frac{\dot{U}_0}{R} = -jQ\dot{U}_S \tag{7-13}$$

它们的相量图如图 7-11（b）所示。

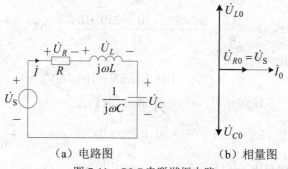

（a）电路图　　　　　（b）相量图

图 7-11　RLC 串联谐振电路

可见，RLC 串联电路发生谐振时，电阻上的电压等于端口电源的电压，达到最大值，电感和电容上的电压等于端口电压的 Q 倍、相位相反，对外而言，这两个电压互相抵消，LC 看起来相当于短路。由于品质因数 Q 有可能远大于 1，从而使电感和电容上产生高电压，因此串联谐振也称**电压谐振**（voltage resonance）。在无线电通信工程中，经常利用串联谐振时电感或电容上的电压为输入电压几十到几百倍的特点，来提高微弱信号的幅值。但串联谐振的过电压在电力系统中可能导致电感器的绝缘和电容器的电介质被击穿，应尽量避免。

【例 7-5】　图 7-12（a）所示为某个收音机的输入电路，其等效电路如图 7-12（b）所示。其中 $R = 15\Omega$，$L = 250\mu H$，设各个不同频率节目的感应信号 u_{s1}、u_{s2}、…有效值均为 1mV，现欲收听 990kHz 的电台广播节目，（1）求可变电容 C 应调为何值？对应的输出电压有效值 U_O 为多少？（2）这时对频率为 792kHz 信号的输出电压为多少？

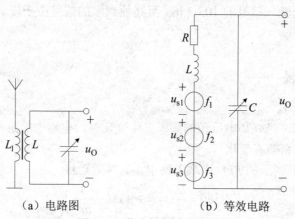

（a）电路图　　　　　　　（b）等效电路

图 7-12　收音机的输入电路

解 （1）对 $f = 990\text{kHz}$ 的信号，应调节可变电容，使电路发生串联谐振。由谐振条件 $f = f_0 = \dfrac{1}{2\pi\sqrt{LC}}$ 可得

$$C = \frac{1}{(2\pi f_0)^2 L} = \frac{1}{(2\pi \times 990 \times 10^3)^2 \times 250 \times 10^{-6}} = 103.4\text{pF}$$

谐振电流

$$I_0 = \frac{U_s}{R} = \frac{1\text{mV}}{15\Omega} = 66.67\mu\text{A}$$

电路的品质因数

$$Q = \frac{\omega_0 L}{R} = \frac{2\pi \times 990 \times 10^3 \times 250 \times 10^{-6}}{15} = 103.7$$

所以电容上的输出电压

$$U_O = QU_S = 103.7 \times 1\text{mV} = 103.7\text{mV}$$

（2）这时对 $f = 792\text{kHz}$ 的信号，电路中的总阻抗

$$Z = R + j\left(\omega L - \frac{1}{\omega C}\right) = \left[15 + j\left(2\pi \times 792 \times 10^3 \times 250 \times 10^{-6} - \frac{1}{2\pi \times 792 \times 10^3 \times 103.4 \times 10^{-12}}\right)\right]\Omega$$

$$= \left[15 + j(1244.1 - 1943)\right]\Omega = (15 - j698.9)\Omega = 699.1\underline{/-88.77°}\,\Omega$$

电路中的电流

$$I = \frac{U_s}{|Z|} = \frac{1}{701.1}\text{mA} = 1.4\mu\text{A}$$

所以电容上的电压

$$U'_O = \frac{1}{\omega C} \times I = 1951 \times 1.4 \times 10^{-3}\text{mV} = 2.72\text{mV}$$

对两种频率信号的输出电压之比

$$\frac{U_O}{U'_O} = \frac{103.7}{2.72} = 38.125$$

由本例计算结果可以看出，当调节电路对 990kHz 信号产生串联谐振时，990kHz 信号在电容上的电压为输入信号的 103.7 倍，而其他频率的信号由于没有达到谐振而被有效抑制。

7.3.3 选频特性

扫码看视频

选频特性

RLC 串联电路中，当外加电压源的频率发生变化时，电路中的阻抗、导纳、电流、电压都将随着变化。

在如图 7-11（a）所示的 RLC 串联电路中，其等效阻抗

$$Z(j\omega) = \frac{\dot{U}_s}{\dot{I}} = R + j\left(\omega L - \frac{1}{\omega C}\right)$$

它的幅频特性和相频特性分别为

$$|Z(j\omega)| = \sqrt{R^2 + \left(\omega L - \frac{1}{\omega C}\right)^2}$$

$$\varphi(\omega) = \arctan \frac{\omega L - \dfrac{1}{\omega C}}{R}$$

当电源的频率变化时，电阻与角频率无关，感抗 $X_L = \omega L$ 与角频率成正比，容抗 $|X_C| = \dfrac{1}{\omega C}$ 与角频率成反比，等效电抗 $X(\omega)$ 的频率特性如图 7-13（a）所示。阻抗的幅频特性曲线与相频特性曲线如图 7-13（b）和图 7-13（c）所示。

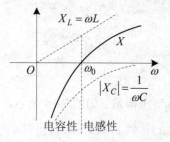 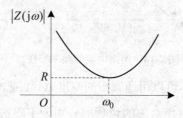 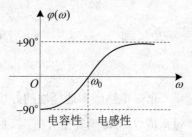

　（a）等效电抗的幅频特性曲线　　（b）等效阻抗的幅频特性曲线　　（c）等效电抗的相频特性曲线

图 7-13　RLC 串联电路阻抗的频率特性曲线

从阻抗的频率特性可以看出，当 $\omega = \omega_0$（谐振）时，$|Z(j\omega_0)| = R$，$\varphi(\omega_0) = 0°$；当 $\omega < \omega_0$ 时，$\varphi(\omega) < 0°$，电路呈电容性；当 $\omega > \omega_0$ 时，$\varphi(\omega) > 0°$，电路呈电感性。阻抗角 $\varphi(\omega)$ 随 ω 的增长由 $-90°$（$\omega = 0$）经过 $0°$ 而变化到 $+90°$（$\omega \to \infty$）。

下面讨论 RLC 串联电路中电流 I 随频率变化的规律。设图 7-11（a）所示电路中端口电压的大小 U_S 不变，电流

$$\dot{I} = \frac{\dot{U}_S}{R + j\left(\omega L - \dfrac{1}{\omega C}\right)}$$

其有效值为

$$I = \frac{U_S}{\sqrt{R^2 + \left(\omega L - \dfrac{1}{\omega C}\right)^2}}$$

由于谐振时 $I = I_0 = \dfrac{U_S}{R}$，故有

$$\frac{I}{I_0} = \frac{R}{\sqrt{R^2 + \left(\omega L - \dfrac{1}{\omega C}\right)^2}} \tag{7-14}$$

由式（7-14）可以得到电流随频率变化的曲线图，如图 7-14 所示。由此可以看出，当 $\omega = \omega_0$（谐振）时，由于 $|Z(j\omega_0)| = R$ 最小，电流 $I = I_0 = \dfrac{U_S}{R}$ 达到了最大值。当 ω 逐渐偏离

ω_0 时，由于阻抗 $|Z(\mathrm{j}\omega)|$ 逐渐增大至无穷，电流值 I 逐渐变小至零。说明只有在谐振频率附近，电路中电流才有较大值，偏离这一频率，电流则很小。因此 RLC 串联电路中的电流具有带通的频率特性，能够把谐振频率附近的电流选择出来。

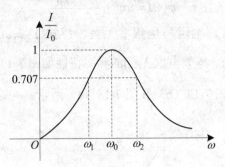

图 7-14 谐振电流的频率特性

谐振电路频率选择性的好坏可以用通频带的宽度 $\Delta\omega$（或 Δf）来衡量。如图 7-14 所示，设电流 I 下降为其最大值 $\dfrac{1}{\sqrt{2}}$ 时所对应的角频率分别为下限截止频率 ω_1 和上限截止频率 ω_2，则通频带 $\Delta\omega = \omega_2 - \omega_1$。通频带 $\Delta\omega$（或 Δf）越小，表示电路的频率选择性越好。

截止频率可以通过式（7-14）求得，令

$$\frac{I}{I_0} = \frac{R}{\sqrt{R^2 + \left(\omega L - \dfrac{1}{\omega C}\right)^2}} = \frac{1}{\sqrt{2}}$$

则有

$$\omega L - \frac{1}{\omega C} = \pm R$$

$$\omega^2 \mp \frac{R}{L}\omega - \frac{1}{LC} = 0$$

可以解得

$$\omega_1 = -\frac{R}{2L} + \sqrt{\left(\frac{R}{2L}\right)^2 + \frac{1}{LC}}、\qquad \omega_2 = \frac{R}{2L} + \sqrt{\left(\frac{R}{2L}\right)^2 + \frac{1}{LC}}$$

通频带的宽度

$$\Delta\omega = \omega_2 - \omega_1 = \frac{R}{L} \tag{7-15-1}$$

或

$$\Delta f = f_2 - f_1 = \frac{R}{2\pi L} \tag{7-15-2}$$

因此，电路的通频带与 R、L 有关。当 L、C 一定时，R 越小通频带 $\Delta\omega$（或 Δf）越窄，谐振曲线越尖锐，选择性就越好。

将以上两式代入式（7-9），可以得到品质因数 Q 与通频带的关系为

$$Q = \frac{\omega_0 L}{R} = \frac{\omega_0}{\Delta \omega} \tag{7-16-1}$$

或

$$Q = \frac{f_0}{\Delta f} \tag{7-16-2}$$

因此，品质因数 Q 与通频带 $\Delta \omega$（或 Δf）成反比，Q 值越高，通频带越窄，谐振曲线越尖锐，电路的频率选择性就越好。如图 7-15 所示画出了两个不同 Q 值时的谐振曲线。

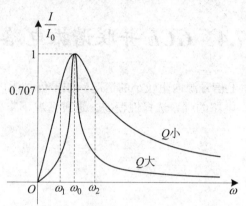

图 7-15　品质因数与谐振曲线的关系

显然，通频带和选择性是矛盾的，为了使信号所携带的信息，例如 990kHz 电台的新闻、音乐等节目不失真的传输，总是希望有一定的频带宽度，但从选择性考虑则希望 Q 值高，以防止其他相邻电台的串扰。实际应用中应兼顾通频带和选择性两方面的要求。

【例 7-6】已知 RLC 串联谐振电路的总电阻 $R = 20\Omega$，为使谐振频率 $f_0 = 10^4$Hz，通频带 $\Delta f = 10^3$Hz，求电路参数 L 和 C。

解　由式（7-15-2），通频带 $\Delta f = \dfrac{R}{2\pi L}$，所以

$$L = \frac{R}{2\pi \Delta f} = \frac{20}{2\pi \times 10^3}\text{H} = 3.18\text{mH}$$

再由谐振条件 $f_0 = \dfrac{1}{2\pi \sqrt{LC}}$，可得

$$C = \frac{1}{(2\pi f_0)^2 L} = \frac{1}{(2\pi \times 10^4)^2 \times 3.18 \times 10^{-3}}\text{F} = 0.0797\mu\text{F}$$

思考与练习

7-3-1　什么是串联谐振？RLC 串联电路发生谐振时有何重要特征？串联谐振电路的品质因数 Q 值具有什么意义？

7-3-2　在题 7-3-2 图所示 RLC 串联电路中，$L = 160\mu\text{H}$，$C = 250\text{pF}$，$R = 10\Omega$，外加正弦电压 $U_S = 1\text{mV}$，试求该电路的谐振频率 f_0、品质因数 Q 和谐振时的电压 U_R、U_L、U_C。

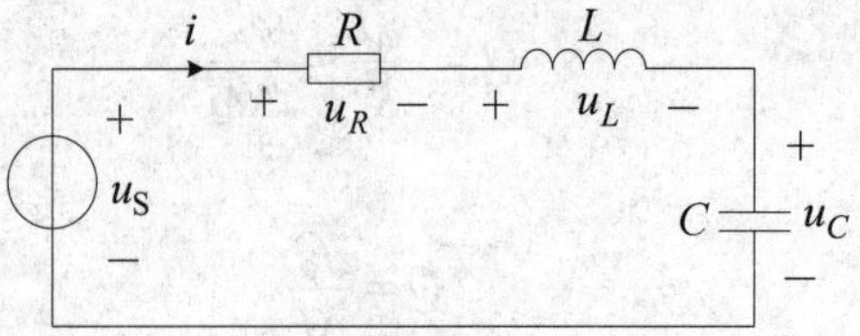

题 7-3-2 图

[795.8kHz; 80; 1mV; 80mV; 80mV]

GCL 并联谐振电路

7.4 *GCL* 并联谐振电路

串联谐振电路仅适用于信号源内阻较小的情况，如果信号源内阻较大，将使电路 *Q* 值过低，电路的频率选择性变差。这种情况下常采用并联谐振电路。

7.4.1 谐振条件

在如图 7-16 所示的 *GCL* 并联电路中，其等效导纳

$$Y = \frac{\dot{I}_S}{\dot{U}} = G + j\left(\omega C - \frac{1}{\omega L}\right)$$

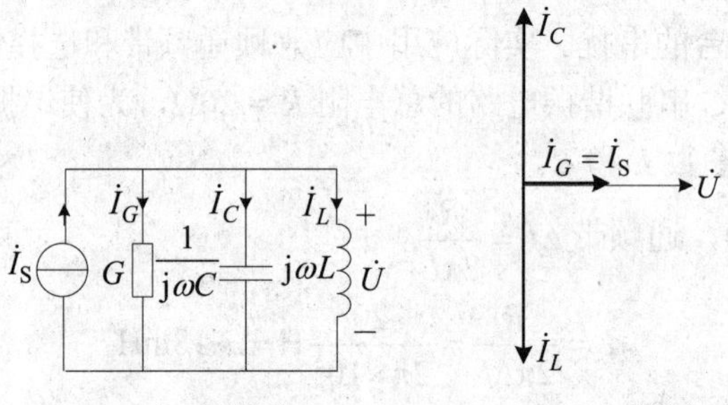

（a）电路图　　　　（b）相量图

图 7-16 *GCL* 并联谐振电路

当等效导纳虚部 $B = \omega C - \dfrac{1}{\omega L} = 0$ 时，$Y = G$，电路呈电阻性，端口电压 $\dot{U}$ 与电流 $\dot{I}_S$ 同相位。因此得出 *GCL* 并联电路产生谐振的条件为

$$\omega = \omega_0 = \frac{1}{\sqrt{LC}} \quad \text{或} \quad f = f_0 = \frac{1}{2\pi\sqrt{LC}} \tag{7-17}$$

因此，谐振（角）频率由电路参数 *L* 和 *C* 决定，与外加激励无关。但如果外加激励的频率等于谐振角频率，则电路发生谐振。

GCL 并联电路的品质因数定义为

$$Q = \frac{\omega_0 C}{G} = \frac{1}{\omega_0 L G} = \frac{1}{G}\sqrt{\frac{C}{L}} \tag{7-18}$$

7.4.2　谐振电路的特点

GCL 并联电路发生谐振时，电路等效导纳的模 $|Y_0| = \sqrt{G^2 + \left(\omega_0 C - \dfrac{1}{\omega_0 L}\right)^2} = G$，达到最小值。在电源电流大小 I_S 不变的情况下，电路中的电压在谐振时达到最大值，且与端口电源同相，即

$$\dot{U}_0 = \frac{\dot{I}_S}{G} \tag{7-19}$$

此时，G、C、L 元件上的电流分别为

$$\dot{I}_{G0} = G \cdot \dot{U}_0 = \dot{I}_S \tag{7-20}$$

$$\dot{I}_{C0} = j\omega_0 C \cdot \dot{U}_0 = j\omega_0 C \frac{\dot{I}_S}{G} = jQ\dot{I}_S \tag{7-21}$$

$$\dot{I}_{L0} = \frac{1}{j\omega_0 L} \cdot \dot{U}_0 = -j\frac{1}{\omega_0 L}\frac{\dot{I}_S}{G} = -jQ\dot{I}_S \tag{7-22}$$

GCL 并联电路发生谐振时的相量图如图 7-16（b）所示。

可见，GCL 并联电路发生谐振时，电导上的电流等于端口电源的电流，电感和电容上的电流均为端口电流的 Q 倍，但相位相反。对外而言，这两个电流互相抵消，并联 LC 看起来相当于开路。如果 Q 值很大时，将在电感和电容上产生过电流，因此并联谐振也称为**电流谐振**（current resonance）。在无线电工程和电子技术中，常利用并联谐振时阻抗最大（导纳最小）的特点来选择信号或消除干扰。

7.4.3　选频特性

由于电流源激励的 GCL 并联电路（见图 7-16）与电压源激励的 RLC 电路（见图 7-11）是对偶电路，因此它们的频率特性也存在对偶关系，可以推得通频带

$$\Delta\omega = \frac{G}{C} \quad 或 \quad \Delta f = \frac{G}{2\pi C} \tag{7-23}$$

品质因数 Q 与通频带的关系同样为

$$Q = \frac{\omega_0}{\Delta\omega} \quad 或 \quad Q = \frac{f_0}{\Delta f} \tag{7-24}$$

其选频特性表现在只有靠近谐振频率一带（$\Delta\omega$ 或 Δf）的信号，才能在谐振电路上产生较高的电压，这里不再详细讨论。

【例 7-7】在如图 7-16 所示的 GCL 并联电路中，已知 $G = 10^{-4}$S，$L = 0.25$H，$C = 1\mu$F。（1）求电路的谐振频率、品质因数和通频带；（2）如果电流源电流 $i_s(t) = 10\cos\omega t$ A，求谐

振时的端口电压 $u(t)$。

解 （1）由谐振条件可得

$$\omega_0 = \frac{1}{\sqrt{LC}} = \frac{1}{\sqrt{0.25 \times 1 \times 10^{-6}}} = 2000\text{rad/s}$$

品质因数

$$Q = \frac{1}{G}\sqrt{\frac{C}{L}} = \frac{1}{10^{-4}} \times \sqrt{\frac{1 \times 10^{-6}}{0.25}} = 20$$

由式（7-21）得通频带

$$\Delta\omega = \frac{\omega_0}{Q} = \frac{2000}{20}\text{rad/s} = 100\text{rad/s}$$

（2）由于并联谐振时 LC 并联部分相当于开路，$Y_0 = G$，故有

$$u(t) = \frac{i(t)}{G} = \frac{10\cos(2000t)}{10^{-4}}\text{V} = 100\cos(2000t)\text{kV}$$

【例 7-8】 图 7-17 所示为实际电感线圈和电容并联的谐振电路模型，求电路的谐振频率即谐振时的阻抗。

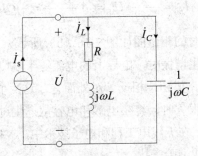

图 7-17　电感线圈和电容并联的谐振电路

解 电路的等效导纳

$$Y = \frac{1}{R + \text{j}\omega L} + \text{j}\omega C = \frac{R}{R^2 + (\omega L)^2} + \text{j}\left(\omega C - \frac{\omega L}{R^2 + (\omega L)^2}\right)$$

电路发生谐振时，端口电压与电流同相，导纳的虚部为零，即

$$\omega C = \frac{\omega L}{R^2 + (\omega L)^2}$$

解得谐振频率

$$\omega_0 = \sqrt{\frac{1}{LC} - \frac{R^2}{L^2}} \tag{7-25}$$

谐振时的导纳

$$Y_0 = \frac{R}{R^2 + (\omega_0 L)^2} = \frac{RC}{L}$$

故谐振时的阻抗

$$Z_0 = \frac{L}{RC} \qquad\qquad (7\text{-}26)$$

实际线圈中的电阻很小，当 $R << \sqrt{\dfrac{L}{C}}$ 时，$\omega_0 \approx \dfrac{1}{\sqrt{LC}}$，$Z_0 \to \infty$，端口处相当于开路。

【例 7-9】在如图 7-18 所示电路中，已知 $C = 1\mu F$，信号源 $u_S(t) = (10\cos1000t + 20\cos2000t)$V，为使 $u_C(t) = 10\cos(1000t)$V，$u_R(t) = 20\cos(2000t)$V，求电路参数 L_1 和 L_2。

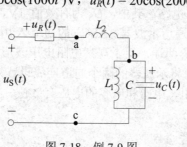

图 7-18　例 7-9 图

解　（1）使 L_1C 对 $\omega = 1000$rad/s 发生并联谐振，这时 bc 之间相当于开路，从而使 $u_C(t) = 10\cos(1000t)$V，因此由谐振条件 $\omega = \omega_0 = \dfrac{1}{\sqrt{L_1C}}$ 可得

$$1000 = \frac{1}{\sqrt{L_1 \times 10^{-6}}}$$

所以
$$L_1 = 1\text{H}$$

（2）再使 L_1C 与 L_2 串联的支路对 $\omega = 2000$rad/s 发生串联谐振，这时 ac 之间相当于短路，从而使 $u_R(t) = 20\cos(2000t)$V，因此先使 ac 间的等效阻抗为零

$$Z_{ac}(j2000) = j2000L_2 + \frac{1}{j\left(2000C - \dfrac{1}{2000L_1}\right)} = 0$$

即

$$2000L_2 = \frac{1}{2000 \times 10^{-6} - \dfrac{1}{2000 \times 1}}$$

所以
$$L_2 = \frac{1}{3}\text{H} = 0.33\text{H}$$

思考与练习

7-4-1　什么是并联谐振？GCL 并联电路发生谐振时有何重要特征？

7-4-2　LC 串联电路和 LC 并联电路发生谐振时的等效阻抗各为多少？

7-4-3　为什么 LC 并联谐振电路接在电流源上具有选频能力？如将其接在电压源上是否具有选频能力？

扫码看视频

Multisim 仿真:
电路的频率特性

7.5　Multisim 仿真:
RLC 串联电路的频率特性

按图 7-19 所示搭建仿真电路,其中,U_S 为有效值 1V、频率为 10kHz 的交流信号源(AC_POWER);XSC1 为双通道示波器,XSC1 的通道 A 用于观察电源电压波形,将通道 B 分别接在电阻、电感和电容两端,用于观察电阻电压波形、电感电压波形和电容电压波形,为区分不同的电压信号可将示波器的两个通道连线设置为不同的颜色;XMM1~XMM3 为 3 个万用表,用于测量电阻、电感和电容的电压有效值。

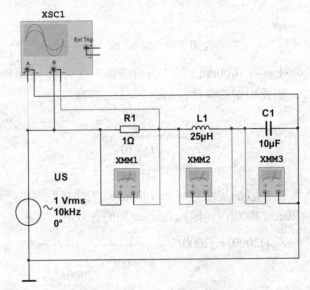

图 7-19　*RLC* 串联谐振电路

1．观察谐振时的电阻电压

将 XSC1 的通道 B 接在电阻两端,打开仿真开关,运行仿真后可看到 XSC1 的波形如图 7-20 所示。

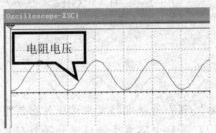

图 7-20　电阻电压和电源电压波形

2．观察谐振时的电感电压

将 XSC1 的通道 B 接在电感两端,重新运行仿真后可看到 XSC1 的波形如图 7-21 所示。

3．观察谐振时的电容电压

将 XSC1 的通道 B 接在电容两端，重新运行仿真后可看到 XSC1 的波形，示波器的参数设置如图 7-22 所示。

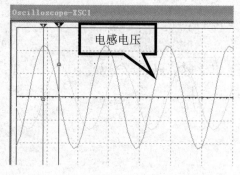

图 7-21　电感电压和电源电压波形　　图 7-22　电容电压和电源电压波形

💡 **思考：** 根据图 7-20~图 7-22 所示的显示结果可知电路处于何种状态？在这种状态下电阻电压和电源电压的相位存在什么关系？电感电压和电源电压之间、电容电压和电源电压之间的相位又存在什么关系？能否从波形图计算出电路的品质因数 Q？

4．观察和测量不同电压源频率下的元件电压

在交流电压源输出电压大小不变（$U_S = 1V$）的情况下，改变电源频率，按照上述步骤重新运行仿真，观察示波器 XSC1 的波形，与图 7-20、图 7-21、图 7-22 相比较，有何不同？

将 XMM1~XMM3 3 个万用表选择交流 ⌇ 电压档 ▽，记录不同电源频率下 3 个万用表的读数于表 7-3 中。（注：仿真所用的万用表是虚拟仪器，使用范围不受工作频率限制，与实际的万用表有所不同。）

表 7-3　*RLC* 串联电路频率特性的测量

频率 f（kHz） （保持 U_S =1V 不变）	U_R （V）	U_L （V）	U_C （V）
5			
10			
15			

💡 **思考：** 根据表 7-3 所示的测量结果可以得出哪些结论？

本 章 小 结

1．单一激励下的正弦稳态电路，定义网络函数

$$H(j\omega) = \frac{响应相量}{激励相量} = \left| H(j\omega) \right| \underline{/\varphi(\omega)}$$

2．电路的频率响应就是网络函数 $H(j\omega)$ 随频率 ω 变化的规律，其中

$|H(j\omega)|$ 与频率 ω 的关系，称为幅频特性；

$\varphi(\omega)$ 与频率 ω 的关系，称为相频特性。

3. 求解多频激励电路的方法是应用叠加定理，分别应用相量法计算不同频率激励引起的响应，最后将各响应的瞬时值相加。

4. 多频激励电路的平均功率可以叠加：$P = P_0 + P_1 + P_2 + \cdots + P_N$

多频激励电路响应的有效值：

$$I = \sqrt{I_0^2 + I_1^2 + I_2^2 + \cdots + I_N^2} \text{、} \quad U = \sqrt{U_0^2 + U_1^2 + U_2^2 + \cdots + U_N^2}$$

5. RLC 串联电路产生谐振的条件为：$\omega = \omega_0 = \dfrac{1}{\sqrt{LC}}$

品质因数：$Q = \dfrac{\omega_0 L}{R} = \dfrac{1}{\omega_0 CR} = \dfrac{1}{R}\sqrt{\dfrac{L}{C}} = \dfrac{\omega_0}{\Delta\omega}$

谐振时的特点：① 阻抗最小。

② 电流最大且与端口电压同相。

③ $\dot{U}_{R0} = \dot{U}_S$。

④ $\dot{U}_{L0} = jQ\dot{U}_S$、$\dot{U}_{C0} = -jQ\dot{U}_S$（$LC$ 相当于短路）。

6. GCL 并联电路产生谐振的条件为：$\omega = \omega_0 = \dfrac{1}{\sqrt{LC}}$

品质因数：$Q = \dfrac{\omega_0 C}{G} = \dfrac{1}{\omega_0 LG} = \dfrac{1}{G}\sqrt{\dfrac{C}{L}} = \dfrac{\omega_0}{\Delta\omega}$

谐振时的特点：① 导纳最小（阻抗最大）。

② 电压最大且与端口电流同相。

③ $\dot{I}_{G0} = \dot{I}_S$。

④ $\dot{I}_{C0} = jQ\dot{I}_S$、$\dot{I}_{L0} = -jQ\dot{I}_S$（$LC$ 相当于开路）。

习 题 7

7.1 正弦稳态的网络函数

7-1 求题 7-1 图所示电路的转移电压比 $\dfrac{\dot{U}_2}{\dot{U}_1}$ 和策动点导纳 $\dfrac{\dot{I}_1}{\dot{U}_1}$。

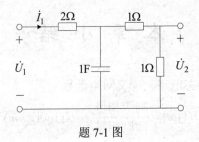

题 7-1 图

7-2　求题 7-2 图所示各网络的转移电压比 $H(\mathrm{j}\omega) = \dfrac{\dot{U}_2}{\dot{U}_1}$，确定它们是低通网络还是高通网络，通频带是多少？并绘出幅频特性和相频特性曲线图。

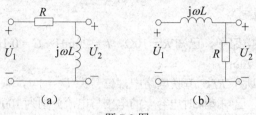

（a）　　　　　　　　　（b）

题 7-2 图

7-3　在题 7-3 图所示的阻容移相电路中，已知输入电压 u_1 的振幅保持 1V 不变，问：（1）输入电压的频率应为多少，才能使输出电压 u_2 的相位超前输入电压45°？这时的输出电压振幅为多少？（2）若输入电压的角频率为 6000rad/s，则输出与输入的相位差是多少？输出电压振幅是多少？

7-4　在电子仪器中，常常会因为放大电路中电容的影响，使放大后的电压产生附加相移，从而使输出电压超前输入电压而引起误差。因此要在电路中加一个滞后网络。题 7-4 图所示是一种滞后网络，求 $f = 50\mathrm{Hz}$ 时，输出对输入的相移是多少？

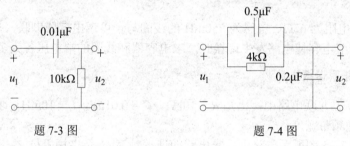

题 7-3 图　　　　　　　　　题 7-4 图

7.2　多频激励的电路

7-5　在题 7-5 图所示电路中，已知 $u_S(t) = \left[5 + 3\cos(2t + 60°) + \cos(4t - 30°)\right]\mathrm{V}$，求电流 $i(t)$。

7-6　在题 7-6 图所示电路中，求电压 $u(t)$。

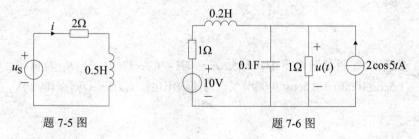

题 7-5 图　　　　　　　　　题 7-6 图

7-7　某单口网络端口电压、电流分别为

$$u(t) = \left[15 + 9\cos t + 7\cos(2t - 15°) + 5\cos(3t + 25°)\right]\mathrm{V}$$

$$i(t) = \left[5\cos t + 3\cos(2t + 45°) + 2\cos(3t - 65°)\right]\mathrm{A}$$

且 $u(t)$ 与 $i(t)$ 为关联的参考方向，求电压和电流的有效值及网络消耗的平均功率。

7-8   续习题 7-5，求题 7-5 图所示电路中 2Ω 电阻消耗的功率，并求出 i 的有效值。

7-9   续习题 7-6，求题 7-6 图所示电路中各电阻消耗的平均功率。

7.3   *RLC* 串联谐振电路

7-10   在 *RLC* 串联电路中，已知 $R = 10\Omega$，$L = 20\text{mH}$，$C = 0.1\mu\text{F}$，求谐振频率 ω_0、品质因数 Q 和通频带宽度 $\Delta\omega$。

7-11   在题 7-11 图所示 *RLC* 串联电路中，信号源 $U_s = 1\text{V}$，频率为 $f = 1\text{MHz}$，现调节电容 C 使电路发生谐振，已知谐振时电容上的电压与电流分别为 100V、0.1A。试求：（1）电路参数 R、L 和 C；（2）品质因数 Q 和通频带宽度 Δf。

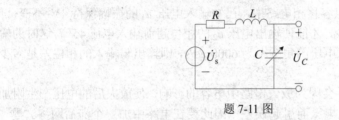

题 7-11 图

7-12   *RLC* 串联电路的谐振频率为 1000Hz，通频带为 950~1050Hz。已知 $L = 200\text{mH}$，求 R 和 C 的值。

7-13   一个电阻为 65Ω、电感为 750mH 的线圈与一可调电容器串联，接到 220V 的工频电源上。当调节电容使电路发生谐振时，求电容器和线圈的端电压各为多少？

7.4   *GCL* 并联谐振电路

7-14   在 *GCL* 并联电路中，已知 $R = 10\text{k}\Omega$，$C = 0.01\mu\text{F}$，$L = 10\text{mH}$，求谐振频率 ω_0、品质因数 Q 和通频带宽度 Δf。

7-15   在题 7-15 图所示电路中，求电路的谐振频率 ω_0 及谐振阻抗 Z_0。

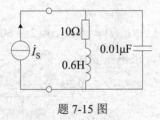

题 7-15 图

7-16   在题 7-16 图所示电路中，已知 $L = 1\text{H}$，C_1、C_2 可调，R_L 为负载，输入电压信号 $u_S(t) = [1.5\cos(1000t) + 0.5\cos(3000t)]$ V。为使输出电压 $u_O(t) = 1.5\cos(1000t)\text{V}$，求 C_1、C_2 的值。

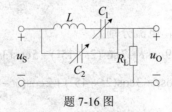

题 7-16 图

第 8 章　互感电路和双口网络

本章目标

1. 了解自感、互感、同名端、耦合系数等概念。掌握耦合电感的伏安关系以及去耦等效电路。

2. 掌握理想变压器的 3 个变换特性，并学会分析含有理想变压器的电路。

3. 了解双口网络的 Z、Y、H、A 参数方程，掌握各种参数的计算。

4. 掌握互易双口的等效电路，能求解含有双口网络的简单电路。

8.1　耦合电感的伏安关系

前面各章讨论的电路都是通过传导电流相互联系起来的，称为电耦合。如果相邻的载流线圈之间通过彼此的磁场而相互影响时，则称为**磁耦合**（magnetically）或者说具有互感。耦合电感和变压器就属于磁耦合元件，它们在实际工程中有着广泛的应用。

8.1.1　自感与互感、耦合系数

图 8-1 所示为一对相互有磁耦合的电感线圈，匝数分别为 N_1 和 N_2。为讨论方便起见，设线圈周围的介质为非铁磁物质，每个线圈的电压、电流取关联参考方向，且每个线圈的电流和该电流所产生的磁通的参考方向符合右手螺旋定则。

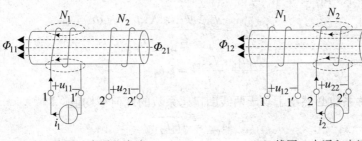

（a）线圈 1 中通入电流　　　　　　（b）线圈 2 中通入电流

图 8-1　磁通相助的一对线圈

如图 8-1（a）所示，当线圈 1 中通入电流 i_1 时，它所产生的磁通除穿过本线圈之外，还有一部分（或全部）穿过相邻线圈 2。穿过本线圈的磁通称为自感磁通，用 Φ_{11} 表示，穿过线圈 2 的磁通称为线圈 1 对线圈 2 的互感磁通，用 Φ_{21} 表示。这里磁通 Φ_{11}、Φ_{21} 的双下

标中，第一位数表示该物理量所在线圈的编号（线圈 1、线圈 2），也就是结果所在线圈的编号；第二位数表示产生该物理量的原因（i_1）所在线圈的编号，后面磁链、电压等物理量的双下标均按此定义。Φ_{11}、Φ_{21} 在穿越各线圈时所产生的磁链（全磁通）分别为

$$\Psi_{11} = N_1\Phi_{11}$$
$$\Psi_{21} = N_2\Phi_{21}$$

Ψ_{11} 称为自感磁链，Ψ_{21} 称为互感磁链。在线性耦合电感中，磁链 Ψ_{11}、Ψ_{21} 与产生它们的原因 i_1 成正比，即

$$\Psi_{11} = L_1 i_1$$
$$\Psi_{21} = M_{21} i_1$$

其中，L_1 为线圈 1 的自感系数，简称**自感**（self inductance）或电感。M_{21} 为线圈 1 对线圈 2 的互感系数，简称**互感**（mutual inductance）。

同理，当线圈 2 中通入电流 i_2 时，也会有磁通穿过两个线圈，如图 8-1（b）所示。设自感磁通和互感磁通分别为 Φ_{22}、Φ_{12}，则自感磁链和互感磁链分别为

$$\Psi_{22} = N_2\Phi_{22}$$
$$\Psi_{12} = N_1\Phi_{12}$$

同样，线性耦合电感中的磁链 Ψ_{22}、Ψ_{12} 与产生它们的原因 i_2 成正比，即

$$\Psi_{22} = L_2 i_2$$
$$\Psi_{12} = M_{12} i_2$$

其中，L_2 为线圈 2 的自感系数，M_{12} 为线圈 2 对线圈 1 的互感系数。

可以证明，两线圈之间的互感是相等的，即 $M_{12} = M_{21}$，因此当只有两个线圈耦合时，可以不再区分 M_{12} 和 M_{21}，而直接用 M 表示互感。

互感系数 M 与自感系数 L_1、L_2 的单位相同，均为亨利（H）。L_1、L_2 反映线圈电流在本线圈产生磁链的能力，M 反映一个线圈的电流在另一个线圈中产生磁链的能力。在线性空间中，它们都是与线圈电压、电流无关的常量。互感系数 M 仅取决于两个耦合线圈的结构、匝数、相对位置等因素。

由于 $\Phi_{21} \leqslant \Phi_{11}$、$\Phi_{12} \leqslant \Phi_{22}$，可得

$$M^2 = M_{21}M_{12} = \frac{\Psi_{21}}{i_1} \cdot \frac{\Psi_{12}}{i_2} = \frac{N_2\Phi_{21}}{i_1} \cdot \frac{N_1\Phi_{12}}{i_2}$$

$$\leqslant \frac{N_1\Phi_{11}}{i_1} \cdot \frac{N_2\Phi_{22}}{i_2} = L_1 L_2$$

所以两线圈的互感系数必然小于等于两线圈自感系数的几何平均值，即

$$M_{\max} = \sqrt{L_1 L_2} \tag{8-1}$$

为了定量描述两个耦合线圈耦合的松紧程度，定义**耦合系数**（coefficient of coupling），并用 k 表示为

$$k = \frac{M}{\sqrt{L_1 L_2}} \tag{8-2}$$

一般情况下，$0 \leqslant k \leqslant 1$。$k$ 值越大，表示两个线圈之间耦合越紧密，漏磁通越小。k 值的大小与两个线圈的结构、相互位置以及周围的介质有关。两线圈相距越远、轴线越近

于垂直，k 值越接近 0，称为松耦合；两线圈靠得越近，轴线越近于平行，k 值越接近 1，称为紧耦合。当 $k=0$ 时，$M=0$，表示两线圈无（磁）耦合；当 $k=1$ 时，表示两线圈**全耦合**（perfectly coupled），$\Phi_{21}=\Phi_{11}$、$\Phi_{12}=\Phi_{22}$，无漏磁。

由以上分析可知，若两个耦合线圈中同时通入电流时，则每个线圈的总磁链等于自感磁链与互感磁链的叠加。对如图 8-1 所示的一对线圈来说，由于 i_1 与 i_2 产生的磁通方向一致，是"相助"的，故线圈 1 和线圈 2 中的总磁链分别为

$$\left.\begin{array}{l} \Psi_1 = \Psi_{11} + \Psi_{12} = L_1 i_1 + M i_2 \\ \Psi_2 = \Psi_{21} + \Psi_{22} = M i_1 + L_2 i_2 \end{array}\right\} \tag{8-3}$$

而对于如图 8-2 所示的一对线圈来说，由于 i_1 与 i_2 产生的磁通方向相反，是"相消"的，故线圈 1 和线圈 2 中的总磁链分别为

$$\left.\begin{array}{l} \Psi_1 = \Psi_{11} - \Psi_{12} = L_1 i_1 - M i_2 \\ \Psi_2 = -\Psi_{21} + \Psi_{22} = -M i_1 + L_2 i_2 \end{array}\right\} \tag{8-4}$$

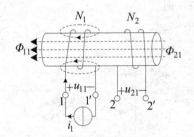
（a）线圈 1 中通入电流

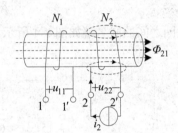
（b）线圈 2 中通入电流

图 8-2　磁通相消的一对线圈

扫码看视频

耦合电感的同名端

8.1.2　耦合电感的同名端

在如图 8-1 和图 8-2 所示的耦合线圈中，各线圈的绕向为已知，则按电流 i_1、i_2 的参考方向，根据右手螺旋法则，就可判断出自感磁通与互感磁通的相助或相消。但实际应用中，线圈是密封的，不能看到具体绕向，并且在电路图中画出线圈的绕向也很不方便。为了解决这些问题，工程上定义了同名端的概念。

耦合线圈的**同名端**（corresponding terminals）是这样定义的：当电流分别从两线圈各自的某端同时流入（或流出）时，若两者产生的磁通相助，则称这两端为耦合线圈的同名端，并标注以两个相同的符号"•"或"*"等。根据这样的定义，图 8-1 所示线圈中的 1 与 2 是同名端（余下的 1′与 2′自然也是同名端），图 8-2 所示线圈中的 1 与 2′是同名端（余下的 1′与 2 自然也是同名端）。

需要指出的是，同名端是由耦合线圈的绕向决定的，耦合线圈一经制作完成，同名端就已确定，与线圈中的电流方向无关。同名端可以根据线圈绕向和相对位置判断，一般由厂家提供，也可以通过实验方法确定。

【例 8-1】已知线圈结构如图 8-3 所示，试标出耦合电感的同名端。

解 在如图 8-3（a）所示电路中，可设想有电流从"1"端流入，产生磁通 Φ，若要各线圈的磁通相助，可用右手螺旋法则判断另两个线圈的电流应从"4""5"端流入，所以"1""4""5"是同名端。

同理，在如图 8-3（b）所示电路中，可设想有电流从"a"端流入，产生磁通 Φ，若要各线圈的磁通相助，可用右手螺旋法则判断另一线圈的电流应从"d"端流入，所以"a""d"是同名端（当然"b""c"也是一对同名端）。

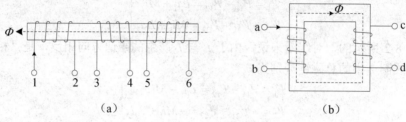

（a）　　　　　　　　　　　（b）

图 8-3　例 8-1 图

每对线圈之间的同名端如图 8-4 所示。

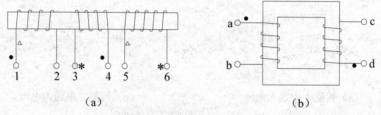

（a）　　　　　　　　　　　（b）

图 8-4　每对线圈之间的同名端

引入同名端概念后，定义一种称为**耦合电感**（coupled inductor）的双口电路元件，它是从实际耦合线圈抽象出来的理性化电路模型，由电感 L_1、L_2 和互感 M 3 个参数来表征，其电路符号中标有同名端而不必考虑线圈的实际绕向。例如图 8-1、图 8-2 所示的耦合电感的电路符号分别如图 8-5（a）和图 8-5（b）所示。

（a）图 8-1 所示的耦合电感的电路符号　　　（b）图 8-2 所示的耦合电感的电路符号

图 8-5　耦合电感的电路符号

8.1.3　耦合电感的 VCR

当耦合电感 L_1、L_2 中的电流随时间变化时，耦合电感中的磁链也会

扫码看视频

耦合电感的 VCR

随时间变化，根据楞次定律，耦合电感的两个端口处将产生感应电压来阻碍磁链（电流）的变化。若电感上的电压与电流采用关联参考方向，并且电流与磁链的参考方向符合右手螺旋法则时，根据法拉第电磁感应定律，感应电压

$$u(t) = \frac{\mathrm{d}\Psi(t)}{\mathrm{d}t} \tag{8-5}$$

对图 8-5（a）所示的耦合电感，将式（8-3）代入式（8-5），得

$$\left. \begin{array}{l} u_1 = \dfrac{\mathrm{d}\Psi_1}{\mathrm{d}t} = L_1 \dfrac{\mathrm{d}i_1}{\mathrm{d}t} + M \dfrac{\mathrm{d}i_2}{\mathrm{d}t} = u_{11} + u_{12} \\[3mm] u_2 = \dfrac{\mathrm{d}\Psi_2}{\mathrm{d}t} = M \dfrac{\mathrm{d}i_1}{\mathrm{d}t} + L_2 \dfrac{\mathrm{d}i_2}{\mathrm{d}t} = u_{21} + u_{22} \end{array} \right\} \tag{8-6}$$

对图 8-5（b）所示的耦合电感，将式（8-4）代入式（8-5），得

$$\left. \begin{array}{l} u_1 = \dfrac{\mathrm{d}\Psi_1}{\mathrm{d}t} = L_1 \dfrac{\mathrm{d}i_1}{\mathrm{d}t} - M \dfrac{\mathrm{d}i_2}{\mathrm{d}t} = u_{11} + u_{12} \\[3mm] u_2 = \dfrac{\mathrm{d}\Psi_2}{\mathrm{d}t} = -M \dfrac{\mathrm{d}i_1}{\mathrm{d}t} + L_2 \dfrac{\mathrm{d}i_2}{\mathrm{d}t} = u_{21} + u_{22} \end{array} \right\} \tag{8-7}$$

式（8-6）和式（8-7）就是耦合电感的端口伏安关系。其中，$u_{11} = L_1 \dfrac{\mathrm{d}i_1}{\mathrm{d}t}$、$u_{22} = L_2 \dfrac{\mathrm{d}i_2}{\mathrm{d}t}$

分别称为电感 L_1 和电感 L_2 的自感电压。在 u_1、i_1 及 u_2、i_2 均取关联参考方向的前提下，自感电压均取正，若 u_1、i_1 或 u_2、i_2 取非关联参考方向，则相应的自感电压前应加负号。

式（8-6）和式（8-7）中的 $u_{12} = \pm M \dfrac{\mathrm{d}i_2}{\mathrm{d}t}$、$u_{21} = \pm M \dfrac{\mathrm{d}i_1}{\mathrm{d}t}$ 分别称为电感 L_1 和电感 L_2 上的互感电压，它们是一个线圈的电流在另一个线圈中感应出来的电压，有正负之分。判断互感电压的规则是：如果互感电压所设的"+"极与产生它的电流的流入端为同名端，则互感电压取正，反之取负。

图 8-6 所示为判断互感电压正与负的几个例子。

对于如图 8-6（a）所示的耦合电感，由于 i_2 流入线圈 2 的同名端，且 u_{12} 在线圈 1 的同名端处极性为"+"，所以互感电压取正，即 $u_{12} = +M \dfrac{\mathrm{d}i_2}{\mathrm{d}t}$。

对于如图 8-6（b）所示的耦合电感，由于 i_2 流出线圈 2 的同名端，但 u_{12} 在线圈 1 的同名端处极性为"+"，所以互感电压取负，即 $u_{12} = -M \dfrac{\mathrm{d}i_2}{\mathrm{d}t}$。

同理可以判断出如图 8-6（c）和图 8-6（d）所示各线圈互感电压的正与负。

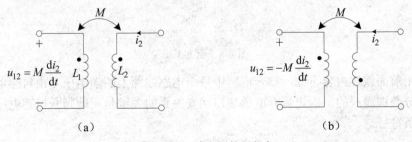

图 8-6 互感电压的正与负

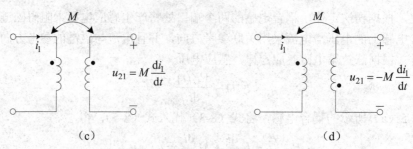

图 8-6 互感电压的正与负（续）

【例 8-2】图 8-7 所示是一种测试同名端的实验电路，已知开关闭合瞬间电压表指针正向偏转，试判断耦合线圈的同名端。

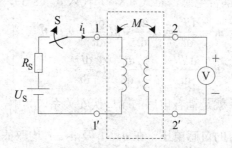

图 8-7 测试同名端的实验电路

解 由题意可知，耦合电感右侧线圈开路（理想电压表内阻无穷大），2-2′端电压就只有互感电压

$$u_{22'} = \pm M \frac{\mathrm{d}i_1}{\mathrm{d}t}$$

当左侧线圈通过开关 S 接通直流电压源时，就有随时间增长的电流 i_1 从电源正极流入线圈端钮 1，这时 $\frac{\mathrm{d}i_1}{\mathrm{d}t} > 0$。由于电压表指针正向偏转，端钮 2 为实际高电位端，$u_{22'} > 0$，所以 M 前的符号应为 "+"，端钮 1 和端钮 2 是同名端。

【例 8-3】试写出如图 8-8 所示耦合电感的端口伏安关系。

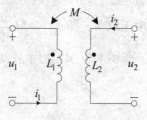

图 8-8 例 8-3 图

解 由前面叙述内容可知，耦合电感中每个电感线圈上的端电压是由自感电压和互感电压两部分叠加而成的。确定耦合电感端口伏安关系的关键是正确判断自感电压和互感电压前的正负符号。

本例中首先看 L_1 上的电压，由于 u_1 与 i_1 的参考方向是非关联的，所以自感电压 $L_1\dfrac{\mathrm{d}i_1}{\mathrm{d}t}$ 前取负号；又由于 u_1 "+" 极所在的端钮与 i_2 流入的端钮为同名端，所以互感电压前取正号。因此有

$$u_1(t) = -L_1\frac{\mathrm{d}i_1}{\mathrm{d}t} + M\frac{\mathrm{d}i_2}{\mathrm{d}t}$$

再看 L_2 上的电压，由于 u_2 与 i_2 的参考方向是关联的，所以自感电压 $L_2\dfrac{\mathrm{d}i_2}{\mathrm{d}t}$ 前取正号；又由于 u_2 "+" 极所在的端钮与 i_1 流入的端钮为异名端，所以互感电压前取负号。因此有

$$u_2(t) = -M\frac{\mathrm{d}i_1}{\mathrm{d}t} + L_2\frac{\mathrm{d}i_2}{\mathrm{d}t}$$

综上所述，耦合电感在给出同名端之后，其伏安关系便可由其电压、电流的参考方向唯一确定下来。在正弦稳态电路中，互感电压和自感电压一样，也是与电流同频率的正弦量，因而可用相量表示。仿照电感元件伏安关系的相量形式，可以得到耦合电感伏安关系的相量形式。例如图 8-8 所示的耦合电感，其相量模型如图 8-9 所示，伏安关系的相量形式为

$$\begin{cases} \dot{U}_1 = -\mathrm{j}\omega L_1\dot{I}_1 + \mathrm{j}\omega M\dot{I}_2 \\ \dot{U}_2 = -\mathrm{j}\omega M\dot{I}_1 + \mathrm{j}\omega L_2\dot{I}_2 \end{cases}$$

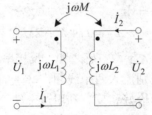

图 8-9　耦合电感的相量模型

【例 8-4】 求如图 8-10（a）和图 8-10（b）所示顺接串联与反接串联耦合电感的等效电感。

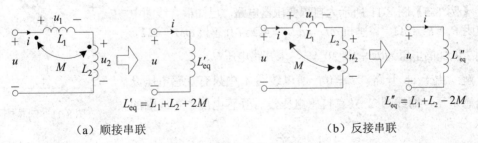

$$L'_{\mathrm{eq}} = L_1 + L_2 + 2M$$

（a）顺接串联

$$L''_{\mathrm{eq}} = L_1 + L_2 - 2M$$

（b）反接串联

图 8-10　耦合电感的串联等效

解　两个耦合电感线圈的串联有顺接和反接两种方式。顺接是将两个线圈的异名端相连，如图 8-10（a）所示；反接是将两个线圈的同名端相连，如图 8-10（b）所示。

对图 8-10（a）所示的顺接串联耦合电感，每个线圈的电压、电流均为关联参考方向，

且电流从同名端流入，故耦合电感的伏安关系为

$$u_1 = L_1 \frac{\mathrm{d}i}{\mathrm{d}t} + M \frac{\mathrm{d}i}{\mathrm{d}t}$$

$$u_2 = M \frac{\mathrm{d}i}{\mathrm{d}t} + L_2 \frac{\mathrm{d}i}{\mathrm{d}t}$$

其端口电压

$$u = u_1 + u_2 = \left(L_1 \frac{\mathrm{d}i}{\mathrm{d}t} + M \frac{\mathrm{d}i}{\mathrm{d}t} \right) + \left(M \frac{\mathrm{d}i}{\mathrm{d}t} + L_2 \frac{\mathrm{d}i}{\mathrm{d}t} \right) = (L_1 + L_2 + 2M) \frac{\mathrm{d}i}{\mathrm{d}t}$$

由上式可得顺接串联的等效电感为

$$L'_{eq} = L_1 + L_2 + 2M \qquad (8\text{-}8)$$

同理。对图 8-10（b）所示的反接串联耦合电感，每个线圈的电压、电流均为关联参考方向，且电流从异名端流入，故耦合电感的伏安关系为

$$u_1 = L_1 \frac{\mathrm{d}i}{\mathrm{d}t} - M \frac{\mathrm{d}i}{\mathrm{d}t}$$

$$u_2 = -M \frac{\mathrm{d}i}{\mathrm{d}t} + L_2 \frac{\mathrm{d}i}{\mathrm{d}t}$$

其端口电压

$$u = u_1 + u_2 = \left(L_1 \frac{\mathrm{d}i}{\mathrm{d}t} - M \frac{\mathrm{d}i}{\mathrm{d}t} \right) + \left(-M \frac{\mathrm{d}i}{\mathrm{d}t} + L_2 \frac{\mathrm{d}i}{\mathrm{d}t} \right) = (L_1 + L_2 - 2M) \frac{\mathrm{d}i}{\mathrm{d}t}$$

由上式可得反接串联的等效电感为

$$L''_{eq} = L_1 + L_2 - 2M \qquad (8\text{-}9)$$

显然，顺接串联时等效电感大于两自感之和，反接串联时等效电感小于两自感之和。这是因为顺接时电流自同名端分别流入两个线圈，产生的磁通相助，总磁链增多；反接时情形恰好相反。利用这个结论，可以用实验方法判断耦合电感的同名端。另外，若将式（8-8）与式（8-9）相减，可得 $M = \dfrac{L'_{eq} - L''_{eq}}{4}$，这也提供了一种测量耦合电感 M 的方法。

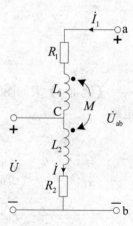

图 8-11　例 8-5 图

【例 8-5】图 8-11 所示为自耦变压器电路，已知耦合线圈中的电阻 $R_1 = R_2 = 3\Omega$，自感抗 $\omega L_1 = \omega L_2 = 4\Omega$，互感抗 $\omega M = 2\Omega$，线圈 2 所加的电压为 $\dot{U} = 10\underline{/30^\circ}\,\mathrm{V}$，求开路电压 $\dot{U}_{ab}$。

解　由于 ab 开路，$\dot{I}_1 = 0$，所以线圈 1 中只有互感电压没有自感电压，而线圈 2 只有自感电压没有互感电压。各线圈的 VCR 分别为

$$\dot{U}_{ac} = \mathrm{j}\omega M \dot{I} = \mathrm{j}2\dot{I}$$

$$\dot{U} = 10\underline{/30^\circ}\,\mathrm{V} = (R_2 + \mathrm{j}\omega L_2)\dot{I} = (3 + \mathrm{j}4)\dot{I}$$

由此可解得

$$\dot{I} = \frac{10\underline{/30^\circ}}{(3+j4)}\text{A} = 2\underline{/-23.1^\circ}\,\text{A}$$

$$\dot{U}_{ac} = j2\dot{I} = 4\underline{/66.9^\circ}\,\text{V}$$

所以

由 KVL 可得

$$\dot{U}_{ab} = \dot{U}_{ac} + \dot{U} = (4\underline{/66.9^\circ} + 10\underline{/30^\circ})\text{V}$$
$$= \left[(1.57 + j3.68) + (8.66 + j5)\right]\text{V}$$
$$= (10.23 + j8.68)\text{V} = 13.4\underline{/40.3^\circ}\,\text{V}$$

【例 8-6】 图 8-12（a）所示为一个空心变压器端接电源与负载的电路，已知 $u_s = 10\sqrt{2}\cos10t\ \text{V}$，求正弦稳态电流 i_1、i_2 及 1.6Ω 负载电阻吸收的功率。

解 先画出相量模型，如图 8-12（b）所示，其中 $\dot{U}_s = 10\underline{/0^\circ}\,\text{V}$ 。

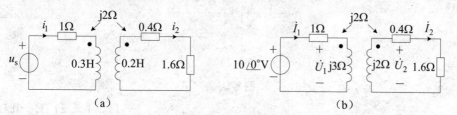

图 8-12 例 8-6 图

对电路中的两个网孔列 KVL 方程，得到

$$10\underline{/0^\circ} = 1\,\dot{I}_1 + \dot{U}_1$$
$$\dot{U}_2 = 0.4\dot{I}_2 + 1.6\dot{I}_2$$

代入耦合电感的 VCR

$$\dot{U}_1 = j3\dot{I}_1 - j2\dot{I}_2$$
$$\dot{U}_2 = j2\dot{I}_1 - j2\dot{I}_2$$

即可得到以网孔电流为解变量的 KVL 方程分别为

$$(1+j3)\dot{I}_1 - j2\dot{I}_2 = 10\underline{/0^\circ} \tag{8-10-1}$$

和

$$j2\dot{I}_1 - (2+j2)\dot{I}_2 = 0$$

即

$$\dot{I}_1 = \frac{(2+j2)}{j2}\dot{I}_2 = (1-j)\dot{I}_2 \tag{8-10-2}$$

将式（8-10-1）代入式（8-10-1），可以得到

$$(1+j3)(1-j)\dot{I}_2 - j2\dot{I}_2 = 10\underline{/0^\circ}$$

即可解得

$$\dot{I}_2 = 2.5\underline{/0^\circ}\,\text{A}$$

所以

$$\dot{I}_1 = (1-j)\dot{I}_2 = 2.5\sqrt{2}\underline{/-45^\circ}\,\text{A}$$

写成时域表达式

$$i_1(t) = 5\cos(10t - 45°)\text{A}$$
$$i_2(t) = 2.5\sqrt{2}\cos10t\text{A}$$

1.6Ω 负载电阻吸收的平均功率为

$$P = 1.6 \times I_2^2 = 1.6 \times 2.5^2 \text{W} = 10\text{W}$$

思考与练习

8-1-1　试确定题 8-1-1 图所示耦合线圈的同名端，当在端钮 1 输入电流 $i = 10\sin t\text{A}$，其参考方向取流入端钮 1，已知互感 $M = 0.01\text{H}$，求 u_{34}。

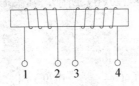

题 8-1-1 图

[1、4 或 2、3；　$-0.1\cos t$ V]

8-1-2　自感电压和互感电压的正负如何确定？

8-1-3　试写出题 8-1-3 图所示各耦合电感的 VCR 方程。

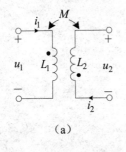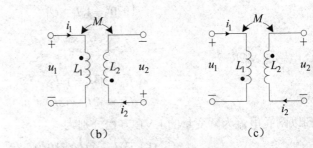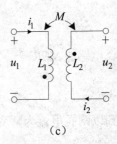

(a)　　　　　　　　(b)　　　　　　　　(c)

题 8-1-3 图

$$\left[\text{(a)} \quad u_1 = L_1\frac{\text{d}i_1}{\text{d}t} + M\frac{\text{d}i_2}{\text{d}t}、\quad u_2 = -M\frac{\text{d}i_1}{\text{d}t} - L_2\frac{\text{d}i_2}{\text{d}t};\right.$$

$$\text{(b)} \quad u_1 = L_1\frac{\text{d}i_1}{\text{d}t} + M\frac{\text{d}i_2}{\text{d}t}、\quad u_2 = M\frac{\text{d}i_1}{\text{d}t} + L_2\frac{\text{d}i_2}{\text{d}t};$$

$$\left.\text{(c)} \quad u_1 = L_1\frac{\text{d}i_1}{\text{d}t} + M\frac{\text{d}i_2}{\text{d}t}、\quad u_2 = -M\frac{\text{d}i_1}{\text{d}t} - L_2\frac{\text{d}i_2}{\text{d}t}\right]$$

8.2　耦合电感的去耦等效

8.1 节着重讨论了耦合电感元件的端口伏安关系，由此可以看出，分

扫码看视频

耦合电感的
去耦等效

析含耦合电感元件电路的最一般方法还是列两类约束方程并求解，这与一般不含互感电路的分析是一样的。但耦合电感中既要考虑自感电压又要考虑互感电压，且各项电压的确定又与同名端位置及所设电压、电流参考方向有关，这就增加了列写电路方程的复杂性。因此常用等效变换的方法将这类问题简单化。本节介绍用等效电感网络替代耦合电感元件的分析方法，称为去耦等效法。

如图 8-13（a）所示的耦合电感有一个公共端，可以用 3 个电感组成的 T 形网络来等效，如图 8-13（b）所示。现在推导这两个网络等效的参数取值条件。

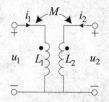
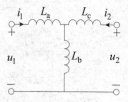

（a）公共端为同名端的耦合电感　　　　（b）T 形等效电路

图 8-13　公共端为同名端的耦合电感及其 T 形等效电路

图 8-13（a）所示耦合电感的端口 VCR 为

$$
\begin{cases}
u_1 = L_1 \dfrac{\mathrm{d}i_1}{\mathrm{d}t} + M \dfrac{\mathrm{d}i_2}{\mathrm{d}t} \\[2mm]
u_2 = M \dfrac{\mathrm{d}i_1}{\mathrm{d}t} + L_2 \dfrac{\mathrm{d}i_2}{\mathrm{d}t}
\end{cases}
$$

图 8-13（b）所示 T 形等效电路的端口 VCR 为

$$
\begin{cases}
u_1 = L_\mathrm{a} \dfrac{\mathrm{d}i_1}{\mathrm{d}t} + L_\mathrm{b} \dfrac{\mathrm{d}(i_1 + i_2)}{\mathrm{d}t} = (L_\mathrm{a} + L_\mathrm{b}) \dfrac{\mathrm{d}i_1}{\mathrm{d}t} + L_\mathrm{b} \dfrac{\mathrm{d}i_2}{\mathrm{d}t} \\[2mm]
u_2 = L_\mathrm{c} \dfrac{\mathrm{d}i_2}{\mathrm{d}t} + L_\mathrm{b} \dfrac{\mathrm{d}(i_1 + i_2)}{\mathrm{d}t} = L_\mathrm{b} \dfrac{\mathrm{d}i_1}{\mathrm{d}t} + (L_\mathrm{b} + L_\mathrm{c}) \dfrac{\mathrm{d}i_2}{\mathrm{d}t}
\end{cases}
$$

为了使这两个网络的 VCR 完全相同，比较两组方程中的相应系数，可得 T 形等效电路中各电感值应为

$$
\left.
\begin{aligned}
L_\mathrm{a} &= L_1 - M \\
L_\mathrm{b} &= M \\
L_\mathrm{c} &= L_2 - M
\end{aligned}
\right\}
\tag{8-11}
$$

这就是公共端为同名端的耦合电感与其去耦等效电路的等效条件。

同理可以推得，公共端为异名端的耦合电感与其去耦等效电路的等效条件是将式（8-11）中的 M 取负，即

$$
\left.
\begin{aligned}
L_\mathrm{a} &= L_1 + M \\
L_\mathrm{b} &= -M \\
L_\mathrm{c} &= L_2 + M
\end{aligned}
\right\}
\tag{8-12}
$$

式（8-12）中，$L_\mathrm{b} = -M$ 是一个等效的负电感，式（8-11）中的等效电感 $L_\mathrm{a} = L_1 - M$、$L_\mathrm{c} = L_2 - M$ 均有可能为负电感。这就提供了一种实现负电感的方法，将有利于设计人员的选择。

有一个公共端的耦合电感及其对应的去耦等效电路如图 8-14 所示。

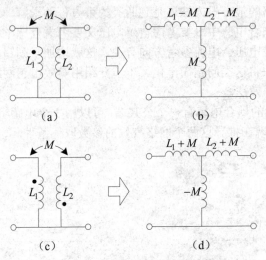

图 8-14 耦合电感的去耦等效电路

去耦等效电路是用等效电感的电耦合代替了耦合电感中的磁耦合，故在进一步分析时就不必再去考虑互感的作用及互感电压了。

【例 8-7】用去耦等效法再解**【例 8-6】**，（1）求如图 8-15（a）所示电路中的电流 $\dot{I}_1$、$\dot{I}_2$；（2）1.6Ω 负载改为何值阻抗时可以得到最大功率？最大功率为多少？

解 在如图 8-15（a）所示电路中，耦合线圈虽然没有公共端，但可以设想在两个线圈之间加一根导线构成一个公共端，如图 8-15（a）中虚线所示，由于本例中所加导线上没有电流（由 KCL 可以判断），故不会改变电路原来的工作状态。由此，可以将如图 8-15（a）所示的电路等效为如图 8-15（b）所示的电路。

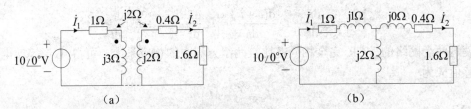

图 8-15 例 8-7 图

（1）在如图 8-15（b）所示电路中，先求电源侧的等效阻抗

$$Z_i = \left[(1+j1) + \frac{2\times j2}{2+j2}\right]\Omega = 2\sqrt{2}\underline{/45^\circ}\,\Omega$$

则可解得

$$\dot{I}_1 = \frac{10\underline{/0^\circ}}{Z_i} = \frac{10}{2.5\sqrt{2}\underline{/45^\circ}}\,\text{A} = 2.5\sqrt{2}\underline{/-45^\circ}\,\text{A}$$

再由分流公式可得

$$\dot{I}_2 = \frac{j2}{2+j2}\dot{I}_1 = 2.5\underline{/0^\circ}\,\text{A}$$

（2）用戴维宁定理，先断开 1.6Ω 电阻所在支路，得到有源二端网络如图 8-16（a）所示，其开路电压

$$\dot{U}_{OC} = \frac{j2}{(1+j)+j2} \times 10\underline{/0^\circ}\,V = (6+j2)V = 6.325\underline{/18.43^\circ}\,V$$

再将有源二端网络除源，得到无源二端网络如图 8-16（b）所示，其等效阻抗

$$Z_O = \left[0.4 + \frac{(1+j)\times j2}{(1+j)+j2}\right]\Omega = (0.8+j0.8)\Omega = 1.13\underline{/45^\circ}\,\Omega$$

由此得到戴维宁等效电路，如图 8-16（c）所示。

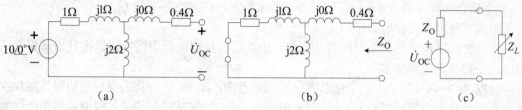

图 8-16　求戴维宁等效电路

所以，当负载阻抗 $Z_L = Z_O^* = (0.8-j0.8)\Omega$ 时，负载从电路得到最大功率，最大功率为

$$P_{L\max} = \frac{U_{OC}^2}{4R_O} = \frac{6.325^2}{4\times0.8}\,W = 12.5W$$

思考与练习

8-2-1　为什么将两耦合线圈串联或并联时，必须注意同名端，否则当接到电源时有烧毁的危险？

8-2-2　耦合电感 $L_1 = 6H$，$L_2 = 4H$，$M = 3H$，试计算耦合电感作串联、并联时的各等效电感值。

[顺接串联16H，反接串联4H；同名端并联3.75H，异名端并联0.9375H]

8.3　理想变压器

　　变压器（transformer）在电力系统及电子技术中应用非常广泛，是一种利用磁耦合实现能量传输和信号传递的电气设备，通常由两个耦合线圈利用电磁感应原理制作而成，其中一个线圈与电源相连，称为初级线圈或一次绕组，另一个线圈与负载相连，称为次级线圈或二次绕组。

　　常用的变压器有空心变压器和铁芯变压器两种类型。空心变压器是指以空气或其他非铁磁性材料作为芯子的变压器，这种变压器由于周围介质的磁导率是常数，所以是一种线性元件，被广泛应用于测量仪器和高频电子电路中。铁芯变压器是指以铁磁性材料作为芯子的变压器，由于铁磁性材料导磁性能良好，所以磁通几乎全部集中在铁芯中并与全部线

圈交链，漏磁通很小，线圈的耦合系数 k 接近 1，铁芯变压器近似于全耦合变压器，通常应用于电力系统或电子设备中。

理想变压器（ideal transformer）是从实际变压器抽象出来的理想化模型，它是对互感元件的一种理想科学抽象，是极限情况下的耦合电感。

扫码看视频

理想变压器的 VCR

8.3.1 理想变压器的 VCR

当变压器满足以下 3 个理想化条件时，可以演变为理想变压器：（1）全耦合（耦合系数 $k=1$）；（2）变压器无损耗；（3）自感系数 L_1、L_2 无限大（周围介质的磁导率 $\to \infty$）。

铁芯变压器是理想变压器的最佳近似，由铁芯变压器的极限情况可以推导出理想变压器的伏安特性。

如图 8-17（a）所示为一个铁芯变压器的示意图，N_1 和 N_2 分别为变压器初级线圈和次级线圈的匝数，由图可判断 a、c 是同名端，设 i_1、i_2 分别从同名端流入线圈，则初级线圈和次级线圈中的磁通是由自感磁通与互感磁通叠加起来的，即

$$\Phi_1 = \Phi_{11} + \Phi_{12}$$
$$\Phi_2 = \Phi_{21} + \Phi_{22}$$

在全耦合的理想条件下，各线圈电流产生的磁通全部与另一个线圈交链，即

$$\Phi_{11} = \Phi_{21} \qquad \Phi_{22} = \Phi_{12}$$

所以全耦合变压器的两个线圈中通过的磁通相等，如图 8-17（a）所示，其中设

$$\Phi_1 = \Phi_2 = \Phi$$

则初级线圈和次级线圈中的磁链分别为

$$\Psi_1 = N_1 \Phi_1 = N_1 \Phi$$
$$\Psi_2 = N_2 \Phi_2 = N_2 \Phi$$

根据电磁感应定律，两个线圈上的感应电压分别为

$$u_1 = \frac{\mathrm{d}\Psi_1}{\mathrm{d}t} = N_1 \frac{\mathrm{d}\Phi}{\mathrm{d}t}$$
$$u_2 = \frac{\mathrm{d}\Psi_2}{\mathrm{d}t} = N_2 \frac{\mathrm{d}\Phi}{\mathrm{d}t}$$

所以理想变压器的变压关系式为

$$\frac{u_1}{u_2} = \frac{N_1}{N_2} = n \tag{8-13}$$

其中，$n = \dfrac{N_1}{N_2}$ 称为变压器的**变比**（transformation ratio）或匝比，它等于初级线圈与次级线圈的匝数比。

式（8-13）说明理想变压器可以变换电压，且线圈电压与线圈匝数成正比。但要特别注意，式（8-13）中 u_1、u_2 的"+"极是设在同名端的，如果 u_1、u_2 的"+"极设在异名端，则在上述关系式中应加以"−"号。

在变压器无损耗的理想条件下，由能量（功率）守恒公理，对如图 8-17（b）所示理想

变压器而言，应有 $u_1 i_1 + u_2 i_2 = 0$，所以得到理想变压器的变流关系式为

$$\frac{i_1}{i_2} = -\frac{N_2}{N_1} = -\frac{1}{n} \tag{8-14}$$

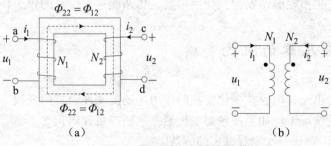

图 8-17　铁芯变压器与理想变压器模型

　　式（8-14）说明，理想变压器可以变换电流，且线圈电流与线圈匝数成反比。请注意，式（8-14）中 i_1、i_2 的参考方向是取流入同名端的，如果 i_1、i_2 的参考方向取流入异名端，则应去掉变流关系式中的"-"号。

　　表 8-1 中列举了理想变压器在不同参考方向下的变压、变流关系式，应用时请正确选用。

表 8-1　理想变压器 VCR 方程中的正与负

	电 路 符 号	端口 VCR 方程	参考方向特点
变压关系	$n:1$　u_1　u_2	$\dfrac{u_1}{u_2} = n$	u_1、u_2 "+" 极在同名端
	$n:1$　u_1　u_2	$\dfrac{u_1}{u_2} = -n$	u_1、u_2 "+" 极在异名端
变流关系	i_1　$n:1$　i_2	$\dfrac{i_1}{i_2} = \dfrac{1}{n}$	i_1、i_2 流入异名端
	i_1　$n:1$　i_2	$\dfrac{i_1}{i_2} = -\dfrac{1}{n}$	i_1、i_2 流入同名端

　　从上述分析可见，虽然理想变压器是从耦合电感元件抽象而来的，而且还用了相似的

电路符号，但元件的性质却发生了质的变化。耦合电感是由微积分方程描述的动态元件、储能元件，其参数有自感 L_1、L_2 与互感 M。而理想变压器的 VCR 却是代数方程，其唯一的参数是变比 n。显然，理想变压器已经没有了电磁感应的痕迹，不再是动态元件，它在电路中既不储能，也不耗能，仅起到变换参数、传递能量与信号的作用。

扫码看视频

理想变压器的
阻抗变换

8.3.2 理想变压器的阻抗变换

理想变压器对电压、电流按变比变换的作用，还反映在阻抗的变换上。在正弦稳态的情况下，如果在理想变压器二次侧接负载阻抗 Z_L，如图 8-18（a）所示，则从一次侧看过去的等效阻抗

$$Z_i = \frac{\dot{U}_1}{\dot{I}_1} = \frac{n\dot{U}_2}{-\frac{1}{n}\dot{I}_2} = n^2\left(-\frac{\dot{U}_2}{\dot{I}_2}\right)$$

由于负载上电压、电流参考方向非关联，$\dot{U}_2 = -Z_L\dot{I}_2$，代入上式即得

$$Z_i = n^2 Z_L \tag{8-15}$$

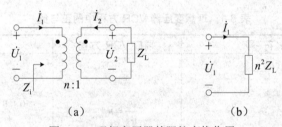

（a）　　　　　　　　　　（b）

图 8-18　理想变压器的阻抗变换作用

由此可见，理想变压器可以把接在二次侧的阻抗 Z_L 变换为一次侧的阻抗 $n^2 Z_L$，而且可以证明，该结论与同名端无关。如果改变变比 n，就可改变等效阻抗 $n^2 Z_L$ 的模，常利用这一特性使二次侧的负载得到最大功率。

【例 8-8】已知某信号源 $U_S = 16\text{V}$，内阻为 $R_S = 800\Omega$，若将 $R_L = 8\Omega$ 的负载直接接到这个信号源上，如图 8-19（a）所示，则负载得到的功率为

$$P_L = \left(\frac{16}{800+8}\right)^2 \cdot 8\text{W} = 3.14\text{mW}$$

为使负载获得最大功率，在信号源与负载之间接入一理想变压器，如图 8-19（b）所示，求变压器的变比 n 应为多少？

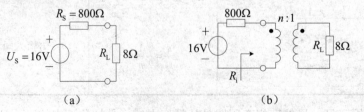

（a）　　　　　　　　　　　（b）

图 8-19　例 8-8 图

解 如图 8-19（b）所示，由于 R_L 变换为变压器一次侧的等效电阻

$$R_i = n^2 R_L$$

根据最大功率传递定理，R_i 获得最大功率的条件为

$$R_i = n^2 R_L = R_S$$

所以变比应为

$$n = \sqrt{\frac{R_S}{R_L}} = \sqrt{\frac{800}{8}} = 10$$

且 R_i 获得的最大功率为

$$P_L' = \frac{U_S^2}{4R_S} = \frac{16^2}{4 \times 800}\,\mathrm{W} = 80\,\mathrm{mW}(\gg 3.14\,\mathrm{mW})$$

由于理想变压器不耗能，故等效电阻 $R_i = n^2 R_L$ 上的功率就是 R_L 消耗的功率。

【例 8-9】 已知电路如图 8-20（a）所示，试求电压 $\dot{U}_2$。

解法一 用方程法求解

由图 8-20（a）所示电路可得各网孔 KVL 方程

$$\dot{I}_1 \times 1 + \dot{U}_1 = 10\underline{/0^\circ}$$

$$\dot{I}_2 \times 50 = \dot{U}_2$$

又由理想变压器的伏安关系式

$$\dot{U}_2 = 10\dot{U}_1$$

$$\dot{I}_2 = \frac{1}{10}\dot{I}_1$$

联立以上 4 个式子可以得到

$$\dot{U}_2 = 33.3\underline{/0^\circ}\,\mathrm{V}$$

解法二 将二次侧电阻折算到一次侧，则等效电阻

$$n^2 \times 50\Omega = \left(\frac{1}{10}\right)^2 \times 50\Omega = 0.5\Omega$$

得到一次侧等效电路，如图 8-20（b）所示，由此可得

$$\dot{U}_1 = \frac{0.5}{1 + 0.5} \times 10\underline{/0^\circ}\,\mathrm{V} = 3.33\underline{/0^\circ}\,\mathrm{V}$$

$$\dot{U}_2 = \frac{1}{n}\dot{U}_1 = 10 \times 3.33\underline{/0^\circ}\,\mathrm{V} = 33.3\underline{/0^\circ}\,\mathrm{V}$$

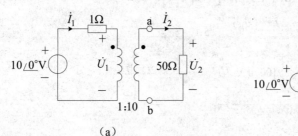 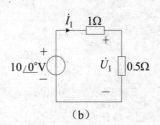

（a）　　　　　　　　　　　　（b）

图 8-20　例 8-9 图

解法三 用戴维宁定理求解。

在如图 8-20（a）所示电路中，先断开 50Ω 电阻所在支路，得到有源二端网络如图 8-21（a）所示，在求 ab 左侧部分的开路电压时，由于 $\dot{I}_2 = 0$，必然有 $\dot{I}_1 = 10\dot{I}_2 = 0$，因此 $\dot{U}_1 = 10\angle 0°\text{V}$。故得开路电压

$$\dot{U}_{\text{OC}} = 10\dot{U}_1 = 100\angle 0°\text{V}$$

接着将有源二端网络除源，即令电压源的电压为零，得到无源二端网络如图 8-21（b）所示，其等效电阻就是将变压器一次侧的电阻折算到二次侧，即

$$R_{\text{O}} = 10^2 \times 1\Omega = 100\Omega$$

于是得到二次侧的等效电路，如图 8-21（c）所示，由此可得

$$\dot{U}_2 = \frac{50}{100+50} \times \dot{U}_{\text{OC}} = 33.3\angle 0°\text{V}$$

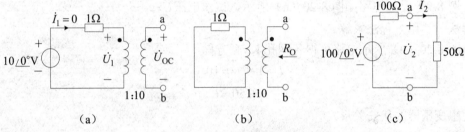

| (a) | (b) | (c) |

图 8-21 戴维宁等效电路

思考与练习

8-3-1 理想变压器 VCR 方程中的正、负符号与同名端和电压电流参考方向的关系是什么？

8-3-2 额定电压为 220V/110V 的变压器，当一次侧绕组接至 220V 直流电源时，（　　）。

　　A. 二次侧将输出 110V 直流电压

　　B. 一次侧绕组将产生极大电流而烧毁，二次侧无输出电压

　　C. 铁心中将不产生磁通

　　D. 二次侧将输出 220V 电压

[B]

8-3-3 在题 8-3-3 图所示电路中，求 $\dot{I}_1$、$\dot{U}_1$ 和 $\dot{I}_2$、$\dot{U}_2$。

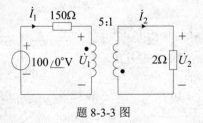

题 8-3-3 图

[0.5A，25V；−0.25A，−5V]

8.4 双口网络及其参数方程

端口（port）是指网络与外电路连接的一对端钮，在任一时刻，流入其中一个端钮的电流总是等于流出另一个端钮的电流。前面章节详细讨论过的二端网络，其两个端钮自然满足上述的端口条件，故称为单口网络，如图 8-22（a）所示。

双口网络（two-port network）是两对端钮均满足端口条件的四端网络，如图 8-22（b）所示。在图 8-22（b）中，两对端钮 1-1′和 2-2′是双口网络与外电路相连接的两个端口，分别简称为端口 1 和端口 2。端口 1 一般连接激励源，常称为输入端口；端口 2 一般连接负载，常称为输出端口。

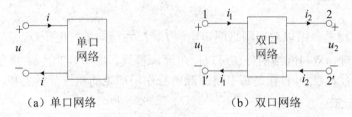

（a）单口网络　　　　　　　（b）双口网络

图 8-22　端口条件

双口网络可以端接激励源与负载，完成对信号的放大、变换及匹配等功能，是一种非常重要的电路形式，在实际工程中有着广泛的应用。例如变压器、滤波器、运算放大器、晶体管等都是双口网络，还有很多实用的集成电路也属于双口网络。

和单口网络一样，研究双口网络的对外特性，实质上就是研究其端口上的电压与电流之间的关系。如果双口网络不包含任何与外电路耦合的元件，其端口上的电压与电流之间的关系仅取决于网络本身的结构、参数以及电源的频率，与外电路无关。当确定了双口网络的端口伏安特性时，就可以将其处理为一个"黑匣子"，而无须关注其内部的具体结构。因此端口分析的方法对于研究集成电路等被封装的复杂电路或器件，具有重要的实际意义。

双口网络的两个端口有 4 个变量，即 $\dot{U}_1$、$\dot{I}_1$、$\dot{U}_2$、$\dot{I}_2$，如图 8-23 所示。如果将其中两个作为已知量，另外两个作为未知量，则有 6 种组合的参数方程来表示 4 个变量的相互关系。本节介绍最常用的 4 种方程，如表 8-2 所示。

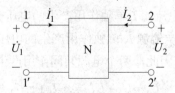

图 8-23　线性无源双口网络

表 8-2 双口网络的参数方程

已 知 量	未 知 量	电 路 方 程	电 路 参 数
$\dot{I}_1$、$\dot{I}_2$	$\dot{U}_1$、$\dot{U}_2$	$\begin{bmatrix} \dot{U}_1 \\ \dot{U}_2 \end{bmatrix} = \begin{bmatrix} z_{11} & z_{12} \\ z_{21} & z_{22} \end{bmatrix} \begin{bmatrix} \dot{I}_1 \\ \dot{I}_2 \end{bmatrix}$	开路阻抗参数 Z
$\dot{U}_1$、$\dot{U}_2$	$\dot{I}_1$、$\dot{I}_2$	$\begin{bmatrix} \dot{I}_1 \\ \dot{I}_2 \end{bmatrix} = \begin{bmatrix} y_{11} & y_{12} \\ y_{21} & y_{22} \end{bmatrix} \begin{bmatrix} \dot{U}_1 \\ \dot{U}_2 \end{bmatrix}$	短路导纳参数 Y
$\dot{I}_1$、$\dot{U}_2$	$\dot{U}_1$、$\dot{I}_2$	$\begin{bmatrix} \dot{U}_1 \\ \dot{I}_2 \end{bmatrix} = \begin{bmatrix} h_{11} & h_{12} \\ h_{21} & h_{22} \end{bmatrix} \begin{bmatrix} \dot{I}_1 \\ \dot{U}_2 \end{bmatrix}$	混合参数 H
$\dot{U}_2$、$(-\dot{I}_2)$	$\dot{U}_1$、$\dot{I}_1$	$\begin{bmatrix} \dot{U}_1 \\ \dot{I}_1 \end{bmatrix} = \begin{bmatrix} a_{11} & a_{12} \\ a_{21} & a_{22} \end{bmatrix} \begin{bmatrix} \dot{U}_2 \\ -\dot{I}_2 \end{bmatrix}$	传递参数 A

8.4.1 阻抗参数方程及 Z 参数

  阻抗参数方程是一组以双口网络端口电流 $\dot{I}_1$、$\dot{I}_2$ 为已知量，电压 $\dot{U}_1$、$\dot{U}_2$ 为未知量的方程。根据替代定理，双口网络的外部可以用电流源替代，如图 8-24（a）所示。再应用叠加定理，端口电压 $\dot{U}_1$、$\dot{U}_2$ 可看作是每个电流源单独作用产生的电压分量之和，如图 8-24（b）和图 8-24（c）所示。

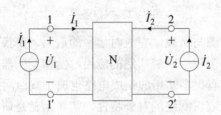

（a）用电流源替代外电路

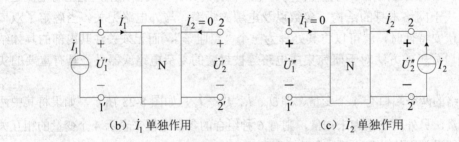

（b）$\dot{I}_1$ 单独作用   （c）$\dot{I}_2$ 单独作用

图 8-24 双口网络的 Z 参数

  根据线性电路的特性，由电流源 $\dot{I}_1$ 单独作用产生的电压分量 $\dot{U}_1'$、$\dot{U}_2'$ 与 $\dot{I}_1$ 成正比，可表示为 $\dot{U}_1' = z_{11}\dot{I}_1$、$\dot{U}_2' = z_{21}\dot{I}_1$；由电流源 $\dot{I}_2$ 单独作用产生的电压分量 $\dot{U}_1''$、$\dot{U}_2''$ 与 $\dot{I}_2$ 成正比，可表示为 $\dot{U}_1'' = z_{12}\dot{I}_2$、$\dot{U}_2'' = z_{22}\dot{I}_2$。因此，两个电源共同作用产生的端口电压

$$\begin{cases} \dot{U}_1 = \dot{U}_1' + \dot{U}_1'' = z_{11}\dot{I}_1 + z_{12}\dot{I}_2 \\ \dot{U}_2 = \dot{U}_2' + \dot{U}_2'' = z_{21}\dot{I}_1 + z_{22}\dot{I}_2 \end{cases} \tag{8-16}$$

或将上式写成矩阵形式

$$\begin{bmatrix} \dot{U}_1 \\ \dot{U}_2 \end{bmatrix} = \begin{bmatrix} z_{11} & z_{12} \\ z_{21} & z_{22} \end{bmatrix} \begin{bmatrix} \dot{I}_1 \\ \dot{I}_2 \end{bmatrix} = [Z] \begin{bmatrix} \dot{I}_1 \\ \dot{I}_2 \end{bmatrix} \tag{8-17}$$

式中 $[Z] = \begin{bmatrix} z_{11} & z_{12} \\ z_{21} & z_{22} \end{bmatrix}$ 称为阻抗参数矩阵，其中比例系数 z_{11}、z_{12}、z_{21}、z_{22} 具有阻抗性质，量纲为欧姆（Ω），故称为阻抗参数、Z 参数，式（8-16）、式（8-17）被称为双口网络的**阻抗参数方程**（impedance parameter equation）。

Z 参数可根据式（8-16）、式（8-17），通过端口 1 与端口 2 开路来测量或计算确定：

$z_{11} = \dfrac{\dot{U}_1}{\dot{I}_1}\Big|_{\dot{I}_2=0}$，是端口 2 开路时，端口 1 的输入阻抗。

$z_{12} = \dfrac{\dot{U}_1}{\dot{I}_2}\Big|_{\dot{I}_1=0}$，是端口 1 开路时；端口 1 对端口 2 的转移阻抗。

$z_{21} = \dfrac{\dot{U}_2}{\dot{I}_1}\Big|_{\dot{I}_2=0}$，是端口 2 开路时，端口 2 对端口 1 的转移阻抗。

$z_{22} = \dfrac{\dot{U}_2}{\dot{I}_2}\Big|_{\dot{I}_1=0}$，是端口 1 开路时，端口 2 的输入阻抗。

由此可知，Z 参数都是在一个端口开路时确定的参数，所以 Z 参数又称为开路阻抗参数。输入阻抗是指同一端口上的电压与电流相量之比，而转移阻抗是指两个不同端口上的电压与电流相量之比。

【例 8-10】求如图 8-25（a）所示双口网络的 Z 参数。

解法一　根据 Z 参数定义求解

设想双口网络的外部用电流源 $\dot{I}_1$、$\dot{I}_2$ 替代，如图 8-25（a）中虚线部分所示，当 $\dot{I}_1$ 单独作用时，$\dot{I}_2 = 0$，端口 2 开路，如图 8-25（b）所示，则

$$z_{11} = \dfrac{\dot{U}_1}{\dot{I}_1}\Big|_{\dot{I}_2=0} = Z_1 + Z_3$$

$$z_{21} = \dfrac{\dot{U}_2}{\dot{I}_1}\Big|_{\dot{I}_2=0} = Z_3$$

当 $\dot{I}_2$ 单独作用时，$\dot{I}_1 = 0$，端口 1 开路，如图 8-25（c）所示，则

$$z_{12} = \dfrac{\dot{U}_1}{\dot{I}_2}\Big|_{\dot{I}_1=0} = Z_3$$

$$z_{22} = \dfrac{\dot{U}_2}{\dot{I}_2}\Big|_{\dot{I}_1=0} = Z_2 + Z_3$$

得到 Z 参数矩阵

$$[Z] = \begin{bmatrix} Z_1 + Z_3 & Z_3 \\ Z_3 & Z_2 + Z_3 \end{bmatrix}$$

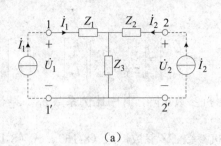

（a）

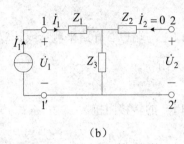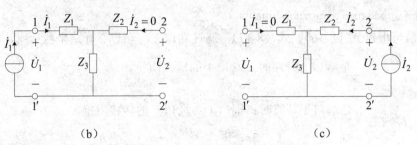

（b）   （c）

图 8-25   例 8-10 图

解法二   直接列写参数方程求解

设想网络的端口电流 $\dot{I}_1$、$\dot{I}_2$ 已知，列写网孔 KVL 方程求端口电压，则

$$\begin{cases} \dot{U}_1 = Z_1\dot{I}_1 + Z_3(\dot{I}_1 + \dot{I}_2) = (Z_1 + Z_3)\dot{I}_1 + Z_3\dot{I}_2 \\ \dot{U}_2 = Z_2\dot{I}_2 + Z_3(\dot{I}_1 + \dot{I}_2) = Z_3\dot{I}_1 + (Z_2 + Z_3)\dot{I}_2 \end{cases}$$

将上式写成矩阵形式

$$\begin{bmatrix} \dot{U}_1 \\ \dot{U}_2 \end{bmatrix} = \begin{bmatrix} Z_1 + Z_3 & Z_3 \\ Z_3 & Z_2 + Z_3 \end{bmatrix}\begin{bmatrix} \dot{I}_1 \\ \dot{I}_2 \end{bmatrix}$$

所以 Z 参数矩阵为

$$[Z] = \begin{bmatrix} Z_1 + Z_3 & Z_3 \\ Z_3 & Z_2 + Z_3 \end{bmatrix}$$

从本题得到 $z_{12} = z_{21}$，即 $\left.\dfrac{\dot{U}_1}{\dot{I}_2}\right|_{\dot{I}_1=0} = \left.\dfrac{\dot{U}_2}{\dot{I}_1}\right|_{\dot{I}_2=0}$，说明这个网络

具有**互易**（reciprocal）特性。实际上不含独立电源和受控电源的线性双口网络均具有互易性。在单一电流源作用下，互易双口在互换激励和开路电压响应位置时，不会改变响应和激励的比例关系。

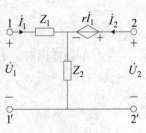

图 8-26   例 8-11 图

【例 8-11】求如图 8-26 所示双口网络的 Z 参数。

解   本题直接列写参数方程求解。设想网络的端口电流 $\dot{I}_1$、$\dot{I}_2$ 已知，列写网孔 KVL 方程求端口电压，则

$$\begin{cases} \dot{U}_1 = Z_1\dot{I}_1 + Z_2(\dot{I}_1 + \dot{I}_2) = (Z_1 + Z_2)\dot{I}_1 + Z_2\dot{I}_2 \\ \dot{U}_2 = r\dot{I}_1 + Z_2(\dot{I}_1 + \dot{I}_2) = (r + Z_2)\dot{I}_1 + Z_2\dot{I}_2 \end{cases}$$

所以 Z 参数矩阵为

$$[Z] = \begin{bmatrix} Z_1 + Z_2 & Z_2 \\ r + Z_2 & Z_2 \end{bmatrix}$$

本题中 $z_{12} \neq z_{21}$，所以该网络不具有互易特性。这是因为该双口网络中存在受控电源（CCVS）。

8.4.2　导纳参数方程及 Y 参数

导纳参数方程是一组以双口网络端口电压 $\dot{U}_1$、$\dot{U}_2$ 为已知量，端口电流 $\dot{I}_1$、$\dot{I}_2$ 为未知量的方程。根据替代定理，双口网络的外部可以用电压源替代，如图 8-27（a）所示。再应用叠加定理，端口电流 $\dot{I}_1$、$\dot{I}_2$ 可看作是每个电压源单独作用产生的电流分量之和，如图 8-27（b）和图 8-27（c）所示。

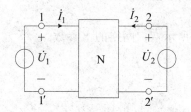

（a）用电压源替代外电路

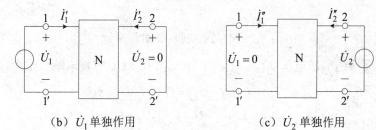

（b）$\dot{U}_1$ 单独作用　　　　　　（c）$\dot{U}_2$ 单独作用

图 8-27　双口网络的 Y 参数

同样，根据线性电路的特性，由电压源 $\dot{U}_1$ 单独作用产生的电流分量 $\dot{I}_1'$、$\dot{I}_2'$ 与 $\dot{U}_1$ 成正比，可表示为 $\dot{I}_1' = y_{11}\dot{U}_1$，$\dot{I}_2' = y_{21}\dot{U}_1$；由电压源 $\dot{U}_2$ 单独作用产生的电流分量 $\dot{I}_1''$、$\dot{I}_2''$ 与 $\dot{U}_2$ 成正比，可表示为 $\dot{I}_1'' = y_{12}\dot{U}_2$，$\dot{I}_2'' = y_{22}\dot{U}_2$。因此，两个电源共同作用产生的端口电流

$$\begin{cases} \dot{I}_1 = \dot{I}_1' + \dot{I}_1'' = y_{11}\dot{U}_1 + y_{12}\dot{U}_2 \\ \dot{I}_2 = \dot{I}_2' + \dot{I}_2'' = y_{21}\dot{U}_1 + y_{22}\dot{U}_2 \end{cases} \tag{8-18}$$

或将式（8-18）写成矩阵形式

$$\begin{bmatrix} \dot{I}_1 \\ \dot{I}_2 \end{bmatrix} = \begin{bmatrix} y_{11} & y_{12} \\ y_{21} & y_{22} \end{bmatrix} \begin{bmatrix} \dot{U}_1 \\ \dot{U}_2 \end{bmatrix} = [Y] \begin{bmatrix} \dot{U}_1 \\ \dot{U}_2 \end{bmatrix} \tag{8-19}$$

式中 $[Y] = \begin{bmatrix} y_{11} & y_{12} \\ y_{21} & y_{22} \end{bmatrix}$ 称为导纳参数矩阵，其中比例系数 y_{11}、y_{12}、y_{21}、y_{22} 具有导纳性质，量纲为西门子（S），故称为导纳参数、Y 参数，式（8-18）和式（8-19）被称为双口网络的

导纳参数方程（admittance parameter equation）。

Y 参数可根据式（8-18）、式（8-19），通过端口 1-1′与端口 2-2′短路来测量或计算确定：

$y_{11} = \dfrac{\dot{I}_1}{\dot{U}_1}\Big|_{\dot{U}_2=0}$ ，是端口 2 短路时，端口 1 的输入导纳。

$y_{12} = \dfrac{\dot{I}_1}{\dot{U}_2}\Big|_{\dot{U}_1=0}$ ，是端口 1 短路时，端口 1 对端口 2 的转移导纳。

$y_{21} = \dfrac{\dot{I}_2}{\dot{U}_1}\Big|_{\dot{U}_2=0}$ ，是端口 2 短路时，端口 2 对端口 1 的转移导纳。

$y_{22} = \dfrac{\dot{U}_2}{\dot{I}_2}\Big|_{\dot{U}_1=0}$ ，是端口 1 短路时，端口 2 的输入导纳。

由此可知，Y 参数都是在一个端口短路时确定的参数，所以 Y 参数又称为短路导纳参数。输入导纳是指同一端口上的电流与电压相量之比，而转移导纳是指两个不同端口上的电压与电流相量之比。

【例 8-12】 求如图 8-28 所示双口网络的 Y 参数。

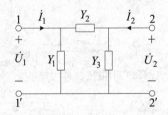

图 8-28　例 8-12 图

解　设想网络的端口电压 $\dot{U}_1$、$\dot{U}_2$ 已知，列写节点 KCL 方程求端口电流，则

$$\begin{cases} \dot{I}_1 = Y_1\dot{U}_1 + Y_2(\dot{U}_1 - \dot{U}_2) = (Y_1 + Y_2)\dot{U}_1 - Y_2\dot{U}_2 \\ \dot{I}_2 = Y_3\dot{U}_2 + Y_2(\dot{U}_2 - \dot{U}_1) = -Y_2\dot{U}_1 + (Y_2 + Y_3)\dot{U}_2 \end{cases}$$

将上式写成矩阵形式

$$\begin{bmatrix} \dot{I}_1 \\ \dot{I}_2 \end{bmatrix} = \begin{bmatrix} Y_1 + Y_2 & -Y_2 \\ -Y_2 & Y_2 + Y_3 \end{bmatrix} \begin{bmatrix} \dot{U}_1 \\ \dot{U}_2 \end{bmatrix}$$

所以 Y 参数矩阵

$$[Y] = \begin{bmatrix} Y_1 + Y_2 & -Y_2 \\ -Y_2 & Y_2 + Y_3 \end{bmatrix}$$

从本题得到 $y_{12} = y_{21}$，这是不含独立电源和受控电源的线性双口网络具有互易特性的另一种表现形式。在单一电压源作用下，互易双口在互换激励和短路电流响应位置时，不会改变响应和激励的比例关系。

8.4.3　混合参数方程及 H 参数

混合参数方程是一组以双口网络端口 $\dot{I}_1$、$\dot{U}_2$ 为已知量，$\dot{U}_1$、$\dot{I}_2$ 为未知量的方程。该方

程可表示为

$$\begin{cases} \dot{U}_1 = h_{11}\dot{I}_1 + h_{12}\dot{U}_2 \\ \dot{I}_2 = h_{21}\dot{I}_1 + h_{22}\dot{U}_2 \end{cases} \tag{8-20}$$

或将式（8-20）写成矩阵形式

$$\begin{bmatrix} \dot{U}_1 \\ \dot{I}_2 \end{bmatrix} = \begin{bmatrix} h_{11} & h_{12} \\ h_{21} & h_{22} \end{bmatrix}\begin{bmatrix} \dot{I}_1 \\ \dot{U}_2 \end{bmatrix} = [H]\begin{bmatrix} \dot{I}_1 \\ \dot{U}_2 \end{bmatrix} \tag{8-21}$$

式中 $[H] = \begin{bmatrix} h_{11} & h_{12} \\ h_{21} & h_{22} \end{bmatrix}$ 称为混合参数矩阵，其中比例系数 h_{11} 具有阻抗性质，量纲为欧姆（Ω）；h_{22} 具有导纳性质，量纲为西门子（S）；h_{12}、h_{21} 无量纲。由于 h_{11}、h_{12}、h_{21}、h_{22} 的量纲不完全相同，所以称 H 参数为混合参数，式（8-20）、式（8-21）被称为双口网络的**混合参数方程**（hybrid parameter equation）。

H 参数可根据式（8-20）、式（8-21），通过端口 1-1′开路与端口 2-2′短路来测量或计算确定：

$h_{11} = \dfrac{\dot{U}_1}{\dot{I}_1}\bigg|_{\dot{U}_2=0}$ ，是端口 2 短路时，端口 1 的输入阻抗。

$h_{12} = \dfrac{\dot{U}_1}{\dot{U}_2}\bigg|_{\dot{I}_1=0}$ ，是端口 1 开路时，端口 1 电压与端口 2 电压之比，也称反向转移电压比。

$h_{21} = \dfrac{\dot{I}_2}{\dot{I}_1}\bigg|_{\dot{U}_2=0}$ ，是端口 2 短路时，端口 2 电流与端口 1 电流之比。

$h_{22} = \dfrac{\dot{I}_2}{\dot{U}_2}\bigg|_{\dot{I}_1=0}$ ，是端口 1 开路时，端口 2 的输入导纳。

H 参数在晶体管电路的分析中被广泛应用。

【例 8-13】 图 8-29（b）所示电路为图 8-29（a）所示晶体管在小信号工作条件下的简化等效电路，求该双口网络的 H 参数。

解　设想端口电压 $\dot{I}_1$、$\dot{U}_2$ 已知，列写 $\dot{U}_1$、$\dot{I}_2$ 与 $\dot{I}_1$、$\dot{U}_2$ 之间的方程，则

$$\begin{cases} \dot{U}_1 = r_{be}\dot{I}_1 \\ \dot{I}_2 = \beta\dot{I}_1 + \dfrac{\dot{U}_2}{r_C} \end{cases}$$

将上式写成矩阵形式

$$\begin{bmatrix} \dot{U}_1 \\ \dot{I}_2 \end{bmatrix} = \begin{bmatrix} r_{be} & 0 \\ \beta & \dfrac{1}{r_C} \end{bmatrix}\begin{bmatrix} \dot{I}_1 \\ \dot{U}_2 \end{bmatrix}$$

所以 H 参数矩阵

$$[H] = \begin{bmatrix} r_{be} & 0 \\ \beta & \dfrac{1}{r_C} \end{bmatrix}$$

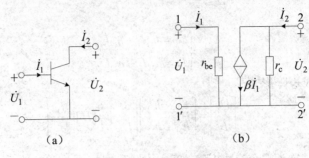

图 8-29　例 8-13 图

8.4.4　传输参数方程及 A 参数

在实际工程应用中，常常是已知一个端口的电压和电流，需要求另一个端口的电压和电流。在如图 8-23 所示电路中，若已知 $\dot{U}_2$、$(-\dot{I}_2)$，要求 $\dot{U}_1$、$\dot{I}_1$，则可列出方程

$$\begin{cases} \dot{U}_1 = a_{11}\dot{U}_2 + a_{12}(-\dot{I}_2) \\ \dot{I}_1 = a_{21}\dot{U}_2 + a_{22}(-\dot{I}_2) \end{cases} \tag{8-22}$$

或将式（8-22）写成矩阵形式

$$\begin{bmatrix} \dot{U}_1 \\ \dot{I}_1 \end{bmatrix} = \begin{bmatrix} a_{11} & a_{12} \\ a_{21} & a_{22} \end{bmatrix} \begin{bmatrix} \dot{U}_2 \\ -\dot{I}_2 \end{bmatrix} = [A] \begin{bmatrix} \dot{U}_2 \\ -\dot{I}_2 \end{bmatrix} \tag{8-23}$$

式中 $[A] = \begin{bmatrix} a_{11} & a_{12} \\ a_{21} & a_{22} \end{bmatrix}$ 称为传输参数矩阵*，其中比例系数 a_{11}、a_{12}、a_{21}、a_{22} 被称为传输参数或 A 参数。可以看出，a_{11}、a_{22} 为无量纲的系数，a_{12} 具有阻抗的性质，a_{21} 具有导纳的性质。式（8-22）、式（8-23）被称为双口网络的**传输参数方程**（transmission parameter equation）。端口 2 的电流记为 $(-\dot{I}_2)$，是因为端口 2 选定的参考方向为流入网络，而分析信号传输问题时，选择参考方向流出网络比较方便。

（*注：有些书把传输参数矩阵写为 $[T] = \begin{bmatrix} A & B \\ C & D \end{bmatrix}$，称为 T 参数。）

A 参数可根据式（8-22）、式（8-23），通过端口 2-2′的短路及开路测量或计算确定：

$a_{11} = \dfrac{\dot{U}_1}{\dot{U}_2}\bigg|_{\dot{I}_2=0}$，是端口 2 开路时的转移电压比。

$a_{12} = \dfrac{\dot{U}_1}{-\dot{I}_2}\bigg|_{\dot{U}_2=0}$，是端口 2 短路时，端口 1 对端口 2 的转移阻抗。

$a_{21} = \dfrac{\dot{I}_1}{\dot{U}_2}\bigg|_{\dot{I}_2=0}$，是端口 2 开路时，端口 1 对端口 2 的转移导纳。

$a_{22} = \dfrac{\dot{I}_1}{-\dot{I}_2}\bigg|_{\dot{U}_2=0}$，是端口 2 短路时的转移电流比。

【例 8-14】求如图 8-30 所示各双口网络的 A 参数。

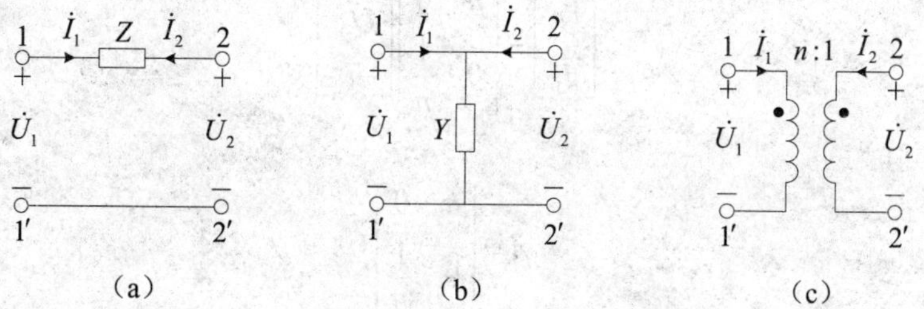

图 8-30　例 8-14 图

解　本题直接列写 $\dot{U}_1$、$\dot{I}_1$ 与 $\dot{U}_2$、$(-\dot{I}_2)$ 之间的方程，进而求出对应参数。

（1）由图 8-30（a）可见

$$\dot{U}_1 = Z\dot{I}_1 + \dot{U}_2 = \dot{U}_2 + Z(-\dot{I}_2)$$
$$\dot{I}_1 = -\dot{I}_2 = 0 + (-\dot{I}_2)$$

将上式写成矩阵形式

$$\begin{bmatrix} \dot{U}_1 \\ \dot{I}_1 \end{bmatrix} = \begin{bmatrix} 1 & Z \\ 0 & 1 \end{bmatrix} \begin{bmatrix} \dot{U}_2 \\ -\dot{I}_2 \end{bmatrix}$$

所以 A 参数矩阵为

$$[A] = \begin{bmatrix} 1 & Z \\ 0 & 1 \end{bmatrix}$$

（2）由图 8-30（b）可见

$$\dot{U}_1 = \dot{U}_2 = \dot{U}_2 + 0$$
$$\dot{I}_1 = Y\dot{U}_2 - \dot{I}_2 = Y\dot{U}_2 + (-\dot{I}_2)$$

将上式写成矩阵形式

$$\begin{bmatrix} \dot{U}_1 \\ \dot{I}_1 \end{bmatrix} = \begin{bmatrix} 1 & 0 \\ Y & 1 \end{bmatrix} \begin{bmatrix} \dot{U}_2 \\ -\dot{I}_2 \end{bmatrix}$$

所以 A 参数矩阵为

$$A = \begin{bmatrix} 1 & 0 \\ Y & 1 \end{bmatrix}$$

（3）根据理想变压器的特性

$$\frac{\dot{U}_1}{\dot{U}_2} = n$$

$$\frac{\dot{I}_1}{\dot{I}_2} = -\frac{1}{n}$$

所以

$$\dot{U}_1 = n\dot{U}_2 + 0$$
$$\dot{I}_1 = 0 + \frac{1}{n}(-\dot{I}_2)$$

将上式写成矩阵形式

$$\begin{bmatrix} \dot{U}_1 \\ \dot{I}_1 \end{bmatrix} = \begin{bmatrix} n & 0 \\ 0 & \dfrac{1}{n} \end{bmatrix} \begin{bmatrix} \dot{U}_2 \\ -\dot{I}_2 \end{bmatrix}$$

所以 A 参数矩阵为

$$A = \begin{bmatrix} n & 0 \\ 0 & \dfrac{1}{n} \end{bmatrix}$$

通过上述分析可以看到，双口网络的对外特性可以选择不同的方程及参数来表示。对同一个双口网络来说，如果知道了其中任何一组参数，若该网络的其他参数存在的话[*]，便可求出其他形式的参数。也就是说，各组参数之间可以互相转换，这种互换关系可以根据标准参数方程推导出来，也可查阅有关书籍中的参数互换表。

（*注：某些双口网络的某些参数可能不存在。）

思考与练习

8-4-1　什么是端口条件？四端网络与双口网络有何区别？

8-4-2　试求题 8-4-2 图所示电路的 Z、Y、H 和 A 参数。

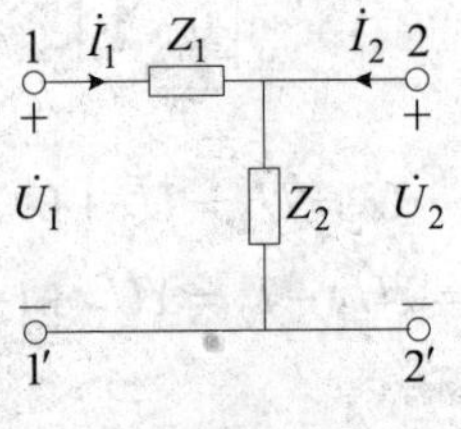

题 8-4-2 图

$$\Big[Z = \begin{bmatrix} Z_1 + Z_2 & Z_2 \\ Z_2 & Z_2 \end{bmatrix},\ Y = \begin{bmatrix} \dfrac{1}{Z_1} & -\dfrac{1}{Z_1} \\ -\dfrac{1}{Z_1} & \dfrac{Z_1 + Z_2}{Z_1 Z_2} \end{bmatrix},\ H = \begin{bmatrix} Z_1 & 1 \\ -1 & \dfrac{1}{Z_2} \end{bmatrix},\ A = \begin{bmatrix} \dfrac{Z_1 + Z_2}{Z_2} & Z_1 \\ \dfrac{1}{Z_2} & 1 \end{bmatrix} \Big]$$

8.5　互易双口的等效电路

扫码看视频

互易双口的
等效电路

如前所述，线性单口网络可以等效为一组电源，从而使电路的分析得到简化。同理，对于线性双口网络，为了简化计算，也可以用一个简单结构的双口网络来等效代替复杂结构的双口网络，前提是等效网络与原网络的端口伏安关系完全相同。

当线性双口网络不含独立电源与受控电源时，具有互易特性，对应的参数只有 3 个是独立的，一般用 3 个阻抗或 3 个导纳组成 T 形或 Π 形作为等效电路，如图 8-31 所示。

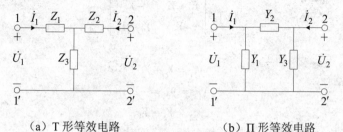

（a）T 形等效电路　　　　　　　　（b）Π 形等效电路

图 8-31　双口网络的等效电路

下面分别找出这两种等效电路中 3 个元件的参数与双口网络的 Z 参数、Y 参数之间的关系式。

8.5.1　双口网络的 T 形等效电路

在如图 8-31（a）所示的双口网络中，设 Z 参数已知，由例 8-10 的计算结果可知，其 Z 参数方程为

$$\begin{cases} \dot{U}_1 = (Z_1 + Z_3)\dot{I}_1 + Z_3\dot{I}_2 \\ \dot{U}_2 = Z_3\dot{I}_1 + (Z_2 + Z_3)\dot{I}_2 \end{cases}$$

Z 参数矩阵为

$$[Z] = \begin{bmatrix} Z_1 + Z_3 & Z_3 \\ Z_3 & Z_2 + Z_3 \end{bmatrix}$$

即

$$z_{11} = Z_1 + Z_3$$
$$z_{12} = z_{21} = Z_3$$
$$z_{22} = Z_2 + Z_3$$

由此可以解得 T 形等效网络中各元件的参数

$$\begin{cases} Z_1 = z_{11} - z_{12} \\ Z_2 = z_{22} - z_{12} \\ Z_3 = z_{12} = z_{21} \end{cases} \tag{8-24}$$

8.5.2　双口网络的 Π 形等效电路

在如图 8-31（b）所示的双口网络中，设 Y 参数已知，由例 8-12 的计算结果可知，其 Y 参数方程为

$$\begin{cases} \dot{I}_1 = (Y_1 + Y_2)\dot{U}_1 - Y_2\dot{U}_2 \\ \dot{I}_2 = -Y_2\dot{U}_1 + (Y_2 + Y_3)\dot{U}_2 \end{cases}$$

Y 参数矩阵为

$$[Y] = \begin{bmatrix} Y_1 + Y_2 & -Y_2 \\ -Y_2 & Y_2 + Y_3 \end{bmatrix}$$

即

$$y_{11} = Y_1 + Y_2$$
$$y_{12} = y_{21} = -Y_2$$
$$y_{22} = Y_2 + Y_3$$

由此可以解得 Π 形等效网络中各元件的参数

$$\begin{cases} Y_1 = y_{11} + y_{12} \\ Y_2 = -y_{12} = -y_{21} \\ Y_3 = y_{22} + y_{21} \end{cases} \tag{8-25}$$

【例 8-15】 已知双口网络 N 的传输参数矩阵为 $[A] = \begin{bmatrix} 4 & 3\Omega \\ 9\text{S} & 7 \end{bmatrix}$，求该双口的 T 形等效电路元件参数。

解 由已知条件可以列出双口网络 N 的传输参数方程

$$\begin{bmatrix} \dot{U}_1 \\ \dot{I}_1 \end{bmatrix} = \begin{bmatrix} 4 & 3\Omega \\ 9\text{S} & 7 \end{bmatrix} \begin{bmatrix} \dot{U}_2 \\ -\dot{I}_2 \end{bmatrix}$$

也就是

$$\begin{cases} \dot{U}_1 = 4\dot{U}_2 + 3(-\dot{I}_2) \\ \dot{I}_1 = 9\dot{U}_2 + 7(-\dot{I}_2) \end{cases}$$

将上式整理成 Z 参数方程，则

$$\begin{cases} \dot{U}_1 = \dfrac{4}{9}\dot{I}_1 + \dfrac{1}{9}\dot{I}_2 \\ \dot{U}_2 = \dfrac{1}{9}\dot{I}_1 + \dfrac{7}{9}\dot{I}_2 \end{cases}$$

Z 参数矩阵为

$$[Z] = \begin{bmatrix} \dfrac{4}{9} & \dfrac{1}{9} \\ \dfrac{1}{9} & \dfrac{7}{9} \end{bmatrix} \Omega$$

由于 $z_{12} = z_{21}$，该网络为互易双口网络，所以 T 形等效电路中的参数

$$\begin{cases} Z_1 = z_{11} - z_{12} = \dfrac{1}{3}\Omega \\ Z_2 = z_{22} - z_{12} = \dfrac{2}{3}\Omega \\ Z_3 = z_{12} = z_{21} = \dfrac{1}{9}\Omega \end{cases}$$

其等效电路如图 8-32 所示。

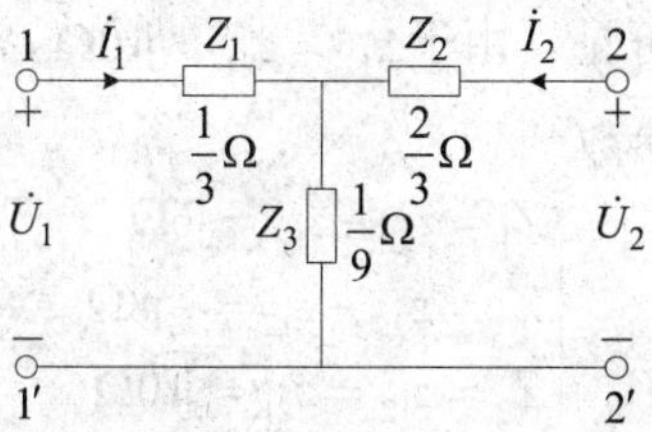

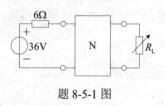

图 8-32　等效电路

　　由本例可见，任何互易双口网络，只要设法得到其一组参数，便可用最简的 T 形或 Π 形电路等效替代。

思考与练习

　　8-5-1　题 8-5-1 图所示双口网络的 Y 参数矩阵为 $[Y] = \begin{bmatrix} \dfrac{1}{3} & -\dfrac{1}{4} \\ -\dfrac{1}{4} & \dfrac{3}{8} \end{bmatrix}$ S。求负载 R_L 为何值时可以得到最大功率？最大功率 $P_{Lmax} = $ ？

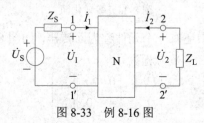

题 8-5-1 图

$[4\Omega;\ 9W]$

8.6　含双口网络电路的分析举例

扫码看视频

含双口网络电路
的分析举例

　　【例 8-16】 已知信号源通过无源双口网络 N 向负载 Z_L 传输功率，如图 8-33 所示。已知信号源电压 $\dot{U}_S = 24\underline{/0°}\text{ V}$，内阻 $Z_S = 12\Omega$，双口网络的 Z 参数矩阵

$$[Z] = \begin{bmatrix} j16 & j10 \\ j10 & j2 \end{bmatrix} \Omega$$

求负载 Z_L 为何值时可以得到最大功率？最大功率 $P_{Lmax} = $ ？

图 8-33　例 8-16 图

解 从双口网络的 Z 参数可见，由于 $z_{12}=z_{21}=\mathrm{j}10\Omega$，故网络 N 为互易双口网络，可以用 T 形等效电路替代，其中参数

$$\begin{cases} Z_1 = z_{11} - z_{12} = \mathrm{j}6\Omega \\ Z_2 = z_{22} - z_{12} = -\mathrm{j}8\Omega \\ Z_3 = z_{12} = z_{21} = \mathrm{j}10\Omega \end{cases}$$

得到等效电路如图 8-34（a）所示。

为了研究负载 Z_L 的功率，可以先求出端口 2-2′左侧的戴维宁等效电路，如图 8-34（b）所示。因此，先将负载断开，得到有源二端网络如图 8-34（c）所示，其开路电压

$$\dot{U}_{\mathrm{OC}} = \frac{\mathrm{j}10}{(12+\mathrm{j}6)+\mathrm{j}10}\dot{U}_{\mathrm{S}} = 12\underline{/36.9^\circ}\,\mathrm{V}$$

接着将如图 8-34（c）所示的有源二端网络除源，得到无源二端网络如图 8-34（d）所示，其等效阻抗

$$Z_{\mathrm{O}} = \left[\frac{(12+\mathrm{j}6)\times\mathrm{j}10}{(12+\mathrm{j}6)+\mathrm{j}10} - \mathrm{j}8\right]\Omega = (3-\mathrm{j}2)\Omega$$

所以，当 $Z_L = Z_{\mathrm{S}}^* = (3+\mathrm{j}2)\Omega$ 时，负载得到最大功率

$$P_{\mathrm{Lmax}} = \frac{U_{\mathrm{OC}}^2}{4R_{\mathrm{O}}} = \frac{12^2}{4\times3}\,\mathrm{W} = 12\,\mathrm{W}$$

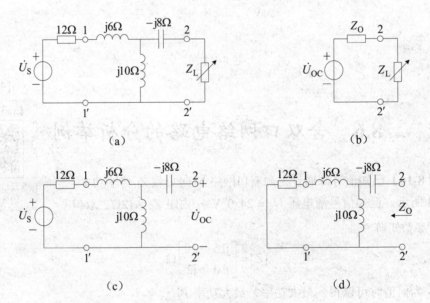

图 8-34 等效化简

【**例 8-17**】在双口网络中还有一个元件称为回转器，如图 8-35 所示电路中的双口网络 N 就是一个理想回转器，其 Z 参数方程为

$$\begin{bmatrix} \dot{U}_1 \\ \dot{U}_2 \end{bmatrix} = \begin{bmatrix} 0 & -r \\ r & 0 \end{bmatrix}\begin{bmatrix} \dot{I}_1 \\ \dot{I}_2 \end{bmatrix}$$

求回转器端口 1-1′的输入阻抗。

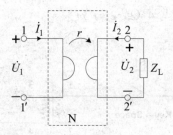

图 8-35　例 8-17 图

解　由回转器 Z 参数方程可得

$$\begin{cases} \dot{U}_1 = -r\dot{I}_2 \\ \dot{U}_2 = r\dot{I}_1 \end{cases}$$

由此可见，回转器具有把一个端口的电流"回转"成另一个端口电压，或把一个端口的电压"回转"成另一个端口电流的特性。图 8-35 所示电路中端口 1-1′的输入阻抗为

$$Z_i = \frac{\dot{U}_1}{\dot{I}_1} = \frac{-r\dot{I}_2}{\frac{1}{r}\dot{U}_2} = r^2 \frac{1}{Z_L}$$

因此，回转器的输入阻抗与负载端所接的负载阻抗的倒数成正比。当 $Z_L = \dfrac{1}{j\omega C}$ 时

$$Z_i = r^2 \frac{1}{Z_L} = j\omega(r^2 C)$$

这意味着利用回转器可以把电容 C "回转"成电感 $L = r^2 C$。例如回转系数 $r = 10\text{k}\Omega$，电容 $C = 1\mu\text{F}$ 时，输入端的等效电感 $L = r^2 C = 100\text{H}$，这样就可以用体积微小的电容元件实现体积较大的电感线圈，便于集成，这是非常有意义的。

8.7　Multisim 仿真：耦合电感和理想变压器的测量

扫码看视频

Multisim 仿真：耦合电感和理想变压器的测量

8.7.1　耦合电感参数的测量

按图 8-36 所示在 Multisim 中搭建仿真电路，其中，U_1 是直流电压源，电压值为 12V；S_1 是单刀单掷开关（SPST），在"基本元件（Basic）"组的"开关（SWITCH）"系列中；T_1 是耦合电感（COUPLED_INDUCTORS），在"基本元件（Basic）"组的"变压器（TRANSFORMER）"系列中；XMM1 是万用表，用于测量开关闭合时次级线圈两端的电压。

1. 同名端的测定

先断开开关 S_1，运行仿真后将 S_1 闭合，记录万用表直流电压读数，根据图中电路连接方式与开关闭合后万用表读数的正负，可判断出耦合电感 T_1 的同名端为下列哪种情况？

A、1 与 3（或 2 与 4）　　B、1 与 4（或 2 与 3）

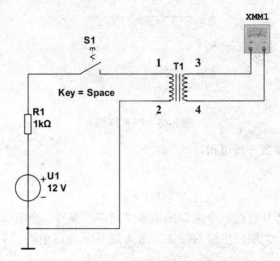

图 8-36　耦合电感同名端测量电路

关闭仿真，断开开关 S_1，将万用表"+"与 T_1 的 4 端口相连，"−"与 3 端口相连，重新运行仿真后关闭开关 S_1，记录万用表的读数，验证同名端的测量结果。

2．互感系数的测定

根据上一步同名端的测量结果，分别按图 8-37 和图 8-38 所示将耦合电感顺接串联和反接串联。其中，U_1 是有效值为 10V、频率为 50kHz 的交流信号源；耦合电感 T_1 的初级线圈电感设置为 1mH、次级线圈电感设置为 10mH、耦合系数设置为 0.6，参数设置界面如图 8-39 所示；万用表 XMM1 和 XMM3 用于测量耦合电感的端口电流 I_1、I_2，XMM2 和 XMM4 用于测量耦合电感的端口电压 U_{14}、U_{13}。

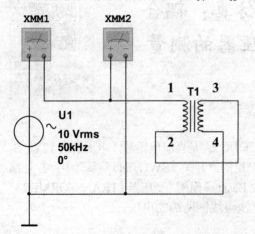

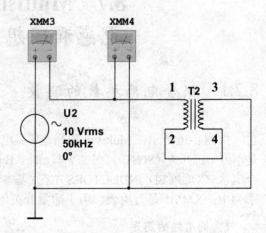

图 8-37　耦合电感顺接串联电路　　　　　　　图 8-38　耦合电感反接串联电路

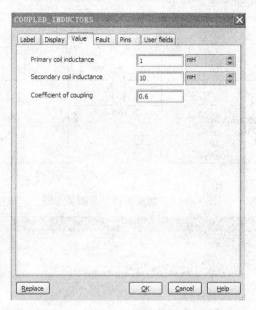

图 8-39 耦合电感参数设置界面

运行仿真，XMM1 和 XMM3 选择交流 $\sim$ 电流档 A，XMM2 和 XMM4 选择交流 $\sim$ 电压档 V，记录 4 个万用表的读数于表 8-3。

表 8-3 耦合电感电路测量结果

顺接串联	I_1（mA）	U_{14}（V）	等效感抗 ωL_1（Ω）
反接串联	I_2（mA）	U_{13}（V）	等效感抗 ωL_2（Ω）

互感系数 $M =$ _____（mH）

💡 **思考**：如何根据表 8-3 所示的测量结果计算耦合系数 k？与设置值进行比较是否一致？分别改变 T_1 初级线圈电感、次级线圈电感和耦合系数，重新测量并计算互感系数，根据结果可以得到 M 的大小与哪些因素有关？

8.7.2 理想变压器的测量

按图 8-40 所示搭建仿真电路，其中，U_1 是有效值为 220V、频率为 50Hz 的交流信号源；T_1 是匝比为 10:1 的理想变压器（1P1S），在"基本元件（Basic）"组的"变压器（TRANSFORMER）"系列中，初、次级线圈的匝数可以根据需要进行设置，设置方法如图 8-41 所示；万用表 XMM1~XMM4 分别用于测量流过理想变压器初、次级线圈的电流 I_1、I_2，XMM2 和 XMM3 分别用于测量理想变压器初、次级线圈两端的电压 U_{12}、U_{34}。

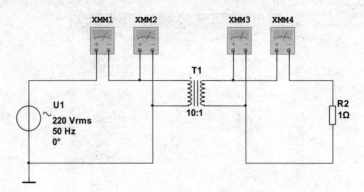

图 8-40 理想变压器参数测量电路

图 8-41 理想变压器匝数设置界面

运行仿真，XMM1 和 XMM4 选择交流 $\sim$ 电流档 A，XMM2 和 XMM3 选择交流 $\sim$ 电压档 V，记录 4 个万用表的读数于表 8-4。

表 8-4 理想变压器电路测量结果

变压器匝比	I_1（A）	U_{12}（V）	等效阻抗 Z_1（Ω）	I_2（A）	U_{34}（V）	负载阻抗 Z_2（Ω）
10						
5						

💡 **思考**：根据表 8-4 所示的测量结果，可以得到理想变压器初次级线圈的电压之比、电流之比和阻抗之比与匝比之间各满足什么关系？

改变 T_1 匝比为 5，重新进行测量并将数据记录于表 8-4，验证上述关系。

本 章 小 结

1. 耦合电感的 VCR 为
$$
\begin{cases}
u_1 = \pm L_1 \dfrac{\mathrm{d}i_1}{\mathrm{d}t} \pm M \dfrac{\mathrm{d}i_2}{\mathrm{d}t} \\[2mm]
u_2 = \pm M \dfrac{\mathrm{d}i_1}{\mathrm{d}t} \pm L_2 \dfrac{\mathrm{d}i_2}{\mathrm{d}t}
\end{cases}
$$

自感电压和互感电压的正负符号，取决于电压、电流的参考方向以及同名端的位置。有公共端的耦合电感，可以用 T 形电路去耦等效。

2. 理想变压器有 3 个变换特性：
$$
\begin{cases}
\dfrac{u_1}{u_2} = \dfrac{N_1}{N_2} = \pm n \\[2mm]
\dfrac{i_1}{i_2} = -\dfrac{N_2}{N_1} = \pm \dfrac{1}{n} \\[2mm]
Z_i = n^2 Z_L
\end{cases}
\quad (n \text{ 为变比})
$$

VCR 中的正负符号，取决于电压、电流的参考方向以及同名端的位置。

3. 描述双口网络特性的参数方程通常有 4 组。

Z 参数及其方程：$\begin{bmatrix} \dot{U}_1 \\ \dot{U}_2 \end{bmatrix} = \begin{bmatrix} z_{11} & z_{12} \\ z_{21} & z_{22} \end{bmatrix} \begin{bmatrix} \dot{I}_1 \\ \dot{I}_2 \end{bmatrix}$

Y 参数及其方程：$\begin{bmatrix} \dot{I}_1 \\ \dot{I}_2 \end{bmatrix} = \begin{bmatrix} y_{11} & y_{12} \\ y_{21} & y_{22} \end{bmatrix} \begin{bmatrix} \dot{U}_1 \\ \dot{U}_2 \end{bmatrix}$

H 参数及其方程：$\begin{bmatrix} \dot{U}_1 \\ \dot{I}_2 \end{bmatrix} = \begin{bmatrix} h_{11} & h_{12} \\ h_{21} & h_{22} \end{bmatrix} \begin{bmatrix} \dot{I}_1 \\ \dot{U}_2 \end{bmatrix}$

A 参数及其方程：$\begin{bmatrix} \dot{U}_1 \\ \dot{I}_1 \end{bmatrix} = \begin{bmatrix} a_{11} & a_{12} \\ a_{21} & a_{22} \end{bmatrix} \begin{bmatrix} \dot{U}_2 \\ -\dot{I}_2 \end{bmatrix}$

4. 互易双口的参数只有 3 个是独立的，可以用 3 个阻抗或 3 个导纳组成 T 形或 Π 形作为等效电路。

习 题 8

8.1 耦合电感的伏安关系

8-1　在题 8-1 图（a）所示电路中，（1）试确定互感线圈的同名端；（2）若已知互感 $M = 2.5\mathrm{H}$，流经 L_1 的电流 i_1 的波形如题 8-1 图（b）所示，请画出 L_2 两端的互感电压 u_{21} 的波形。

8-2　有两组互感线圈，第一组的参数为 $L_1 = 0.01\mathrm{H}$、$L_2 = 0.04\mathrm{H}$、$M = 0.01\mathrm{H}$；第二组的参数为 $L_1' = 0.04\mathrm{H}$、$L_2' = 0.06\mathrm{H}$、$M' = 0.02\mathrm{H}$。试分别计算每组线圈的耦合系数，并通过

比较说明，是否互感大的线圈耦合比较紧密？

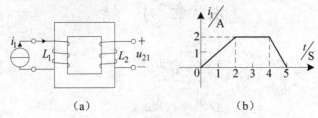

（a）　　　　　　　　（b）

题 8-1 图

8-3　求题 8-3 图所示各耦合电路中的 $u_1(t)$ 和 $u_2(t)$，已知 $L_1 = 0.4\text{H}$，$L_2 = 0.9\text{H}$，耦合系数 $k = 0.5$。

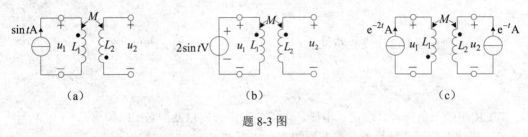

（a）　　　　　　　　（b）　　　　　　　　（c）

题 8-3 图

8.2　耦合电感的去耦等效

8-4　求题 8-4 图所示各电路的等效电感。

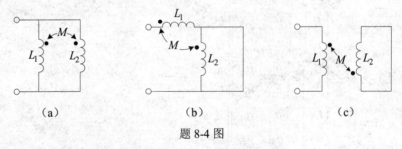

（a）　　　　　　　　（b）　　　　　　　　（c）

题 8-4 图

8-5　在题 8-5 图所示自耦变压器电路中，已知输入电压 $\dot{U}_1 = 50\underline{/30°}\text{V}$，求开关 S 断开和闭合两种情况下的输出电压 $\dot{U}_2$。

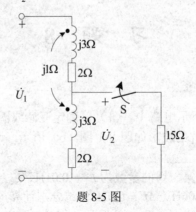

题 8-5 图

8-6　在题 8-6 图所示电路中,求负载 Z_L 为何值时可获得最大功率? 最大功率等于多少?

8.3　理想变压器

8-7　在题 8-7 图所示电路中,求电压 $\dot{I}_1$、$\dot{U}_1$ 和 $\dot{I}_2$、$\dot{U}_2$。

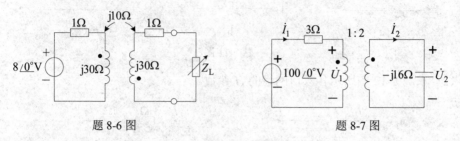

题 8-6 图　　　　　　　　　　　题 8-7 图

8-8　求题 8-8 图所示各单口网络的等效电路。

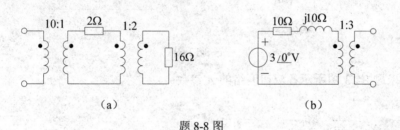

（a）　　　　　　　　　　　　（b）

题 8-8 图

8-9　在题 8-9 图所示电路中,为使 10Ω 电阻得到最大功率,理想变压器的变比 n 应为多少? 最大功率等于多少?

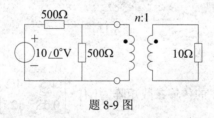

题 8-9 图

8.4　双口网络及其参数方程

8-10　求题 8-10 图所示各双口网络的 Z 参数。

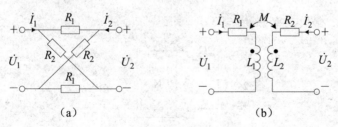

（a）　　　　　　　　　　　　（b）

题 8-10 图

8-11　求题 8-11 图所示各双口网络的 Y 参数。

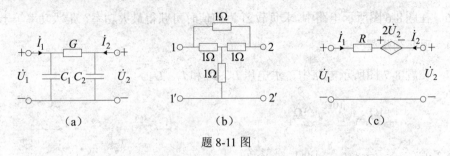

题 8-11 图

8-12 求题 8-12 图所示各双口网络的 H 参数。

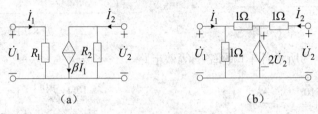

题 8-12 图

8-13 求题 8-13 图所示各双口网络的 A 参数。

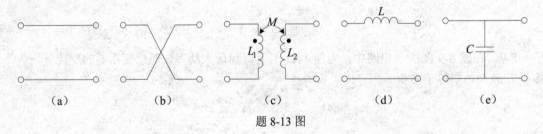

题 8-13 图

8.5 互易双口的等效电路

8-14 已知双口网络 N 的传输参数矩阵为 $[A] = \begin{bmatrix} 1.5 & 4\Omega \\ 0.5S & 2 \end{bmatrix}$，求该双口的 T 形等效电路和 Π 形等效电路。

8-15 题 8-15 图所示双口网络的 Z 参数矩阵为 $[Z] = \begin{bmatrix} 6 & 4 \\ 4 & 6 \end{bmatrix} \Omega$。求负载 Z_L 为何值时可以得到最大功率？最大功率 $P_{Lmax} = $ ？

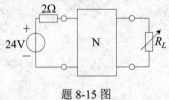

题 8-15 图

附录 A　NI Multisim 12 软件简介

Multisim 是美国国家仪器（NI）有限公司推出的以 Windows 为基础的仿真工具，是早期的 EWB（Electronic Workbench）的升级产品，属于 EDA（Electronic Design Automation，电子设计自动化）软件的一种，具有丰富的仿真分析能力。

NI Multisim 12 具有如下优势。

✦ NI Multisim 12 的元器件库提供数千种电路元器件供实验选用，同时也可以新建或扩充已有的元器件库，而且建库所需的元器件参数可以从生产厂商的产品使用手册中查到，因此可以很方便地在工程设计中使用。

✦ NI Multisim 12 的虚拟测试仪器仪表种类齐全，有一般实验用的通用仪器，如万用表、函数信号发生器、双踪示波器、直流电源，而且还有一般实验室少有或没有的仪器，如波特图仪、字信号发生器、逻辑分析仪、逻辑转换器、失真仪、频谱分析仪和网络分析仪等。

✦ NI Multisim 12 具有较为详细的电路分析功能，可以完成电路的瞬态分析和稳态分析、时域和频域分析、器件的线性和非线性分析、电路的噪声分析和失真分析、离散傅里叶分析、电路零极点分析、交直流灵敏度分析等电路分析，以帮助设计人员分析电路的性能。

✦ NI Multisim 12 可以设计、测试和演示各种电子电路，包括电工学、模拟电路、数字电路、射频电路及微控制器和接口电路等。在进行仿真的同时，软件还可以存储测试点的所有数据，列出被仿真电路的所有元器件清单，以及存储测试仪器的工作状态、显示波形和具体数据等。

✦ 利用 NI Multisim 12 可以实现计算机仿真设计与虚拟实验，与传统的电子电路设计与实验方法相比，具有如下特点：设计与实验可以同步进行，可以边设计边实验，修改调试方便；设计和实验用的元器件及测试仪器仪表齐全，可以完成各种类型的电路设计与实验；可方便地对电路参数进行测试和分析；可直接打印输出实验数据、测试参数、曲线和电路原理图；实验中不消耗实际的元器件，实验所需元器件的种类和数量不受限制，实验成本低，实验速度快，效率高；设计和实验成功的电路可以直接在产品中使用。

✦ NI Multisim 12 易学易用，便于电子信息、通信工程、自动化、电气控制类专业学生自学，便于开展综合性的设计和实验，有利于培养综合分析能力、开发和创新能力。

目前在各高校教学中普遍使用 Multisim12 版本，本书以此版本为例，说明 Multisim 软件在电路仿真实验中的一些使用方法，更多应用请参阅相关资料。

A.1 启动 Multisim

Multisim 12 安装完毕后，桌面会出现如图 A-1 所示的图标，双击即可启动软件。

图 A-1 Multisim 12 图标

A.2 运行 Multisim

运行 Multisim 后出现如图 A-2 所示的用户界面。

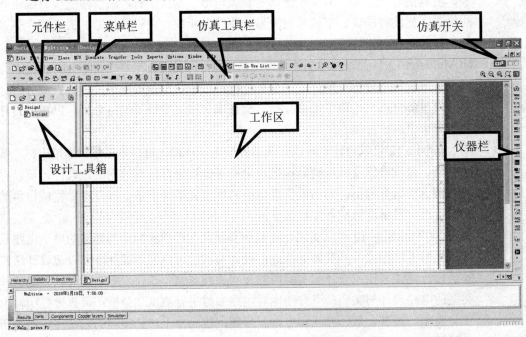

图 A-2 Multisim 12 主界面

A.2.1 菜单栏

包含软件可提供的所有操作命令，其中 Options（选项）菜单可用于某些功能的设置，例如元件的放置方式和符号标准，选择 Options→Global Preferences 命令，弹出如图 A-3 所示的对话框，其中 Components（元件）选项卡有 3 个选项组：Place component mode（放置元件方式）可选择是单个放置还是连续放置，一般选取连续放置（Continuous placement），这样可在电路中一次性放置多个相同类型的元件，便于快速搭建仿真电路；Symbol standard（符号标准）可选择是 ANSI（美国标准）还是 DIN（欧洲标准），为与书中电路符号保持一致，仿真时将采用 DIN 标准。View 一般按默认设置即可。

图 A-3　Global Preferences 对话框

A.2.2　元件栏

元件栏将元件分成若干组，每组用一个图标按钮表示，如图 A-4 所示。

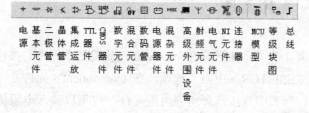

图 A-4　元件栏

常用的电阻、电感、电容等元件在"基本元件"组中，独立电源、受控电源、接地端在"电源"组中。

A.2.3　仪器栏

Multisim 为用户提供了类型丰富的虚拟仪器，包括万用表、示波器、函数信号发生器等，如图 A-5 所示。

图 A-5　仪器栏

A.2.4　仿真开关栏

仿真时可使用"运行、暂停、停止" ▶ Ⅱ ■ 这 3 个仿真按钮，也可使用仿真开关 ▣▣▣。

A.3　构　建　电　路

A.3.1　放置和编辑元件

以电阻元件为例，单击元件栏的 Place Basic（放置基本元件）按钮 ⚡，出现如图 A-6 所示的窗口，选择 RESISTOR（电阻）选项，在 Component（元件）选项组即出现不同电阻值的电阻，可以在列表中直接选择所需电阻元件，也可以输入电阻值进行查找，选定后单击 OK（确定）按钮，此时将在电路绘制窗口出现一个随鼠标移动的电阻，单击鼠标左键可将其放置于工作区，如果在 Global Preferences 对话框中选择的是连续放置，那么采用上述方法放置多个电阻元件后，单击鼠标右键可结束元件放置。

若要调整元件在工作区的位置，可以单击要移动的元件并按住鼠标不放，拖动到目标位置后松开鼠标即可；若要删除元件，直接单击元件，按 Delete 键即可；若要旋转元件，右键点击元件后可选择顺时针或逆时针等旋转方式。

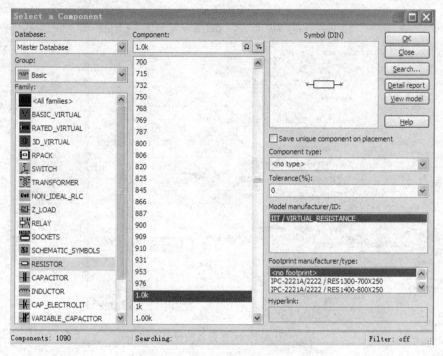

图 A-6　基本元件库中的电阻元件

A.3.2　连线

将鼠标移动到需要连接的元件引脚，当鼠标指针变成 ✦ 时单击鼠标左键确定连线起点，此时松开鼠标会出现随鼠标移动的连线，在目标引脚处再次单击鼠标左键，即可完成连接，两个引脚连接后会自动在连线上生成一个阿拉伯数字，称为节点名。如果想要删除这根导线，将鼠标移动到该导线的任意位置，单击鼠标右键，在弹出的快捷菜单中选择 Delete（删除）命令即可将该导线删除，或者选中导线，直接按 Delete 键删除。右击连线，可以改变导线的颜色"Segment coler"，这在仿真分析观察波形时有利于区分不同的信号来源。

A.3.3　元件参数设置

元件参数可以根据需要进行设置，具体设置方法是：双击要设置参数的元件，或右键点击元件，在弹出的快捷菜单中选择 Properties（属性）命令，弹出如图 A-7 所示的对话框，可在 Label（标签）选项卡的 RefDes（参考标识）选项中设置元件名称，在 Value（参数）选项卡的 Resistance 下拉列表框中设置电阻值。其他元件和仪器的参数设置方法与电阻相同。

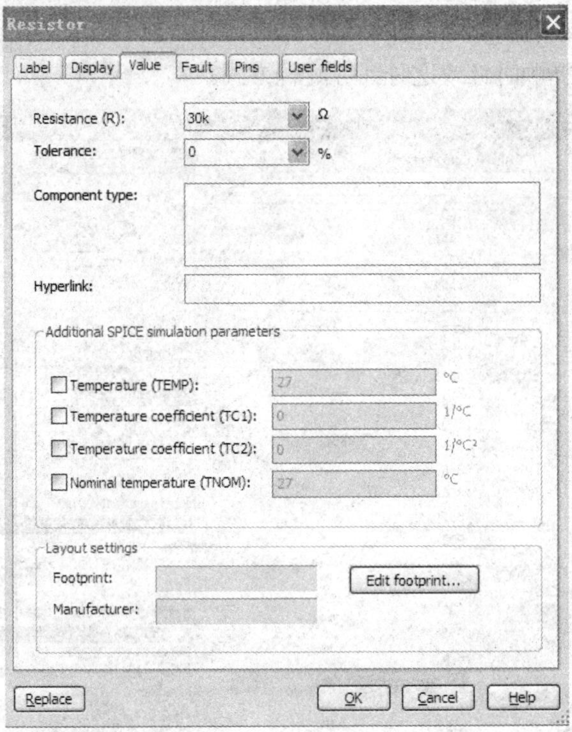

图 A-7　元件参数的设置

A.4　仿　真　分　析

电路搭建完成后，为了观察仿真结果需要加入虚拟仪器，按照放置元件的方法直接将右侧所需的仪器拖动到工作区内，并进行连线即可。电路检查无误后便可运行仿真，可使用仿真按钮，也可使用仿真开关。仿真开始后双击电路中的虚拟仪器即可看到仿真结果，虚拟仪器的控制面板、操作方式、数据测量结果、波形显示都与实物相似，可像在实验室中操作实际的仪器一样进行设置和观察。

📢 注意：

✦ 不要长时间使软件处于仿真状态，以免死机。

✦ 删除元件、仪器、连线以及设置元件参数时，一定要在断开仿真开关的情况下进行。

附录 B　部分习题参考答案

习题 1

1-3　（a）-6W　（b）6W　（c）6W　（d）-6W

1-5　（1）2A　（2）-5V　（3）5V　（4）2A　（5）-10μW　（6）4mW

1-6　-10A、4A、2A

1-7　8A、-10A

1-8　$u_1 = 15V$、$u_4 = -14V$、$u_5 = 19V$

1-9　吸收-20W、10W、15W、-5W

1-10　（a）2mV　（b）-5V　　（c）5mA

　　　（d）-2Ω　（e）$15e^{-2t}V$　（f）4Ω

1-11　（1）$3\cos(2t-30°)A$　（2）0.333Ω　（3）$\dfrac{9}{5}\cos^2(2t)W$

1-12　（1）$u = 15tV$　（2）$45t^2 mW$　（3）120mJ

1-13　$u_1 = 30V$、$u_2 = 6V$、$u_3 = -4V$、$u_4 = 2V$、$u_S = 36V$；$P_1 = 90W$、$P_2 = 12W$、$P_3 = 4W$、$P_4 = 2W$、$P_S = -108W$

1-14　20Ω、20 W

1-15　（a）10V、-1A　（b）40V、1A　（c）1A

1-16　90V、1A

1-17　-4V

1-18　（a）8A　（b）0　（c）-10V　（d）8A　（e）-2V　（f）2A

1-19　（a）-20W、20W　（b）-25W、25W　（c）12W

1-20

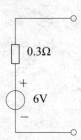

1-21

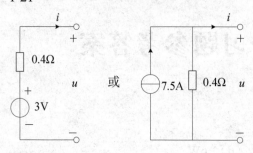

1-22　4A

1-23　（a）2A、吸收 12W

　　　（b）−1A、发出 30W

　　　（c）−4V、发出 32W

1-24　−10V

1-25　−0.5V

1-26　（1）2.222A、0.889V　（2）−13V

习题 2

2-3　−1A、4A

2-4　6A、1A、240W、−10W

2-5　−1A，4A

2-6　80V

2-7　3A

2-8　2V

2-9　15V

2-10　−3A

2-11　3.75A

2-12　3A

2-13　3.5V

2-14　0.67A

2-15　1.67V

2-18　1.33A、4A

2-19　3V

2-20　11kΩ、220kΩ

2-21　$u_O = -\dfrac{R_F}{R_1} \cdot u_1 + \dfrac{R_F}{R_2} \cdot u_2 + \dfrac{R_F}{R_3} \cdot u_3 = -10u_1 + 5.5u_2 + 5.5u_3$

2-22 $\dfrac{u_O}{u_i} = \dfrac{R_2 + R_3 + R_4}{R_3}$

2-23 $R_1 = 10\text{M}\Omega$，$R_2 = 2\text{M}\Omega$，$R_3 = 1\text{M}\Omega$，$R_4 = 200\text{k}\Omega$，$R_5 = 100\text{k}\Omega$

2-24 $R_1 = 1\text{k}\Omega$，$R_2 = 9\text{k}\Omega$，$R_3 = 40\text{k}\Omega$，$R_4 = 50\text{k}\Omega$，$R_5 = 400\text{k}\Omega$

2-25 $i_L = -\dfrac{u_i}{R_1}$

习题 3

3-1 （1）2A、45V （2）2.2V

3-2 （1）0.5、0.5S （2）5V、5A

3-3 0.5Ω

3-4 −1A、4A

3-5 2V

3-6 36W

3-7 4A

3-8 4A

3-9 37.5A、40A

3-11 10V、10Ω；10V、10Ω

3-12 2Ω、$\dfrac{4}{3}$Ω、2Ω、1Ω

3-13 （a）45V （b）50V （c）20Ω （d）100Ω

3-14 23.75kΩ、75kΩ、400kΩ

3-15 $\dfrac{200}{9}$Ω

3-16 $\dfrac{1}{3}$A

3-17 （1）750Ω、250Ω （2）745Ω、255Ω

3-18 3Ω、2Ω

3-19 −10A

3-20 （a）2Ω （b）6Ω （c）6.4Ω （d）2.5Ω

3-24 0.5A

3-25 （a）4V （b）9V

3-26 2Ω

3-27 4V、2mA、4mA、2mA

3-28 （a）5V、2Ω （b）2V、10Ω （c）3V、5Ω

3-29 4A

3-30 2V

3-31 16V、4Ω

3-32 4V、−2A、3A；1V、1A、1.5A

3-33 (a) 2.5A、2Ω (b) 0.2A、10Ω (c) 0.6A、5Ω

3-34 4A

3-35 1A

3-36 (a) 8V、−10Ω (b) 12V、4Ω (c) −450V、3kΩ

3-38 (a) 5Ω、5W (b) 8Ω、8W (c) 8Ω、32W

3-39 16Ω、$\dfrac{9}{16}$W

3-40 5Ω、12.8W

3-41 4Ω、4W

3-42 2Ω、2W

习题 4

4-1 $4e^{-t}$A，$t>0$；4J

4-4 $5\cos 5t$V、1J

4-5 225μJ、1mJ

4-6 4V、0.01A

4-7 (a) 2A、3A (b) 1A、0 (c) 8A、10A (d) −4.5A、0

4-8 $u_C(0_+)=2$V、$i_L(0_+)=1$A、$u_L(0_+)=4$V、$i_1(0_+)=1$A、$i_2(0_+)=0$

4-9 −0.25A、−1A

4-10 $u(t)=3.2e^{-4t}$V，$t>0$

4-11 $u_C(t)=60e^{-0.25t}$V，$t\geqslant 0$

4-12 $u(t)=\dfrac{8}{3}e^{-t/2}$V，$t>0$

4-13 $i(t)=\dfrac{2}{3}e^{-2t}$A，$t\geqslant 0$

4-14 $i(t)=\dfrac{12}{5}e^{-18t/5}$A，$t>0$

4-15 $i_L(t)=1.2e^{-10^4 t}$A，$t\geqslant 0$；$u_V(0_+)=-1.2\times 10^4$V

4-16 $u_C(t)=10(1-e^{-100t})$V，$t\geqslant 0$；$i_C(t)=5e^{-100t}$mA，$t>0$；

　　　$i(t)=\dfrac{5}{3}(1-e^{-100t})$mA，$t>0$

4-17 $u(t)=(10-4e^{-2t})$V，$t>0$

4-18 $u_C(t)=10(1-e^{-t})$V，$t\geqslant 0$

4-19 $i_L(t)=2(1-e^{-t})$A，$t\geqslant 0$

4-20　$i_L(t) = 0.05(1 - e^{-1000t})\text{A}$，$t \geq 0$；　$u(t) = 2.5(1 + e^{-1000t})\text{V}$，$t > 0$

4-21　$i_L(t) = 2(1 - e^{-2t})\text{V}$，$t \geq 0$

4-22　$-0.5e^{-t}\text{A}$、$0.5(1 - e^{-t})\text{A}$、$(0.5 - e^{-t})\text{A}$

4-23　$-e^{-3t/4}\text{V}$、$\left(\dfrac{2}{3} + \dfrac{1}{3}e^{-3t/4}\right)\text{V}$、$\dfrac{2}{3}(1 - e^{-3t/4})\text{V}$；$\left(\dfrac{2}{3} - \dfrac{5}{3}e^{-3t/4}\right)\text{V}$

4-24　$(10 - 4e^{-0.5t})\text{V}$、$(5 + 4e^{-0.5t})\text{A}$

4-25　（a）$(3 - e^{-10t})\text{A}$；（b）$e^{-0.25 \times 10^5 t}\text{A}$；（c）$(10 - 2e^{-2t})\text{A}$；（d）$-4.5e^{-\frac{9}{20}t}\text{A}$

4-26　$u(t) = \left[2(1 - e^{-3t}) + 27e^{-9t}\right]\text{V}$

4-27　$i = (-1 + 0.75e^{-0.5t})\text{A}$，$t > 0$

4-28　$(20 - 16e^{-10t})\text{V}$

4-29　$5e^{-0.5t}\text{V}$

4-30　$u_C(t) = 9\left(1 - e^{-\frac{t}{3}}\right)\varepsilon(t)\text{V}$

4-31　$\left(\dfrac{5}{3} - \dfrac{1}{6}e^{-3t}\right)\varepsilon(t)\text{A}$

4-32　$i(t) = \left[0.2e^{-1.2(t-1)}\varepsilon(t-1) - 0.2e^{-1.2(t-2)}\varepsilon(t-2)\right]\text{A}$

4-33　$u_o(t) = \left(\dfrac{5}{8} - \dfrac{1}{8}e^{-t}\right)\varepsilon(t)\text{V}$

4-34　$u_C(t) = 20\left(1 - e^{-\frac{10^6 t}{3}}\right)\varepsilon(t)\text{V}$

4-35　（1）$u_C(t) = (\dfrac{2}{3}e^{-4t} + \dfrac{3}{4}e^{-t})\text{V}$，$t \geq 0$

　　　（2）$u_C(t) = 2e^{-2t}\text{V}$，$t \geq 0$

　　　（3）$u_C(t) = \dfrac{4\sqrt{3}}{3}e^{-t}\cos(\sqrt{3}t + 30°)\text{V}$，$t \geq 0$

　　　（4）$u_C(t) = 2\sqrt{2}\cos(2t + 45°)\text{V}$，$t \geq 0$

4-36　$u_C(t) = (-20e^{-2t} + 5e^{-8t} + 15)\varepsilon(t)\text{V}$，$i_L(t) = (5e^{-2t} - 5e^{-8t})\varepsilon(t)\text{V}$

习题 5

5-8　（1）$12.26\cos(\omega t + 65.9°)\text{A}$　　（2）$100\sqrt{2}\cos(\omega t)\text{V}$

5-9　（1）$L = 0.637\text{H}$　（2）$C = 500\mu\text{F}$　（3）$R = 1.6\Omega$

5-10　（1）$u(t) = 3\sqrt{2}\cos(314t - 70°)\text{kV}$　　（2）$u(t) = 0.628\sqrt{2}\cos(314t + 20°)\text{V}$

　　　（3）$u(t) = 3.18\sqrt{2}\cos(314t - 160°)\text{kV}$

5-12　（a）80V　（b）14.1A　（c）2V　（d）10A

5-13　（1）$4\underline{/80°}\,\Omega$、$0.25\underline{/-80°}\,\text{S}$　　（2）$1.5\underline{/-80°}\,\Omega$、$0.667\underline{/80°}\,\text{S}$

（3） $1\underline{/83.1°}\,\Omega$、$1\underline{/-83.1°}\,$S

5-14 $i(t) = 0.1\sqrt{2}\cos(2000t - 57.14°)$A、电感性

5-15 $u(t) = 4.47\sqrt{2}\cos(2t + 18.4°)$V

5-16 （a）1A 或 5A （b）$3\sqrt{2}$A、3A

5-17 （a）2.5Ω、0.04F；0.049Ω、0.0201F

　　　（b）5Ω、0.125H；5Ω、0.019F

　　　（c）1.95Ω、0.041F；3.92Ω、0.0206H

5-18 $(12 + j6)\Omega$

5-19 $i(t) = 3.18\sqrt{2}\cos(5000t + 57.99°)$mA

5-20 $u_C(t) = 8\cos(100t - 111.7°)\,\mu$V

5-21 $u_S(t) = 2.236\sqrt{2}\cos(2t + 63.4°)$ V

5-22 141.1V、10A

5-23 13.7Ω、0.103H

5-25 $(0.5 - j1.5)$A

5-26 $6.326\underline{/71.57°}$

5-27 （a）–j20V、–j2.5Ω （b）3V、3Ω

习题 6

6-1 （1）$1000\cos^2(10t)$W、500W （2）$50\sin(20t)$W、0 （3）$-50\sin(20t)$W、0

6-2 5W

6-3 （1）$(60-j80)\Omega$ （2）0.6 （3）60W、–80var、100VA

6-4 10Ω、35.75mH

6-5 72W

6-6 16.86mW、–26.96mvar、31.8mVA，λ=0.53

6-7 节约 8.8×10^4 度电

6-8 3.29μF

6-9 72VA、72W

6-10 $(-500-j2500)$VA、$(-7000-j2500)$VA、$(7500 + j5000)$VA

6-11 $(2 - j2)$kΩ、1kW

6-12 $Z_L = (4 + j4)\,\Omega$ 时，可获得最大功率 $P = 25$ W

6-13 $(3 + j3)\Omega$、1.5W

6-14 （1）A→B→C （2）A→C→B （3）A→C→B

6-15 220V、14.67A、14.67A

6-16 设 $\dot{U}_A = 220\underline{/0°}$ V 时，

　　　（1）$\dot{I}_A = 37.7\underline{/-59°}$A，$\dot{I}_B = 49.2\underline{/-183.4°}$A、

$$\dot{I}_{\mathrm{C}} = 44\underline{/66.9°}\,\mathrm{A}、\dot{I}_{\mathrm{N}} = 16.6\underline{/138.2°}\,\mathrm{A}；$$

（2）　$\dot{U}_{\mathrm{N'N}} = 12.9\underline{/189.3°}\,\mathrm{V}、\dot{U}_{\mathrm{AN'}} = \dot{U}_{\mathrm{A}} - \dot{U}_{\mathrm{N'N}} = 232.7\underline{/0.52°}\,\mathrm{V}、$

$$\dot{U}_{\mathrm{BN'}} = \dot{U}_{\mathrm{B}} - \dot{U}_{\mathrm{N'N}} = 212\underline{/-117.3°}\,\mathrm{V}、\quad \dot{U}_{\mathrm{CN'}} = \dot{U}_{\mathrm{C}} - \dot{U}_{\mathrm{N'N}} = 215.8\underline{/116.8°}\,\mathrm{V}$$

6-17　设 $\dot{U}_{\mathrm{A}} = 220\underline{/0°}\,\mathrm{V}$ 时，　$\dot{U}_{\mathrm{A}} = 220\underline{/0°}\,\mathrm{V}、\dot{I}_{\mathrm{B}} = 3.67\underline{/-120°}\,\mathrm{A}、$

$$\dot{I}_{\mathrm{C}} = 3.86\underline{/115.3°}\,\mathrm{A}、\dot{I}_{\mathrm{N}} = 0.36\underline{/60°}\,\mathrm{A}$$

6-18　380V、25.33A、43.88A

6-19　（1）13.2A、22.8A

　　　（2）0、13.2A、13.2A，13.2A、13.2A、22.8A

　　　（3）6.6A、13.2A、6.6A，0、19.8A、19.8A

6-20　Y 联结：$I_L = 6.56\mathrm{A}$，$P = 3871.8\mathrm{W}$，△ 联结：$I_L = 19.68\mathrm{A}$、$P = 11615.5\mathrm{W}$

6-21　$4.114\underline{/31.79°}\,\Omega$

6-22　（1）$38\underline{/63.95°}\,\Omega$　　（2）能、17.3A、10A、10A　　（3）0、15A、15A

6-23　55.16mH、183.87μF

6-24　$P_1 = 1605.9\mathrm{W}$、$P_2 = 3785.5\mathrm{W}$

习题 7

7-1　$\dfrac{\dot{U}_2}{\dot{U}_1} = \dfrac{1}{4(1+\mathrm{j}\omega)}$、$\dfrac{\dot{I}_1}{\dot{U}_1} = \dfrac{1+\mathrm{j}2\omega}{4(1+\mathrm{j}\omega)}$

7-2　（a）$H(\mathrm{j}\omega) = \dfrac{\dot{U}_2}{\dot{U}_1} = \dfrac{\mathrm{j}\omega L}{R+\mathrm{j}\omega L}$、$\dfrac{R}{L} \sim \infty$、高通

　　　（b）$H(\mathrm{j}\omega) = \dfrac{\dot{U}_2}{\dot{U}_1} = \dfrac{R}{R+\mathrm{j}\omega L}$、$0 \sim \dfrac{R}{L}$、低通

7-3　（1）$10^4\mathrm{rad/s}$、0.707V　　（2）59.0°、0.51V

7-4　$-9.2°$

7-5　$i(t) = \left[2.5 + 1.34\cos(2t+33.43°) + 0.35\cos(4t+15°)\right]\mathrm{A}$

7-6　$u(t) = \left[5 + 1.33\cos(5t)\right]\mathrm{V}$

7-7　17.39V、4.36A、27.75W

7-8　14.4W、2.68A

7-9　25.88W、25.44W

7-10　$2.236\times10^4\mathrm{rad/s}$、44.72、500 rad/s

7-11　（1）10Ω、159μH、159pF　　（2）100、10kHz

7-12　126Ω、0.127μF

7-13　797.1V、826.6V

7-14　$10^5\mathrm{rad/s}$、10、1.59kHz

7-15　1.29×10^4rad/s、6MΩ

7-16　1μF、0.125μF

习题 8

8-2　0.5、0.408

8-3　（a）$u_1 = 0.4\cos t$V、$u_2 = -0.3\cos t$V

　　（b）$u_2 = 1.5\sin t$V

　　（c）$u_1 = (-0.8e^{-2t} + 0.3e^{-t})$V、$u_2 = (0.6e^{-2t} - 0.9e^{-t})$V

8-4　（a）$\dfrac{L_1L_2 - M^2}{L_1 + L_2 - 2M}$　（b）$\dfrac{L_1L_2 - M^2}{L_2}$　（c）$\dfrac{L_1L_2 - M^2}{L_2}$

8-5　$25\underline{/30°}$V、$23.4\underline{/22.6°}$V

8-6　$(1.11 - j26.67)$Ω、1.58W

8-7　$\dot{I}_1 = 20\underline{/53.1°}$A、$\dot{U}_1 = 80\underline{/-36.9°}$V；$\dot{I}_2 = 10\underline{/53.1°}$A、$\dot{U}_2 = 160\underline{/-36.9°}$V

8-8　（a）600Ω　（b）$9\underline{/0°}$V 电压源串联$(90 + j90)$Ω

8-9　5、0.025W

8-10　（a）$\begin{bmatrix} \dfrac{R_1 + R_2}{2} & \dfrac{R_2 - R_1}{2} \\ \dfrac{R_2 - R_1}{2} & \dfrac{R_1 + R_2}{2} \end{bmatrix}$　（b）$\begin{bmatrix} R_1 + j\omega L_1 & j\omega M \\ j\omega M & R_2 + j\omega L_2 \end{bmatrix}$

8-11　（a）$\begin{bmatrix} G + j\omega C_1 & -G \\ -G & G + j\omega C_2 \end{bmatrix}$　（b）$\begin{bmatrix} \dfrac{5}{3} & -\dfrac{4}{3} \\ -\dfrac{4}{3} & \dfrac{5}{3} \end{bmatrix}$S　（c）$\begin{bmatrix} \dfrac{1}{R} & -\dfrac{3}{R} \\ -\dfrac{1}{R} & \dfrac{3}{R} \end{bmatrix}$S

8-12　（a）$\begin{bmatrix} R_1 & 0 \\ \beta & \dfrac{1}{R_2} \end{bmatrix}$　（b）$\begin{bmatrix} \dfrac{1}{2}\Omega & 1 \\ 0 & -1S \end{bmatrix}$

8-13　（a）$\begin{bmatrix} 1 & 0 \\ 0 & 1 \end{bmatrix}$　（b）$\begin{bmatrix} -1 & 0 \\ 0 & -1 \end{bmatrix}$　（c）$\begin{bmatrix} \dfrac{L_1}{M} & j\omega\dfrac{L_1L_2 - M^2}{M} \\ \dfrac{1}{j\omega M} & \dfrac{L_2}{M} \end{bmatrix}$

　　（d）$\begin{bmatrix} 1 & j\omega L \\ 0 & 1 \end{bmatrix}$　（e）$\begin{bmatrix} 1 & 0 \\ j\omega C & 1 \end{bmatrix}$

8-14　$[Z] = \begin{bmatrix} 3 & 2 \\ 2 & 4 \end{bmatrix}$Ω、$[Y] = \begin{bmatrix} \dfrac{1}{2} & -\dfrac{1}{4} \\ -\dfrac{1}{4} & \dfrac{1}{8} \end{bmatrix}$S

8-15　4Ω、9W

参 考 文 献

[1] 李瀚荪. 电路分析基础（第 5 版）. 北京：高等教育出版社，2017

[2] 陈娟. 电路分析基础. 北京：高等教育出版社，2010

[3] 燕庆明. 电路分析基础教程. 北京：电子工业出版社，2009

[4] 金波. 电路分析. 北京：高等教育出版社，2011

[5] 胡翔骏. 电路分析（第 3 版）. 北京：高等教育出版社，2016

[6] 陈希有. 电路理论基础（第三版）. 北京：高等教育出版社，2004

[7] 邱关源，罗先觉. 电路（第 5 版）. 北京：高等教育出版社，2006

[8] Alexander, C. K. Fundamentals of Electric Circuits. 3rd ed. 关欣等译. 北京：人民邮电出版社，2009

[9] Hayt W H. Engineering Circuit Analysis. 8th ed. 周玲玲等译. 北京：电子工业出版社，2012

[10] 陆明达. 新编电工电子技术（上册）. 上海：同济大学出版社，2003

[11] 傅恩锡，杨四秋. 电路分析简明教程（第 2 版）. 北京：高等教育出版社，2009